ELISABETH LICHTENBERGER

STADTVERFALL UND STADTERNEUERUNG

ÖSTERREICHISCHE AKADEMIE DER WISSENSCHAFTEN
INSTITUT FÜR STADT- UND REGIONALFORSCHUNG

BEITRÄGE ZUR STADT- UND REGIONALFORSCHUNG
HERAUSGEGEBEN VON ELISABETH LICHTENBERGER

BAND 10

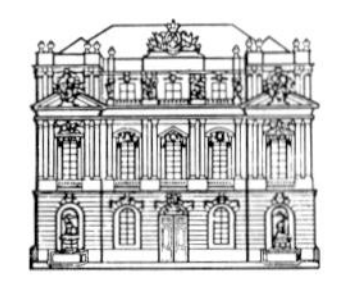

VERLAG DER ÖSTERREICHISCHEN AKADEMIE DER WISSENSCHAFTEN
WIEN 1990

ELISABETH LICHTENBERGER

STADTVERFALL UND STADTERNEUERUNG

VERLAG DER ÖSTERREICHISCHEN AKADEMIE DER WISSENSCHAFTEN
WIEN 1990

Vorgelegt von w. M. ELISABETH LICHTENBERGER in der Sitzung am 21. Juni 1989

ISBN 3-7001-1795-7

Datenkonvertierung und Druck: Druckerei G. Grasl, A-2540 Bad Vöslau

Inhaltsverzeichnis

Teil I: **Zur Interpretation von Stadtverfall und Stadterneuerung** 13

1. *Einleitung: Ein begrifflicher Exkurs* 14

1.1. Interpretationszugänge 14
1.2. Stadtverfall 14
1.3. Stadterneuerung 16
1.4. Stadterweiterung 17

2. *Ein duales Zyklusmodell zur Stadtentwicklung* 18

3. *Stadterneuerung und Stadterweiterung in historischer Perspektive* 22
3.1. Einleitung 22
3.2. Stadterneuerung und Stadterweiterung im Barock 22
3.3. Stadterneuerung und Stadterweiterung in der Gründerzeit 23

4. *Stadtverfall und Stadterneuerung im Vergleich politischer Systeme von West und Ost* ... 25
4.1. Einleitung 25
4.2. Stadtverfall und Stadterneuerung im Privatkapitalismus. Das Beispiel der USA ... 25
4.3. Stadtverfall und Stadterneuerung im Staatskapitalismus 29
4.4. Stadtverfall und Stadterneuerung in den sozialen Wohlfahrtsstaaten 30

5. *Aktuelle Probleme der Desorganisation und der Destabilisierung der postindustriellen städtischen Gesellschaft* ... 34
5.1. Einleitung 34
5.2. Das Ende des Wachstums des social overhead 35
5.3. Das Ende der sozialen Wohnbauprogramme und die neue Wohnungsnot der Kleinhaushalte ... 35
5.4. Die neue „Underclass“ und die postindustrielle Reservearmee 37
5.5. Die Feminisierung des Arbeitsmarktes, der Armut und der Haushaltsführung ... 38
5.6. Die Individualisierung der Haushalte 39
5.7. Die Verschärfung ethnischer Ghettoisierung 39
5.8. Entstädterung versus Aufspaltung der Wohnfunktion 40

Teil II: **Stadtverfall und Stadterneuerung in Wien. Eine Analyse von Problemen, Ideologien und wissenschaftlicher Forschung** 45

1. *Das duale Stadtmodell von Wien* 46
1.1. Einleitung 46
1.2. Das duale Stadtmodell von Wien in der Gegenwart 46

2. *Spezifische Probleme von Stadtverfall und Stadterneuerung in Wien* 49
2.1. Die verlorene Balance von Stadterweiterung und Stadterneuerung und die Überalterung des Baubestandes 49
2.2. Die nicht realisierte städtebauliche Chance der Stadterneuerung 51
2.3. Das Substandardproblem der Wohnungen: Eine Verschiebung der Meßlatte 52
2.4. Die Effekte der Wohnungswirtschaft. Zwischen Mieterschutz und neuer Kommerzialisierung der Mieten 54
2.5. Kommunalpolitische „Leerräume" und soziale Marginalisierung 55
2.6. Die Problematik der Mengung von Wohnungen und Arbeitsstätten 58
2.7. Zwischen Urbanität und „neuer Wohnungsnot". Die demographische Integration der Bevölkerung 60

3. *Politische Ideologien, rechtliche und finanzielle Maßnahmen zur Stadterneuerung* 62
3.1. Die Stadterneuerung im Stadtentwicklungsplan. Kritische Reflexionen 62
3.2. Wohnungsverbesserung, Hausrenovierung und Stadterneuerung 63
3.2.1. Ein begrifflicher Exkurs 63
3.2.2. Gesellschaftspolitische Ideologien und Leistungen von Wohnungsverbesserung und Haussanierung in den 80er Jahren 65
3.2.3. Rechtliche Grundlagen der Stadterneuerung 66
3.2.4. Die Stadterneuerungspraxis in Wien im internationalen Vergleich 69

4. *Aktueller Forschungsstand zum Stadtverfall* 72
4.1. Einleitung 72
4.2. Das Stadtverfallsmodell von FEILMAYR – HEINZE – MITTRINGER – STEINBACH 72
4.3. Die Arbeiten des Instituts für Stadtforschung 75

Teil III: **Stadtverfall und Stadterneuerung. Ergebnisse eines Großforschungsprojekts des Instituts für Stadt- und Regionalforschung** 79

1. *Fragestellungen und räumliche Bezugsbasis* 80

2. *Der Aufbau des Forschungsprojekts* 82
2.1. Die Abgrenzung des Untersuchungsgebiets 82
2.2. Thesen zum gründerzeitlichen Stadterneuerungsgebiet 84
2.3. Methodischer Aufbau des Forschungsprojekts und Datenverbund 85

3. *Stadtverfall und Stadterneuerung. Empirische Ergebnisse der hausweisen Erhebung* 91
3.1. Einleitung 91
3.2. Das Mengenproblem von Bevölkerung, Wohnungen und Bauten im gründerzeitlichen Stadtgebiet 92
3.3. Der Umfang von Verfall und Erneuerung im gründerzeitlichen Stadtgebiet. Innere und äußere Bezirke 94
3.4. Die Beschreibung der Erhebungskategorien 96
3.5. Die Dissimilarität von Verfall und Erneuerung 112

4. *Stadtverfall und Stadterneuerung in Wien. Eine politikrelevante Evaluierung der Ergebnisse des Forschungsprojektes* 117
4.1. Einführung in die Problematik 117
4.2. Der Vorschlag für potentielle Stadterneuerungsgebiete mit öffentlichen Mitteln 118
4.3. Stadtverfall und Stadterneuerung durch die öffentliche Hand in den Zählbezirken der inneren und äußeren Bezirke 121
4.4. Legistische und potentielle Stadterneuerungsgebiete 123
4.5. Funktionstypen von Stadterneuerungsgebieten mit öffentlichen Mitteln . 125
4.5.1. Überblick 125
4.5.2. Bezirkszentrenmodelle 126
4.5.3. Modelle mit Priorität von Arbeitsstätten 126
4.5.4. Integrierte Wohnbaumodelle 128

5. *Die Effekte des Baualters und der Kubatur im Prozeß von Stadtverfall und Stadterneuerung* 129
5.1. Einleitung 129
5.2. Die Effekte des Baualters 130
5.3. Die Effekte der Kubatur 134
5.3.1. Die Effekte der Grundstücksfläche 134
5.3.2. Grundstücksfläche versus verbaute Fläche 137
5.4. Das Problem der Baublockstruktur 141
5.4.1. Die Effekte von inneren Grünflächen 141
5.4.2. Die Problematik von Aufschließungssystemen 146
5.4.3. Fallbeispiele von Baublöcken 147

6. *Die Effekte der Bauträger und der Segmentierung des Wohnungsmarktes* 157
6.1. Die Rolle der Bauträger beim Stadtverfall und bei der Stadterneuerung . 157
6.2. Die Effekte der Bauträger in den inneren und äußeren Bezirke 161
6.3. Die Assoziation der Bauträger im Stadtgebiet 163

7. *Stadtverfall und Stadterneuerung in der dritten Dimension* 167
7.1. Die Effekte der Bauhöhe. Eine statistische Analyse 167
7.2. Die vertikale Segregation von Gesellschaft und Nutzung 172

8. *Wien zu Beginn des 3. Jahrtausends. Reflexionen zur Stadtentwicklung* 178

Zusammenfassung 195

Summary (Übersetzung: D. Mühlgassner) 207

Anhang 219

Literaturverzeichnis 231
1. Allgemeine Literatur 231
2. Literatur zu Wien 250

Kartenverzeichnis 259

Figurenverzeichnis 260

Tabellenverzeichnis 261

Anhangverzeichnis 262

Index 263

Vorwort

Ein dokumentarisches Buch in Zeiten einer politischen Trendwende vorlegen zu können ist eine Chance, auf die Sozialwissenschaftler hoffen, die ihnen aber nur selten gewährt wird. Die Autorin hat mit den nunmehr gedruckt vorliegenden Ergebnissen des mehrjährigen Forschungsunternehmens über „Stadtverfall und Stadterneuerung" in Wien diese Chance erhalten. Die Publikation erscheint zum Zeitpunkt einer politischen Zäsur ersten Ranges. Das größte politische Experiment aller Zeiten ist beendet. Der nach dem Zweiten Weltkrieg durch die Weltmächte in zwei Stücke zerschnittene Kontinent kann als „Haus Europa" neu eingerichtet werden. Es ist damit nicht nur eine politisch-ökonomische Periode zu Ende, die eineinhalb Generationen umspannt hat, sondern ebenso auch eine Periode der Stadtentwicklung, welche in den ehemaligen COMECON-Staaten und in den angrenzenden Staaten Westeuropas, in der Bundesrepublik Deutschland und in Österreich unter sehr verschiedenen Prämissen gestanden ist.

Wien – über viereinhalb Jahrzehnte ein Auslieger Westeuropas – in der von einem „Eisernen Vorhang" umgürteten Ostregion des Staates ist – wie schon mehrmals in der Geschichte – aus einer Grenzposition wieder zurück in eine zentrale Lage in der Mitte Europas gerückt. Ein neuer Entwicklungsabschnitt der Stadt hat begonnen. Neue Zuwanderungsströme zeichnen sich ab, die Entwicklung Wiens kann und wird wieder dort einbinden, wo sie jäh durch den Zusammenbruch der Monarchie und das Ende des Ersten Weltkriegs abgestoppt wurde. Wien wird zu einem Auffangspool für die aus dem Osten Europas nach dem Westen strömende Bevölkerung und – so lautet die Hoffnung der Intellektuellen – wieder zu einem multikulturellen Schmelztiegel und – so hoffen die Kommunalpolitiker – wieder zu einem Zentrum internationaler Institutionen und Unternehmen im östlichen Mitteleuropa.

Das vorliegende Buch besitzt in diesem Zusammenhang den Charakter eines zeitgenössischen Dokuments ersten Ranges, und zwar in zweierlei Hinsicht. Es belegt erstens das Ergebnis der Prozesse von Stadtverfall und Stadterneuerung in der Nachkriegszeit eben zu diesem Zeitpunkt einer politischen Trendwende und bietet damit eine Grundlage für die Abschätzung der künftigen Entwicklung von Wien unter veränderten externen und internen Rahmenbedingungen. Es belegt zweitens für die vergleichende Metropolenforschung die Effekte einer segregationsreduzierenden Gesellschafts- und Wohnbaupolitik, wie sie in Wien über mehr als sieben Jahrzehnte betrieben wurde, und dokumentiert damit das räumliche Muster eben dieser Politik, das sich grundsätzlich von den Lehrbuchmeinungen unterscheidet, welche sich an der filtering-down-Konzeption der sozialökologischen Theorie orientieren. Die Publikation versteht sich daher als Grundlagenbeitrag zur internationalen Stadtforschung und ebenso als Dokument zur Stadtforschung von Wien.

Einige Angaben zur Organisation und zum Umfang der Erhebung dokumentieren die singuläre Position des Forschungsprojekts über Stadtverfall und Stadterneuerung in Wien.

Es handelt sich nicht um eine Auftragsforschung, sondern um ein von den politischen Entscheidungsträgern unabhängiges wissenschaftliches Forschungsunternehmen. Seine Durchführung war nur möglich durch die Verbindung zwischen dem Lehrbetrieb der Universität und der organisatorischen Verankerung von Datenverarbeitung und kartographischem Finish am Institut für Stadt- und Regionalforschung der Österreichischen Akademie der Wissenschaften. Die Geländeaufnahme des gesamten Baubestandes im geschlossen verbauten Stadtkörper von Wien erfaßte rund 40.000 Häuser. Die Datenbank wurde auf der Grundlage der RBW-Adreßdatei des Vermessungsamtes der Stadt Wien aufgebaut.

Die Durchführung eines so großen Forschungsvorhabens wäre ohne das Engagement von zahlreichen wissenschaftlichen Mitarbeitern nicht möglich gewesen. Die folgende Liste zeichnet den Arbeitsprozeß nach. Die Grundlage für die Datenbank hat Herr Dr. Heinz Faßmann durch die Implementierung der RBW-Adreßdatei und der Häuserzählung in Wien 1981 geschaffen. Für die große Freundlichkeit, die Datenträger zur Verfügung zu stellen, sei Herrn Oberstadtbaurat Dipl.-Ing. Erich Wilmersdorf (Abteilung Automatische Datenverarbeitung der Stadt Wien) und dem damaligen Präsidenten des Statistischen Zentralamtes, Herrn Prof. Dr. Lothar Bosse, sehr herzlich gedankt. Die ersten statistischen Analysen wurden von Herrn Dr. Heinz Faßmann, weitere Analysen im Laufe der Arbeit von Herrn Mag. Gerhard Hatz durchgeführt. Die Organisation der Aufnahme im Lehrbetrieb erfolgte mit Unterstützung von Frau Dr. Dietlinde Mühlgassner, Herrn Doz. Dr. Herbert Baumhackl und Herrn Dr. Walter Matznetter. Die Administration der Erhebungsbögen, die Nacherhebungen im Gelände und die umfangreichen Arbeiten zur Erstellung von Datenfiles wurden von Herrn Mag. Andreas Andiel betreut. Ihm sei hierfür und ebenso für die Gestaltung des Layouts und die Zeichnung der dokumentarischen Karte 1 : 10.000 über Stadtverfall und Stadterneuerung in Wien der ganz besondere Dank ausgesprochen. Bei der EDV-Kartographie und -Graphik haben Herr Mag. Erich Knabl, Herr Mag. Gerhard Hatz, Herr Rudolf Maxwald und Herr Georg Häfele mitgearbeitet. Bei den kartographisch dokumentierten Erhebungen in den Jahren 1984–1989 waren insgesamt 60 Studenten und 46 Personen mit Werkvertrag beteiligt. Ihre Namen sind aus dem Anhang zu entnehmen. Die Herrn Dr. Dr. Josef Kohlbacher und Dr. Walter Rohn haben die Bibliographie zur Wiener Situation zusammengestellt und sich mit der komplexen Legistik auseinandergesetzt. Frau Mag. Uschi Reeger hat das EDV-mäßige Finish der Publikation durchgeführt, Frau Dr. Dietlinde Mühlgassner in bewährter Weise das Lektorat übernommen. Ihnen allen gilt mein sehr herzlicher Dank. Nicht zuletzt gilt mein Dank den leitenden Beamten der Abteilung 18 des Wiener Magistrats, Herrn Senatsrat Dipl.-Ing. Dr. Peter Jawecki und Herrn Oberstadtbaurat Dr. Manfred Schopper für die Unterstützung durch die Übernahme der internen Organisationskosten durch die Gemeinde Wien bei einem Forschungsprojekt, das mit dem brisanten Titel „Stadtverfall" die politischen Entscheidungsträger auf spezifische Probleme der Stadtentwicklung aufmerksam machen sollte, sowie für die Übernahme der Druckkosten der beiliegenden Karte.

Im Juli 1990 Elisabeth Lichtenberger

Teil I: Zur Interpretation von Stadtverfall und Stadterneuerung

1. Einleitung: Ein begrifflicher Exkurs

1.1. Interpretationszugänge

Die Etiketten der sozialwissenschaftlichen Forschung für Sachverhalte der räumlichen Organisation der Gesellschaft und des Stadtraumes sind vielfältig. Es fehlt jedoch die Konsistenz der Begriffsinhalte im zeiträumlichen Kontext. Begriffe wandeln sich auf dem Hintergrund der Veränderung der gesellschaftlichen Bezüge. Ein Transfer zwischen den großen Sprachräumen ist vielfach schwierig, wenn nicht überhaupt unmöglich.

Drei Begriffe stehen zur Erklärung an:

- Stadtverfall,
- Stadterneuerung,
- Stadterweiterung.

Es ist die Aufgabe des ersten Teils, die Interpretationsbreite der damit verbundenen Phänomene in der westlichen Welt aufzuzeigen, und zwar mit vier Zugängen:

1. einem dualen Zyklusmodell der Stadtentwicklung,
2. in exemplarischer historischer Perspektive,
3. in einem Vergleich politischer Systeme in West und Ost,
4. in einer Reflexion auf die Erscheinungen der postindustriellen Gesellschaft und die damit gegebenen Paradoxa zwischen Aufwandsnormen und Qualität der physischen Umwelt und Marginalität der Gesellschaft.

1.2. Stadtverfall

Der schockierende Begriff des Stadtverfalls wird hier nicht im Sinne des Niederganges und Verfalls von historischen Stadtkulturen verwendet, sondern mit der aktuellen Stadtentwicklung in den Industrieländern in Beziehung gesetzt. Hier ist er zu einem weitverbreiteten, wenn auch vielfach aus den Informationsmedien ausgeblendeten Phänomen von Kernstädten, aber selbst von Kleinstädten geworden. Zum Unterschied von der Vergangenheit ist der aktuelle Stadtverfall nicht mit einer Auflösung von politischen Systemen und Wirtschaftskrisen, sondern mit politischer Stabilität und wirtschaftlicher Prosperität breiter Bevölkerungsschichten verbunden. Wie der Vergleich politischer Systeme im Westen und Osten belegt, ist für den Stadtverfall auch nicht eine spezifische Wohnungspolitik veranwortlich zu machen. In den Städten der westlichen Welt ist der Stadtverfall vielfach ein Ergebnis der Tatsache, daß es einer im Vergleich zur Vergangenheit wirtschaftskräftigeren und überdies verkehrsmäßig mobileren Gesellschaft sehr viel rascher möglich ist, sich von den historischen Besitzstrukturen zu lösen, historische Leitbilder der Stadt aufzugeben und schließlich die Stadt zu verlassen.

Die „Unüberschaubarkeit" und „Unwirtlichkeit" der großen Städte hat auch bei den politischen Entscheidungsträgern selbst häufig den Rückzug auf eine „antiurbane Haltung" ausgelöst. Vor allem in der englischen Literatur besteht eine gewisse Vorliebe für ein antiurbanes Präferenzmodell, welches die Umweltbelastung und die allgemeine Streßsituation des Lebens in den Städten ins Treffen führt und mit der „natürlichen" Vorliebe der Bevölkerung für kleine Siedlungen und „naturnahes" Wohnen operiert. Der Stadtverfall wird somit als das negative Pendant zum Prozeß der Entstädterung, der Deurbanisierung, aufgefaßt.

Eine standorttheoretische Erklärung begründet das Auftreten eines Bodenpreiskraters in den inneren Stadtteilen als Ergebnis der sinkenden Bodenpreise und Renditen. Die Baustatistiken dokumentieren hierzu, daß die Abbruchsraten in den Städten im Vergleich zur Neubautätigkeit unzureichend sind. Aufgrund geänderter Bautechnologien befindet sich die großflächige Neuaufschließung am Außenrand der Städte dank industrieller Baufertigteile und Montagestraßen in der Zeit-Kosten-Mühe-Relation in ökonomischem Vorteil gegenüber dem Umbau und Neubau auf Einzelparzellen im Altbaubestand. Fehlende Reinvestitionen führen zum Verfall.

Der aktuelle Stadtverfall ist somit in der gesamten westlichen Welt und auch im Osten Europas dadurch gekennzeichnet, daß die Balance zwischen der Stadterweiterung und der Stadterneuerung zugunsten der ersteren verlorengegangen ist, wobei es einerseits ökonomische und andererseits polit-ideologische Gründe sind, welche für den Stadtverfall verantwortlich zeichnen (vgl. unten).

In der englischen Literatur bestehen mehrere Begriffe neben dem Begriff urban decay, der am ehesten mit „Stadtverfall" gleichzusetzen ist. Genannt seien urban decline, urban crisis und urban blight. Ihre Palette spiegelt die Facetten der Erscheinungen, welche von den verschiedenen städtischen Determinanten beeinflußt werden:

Der Begriff *urban decay* ist unscharf und subsumiert soziale, ökonomische und städtebauliche Verfalls- und Krisensymptome. Er umfaßt ebenso die im materiellen Raum verankerten Phänomene von fehlenden Investititonen, wie die Schwierigkeiten der Instandhaltung von Infrastruktureinrichtungen aufgrund von zu niedrigen Steuereinnahmen, die Probleme der Sicherheit und Ordnung im öffentlichen Raum, die Bekämpfung von Obdachlosigkeit, Kriminalität, Bandenwesen und die Marginalisierung von Bevölkerungsgruppen.

Der Begriff *urban decline* ist aus der Feststellung entstanden, daß Bevölkerung und Arbeitsplätze aus den Kernstädten in das Umland abwandern. In einer Zeit der allgemeinen Wachstumseuphorie mußte eine solche Abwanderung notwendigerweise negativ interpretiert werden (vgl. Anm. 1).

Der Ausdruck *urban crisis* ist im Hinblick auf den Aussagegehalt am unschärfsten. Er umschließt alle ideologischen Grundsatzfragen und spiegelt eine „Krisenstimmung“, die gleichsam ausweglos ist und, gegen die Unwirtlichkeit der Städte reflektierend, die Stadt als Lebensumwelt einer postmodernen Gesellschaft in Frage stellt.

Mit der Mikroebene von physischen Strukturen und analytischer empirischer Forschung ist der Begriff *urban blight*, d.h. ursprünglich Pilzbefall, verknüpft. Blightphänomene können verschiedene Objekte, Wohnbauten, Industriebauten, Geschäftslokale usf. erfassen. Dementsprechend sind in der Literatur auch die Begriffe Residential Blight, Industrial Blight und Commercial Blight gebräuchlich (vgl. Anm. 2).

Es bestehen mehrere Erklärungen für Blight-Phänomene:

1. Sie werden als „natürliche Erscheinungen“ im Zuge des Alterungsprozesses von baulicher Substanz aufgefaßt. Dieser „physische Blight“ ist demnach als eine Funktion des Baualters und der Bauqualität zu definieren und relativ einfach aus den gegebenen Meßgrößen der amtlichen Statistik abzuleiten bzw. zu prognostizieren.

2. Die marktwirtschaftliche Interpretation faßt hingegen Blightphänomene als Ergebnis der Veränderung der Beziehungen von Angebot und Nachfrage auf. „Ökonomischer Blight“ resultiert demnach aus der Verringerung der Nachfrage nach bestimmter baulicher Struktur, deren ökonomischer Wert = Marktpreis sinkt.

3. Spezielle Formen des Blights entstehen schließlich durch Umweltbelastungen aller Art. Dieser „Umweltblight“ kann durch Emissionen von Industriebetrieben, Verkehrsbelastung usf. bedingt sein.

4. Mit physischem und „funktionellem“ Blight tritt schließlich „sozialer Blight“ auf, d.h. diskriminierte oder einkommensschwache Gruppen der Bevölkerung dringen in die von Blight betroffenen Objekte und Gebiete ein. Physischer Blight und sozialer Blight verketten sich nach der sozialökologischen Theorie somit unausweichlich. Auf die Begrenzung der Richtigkeit dieser Aussage im Zeit-Raum-Kontext wird weiter unten eingegangen.

1.3. Stadterneuerung

Während der Begriff des Stadtverfalls im deutschen und englischen Sprachraum die Gesamtheit der physischen Struktur von Städten und vielfach auch die Organisationsformen von Gesellschaft und Wirtschaft einschließt, unterscheidet sich davon die Semantik des Begriffes Stadterneuerung, welcher in erster Linie die ordnungspolitischen Maßnahmen der öffentlichen Hand unter Bezug auf die physische Struktur des Stadtraumes umfaßt. Auf die Unterschiede zwischen dem deutschen und dem englischen Sprachraum wird unten eingegangen.

1.4. Stadterweiterung

Zum Unterschied von den Begriffen Stadtverfall und Stadterneuerung, welche trotz der Vielfalt der Rahmenbedingungen international transferierbar sind, handelt es sich beim Begriff Stadterweiterung um einen kulturspezifischen Ausdruck. Er entstand im deutschen Sprachraum im 19. Jahrhundert im Zusammenhang mit der administrativen Erweiterung von Städten im Zuge der Entfestigung der Altstädte, wobei außerhalb derselben gelegene Vorstädte eingemeindet wurden. Des öfteren bezeichnete man damit auch nur das auf dem ehemaligen Befestigungsgelände entstandene bebaute Areal. In der Nachkriegszeit ist ein Begriffswandel erfolgt. Der Begriff Stadterweiterung wird nunmehr in der Planungsliteratur für die Neuanlage von städtischen Siedlungen und Einrichtungen im Anschluß an den älteren Baukörper der Stadt verwendet, soweit diese auf dem Stadtgebiet selbst erfolgt. Er bezeichnet somit die „bauliche Stadterweiterung" auf dem administrativen Areal einer Stadt. Voraussetzung für diese ist eine vorauseilende Eingemeindungspolitik des Staates und die Schaffung ausgedehnter Baulandreserven (zahlreiche Ostblockstaaten, Bundesrepublik Deutschland, Österreich). In Staaten mit einer Versteinerung historischer Stadtgrenzen infolge lang andauernder restriktiver Eingemeindungspolitik (Extrembeispiele: Frankreich, Belgien, USA) müssen derartige Neuentwicklungen bereits außerhalb der Stadtgrenze erfolgen. Um das dadurch bestehende definitorische und reale administrative Problem zu umschiffen, wurde der Begriff als urban expansion ins Englische übersetzt.[1]

[1] vgl. E. LICHTENBERGER: Product Cycle Theory and City Development. Acta Geographica Lovaniensis. Im Druck.

2. Ein duales Zyklusmodell zur Stadtentwicklung

Das heuristische Prinzip der Zyklustheorie stammt aus der Evolutionslehre. Verschiedene Disziplinen haben es von der Biologie übernommen. In den Wirtschaftswissenschaften verwendet man die Konzeption von Produktionszyklen zur Erklärung der Industrieentwicklung, in der Fremdenverkehrswissenschaft werden Produktionsstile des Freizeitverhaltens als Interpretationshorizont herangezogen. Der Ablauf von technologischen Prozessen und selbst von wissenschaftlichen Paradigmen kann ebenfalls in einer zyklustheoretischen Sichtweise erklärt werden.

Im folgenden Modell wird erstmals der Produktzyklus für die Sachthematik des Produktionsprozesses der städtischen Bausubstanz verwendet. Dabei wird vom Dachbegriff der Stadtentwicklung ausgegangen und dieser in zwei komplementäre Prozesse, Stadterweiterung und Stadterneuerung, aufgespalten. Der Stadtverfall wird als eine resultierende Größe aus dem Time-lag zwischen beiden Vorgängen erklärt.

Mehrere *Thesen* spezifizieren die Bedingungen des dualen Zyklusmodells zur Stadtentwicklung.

Die *erste These* lautet: Die Stadtentwicklung stellt keinen unilinearen Prozeß dar, sondern muß grundsätzlich als zweigliedriger Produktzyklusprozeß von Stadterweiterung und Stadterneuerung aufgefaßt werden. Danach handelt es sich bei den beiden Vorgängen um komplementäre Prozesse, d. h. um einander ergänzende räumliche Glieder eines dynamischen Stadtsystems.

Die *zweite These* lautet: Ein neuer Zyklus der Stadtentwicklung wird durch Änderung von zumindest zwei Parametern in Gang gesetzt, und zwar im Bereich von

- politischen und/oder
- technischen und/oder
- ökonomischen und/oder
- sozialen und /oder
- städtebaulichen Bedingungen.

Die Abfolge der Parameter impliziert die Rangfolge und bietet damit die Aussage, daß ein politischer Systemwechsel beziehungsweise technische Innovationen bahnbrechender Art unbedingt erforderlich sind, um einen neuen Zyklus der Stadtentwicklung einzuleiten.

Die *dritte These* definiert den zeitlichen Ablauf des Produktzyklus. Es wird eine Unterteilung in vier Phasen vorgenommen:

1. Die Innovationsphase ist im wesentlichen traditionellen Standortprinzipien in der Verortung baulicher Strukturen verhaftet. Neue Formgebungen werden „experimentmäßig" vorgenommen.

2. Die Take-off-Phase ist gekennzeichnet durch eine Standardisierung des Designs und neue Formen der Aufschließung.

3. Die Hochphase ist durch eine Produktdifferenzierung gekennzeichnet, welche alle Teile des städtischen Systems umfaßt.

4. In der Spätphase wird die Wachstumsgrenze des städtischen Systems erreicht.

An Hand von Figur I/1 ist auch die *vierte These* einsichtig. Sie lautet: Stadtentwicklungszyklen werden jäh abgebrochen. Dieser Abbruch kann wiederum aus politischen oder technischen Gründen resultieren. Beispiele für ersteres sind die beiden Weltkriege, für letzteres die Entwicklung des Individualverkehrs und der Kommunikationsmedien. In der räumlichen Struktur der Stadt bedingt ein derartiger Abbruch, daß ein beachtlicher Teil des Baubestandes, der „erneuerungsträchtig" wäre, übrig bleibt und erst im nächsten – oder übernächsten – Zyklus „abgearbeitet" wird. Diese These erklärt das sehr komplexe und zumeist aus der lokalen Situation nur schwer zu erklärende Nebeneinander von verschieden alter Bausubstanz mittels der Abfolge von mehreren Stadtentwicklungszyklen, in denen die Stadterneuerung jeweils plötzlich und ohne „Abarbeitung des älteren Baubestandes" zu einem Ende gekommen ist – wie dies in der europäischen Stadtentwicklung häufig der Fall war.

Die *fünfte These* definiert die zeitliche Relation von beiden Zyklen. Sie lautet: Die Stadterweiterung geht stets der Stadterneuerung voran. Diese Aussage erwächst in logischer Konsequenz aus der Änderung von politischen Parametern, welche zu ihrer Realisierung zunächst die Aufschließung neuer Flächen und die Anlage sonstiger neuer städtischer Strukturen voraussetzen. Der zeitliche Abstand (Time-lag) zwischen der Erweiterung und der Erneuerung der physischen Struktur von Städten ist von außerordentlicher Bedeutung. Mit der Dauer des Abstandes wächst nämlich das Ausmaß des Investitionsdefizits im älteren Stadtraum.

Daraus folgt die *sechste These*. Sie lautet: Der Stadtverfall resultiert aus dem Time-lag von Stadterneuerung und Stadterweiterung. Das Ausmaß des Stadtverfalls ist dabei im speziellen Fall von der Investitionsstrategie der politischen und ökonomischen Entscheidungsträger für den älteren Stadtkörper ebenso abhängig wie von den technologischen Bedingungen hinsichtlich der Adaptierung an neue technische Systeme der Infrastruktur, des Verkehrs, der Kommunikation und Information sowie der Ent- und Versorgung. Aus den Systemanpassungskosten ergeben sich Rückwirkungen auf die Maßnahmen und deren sozioökonomischen Effektivität.

Die *siebente These* lautet: Stadtverfall besitzt als Resultierende in der Mengenrelation von Stadterweiterung und Stadterneuerung nicht nur eine querschnittsmäßig erfaßbare strukturelle Dimension, sondern ist auch ein dynamischer Prozeß. Der Stadtverfall unterliegt demnach im Ablauf beider Zyklen hinsichtlich der räumlichen Verbreitung und Zusammensetzung aus spezifischen physischen Bauobjekten einer kontinuierlichen Veränderung. Diese Veränderungen sind auf den räumlichen Ebenen von Stadtteilen, Vierteln und Einzelobjekten zu messen. Selbstverständlich wird der Prozeß durch die „potentielle Lebensdauer" von Bauobjekten entscheidend bestimmt, wobei grundsätzlich Betriebsobjekte im allgemeinen eine kürzere Lebensdauer haben als Wohnbauten. Der schlichte Parameter des Baualters reicht freilich zur Erklärung der Lebensdauer von Bauobjekten nicht aus. Die Bestandsdauer ist vielmehr abhängig von der Qualität des Baumaterials und der Fertigungstechnik, ebenso aber auch vom Ausmaß der Neubautätigkeit. Ein höheres Neubautempo beschleunigt das Eintreten des vorhandenen Baubestandes in die vom Verfall bedrohten Kategorien.

Figur I/1: **Das duale Zyklusmodell von Stadterneuerung und Stadterweiterung**

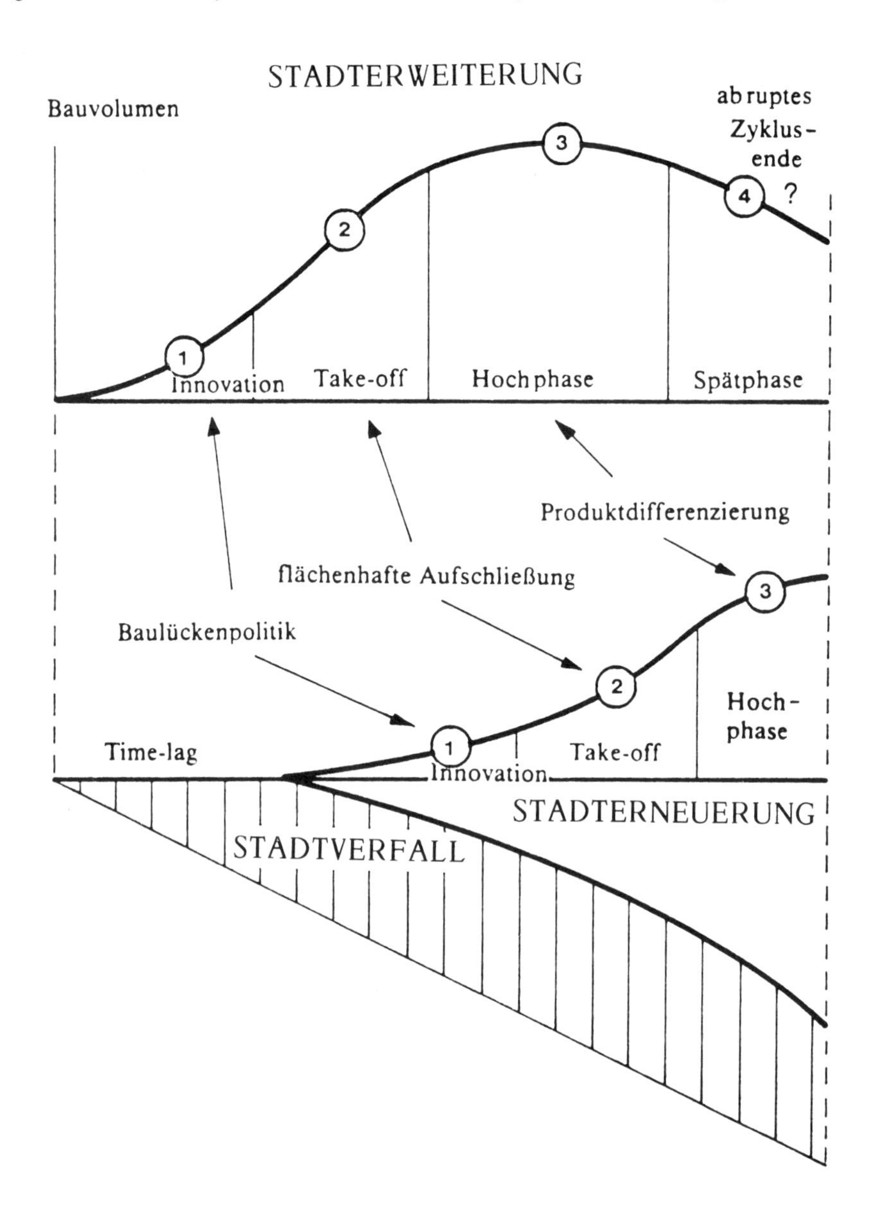

Die *achte These* bezieht sich auf die funktionelle Relation der beiden Zyklen. Sie lautet: Stadterneuerung ist als funktionell komplementärer Vorgang zur Stadterweiterung aufzufassen. Dies bedeutet in weiterer Konsequenz, daß die bei der Stadterweiterung nicht berücksichtigten Elemente des städtischen Systems im Falle einer vorausschauenden Planung bei der Stadterneuerung berücksichtigt werden müssen. Sollte dies nicht der Fall sein, so sind tiefgreifende Veränderungseffekte auf das Gesamtsystem die unabdingbare Konsequenz. Hierzu ein konkretes Beispiel: Die im Zuge der Stadterweiterung geschaffenen Strukturen sind im Hinblick auf das Sozial- und Wirtschaftssystem gleichsam systemkonform. Ihre Verwendung als städtebauliches Instrument der Stadterneuerung akzentuiert daher mit Notwendigkeit die Verdrängung der im jeweils älteren Stadtraum angesiedelten Bevölkerungsgruppen und betrieblichen Strukturen. Dieses Dilemma der Stadterneuerung ist vor allem in den Staaten mit einer umfassenden Erfahrung in der Stadterneuerung, wie in Großbritannien, in einer umfangreichen Literatur belegt. Vor diesem immanenten Problem stehen auch alle aktuellen Stadterneuerungsvorhaben (vgl. unten).

3. Stadterneuerung und Stadterweiterung in historischer Perspektive

3.1. Einleitung

Wenn auch die Begriffe Stadterneuerung und Stadterweiterung relativ jungen Datums sind, so reichen doch analoge Vorgänge tief in die Stadtgeschichte zurück (vgl. Anm. 3). Grundsätzlich ist die Abfolge der politischen Systeme mit der Ausbildung von spezifischen Stadttypen verknüpft. Die Änderung von politischen Systemen bedeutet stets eine Änderung der Machtverhältnisse. Damit erfolgen Verdrängungs- und Umstrukturierungsvorgänge im physischen Stadtraum und in der räumlichen Organisation der Gesellschaft. Die neuen Eliten verdrängen die traditionellen Machtträger. Daraus resultiert eine Änderung der Besitzverhältnisse als Voraussetzung für Um- und Neubautätigkeiten. Mit dem politischen Systemwechsel ist ferner häufig eine Veränderung der ökonomischen Bedingungen verbunden. Schließlich kann auch ein technischer Wandel im Hinblick auf die Produktion bzw. den Verkehr erfolgen und neue Standorte erzeugen.

Aus der jüngeren Stadtentwicklung seien zwei Perioden herausgegriffen, nämlich das Barock und die Gründerzeit. In der Retrospektive ist es möglich, die Vorgänge von Stadterweiterung und Stadterneuerung in beiden Perioden zu erfassen und daraus allgemeine Aussagen abzuleiten.

3.2. Stadterneuerung und Stadterweiterung im Barock

Die barocke Stadtentwicklung fußte auf der Ablösung der „Bürgerstadt" durch die „Residenzstadt" des absolutistischen Landesfürsten. Die soziale Organisation der Bürgergemeinde wurde durch die Residenzfunktion unter die zentralistische Staatsgewalt des Flächenstaates subordiniert. Die ökonomischen Funktionen von bürgerlichem Gewerbe und Handel wurden überschichtet von nicht-ökonomischen Institutionen, vom Aufbau der staatlichen Administration und dem Ausbau von kulturellen Einrichtungen. In technischer Hinsicht war die Entwicklung mit dem Ausbau der Kommerzialstraßen verbunden.

Die neuen Sozialschichten, Adelige, Angehörige des Hofstaats, Beamte, waren die Träger der Stadterneuerung. Das Bürgertum wurde aus dem Hausbesitz in der Stadt verdrängt und verlor darüber hinaus einen Großteil des Grundbesitzes im Vorstadtraum.

Im Zuge der Stadterneuerung und Stadterweiterung polarisierte sich die wirtschaftliche und soziale Entwicklung. In der Stadt konzentrierten sich die Einrichtungen der Regierung und Verwaltung des Staates, die Anfänge des Bankenwesens, der Groß- und Einzelhandel. In den Vorstädten, im Raum der Stadterweiterung, lag dagegen der Schwerpunkt der gewerblichen Produktion. Auch die sozialen Kontraste wurden verschärft. Sie lassen sich auf die einfache Formel bringen, daß in der Stadt in erster Linie die Angehörigen des Adels, des Hofstaates und die hohen Beamten, die Vertreter des Großhandels und Geldwesens wohnten, während andererseits in den Vorstädten die in der Produktion tätige Bevölkerung lebte, von den Gewerbetreibenden bis zu den Erzeugern landwirtschaftlicher Produkte.

Im Hinblick auf die Herkunft sonderte sich die überwiegend ortsbürtige Bevölkerung in der Stadt von der in hohem Maße fremdbürtigen Bevölkerung in den Vorstädten. Die Zuwanderung war demnach mit der Stadterweiterung verknüpft (vgl. Anm. 4).

3.3. Stadterneuerung und Stadterweiterung in der Gründerzeit

Die Stadtentwicklung der Gründerzeit brachte eine Auswechslung aller Parameter. Sie war mit dem politischen System des Liberalismus verbunden, ihr wirtschaftlicher Motor war die Industrialisierung, ihr technischer die Eisenbahn und die neuen innerstädtischen Verkehrsmittel, welche den potentiellen Radius vom Zentrum zur Peripherie ganz entscheidend erweitert haben. Das Auftreten des „vierten Standes" der Arbeiter brachte neue Wohnungswerber auf den Plan. In geradezu modellhafter Weise hat die Gründerzeit in allen Mittel- und Großstädten einen breiten Neubaustreifen als Stadterweiterung um die älteren Stadtteile gelegt. Gleichzeitig wurde aber auch vielfach der Altbaubestand nicht nur „erneuert" im Sinne des aktuellen Begriffs der Revitalisierung und der sanften Stadterneuerung, sondern in durchgreifender Weise beseitigt, wohl am radikalsten in Frankreich. Repräsentative Boulevards mit bürgerlichen Miethäusern ersetzten Slums und Verfallsgebiete. Frankreich schuf den Prototyp der „bausozialen Aufwertung". Paris in den Zeiten Haussmanns kann wohl als großartigstes historisches Beispiel für eine „Gentrification" genannt werden.

Die Gründerzeit brachte ferner ein neues „Modell der Stadtmitte". Hatte die Residenz und damit das Herrscherhaus die politische und gleichzeitig soziale Mitte der barocken Stadt gebildet, so wurde nunmehr die Innenstadt zum Standort der neuen wirtschaftlichen Institutionen. Banken und Versicherungen verdrängten die Adelspaläste. Die Stadterneuerung stand hier unter dem Vorzeichen der Citybildung. Die Stadterweiterung in Form von Neuaufschließungen in peripher ausgreifenden Vororten bot Raum für die Zuwanderer in die neu entstehenden Industrien.

In beiden Epochen, der Barockzeit und der Gründerzeit, war somit Stadterneuerung ein umfassender, den gesamten Innenstadtbereich im Hinblick auf die bauliche Struktur und die dort angesiedelten Funktionen komplett umgestaltender Vorgang. Es erscheint erforderlich, mit Nachdruck darauf hinzuweisen, daß ein mengenmäßig entsprechender Umbauprozeß in den älteren Stadträumen in West- und Mitteleuropa bisher nirgends in Gang gekommen ist. Ebenso ist zu vermerken, daß es auch in der Gründerzeit nicht gelungen ist, den gesamten älteren Baukörper zu erneuern. Abseits des Verkehrs und in Stadtvierteln mit geringer Bodenrente erhielt sich älterer, zum Teil verfallender Baubestand. Stadtverfall ist im 19. Jahrhundert bereits photographisch dokumentiert und keineswegs nur ein aktuelles Phänomen.

Mit dem Ersten Weltkrieg ist die Epoche der umfassenden Stadterneuerung in Europa zu Ende gegangen. Infolge der Ausschaltung privatkapitalistischer Interessen aufgrund der Mieterschutzgesetzgebung und der Wirtschaftskrise fiel der ältere Stadtkörper gleichsam in Erstarrung. Die Bautätigkeit beschränkte sich in Frankreich, im deutschen Sprachraum und in Großbritannien auf die Füllung von Baulücken.

Außerordentlich vehement war dagegen das Stadtwachstum, das sich vor allem außerhalb der Stadtgrenzen über die Dämme der rechtsstaatlichen Ordnung hinwegsetzte. Autoritätsverluste der administrativen Instanzen in den durch die politischen Zusammenbrüche betroffenen Staaten machten den Weg frei für Selbsthilfemaßnahmen der betroffenen Bevölkerung. Eine „anarchische Urbanisation" überflutete unter dem Druck der Wohnungsnot das weitere Umland der Städte. Nur in Großbritannien gelang es, den „urban sprawl" in geometrischen Aufschließungen „einzufangen" und das Konzept der „Neuen Städte" in eine mächtige Suburbanisationsbewegung einzubinden.

Auf diesem Hintergrund seien einige Reflexionen zur Gegenwart gestattet: Der historische Systemvergleich belegt, daß es niemals in der Stadtgeschichte in den großen Städten eine „sanfte Stadterneuerung" gegeben hat, die, wie es gegenwärtig unternommen wird, geänderte gesellschaftliche Strukturen und Verhaltensweisen in eine städtische Idylle aus der Zeit des Vormärz pressen will. Diese Idylle hat nie existiert. Hinter den historischen Stadtansichten mit Gärten und Landhäusern aus dem späten 18. Jahrhundert und aus der ersten Hälfte des 19. Jahrhunderts dokumentiert die Sozialstatistik von Wien bis Paris, von Prag bis Budapest entsetzliche Ausmaße der Wohnungsnot, des Elends und der Krankheit. Erneuerte Bauten aus dieser Periode beherbergen heute höchstens 20 v. H. der Zahl an Bewohnern, die vor eineinhalb Jahrhunderten dicht gedrängt, vielfach im Schatten der häufigsten Todeskrankheit, der Tuberkulose, darin leben mußte.

Damit ist das Grundproblem angesprochen, das darin besteht, daß jede im Stile selbst noch so sorgfältiger architektonischer Renovierung angesiedelte Stadterneuerungspolitik das entscheidende Problem wegschiebt, daß zwar das bauliche Ambiente in kleinräumigen Experimenten erneuert werden, aber nicht die Gesellschaft darin „eingepaßt" werden kann.

4. Stadtverfall und Stadterneuerung im Vergleich politischer Systeme von West und Ost

4.1. Einleitung

Der Stadtverfall zählt zu den Erscheinungen in der westlichen Welt, welche die politischen Systeme übergreifen. Seine Hauptursache sind die aus dem Gleichgewicht geratenen Proportionen zwischen Stadterweiterung und Stadterneuerung zugunsten der ersteren. Die Gründe hierfür sind unterschiedlich. Einige seien im folgenden aufgezeigt.

4.2. Stadtverfall und Stadterneuerung im Privatkapitalismus. Das Beispiel der USA

Die Stadtentwicklung in den USA wird entscheidend vom Gesellschaftsverständnis des Privatkapitalismus bestimmt. Folgende Elemente verdienen Beachtung:

1. Renditedenken und Gewinnmaximierung bestimmen die sozialen Normen. Sie beeinflussen zutiefst das Investitionsverhalten der Bevölkerung und bedeuten konkret, daß Kapitalinvestitionen in Bauobjekte nur solange stattfinden, wie diese zur Steigerung des Marktwertes beitragen. Da insbesonders Banken und Versicherungen ihre Geldanlagen nur dort tätigen, wo sie eine entsprechende Rendite erwarten, ist es verständlich, daß abgewohnte Gebiete der Kernstädte als finanziell „tote Zonen" aus den Investitionsstrategien ausgeklammert werden. Selbst wenn einzelne Personen bereit wären, verfallende Objekte zu reparieren, so würden sie hierfür keine Kredite erhalten. Es ergibt sich daraus weiters, daß Stadterneuerung im Zuge eines ökonomischen Recycling-Denkens nur perfekte Abräumung ehemaliger Wohngebiete und Umfunktionierung zu Verkehrsflächen bzw Adaptierung ästhetisch attraktiver Teile in historisch-musealer Form für eine zahlungskräftige neue Citybevölkerung bedeuten kann.

2. Die außerordentlich hohen Neubauraten im Verein mit dem technologischen Fortschritt haben die durchschnittliche Lebensdauer von Bauobjekten längst auf die menschliche Lebenszeit verkürzt und in jüngster Zeit eine weitere Reduzierung

auf eine Generation bewirkt (vgl. Anm. 5). In weiterer Konsequenz bedeutet dies, daß sämtliche Neubauten rascher in die graue Zone von verschatteten Gebieten bzw. „blighted areas" einrücken. Der Hausbesitz wird aus den aktuellen Bedürfnissen von und dem ökonomischen Nutzen für einzelne Personen und Haushalte definiert, hat jedoch nur eine geringe Funktion im intergenerationalen Besitztransfer.

3. Die kontinuierliche Anpassung an den Markt erfordert eine extrem hohe Mobilität der Produktionsfaktoren Arbeit und Kapital. Kapital wird sehr rasch abgezogen, wenn es in einem bestimmten Raum keine Erträge liefert. Leerstehende Objekte „stören" niemanden, da keinerlei kollektive Verantwortlichkeit für das gepflegte Aussehen von Städten außerhalb der eigenen „Nachbarschaft" besteht. Die Mobilität auf dem Arbeitsmarkt zählt zu den internalisierten Normen eines aufstiegsorientierten Sozialverhaltens.

4. Durch den geringen Budgetanteil des öffentlichen Sektors sind Maßnahmen gegen die Ausbreitung von physischen Verfallserscheinungen aus öffentlichen Mitteln kaum finanzierbar. Im Gegenteil, in einer von den Vorzügen des Privatkapitalismus überzeugten Mittelschichtgesellschaft wird vor allem darauf geachtet, daß das Ausmaß der Sozialpakete nicht ausgeweitet wird (vgl. unten). Dieses Verhalten trägt wesentlich dazu bei, daß die Verfalls-, Segregations- und Marginalisierungsprozesse weiter fortschreiten und sich die davon betroffenen Areale ausweiten.

5. Von entscheidender Bedeutung für die Vorgänge von Verfall und Erweiterung ist das Steuersystem. Die Steuern auf Grund und Boden bilden die Grundlage für das Budget der Lokalbehörden und die Finanzierung der sozialen Einrichtungen. Dies bedeutet, daß damit kein Weg aus dem Teufelskreis von marginaler Bevölkerung – geringer Steuerkraft der Lokalbehörden – schlechten öffentlichen Einrichtungen, wie Schulen und Spitäler, herausführt.

6. Stellt man die Frage, welche städtischen Gebiete von der „Produktion" von Kapital durch Bodenpreissteigerungen profitieren und neue Strukturen erhalten, so lautet die Antwort, daß einerseits in den Downtown-Areas die Landmarken von Sky-Scrapers internationaler Konzerne immer höher wachsen und andererseits auch an der Peripherie metropolitaner Gebiete stets weitere Flächen aufgeschlossen werden. Als reine Arbeitsstättenzentren für den tertiären und quartären Sektor konzipiert, entstehen in den aufstrebenden Großstädten neue Innenstädte, mit einer Konzentration von Bürobauten und Hotels und einer neuen Wolkenkratzersilhouette. Autobahnen umgürten sie und verbinden sie mit den Suburbs, an welche die Wohnfunktion weitgehend oder bereits zur Gänze abgegeben wurde.

Aufgrund dieses Bedingungsrahmens hat der Verfall von weiten Teilen der Kernstädte der USA, der in den 50er Jahren das erste und einzige Mal aufgenommen wurde, inzwischen ein für europäische Verhältnisse nahezu unvorstellbares Ausmaß erreicht. Rückwirkungen der enormen suburbanen Erweiterung der Metropolitan Areas auf die Kernstädte haben alle funktionellen Bereiche derselben betroffen.

1. Es kam zu einem Niedergang zahlreicher zentraler Geschäftsbezirke. Dieser enorme Umfang des Commercial Blight wurde zum ersten (und letzten!) Mal von B. J. L. BERRY für Chicago (1963) dokumentiert. Seither ist dieser Vorgang

gleichsam aus dem öffentlichen Bewußtsein wie aus der „Wahrnehmung" der Stadtforschung ausgeblendet worden.

2. Mit der räumlichen Verlagerung und Umschichtung der Industrie erfolgte ein ebenso eindrucksvoller Verfall des inneren Industriegürtels um die Downtown (Industrial Blight). In den letzten Jahrzehnten sind diese ausgedehnten Areale von leerstehenden Hallen und verwahrlosten Flächen verschiedentlich abgeräumt und durch Autobahntrassen ersetzt worden.

3. Der Verfall der Wohnbausubstanz (Residential Blight) und die Slumbildung zählen jedoch zu den am stärksten flächenbestimmenden Phänomenen (vgl. Anm. 6). In diesen innerstädtischen Wüstungsgebieten der spät- und postindustriellen Gesellschaft sind die Bodenpreise auf Null gesunken, und trotz der staatlichen Initiierung einer „Frontierbewegung", welche Interessenten für die Gebühr von 1 Dollar den Besitztitel an einem leerstehenden Objekt zuerkennt, schreitet der Verfall in den Wohngebieten um den CBD weiter fort. Das Beispiel von Philadelphia belegt den 5 bis 10 km breiten Ring des Verfalls in dieser großen Metropole im Nordosten der USA. Hier stehen rund 40.000 Häuser leer (vgl. Fig. I/2).

Nun wäre es unrichtig, die Stadtentwicklung in Nordamerika gegen einen perfekten laisser faire-Liberalismus zu interpretieren. Es erfolgten vielmehr schon relativ früh Gegensteuerungsmaßnahmen in Form von Regierungsprogrammen zur Stadterneuerung. Der Staat New York erließ als erster ein Erneuerungsgesetz 1937 (Redevelopment Law). Mit dem Begriffswandel von Urban Redevelopment zum Urban Renewal 1954 verband sich eine weitere Fassung des Begriffsinhalts. Hatte es sich bisher im wesentlichen um die Beseitigung von Slumgebieten in der Nachbarschaft der Innenstadt gehandelt, so wandte sich das Interesse nunmehr einer mittleren Zone der Städte zu, den „verschatteten grauen Gebieten", in denen eine Hintanhaltung der Slumbildung durch rechtzeitige Teilerneuerung und Renovierung bestehender Strukturen („rehabilitation") sinnvoll und möglich erschien. Darüber hinaus sollten durch laufende Instandhaltungsmaßnahmen („conservation") baulich intakte Partien der Stadt in einem guten Zustand erhalten werden. Diese sehr frühen Ansätze der Stadterneuerung mit öffentlichen Mitteln haben nichtsdestoweniger im Vergleich zur fortschreitenden Stadterweiterung und Suburbanisierung nur geringe Leistungen erzielt (vgl. Anm. 7).

Die Stadterneuerung als Problem der Metropolitan Areas blieb als öffentliche Aufgabe ungelöst. Sehr früh löste sich die Gesetzgebung von der Vorstellung, daß unter Stadterneuerung ausschließlich die Erneuerung von Wohngebieten verstanden werden soll (vgl. Anm. 8). Dieser Trend in der Gesetzgebung reflektierte die Erkenntnis von der Bedeutung der Revitalisierung der Wirtschaft für die Erhöhung der Steuereinnahmen der Stadt. Die Interessen der Privatwirtschaft konzentrierten sich seit den späten 60er Jahren auf zwei Ziele: die Erneuerung der Downtown und die Unterbringung einer neuen Citybevölkerung.

Die Erneuerung der Innenstadtbereiche durch eine Hochhausstruktur von seiten der Großbetriebe des quartären Sektors, allen voran von Banken und Versicherungen und sonstigen wirtschaftsorientierten hochrangigen Dienstleistungen reflektiert den raschen Bedeutungsgewinn des quartären Sektors. Die Zunahme von Kleinhaushalten der weißen Mittelstandsbevölkerung, von jungen, zum Teil unver-

Figur I/2: **Verfallende Wohngebiete in Philadelphia**

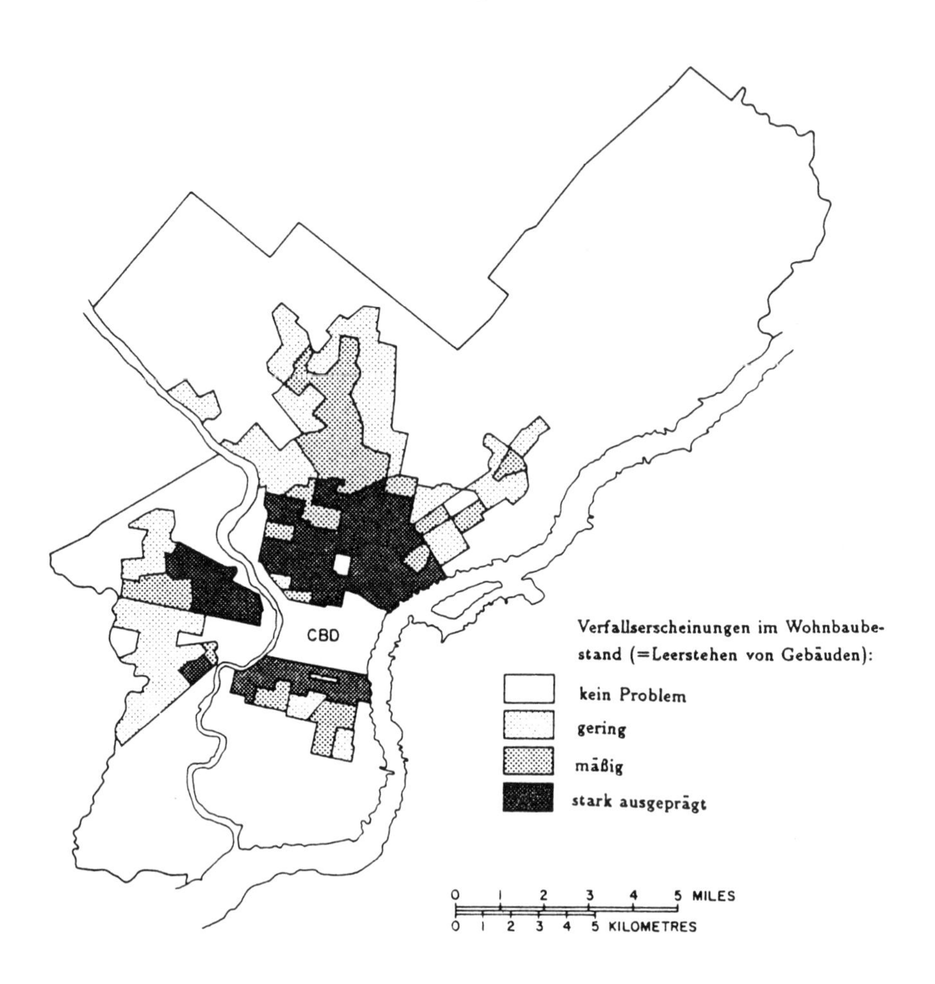

(Bourne, L. S., 1981, S. 183)

heirateten, meist aber gut verdienenden Berufstätigen hat den Innenstädten einen neuen Wohnwert zugeschrieben. Der noch zu Beginn der 80er Jahre vielfach mit großem Optimismus in die Zukunft extrapolierte Vorgang der Gentrification ist jedoch inzwischen abgestoppt worden und hat auch nicht, von den großen Metropolitan Areas ausgehend, die tieferen Strata der städtischen Hierarchie erreicht.

Fassen wir zusammen: Jedes Jahrzehnt der Nachkriegszeit hat in den USA neue soziale Probleme gebracht und zu den bereits vorhandenen hinzugefügt. Waren die 50er und 60er Jahre durch die wachsenden Ghettos der schwarzen Bevölkerung in den Kernstädten und die zunehmenden intrametropolitanen Disparitäten zwischen diesen und den Suburbs überschattet, so standen die 70er Jahre unter dem Vorzeichen von flächenhaften Verfallserscheinungen im gründerzeitlichen Baubestand der inneren Stadtteile, vor allem im Nordosten der USA, und einer Ausbreitung der Ghettobildung auf die älteren Suburbs. Durch die Suburbanisierung der schwarzen Mittelschichten hat sich die Lage der in den Ghettoarealen verbliebenen schwarzen Bevölkerung wesentlich verschlechtert. Die vielzitierte Gentrification konnte nur in wirklich attraktiven Innenstädten eine Erneuerung durch eine spezifische neue Citybevölkerung bewirken. Auch in den 80er Jahren gehen die obigen Vorgänge weiter und verschärfen sich. Neue soziale Probleme treten auf und bedingen neue räumliche Muster (vgl. unten).

4.3. Stadtverfall und Stadterneuerung im Staatskapitalismus

Wenden wir uns als nächstes dem Staatskapitalismus östlicher Prägung zu. Interessanterweise sind auch bei ihm in allen Kernstädten ausgedehnte Verfallsgebiete vorhanden. Die Verfallserscheinungen beruhen auch hier auf fehlenden Reinvestitionen in den Baubestand. Die Gründe sind freilich andere. Der private Hausbesitz wurde enteignet, die Miethausbauten stehen unter staatlicher Verwaltung. Die staatlichen Budgets reichen jedoch nicht aus, um gleichzeitig Stadterweiterung in Form der Errichtung von Großwohnanlagen sowie des Baus von Massenverkehrsmitteln zu betreiben und in den älteren Baubestand zu investieren. Weitere Unterschiede im Gesellschaftssystem sind hervorzuheben. Grundsätzlich handelt es sich um ein Zuteilungssystem einer zentralisierten Stadtentwicklungspolitik. Durch die Herausnahme des Bodens aus der Kette der Produktionsfaktoren fehlt die Möglichkeit, durch Bodenpreissteigerungen Kapital zu erzeugen. Dieses Kapital fehlt dem Staat, der Wirtschaft und der Bevölkerung.

Da die marktwirtschaftlichen Gesetzmäßigkeiten außer Kraft gesetzt sind, entstehen graue und schwarze Märkte. Der Tauschmarkt zählt zu den Kennzeichen des Staatskapitalismus und betrifft auch den gesamten Sektor des Wohnens. Das staatliche Zuteilungssystem bewirkt aufgrund der jahrelangen Wartezeiten eine Immobilisierung der Bevölkerung. In weiterer Konsequenz resultieren daraus Paradoxa im Verhältnis von Bauzustand und sozialem Status der Bevölkerung. Während im privatkapitalistischen System Verfallsgebiete von marginalen Bevölkerungsschichten bewohnt werden, ist diese Aussage nicht auf die Städte in den sozialistischen Staaten auszudehnen. Nur im Laufe der Generationenabfolge kommt es auch hier zu gewissen Marginalisierungsphänomenen. Dem wirkt jedoch die staatliche Zuteilungspolitik für Wohnraum entgegen, in der implizit Antisegregationsstrategien in das Punktesystem eingebaut sind.

Die durch die jüngsten politischen Veränderungen in einem Teil der COMECON-Staaten wahrscheinlich abgeschlossene bisherige Stadtentwicklungspolitik kann durch folgende Merkmale gekennzeichnet werden:

Gesamtstaatliche und gesellschaftliche Einrichtungen haben in der Bautätigkeit grundsätzlich Vorrang gegenüber der Privatsphäre. Sie werden in repräsentativer Weise in neuen Stadtzentren des „sozialistischen Städtebaus" zusammengefaßt, der andererseits die „bürgerlichen Altstädte" einschließlich der aus der Gründerzeit stammenden Miethausbestände völlig vernachlässigt hat. Ein besonders eindrucksvolles Beispiel für den Verfall der an die Innenstadt anschließenden Miethauszone der Gründerzeit bietet Budapest. Das in Karte I/1 ausgewiesene Areal der „Stadterneuerung" umfaßt rund 120.000 Wohnungen, die in der nächsten Generation, d.h. bis zum Jahr 2015, saniert oder abgerissen werden sollen (vgl. Anm. 9).

In der zumeist unmittelbar an das Stadtzentrum anschließenden Lage der Verfallsgebiete bestehen in den Oststaaten Parallelen zu Nordamerika.

4.4. Stadtverfall und Stadterneuerung in den sozialen Wohlfahrtsstaaten

Eine deutliche Übergangsstellung im Hinblick auf räumliche Muster und Vorgänge von Stadtverfall und Stadterneuerung nehmen die sozialen Wohlfahrtsstaaten Westeuropas ein, wo allerdings aufgrund der Differenzierung der nationalen Strategien der Wohnungswirtschaft von Staat zu Staat beachtliche Unterschiede bestehen. Einige Gemeinsamkeiten seien herausgestellt:

1. Es bestehen segmentierte Märkte des Wohnens, Arbeitens und der Freizeit, d.h. spezifische Segmente des Angebots an Wohnungen, Arbeitsplätzen und Freizeitgelegenheiten sind jeweils aus dem Markt herausgenommen, entweder aufgrund spezifischer Eigentumsverhältnisse (Staat, Gemeinden, Genossenschaft usf.), von Subjekt- oder Objektförderung, d.h. Subventionierungen aller Art, bzw. durch legistische Einschränkungen ihrer „Marktfähigkeit". Sehr wichtige Instrumente bestehen hinsichtlich der Abschöpfung von Spekulationsgewinnen bei Grund und Boden. Restriktionen der Flächennutzung sind die Regel. Auflagen des Denkmalschutzes bilden ferner einen sehr wichtigen limitierenden Faktor, insbesonders in Stadtzentren.

2. Die Segmentierung des Wohnungsmarktes zählt zu denjenigen Faktoren der Stadtentwicklung, deren Bedeutung man nicht hoch genug einschätzen kann. Grundsätzlich haben die einzelnen Segmente unterschiedliche Zugangsbedingungen:

Karte I/1: **Budapest Stadterneuerung**

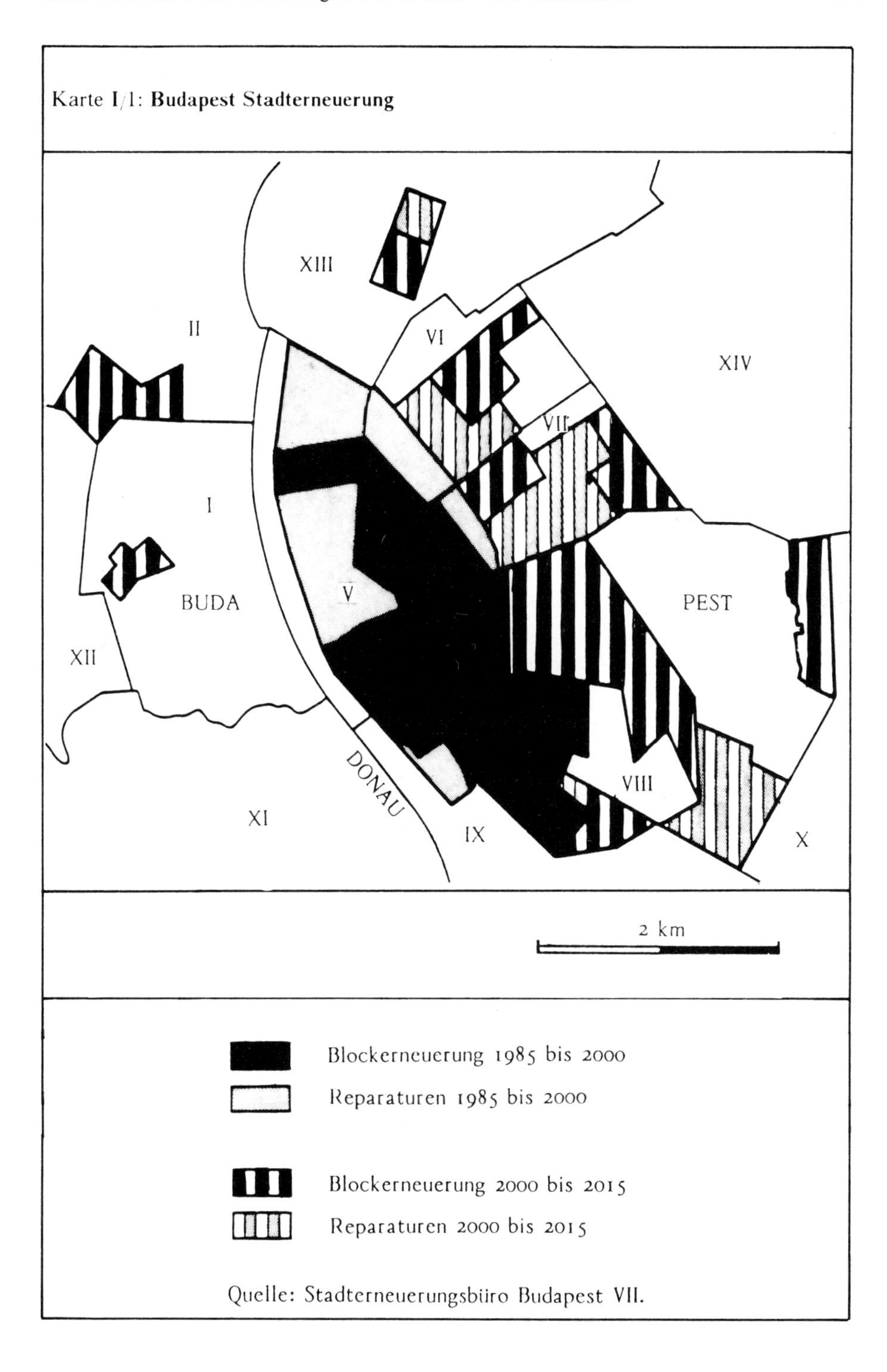

Quelle: Stadterneuerungsbüro Budapest VII.

(1) So besteht von Staat zu Staat ein Bündel von Privilegierungen der Angehörigen bestimmter Institutionen (Parteien, Betriebe, Berufsstände), welche Wohnungen unter dem Marktpreis erhalten können.

(2) Eingriffe des Gesetzgebers reduzieren ferner das freie Verfügungsrecht der Hausbesitzer und weisen gleichzeitig den Mietern eine Art Pseudoeigentumsrecht zu.

(3) Getragen von politischer Doktrin, wird die Wohnungspolitik in bestimmten Staaten vielfach als Instrument einer Antisegregationsstrategie und und in manchen Stadtgemeinden auch als Mittel der Wahlgeometrie benutzt.

3. Außerordentlich wichtig ist in allen sozialen Wohlfahrtsstaaten die Tatsache, daß der Staat bzw. die Gemeinden die Aufgaben der technischen und sozialen Infrastruktur seit längerem wahrnehmen. Besondere Bedeutung kommt der Bildungspolitik und der Integration verschiedener Bevölkerungsgruppen über das öffentliche Schulwesen zu.

Stadtverfall fehlt als Begriff und als Erscheinung in Nordeuropa, in der Bundesrepublik Deutschland und in der Schweiz fast völlig. Die Zerstörungen des Zweiten Weltkriegs haben in der Bundesrepublik Deutschland weithin den Baubestand vernichtet, der heute in anderen Staaten vom Verfall bedroht ist. Die ordnungspolitischen Maßnahmen von seiten der öffentlichen Hand unter Bezug auf die physische Struktur der Städte haben ferner eine alte und bedeutende Tradition. Der technische Städtebau im späten 19. Jahrhundert erbrachte die Leistung der Assanierung der älteren Stadtteile durch die nachträgliche Einbringung technischer Infrastruktureinrichtungen. Im Umfeld des Städtebauförderungsgesetzes bestimmten zunächst wohnungspolitische Maßnahmen die unter dem Dachbegriff der Sanierung subsumierten Verbesserungen der physischen Struktur in der Nachkriegszeit.

In der Planungspraxis des deutschen Sprachraums taucht der Begriff der Stadterneuerung erst in den 60er Jahren auf, als aus dem Repertoire des sozialdemokratischen Gedankengutes sozialpolitische Zielsetzungen integriert werden, welche auf ein egalitäres sozialräumliches Stadtmodell ausgerichtet sind. Aus dieser Ideologie stammen die politischen Einwände gegen spontan ablaufende, zur Luxussanierung (Gentrification) führende bausoziale Aufwertungsvorgänge, wie sie – dies sei als Einschub vermerkt – bei sozial zentrierter Stadtentwicklung zum „Normalprozeß" gehören. Die Konzeption bindet ferner ein in die aus dem Munizipalsozialismus geläufigen Intentionen des Wohnungsbaus und der Bereitstellung von sozialen Diensten. Diskussionen über eine „ökonomische" Erneuerung von Städten fanden nicht statt, die Interessen der Wirtschaft wurden daher partiell ausgeblendet bzw. hauptsächlich in einer Art „Gewerbeschutzpolitik" bei Stadterneuerungsvorhaben wahrgenommen. Diese „Ehe" zwischen kommunal gesteuerter Stadterneuerung und Antisegregationstendenzen hat freilich ein sehr spezifisches politisches Klima zur Voraussetzung. Dort, wo dieses fehlt und privatkapitalistische Interessen die Stadtentwicklung steuern, wie in Nordamerika, wurde die Stadterneuerung rasch in das Interessenfeld der Privatwirtschaft verschoben (vgl. unten).

Schon zu Beginn des Jahrhunderts hat sich ferner im deutschen Sprachraum der Denkmalschutz etabliert. Flächensanierungen und komplette Umbauten der Altstädte, wie sie die Stadtplanung in Großbritannien bereits in der Gründerzeit und dann wieder in den 60er Jahren durchgeführt hat, fanden im deutschen Sprachraum keine Nachahmung. Vielmehr vereinigten sich Altstadterhaltung und Denkmalpflege rasch zu einer städtebaulichen Ideologie, der sich Frankreich mit der „Lex Malraux“ angeschlossen hat.

Seit den 70er Jahren ist die sogenannte „sanfte Stadterneuerung“ zur beherrschenden Zielvorstellung geworden, die den behutsamen Umgang mit der physischen Struktur des Altbaubestandes propagiert (vgl. Anm. 10). Freilich sollte man nicht den Hintergrund übersehen, nämlich die Umpolung der Stadtwanderung in eine Stadtflucht, und damit zunächst das Nullwachstum und anschließend die Abnahme der Bevölkerung in den Kernstädten. Visionen des Rückbaus städtischer Systeme treten auf. Nach der Phase der Trabanten- und Satellitenstädte findet man wieder intellektuell und emotional zu den älteren Stadträumen zurück und proklamiert die weitgehende Beibehaltung wichtiger Grundriß- und Aufrißelemente bis hin zum Detail historischer Gestaltung. Ein neuer Begriff taucht auf: „Stadtreparatur“ ersetzt den Begriff der „sanften Stadterneuerung“ (vgl. Anm. 11).

5. Aktuelle Probleme der Desorganisation und der Destabilisierung der postindustriellen städtischen Gesellschaft

5.1. Einleitung

Verfall und Erneuerung der physischen Bausubstanz standen im Vordergrund der bisherigen Ausführungen. Rascher als die gebaute Kubatur der Stadt ändert sich die Gesellschaft. Krisensymptome der postindustriellen städtischen Gesellschaft sind auch in den nicht von physischen Verfallserscheinungen betroffenen Städten Mitteleuropas festzustellen. Sie könnten die Spitze eines Eisbergs sein. Ein Blick auf Nordamerika erscheint angebracht.

Nordamerika ist in diesem Jahrhundert in technologischen und gesellschaftlichen Entwicklungen vielfach der Trendsetter gewesen. Der Vorgang der Entstädterung unter dem Einfluß des Individualverkehrs hat hier zuerst massiv eingesetzt, ebenso die Konzentrationsprozesse des tertiären und quartären Sektors der Wirtschaft. Hier wurde zuerst die Manipulation des Menschen in einer Konsumgesellschaft praktiziert und gleichzeitig als wissenschaftliche Fragestellung analysiert. Die sozialen Desorganisationserscheinungen der postindustriellen Gesellschaft wurden mit allen Facetten der Kriminalität und Drogenszene zuerst in den USA beschrieben und gemessen. Als jüngstes, erschreckendes Phänomen ist die Obdachlosigkeit zu nennen. Die gerne zitierte „humanitas" versagt, eine der reichsten Gesellschaften der Welt ist nicht imstande, ihren ärmsten Bürgern ein Dach über dem Kopf zu geben. Welche räumlichen Muster von sozialen Desorganisationserscheinungen sind zu erwarten, wenn Menschen bereits Wegwerfartikel in einer Wegwerfgesellschaft geworden sind, bei der die Halbwertzeiten aller materiellen und immateriellen Produkte immer kürzer werden? Die Frage drängt sich auf: Wird auch in den europäischen Städten, wenn auch vielleicht verzögert, eine ähnliche Entwicklung ablaufen? Wird Europa mit einem Time-Lag die Entwicklung nachvollziehen? Im Bedingungsrahmen der sozialen Desorganisationserscheinungen bestehen Gemeinsamkeiten, die man nicht übersehen sollte; sie seien im folgenden kurz angerissen.

5.2. Das Ende des Wachstums des social overhead

Der drastische Rückbau der Sozialpakete in der Ära Reagan, der 1987 das Sozialpaket des Bundes als ein „outmoded social dinosaur" bezeichnet hat (vgl. Anm. 12), erweckt Nachdenklichkeit und bewirkt die Erkenntnis, daß auch in den sozialen Wohlfahrtsstaaten Europas der politökonomische Zyklus des Auf- und Ausbaus des social overhead zu Ende geht. Selbst die mit besonders umfassendem social overhead ausgestatteten sozialen Wohlfahrtsstaaten Europas, die in der Literatur auch als „Zuteilungsstaaten" apostrophiert werden, sehen sich gezwungen, Spektrum und Tiefgang der indirekten und direkten Maßnahmen zum sozialen Disparitätenausgleich durch Änderungen der Steueransätze, Verschiebungen von der Objekt- zur Subjektförderung usf. zu reduzieren. Der Staat ist nicht mehr imstande und/oder bereit, alle bisher üblichen Sozialausgaben zu finanzieren. Der Rückbau der Sozialprogramme betrifft die am wenigsten adaptierungsfähige Bevölkerung zuerst. Eine „neue Armut" entsteht und eine neue soziale Frage: Sie wird freilich – zumindest derzeit noch – unter dem Dilemma einer Zwei-Drittel-Gesellschaft verborgen, d.h. daß dieses von „Armut" betroffene Bevölkerungssegment sich in den politischen Gremien nicht artikulieren kann bzw. nur bei flächiger Ghettoisierung schlimmstenfalls lokale Krisenherde bildet. Die einzige Chance, die Öffentlichkeit zu mobilisieren, besteht in einer „geschickten" Standortwahl für die Demonstration der neuen Armut: die Betroffenen ins Zentrum der Aufmerksamkeit zu bringen, dorthin, wo sie kaum zu übersehen sind, in den zentralen öffentlichen Raum der großen Städte, in die Parkanlagen der Zentren und zu den Knoten des Verkehrs.

5.3. Das Ende der sozialen Wohnbauprogramme und die neue Wohnungsnot der Kleinhaushalte

Ein Spiegelbild der Problematik sind die Prozesse auf dem Wohnungsmarkt. Eine These sei an den Anfang gestellt: Eine lange Zeit für ein Gesetz gehaltene Theorie hat ausgedient, selbst in Nordamerika: Es handelt sich um die sozialökologische Theorie und den zu ihren impliziten Annahmen gehörenden filtering-down-Prozeß, wonach abgewohnte Wohnungen der Mittelschichten von den unteren Bevölkerungselementen übernommen werden. Dieser Vorgang „funktioniert" jedoch nicht mehr. Mehrere Gründe sind dafür anzuführen:

(1) Die Zahl von leerstehenden Objekten, bei denen weder Hausbesitzer noch Banken bereit sind, Investitionen zu tätigen, nimmt zu.

(2) Aufgrund der sehr viel besseren Kapitalverzinsung bei Investitionen in der Wirtschaft hat die Bereitschaft, in den Miethausbau und die Erhaltung von Mietwohnungen zu investieren, abgenommen. Es öffnet sich die Schere zwischen der steigenden Nachfrage nach Mietwohnungen, vor allem durch Kleinhaushalte und

Angehörige ärmerer Bevölkerungsschichten, und einem sinkenden Angebot an preiswerten Mietwohnungen. Dementsprechend erfolgt ein starker Anstieg der Bruttomieten im gesamten Niedrigmietensektor (vgl. Anm. 13).

Von diesem Anstieg der Mieten waren jedoch auch die Hausbesitzer betroffen, da die Hypothekenzinsen gleichfalls angestiegen sind (vgl. Anm. 14).

(3) Gerade der oben angesprochene Gentrification-Vorgang reduziert den Niedrigmietensektor drastisch. Die Wohnungspolitik bemüht sich dort, wo sie sich auch als soziale Schutzpolitik versteht, einerseits den Wohnungsstandard anzuheben und andererseits einen Niedrigmietensektor für ärmere Bevölkerungsschichten zu erhalten (vgl. Anm. 15). Nur als Hinweis sei für die USA vermerkt, daß im Schnitt in den 80er Jahren eine halbe Million Billigwohnungen jährlich durch Unbewohnbarwerden bzw. Abbruch aus dem Markt herausgenommen worden sind.

In diesem Zusammenhang stellt das Problem der Obdachlosen gleichsam das unterste Ende in der Nachfrage nach Wohnraum dar. Ohne entsprechende Gegensteuerungsmaßnahmen der öffentlichen Hand werden weitere Segmente der Bevölkerung nachrutschen.

Fassen wir zusammen. Auf der Angebotsseite vollziehen sich folgende Veränderungen:

(1) drastische Reduzierungen des Niedrigmietensektors,

(2) drastische Reduzierungen des öffentlich geförderten bzw. sozialen Wohnungsbaus,

(3) Reprivatisierung beachtlicher Bestände des ehemaligen sozialen Wohnungsbaus, wie etwa in Großbritannien (vgl. Anm. 16).

In diesem Zusammenhang sei die Wohnungspolitik in den sozialen Wohlfahrtsstaaten eingeblendet, um die Ähnlichkeit der Tendenzen bei unterschiedlicher Ausgangslage aufzuzeigen. Es ist bekannt, daß die Wohnungspolitik in ganz Westeuropa aufgrund der extremen Wohnungsnot in der ersten Nachkriegszeit der sozialpolitischen Schutzfunktion Priorität eingeräumt hat. Seither sind – in den einzelnen Staaten zu unterschiedlichen Zeitpunkten – die Mechanismen der Kapitalverwertung wieder in Gang gekommen. Die wichtigste Form der Vermittlung zwischen beiden Funktionen, der soziale Mietwohnungsbau als direkt geförderter bzw. als unmittelbar durch die öffentliche Hand selbst getragener Bau von Mietwohnungen, erlebte seit den 70er Jahren eine Krise, definiert durch

– allgemeinen Rückgang der Bauleistung,
– rasanten Anstieg der durchschnittlichen Sozialmiete,
– Auseinanderdriften der Preise der älteren und jüngeren Sozialwohnungen.

Der Anstoß zu dieser Entwicklung waren die extremen Preissteigerungen auf den Boden-, Bau- und Kapitalmärkten, d.h. den vorgelagerten Märkten. Eine defensive Reaktion bestand in der Qualitätsreduktion, der Verwendung von geringerwertigen Materialien, der Wahl von ungünstigen Randlagen, einem Verzicht auf Infrastruktureinrichtungen und einer immer höheren Geschoßzahl. Es erfolgte ein Umbau des Fördersystems zu Formen der Individualbeihilfe, d.h. der Subjektförderung, wodurch andererseits die Objektfördermittel immer mehr beschnitten wurden. Gleichzeitig wandert die Förderung – auch auf dem Wege über Steuersubventionen – zu höheren Einkommensbeziehern ab. Hierbei wird die Argumentation der Filterungsprozesse verwendet: Der geförderte Bau von Mittelschichtwohnungen löst Umzugsketten aus, die in die von der Unterschicht frequentierten Märkte von Billigwohnungen hineinreichen und hier eine Vergrößerung des Angebotes bewirken. Diese von der sozialökologischen Theorie stammende filtering-down-These funktioniert selbst in den USA nicht mehr (siehe oben). Es ist daher nicht erstaunlich, daß sie in den segmentierten Wohnungsmärkten sozialer Wohlfahrtsstaaten ebenfalls „ausgedient" hat. Die Reduzierung des Niedrigmietensektors ist auch in diesen ein Problem von wachsender Bedeutung. Es erhält besondere Brisanz durch die von der Nachfrageseite entstandene „neue Wohnungsnot" der Ein- und Zwei-Personen-Haushalte von Beziehern unterer Einkommen, mitbedingt durch die viel zu lange praktizierte Förderung von „familiengerechten" Wohnungen und die Negierung der Bedürfnisse von Kleinhaushalten durch die staatliche (und private) Wohnbaupolitik (vgl. unten).

5.4. Die neue „Underclass" und die postindustrielle Reservearmee

Auf dem Arbeitsmarkt vollziehen sich dramatische Veränderungen. Eine Destabilisierung zeichnet sich ab. Die Entindustrialisierung und EDV-isierung in der Produktion und im Dienstleistungssektor drängt zahlreiche Berufsgruppen in die offene und verdeckte Arbeitslosigkeit. Der Bedarf nach besserer Ausbildung steigt rasch an (vgl. Anm. 17). Es ist ziemlich sicher, daß gerade die Kernstädte in der Zukunft ebenso mit einer „Grundlast" von Arbeitslosen werden „fahren müssen" wie mit der Tatsache, daß spezialisierte Arbeitsplätze nur schwer besetzbar sind. Eine neue „postindustrielle Reservearmee" ist im Entstehen. Ein wachsender Teil ihrer Mitglieder besitzt kaum eine Chance, auf Dauer in den Arbeitsprozeß integriert zu werden. Es ist sehr bezeichnend, daß mittels der Substitution über Freizeit und disponibler Arbeitseinteilung diese Unsicherheit der Existenz – durch sozialwissenschaftliche Propheten als „neue Freiheit" verpackt – den nachwachsenden Kohorten von jungen Arbeitnehmern als Qualität des postindustriellen Arbeitsprozesses schmackhaft gemacht wird. In Wirklichkeit ist *eine neue Underclass im Entstehen.* Ihre Mitglieder sind nicht mehr über die Partizipation am arbeitsteiligen Prozeß in die bekannte Stratifizierung des Sozialsystems einzuordnen, sondern aufgrund der zeitweisen oder ständigen Ausgliederung aus dem Arbeitsprozeß definiert. Sie besteht aus folgenden Gruppen:

- unfreiwillig Langzeitarbeitslose,
- Behinderte und chronisch Kranke,
- eine wachsende Gruppe von Personen, die sich selbst aus der Gesellschaft und ihren traditionellen Wertnormen ausschließen.

Es ist verständlich, daß in den sozialen Wohlfahrtsstaaten, insbesonders in Österreich, die Diskussion um den Grundlohn für alle im erwerbsfähigen Alter befindlichen Mitglieder der Gesellschaft entbrannt ist.

Die Problematik der Underclass kann jedoch nicht isoliert gesehen werden. Sie bindet ein in das oben angesprochene Problem der Neuorganisation des Arbeitsmarktes und der Zunahme der Bevölkerungsteile, welche unter der „staatsspezifischen Armutsgrenze" leben. Auch hierzu bieten die USA als Trendsetter die Möglichkeit von Aussagen. Eine gerne zitierte Leistung der Regierung Reagan, die Schaffung von 12 Mio. Arbeitsplätzen allein im tertiären Sektor, hat nämlich de facto die Hälfte der obigen Zahl bereits von vornherein als Arbeitsplätze unter der Armutsgrenze eingerichtet (vgl. Anm. 18). Im Zusammenhang mit der technologischen Umorientierung der Wirtschaft ist eine Polarisierung der Einkommen im Gange, synchron mit einem langsamen, anscheinend aber unaufhaltsamen Schrumpfungsprozeß der Zahl mittlerer Einkommensbezieher (vgl. Anm. 19).

5.5. Die Feminisierung des Arbeitsmarktes, der Armut und der Haushaltsführung

Das Problem erhält eine weitere dramatische Note durch die Feminisierung des Arbeitsmarktes, der Armut und der Haushaltsführung. Es ist hier nicht der Platz, um auf die Probleme der amerikanischen Nationalökonomie einzugehen. Hingewiesen sei nur darauf, daß sich völlig zu Unrecht die Vorstellung vom Einkommensstandard von Nordamerikanern noch immer an den Verhältnissen der 60er Jahre orientiert, in denen Hausbesitz und Zweitwagen bereits selbstverständliche materielle Güter waren. Seit den 70er Jahren sind die Zuwachsraten des Bruttonationalprodukts in erster Linie den großen Wirtschaftsinstitutionen, den technischen Großbauprojekten und, last not least, der Rüstung zugeschrieben worden. Den Privathaushalten gelang es seit den 70er Jahren nicht mehr, das Realeinkommen zu halten. Um den gewohnten Lebensstandard aufrechtzuerhalten, sind zwei Anpassungserscheinungen erfolgt:

1. Die erste Anpassung erfolgte in den USA durch Beibehaltung der langen Lebensarbeitszeit. Es verdient gerade unter Bezug auf die gegenwärtige Diskussion um Rentenbezüge in Österreich herausgestellt zu werden, daß die USA die Reduzierung des Rentenalters der europäischen Wohlfahrtsstaaten nicht mitgemacht haben. Daraus ergibt sich, was viel zuwenig bekannt ist, daß die USA die höchste Erwerbsquote in der westlichen Welt mit 60,7 v. H. (1986; vor Japan mit 60,4 v. H.) aufweisen. Erst in weitem Abstand folgen alle europäischen Staaten.

2. Die zweite Anpassung erfolgte durch den Anstieg der Doppelverdienerhaushalte von 36 v. H. in den 50er Jahren auf 49 v. H. in den 70er Jahren. Damit ist eine ganz wesentliche Umschichtung auf dem Arbeitsmarkt erfolgt. Es ist zu einer beachtlichen Feminisierung des Arbeitsmarktes gekommen. Dieser Vorgang wird durch den Anstieg der weiblichen Erwerbsquote abgebildet, deren Höhe in den USA unbemerkt längst die Mittel- und Westeuropas erreicht und z. B. die Österreichs überrundet hat (1986: 44 v. H.). Eine weitere Zunahme der weiblichen Be-

rufstätigen auf dem Arbeitsmarkt ist in Sicht. Der Eintritt in den Arbeitsmarkt hat den Frauen jedoch nur die schlechteren Positionen mit im Durchschnitt nur 59 v. H. der Bezüge der Männer gebracht. Bedingt durch die hohe Scheidungsrate von 50 v. H., die Benachteiligung der Frauen durch die neuen Scheidungsgesetze, die seit 1984 in den meisten Staaten erlassen wurden, und die wesentlich geringeren Löhne ist ferner eine Feminisierung der Armut erfolgt (vgl. Anm. 20).

5.6. Die Individualisierung der Haushalte

Parallel zur technologischen Umstrukturierung der Arbeitswelt vollzieht sich gegenwärtig eine dramatische Veränderung der demographischen Strukturen. Relativ kurz war, rückblickend gesehen, die Zeitspanne der Kernfamilie als „Leitbild der Gesellschaftsordnung". Durch die wachsende Rechtsschwäche und abnehmende ökonomische Attraktivität der Institution Ehe verliert sie gegenwärtig über die politischen Systeme von Europa und Amerika hinweg an Anwert. Hierfür sind die Scheidungsraten ein wichtiger Indikator. In den USA beträgt die durchschnittliche Ehedauer nur mehr sieben Jahre. Verschieden strukturierte Resthaushalte entstehen und bedingen einen neuen Wohnungsbedarf. Dieser bewirkt eine neue Wohnungsnot. Der Hintergrund ist die Verkleinerung der Haushalte und der damit selbst bei gleichbleibender Bevölkerung stark steigende Wohnungsbedarf. Die Aufspaltung der Haushalte verändert die bisherigen Standortprinzipien im innerstädtischen System. Die genannten Resthaushalte und Haushalte von Singles besitzen eine sehr viel stärkere Bindung an die Kernstadt, und zwar unabhängig von den politischen Systemen.

5.7. Die Verschärfung ethnischer Ghettoisierung

Im Rahmen städtischer Segregationsprozesse nimmt die ethnische Segregation eine Sonderstellung ein. Die Ghettobildung der schwarzen Bevölkerung in den Metropolitan Areas der USA ist ausgezeichnet untersucht. Jüngste Tendenzen einer verschärften Ghettoisierung der schwarzen Grundschicht verdienen Aufmerksamkeit gegen den Hintergrund einer potentiellen Zuwanderung kulturell und ethnisch schwer integrierbarer Bevölkerungsgruppen im Zusammenhang mit der aktuellen politischen Szene der Schaffung eines „gemeinsamen Hauses Europa". Gerade die zunächst als Emanzipation begrüßte Suburbanisierung der schwarzen Mittelschicht aus den Ghettos der Kernstädte hat letztlich nur eine wohnstandortmäßige und ökonomische Integration, jedoch kein Konnubium zur Folge gehabt. Auf der anderen Seite verlor die in den Ghettos verbliebene schwarze Bevölkerung durch diesen Exodus ihre Eliten und Vorbilder. Die Konsequenzen sind erschreckend. Die Hälfte der im berufsfähigen Alter stehenden schwarzen Bevölkerung ist arbeitslos, die Familienstruktur hat sich weitgehend aufgelöst, rund drei Viertel aller Familienhaushalte werden von geschiedenen oder unverheirateten Frauen geführt. Drogenhandel, Kriminalität und die Ausbreitung von Krankheiten kennzeichnen das Milieu des Ghettos in den Kernstädten. Noch erschreckender ist die Aussage eines Sozialwissenschaftlers, wonach ein „Ausbruch aus dem Ghetto" für einen jungen Schwarzen nur mehr über den Drogenhandel möglich ist – wenn es ihm gelingt, nicht selbst der Drogensucht zu verfallen.

Blenden wir zurück nach Europa. Ethnische Viertelsbildung hat unbeschadet der Gastarbeiterwanderung bisher – wenn man von Türken und Algeriern absieht – keine sonderliche Bedeutung erlangt. Bei weiterhin anhaltendem bzw. sogar steigendem Bedarf an ausländischen Arbeitnehmern und weiterem Einsickern von ausländischen Asylanten u. dgl. ist freilich die Zunahme der ethnokulturellen Distanz bei gleichzeitiger Akzentuierung der Segregation in den Verdichtungsräumen zu erwarten. Ethnische Viertel werden entstehen, nicht nur in primärer Selbstorganisation, sondern auch durch externe Effekte von seiten der aufnehmenden großstädtischen Bevölkerung, bei der gerade aufgrund des hohen Wohlstandsniveaus die Toleranzgrenzen gegenüber kultureller Andersartigkeit derzeit – zumindest in Mitteleuropa – relativ niedrig gelegen sind.

5.8. Entstädterung versus Aufspaltung der Wohnfunktion

Bereits in den 70er Jahren ist unter dem Eindruck der Konsequenzen der Ausbreitung neuer Verkehrstechnologien und der Telekommunikation die Zukunftsvision der Stadt als non-place entstanden. In den USA waren in den späten 70er Jahren bereits Ansätze hierzu greifbar. Eine nahezu perfekt verstädterte Gesellschaft begann, sich mit ihren Einrichtungen ubiquitär im Raum zu verteilen. Utopienfreudige Gesellschaftwissenschaftler prognostizierten rasch ähnliche Entwicklungen für Europa. Sie hatten Unrecht, und zwar aus zwei Gründen:

1. Im europäischen Stadtumland ist der Boden längst nicht mehr eine ubiquitäre Ressource, die Bodenpreise sind hoch und sie steigen weiter an.

2. Die Entstädterung erfolgt – begünstigt durch eine spezifische Wohnungspolitik – in Form der Aufspaltung der Wohnfunktion in Erst- und Zweitwohnungen. Damit ist der wichtigste Vorgang der Gegenwart im Siedlungssystem weiter Teile des europäischen Kontinents genannt. Die Erstwohnungen bleiben als Arbeitswohnungen den Arbeitsmarktzentren der großen Städte erhalten, während die Zweitwohnungen einer neuen rurbanen Peripherie zugeschrieben werden. Nun könnte man diesen Vorgang als Sonderform der Suburbanisierung etikettieren. Dies wäre jedoch unrichtig. Die Aufspaltung der Wohnfunktion hat einen anderen Bedin-

gungsrahmen. Die Niedrigmietenpolitik der sozialen Wohlfahrtsstaaten – und, man muß hinzufügen, der sozialistischen Staaten im Osten – hat im Verein mit der Sicherung des Wohnstandortes durch die Gesetzgebung diese Aufspaltung mitsubventioniert. Sie wird ferner durch die Komplementarität der Wohnformen von Miethaus und Einzelhaus gekennzeichnet. Es sind vor allem die großen Städte, im Westen und im Osten, in denen das Leben in Massenmietwohnhäusern den Boom des Zweitwohnungswesens begründet hat. Mehrere Bedingungen strukturieren diesen Vorgang:

In der gegenwärtig gerne apostrophierten Zweidrittelgesellschaft ist freilich in Staaten wie Frankreich, Schweden oder Österreich bisher nur ein Drittel der Bevölkerung imstande, an dieser Aufspaltung der Wohnfunktion zu partizipieren. Allerdings ist dieses Drittel keineswegs nur durch den ökonomischen Parameter von höheren Einkünften zu definieren, sondern es sind vielmehr demographische Effekte wirksam derart, daß sich weit überdurchschnittlich Familien daran beteiligen. Ferner wird die Aufspaltung der Wohnfunktion durch den Migrationsprozeß vorprogrammiert, dadurch, daß über Herkunft, verwandtschaftliche Beziehungen und Erbschaft eine lokale Verankerung im ländlichen Raum besteht. Die Konsequenzen der Aufspaltung der Wohnfunktion auf die Kernstädte sind beachtlich. Diese „neuen städtischen Nomaden" sind nicht mehr „stadtzentrierte" Bürger. Sie sind ambivalent in ihren Investitionen und Aktionen. Mit den rhythmischen Phänomenen von Arbeit und Freizeit im Wochenablauf verschieben sie sich jeweils aus der Kernstadt in die Zweitwohnungsperipherie. Das mit dem Aufspaltungsvorgang verbundene „Leben in zwei Gesellschaften" erfaßt aber nicht nur die ortsständige Bevölkerung, sondern trifft auch auf ausländische Bevölkerungsgruppen zu, welche im Zuge der Gastarbeiterwanderung in die Kernstädte gekommen sind. Das Ausmaß des Vorganges der Aufspaltung der Wohnfunktion wird in Zukunft nicht mehr davon abhängen, in welcher Form die politischen Systeme über Objekt- und Subjektförderung Subventionen aus dem generellen Steueraufkommen bzw. durch Steuersätze „Nachlässe" für bestimmte Leistungen an die Stadtbürger verteilen, sondern davon, ob und wieweit diese Lebensform einer Doppelung der Wohnstandorte auch im Sozialprestige und in den individuellen Bedürfnissen breiter Bevölkerungsschichten internalisiert wird und sich damit letztlich als neuer Aspekt sozialer Aufwandsnormen und als neuer Lebensstil vom politischen Bedingungsrahmen emanzipiert.

Anmerkungen

1. Diese Auslegung ist nur teilweise richtig, denn die Abnahme kann auf einem wachsenden Flächenanspruch aller städtischen Funktionen beruhen und daher sowohl einen Wohlfahrtseffekt unter Bezug auf die Bevölkerung und die sozialen Einrichtungen als auch einen Rationalisierungseffekt auf dem Arbeitsstättensektor bei Verbesserung des Maschinenparks einschließen.
2. Untersuchungen in der englischen Literatur liegen nur über den Residential und Commercial Blight vor. Sie fehlen bisher über den Industrial Blight.

3. Um Mißverständnisse zu vermeiden, erscheint es notwendig, kurz auf die Verwendung der beiden Begriffe im folgenden Text zu verweisen. Der Terminus Stadterweiterung wird als Dachbegriff für jede Art des Stadtrandwachstums verwendet, sobald die damit verbundenen Flächen nicht nur an den bestehenden Baukörper angefügt, sondern auch administrativ in die Stadt eingegliedert werden. Der Begriff Stadterneuerung wird als Dachbegriff für den teilweisen bzw. kompletten Umbau und Neubau innerhalb und auf dem Gelände des vorhandenen Baukörpers verwendet.

4. Gerade diese Feststellung verdient unter Bezug auf die jüngste Entwicklung eines Anstiegs der Zuwanderung in Wien Beachtung.

5. Im Jahrzehnt von 1970 bis 1980 wurden 18 Millionen Wohneinheiten erstellt. Unter der Annahme gleichbleibender Bautätigkeit würden demnach bis zum Jahr 2010 bereits soviele Bauten erzeugt werden, wie 1970 vorhanden waren!

6. Bereits 1950 betrug die Ausdehnung der Slums in Chicago 22 Quadratmeilen, in San Francisco und San Louis 13, in Detroit sogar 88. Gegenwärtig werden bereits 10 Millionen Wohneinheiten als von Ratten invadiert geschätzt.

7. Während im Zeitraum 1949–1968 insgesamt rund 22 Millionen neue Wohneinheiten errichtet wurden, konnten in Stadterneuerungsgebieten nur 106.000 Wohnungen neu gebaut und 75.000 Wohnungen rehabilitiert werden.

8. Der Housing Act 1959 erhöhte den Anteil der zu fördernden Nicht-Wohnbauprojekte auf 20 v. H., der Housing Act 1963 auf 30 v. H.

9. Nach den Normen der Baupolizei in Wien müßten rund die Hälfte der Wohnungen, die durchwegs bewohnt sind, aufgrund des katastrophalen Bauzustandes der Häuser sofort geräumt werden.

10. Im generellen Sprachgebrauch wird unter Altbaubestand der Baubestand vor dem Ersten Weltkrieg verstanden.

11. Die Stadtreparatur bringt nach Auffassung von KRAWINA neben den dringlichen gesellschaftlichen Erfordernissen auch prinzipielle volkswirtschaftliche Vorteile. Es können auch Kleinbetriebe mit offerieren, sie agieren flexibler, billiger, rascher. Die Umsätze bleiben im Lande. Der beschäftigungspolitische Effekt wird durch den Arbeitseinsatz von 7:1 bei Modernisierungen gegenüber Neubauten belegt. Infolge der vorherrschenden Innenarbeiten kann saisonunabhängiger gebaut werden. Ein umweltpolitischer Effekt entsteht durch das Einsparen von Rohmaterialien und Energie beim Retten vorhandener Bausubstanz. Finanzielle Lasten können auf eine sozial breitere Basis und eine längere Zeitspanne verteilt werden.

12. Am stärksten betroffen von der Reduzierung wurde das Wohnungsprogramm. Im Zeitraum von 1980 bis 1986 wurde das Budget hierfür um 75 v. H. gekürzt, d.h. von 26,7 auf 7 Milliarden US$. 1978 wurden noch 68.500 Sozialwohnungen errichtet, 1983 nur mehr 6.600 (vgl. WOLCH u. AKITA 1989, S.68f.).

13. 1986 bezahlte die Hälfte der Mieter in den USA in diesem Sektor rund 50 v. H. des Einkommens für die Miete, dies betraf sechs Millionen Haushalte. Davon mußten 4,7 Millionen sogar über 50 v. H. des Einkommens für die Miete ausgeben. Weitere drei Millionen befanden sich in der für die USA neuen Situation von Untermietern („doubling up") (vgl. ARGAR u. BROWN 1988).

14. Rund zwei Millionen Hausbesitzer, welche die Hälfte ihrer Einnahmen für die Hypothekenrückzahlungen aufwenden müssen, sind ständig gefährdet, den Hausbesitz zu verlieren und sich in die Schar der Mieter einreihen zu müssen (vgl. GILDERBLOOM u. APPELBAUM 1988, S. 227f.).

15. Es darf darauf hingewiesen werden, daß auch die Wiener Stadtentwicklung und damit die Entscheidungsgremien im Magistrat in Kürze vor diesem Problem stehen werden.

16. Auch in Wien wird in jüngster Zeit die Privatisierung eines Teils des kommunalen Wohnungsbaus diskutiert. Um das Niedrigmietenproblem zu lösen, sind ferner „freiwillige Auszüge" von langjährigen Mietern von Gemeindewohnungen in besser ausgestattete, freilich auch teuerere Neubauwohnungen im Gespräch.

17. Allein in New York sind im Zeitraum 1970–1984 über eine halbe Million Arbeitsplätze, welche nur Normalschulbildung voraussetzten, eliminiert worden, während andererseits nahezu eine viertel Million Arbeitsplätze für Abgänger des Höheren Schulwesens geschaffen wurden (vgl. KASARDA 1986).

18. Die Stundenlöhne lagen 1988 bei durchschnittlich 5 US$.

19. 1984 befand sich rund ein Fünftel aller weißen Familienhaushalte in den Metropolitan Areas der USA unter der Armutsgrenze, die damals mit rund 11.000 US$ Jahreseinkommen definiert wurde (vgl. LICHTENBERGER 1990, Fig. 2).

20. Hierzu zwei Angaben. 1979 bezogen 3,3 Millionen Haushalte, d.h. ein Drittel der von Frauen geführten Familienhaushalte, eine spezielle Familienbeihilfe (AFDC), ferner standen 2,6 Millionen auf der Liste der Bezieher von kostenlosen Lebensmitteln. In den Metropolitanen Gebieten befanden sich 1984 42,2 v. H. der von Frauen geführten Haushalte mit Kindern in der niedrigsten Einkommensklasse von unter 4000 Dollar im Jahr (vgl. LICHTENBERGER 1990).

Teil II: Stadtverfall und Stadterneuerung in Wien. Eine Analyse von Problemen, Ideologien und wissenschaftlicher Forschung

1. Das duale Stadtmodell von Wien

1.1. Einleitung

Es ist die Aufgabe des zweiten Teils der Publikation,

1. spezifische Probleme von Stadtverfalls- und Stadterneuerungsprozessen in Wien, welche zum Verständnis der gegenwärtigen Strukturen von Baukörper, Gesellschaft und Wirtschaft wichtig sind, zu kennzeichnen,
2. die politischen Ideologien von seiten der Entscheidungsträger der kommunalen Verwaltung und des Gesetzgebers zu den Fragen der Stadterneuerung offenzulegen und
3. die bisherige wissenschaftliche Forschung zum Thema des Stadtverfalls zu präsentieren.

1.2. Das duale Stadtmodell von Wien in der Gegenwart

Die klassische Konzeption von Städten arbeitet mit zonalen und sektoralen Modellen der räumlichen Organisation der Gesellschaft. Hierbei werden einerseits zentrierte und andererseits sektorale Prinzipien der Anordnung von Gesellschaft und Wirtschaft im Stadtraum antizipiert. Auch die vorliegende „amtliche" Konzeption des Stadtentwicklungsplans (STEP) interpretiert die Stadtstruktur und Stadtentwicklung als ein zusammenhängendes zentriertes System mit fingerförmigen Wachstumsrichtungen. Sie beruht auf der eben genannten Modellvorstellung von Städten, wonach parallel zur hierarchischen Struktur der Zentren von der City über Hauptzentren zu Bezirkszentren ein einheitlicher zentral-peripher Gradient von Bodenpreisen und Erreichbarkeit besteht. Zu diesem Stadtentwicklungsmodell gehört auch die zonale Anordnung eines Grüngürtels um den städtischen Siedlungsraum.

Im Gegensatz dazu wird von der Verfasserin die gegenwärtige Struktur und Entwicklung von Wien durch ein duales Modell interpretiert. Es beruht auf der Aussage, daß der Wechsel vom kapitalistisch-liberalen Gesellschaftssystem zum System des sozialen Wohlfahrtsstaates, wie er durch den Ersten Weltkrieg eingetreten ist, die Voraussetzung hierfür darstellt.

Figur II/1 bildet dieses duale Stadtmodell von Wien mit der Teilung des Stadtraumes in zwei unterschiedliche Entwicklungshälften ab.

Grundsätzlich impliziert der Wechsel von gesellschaftspolitischen Systemen eine neue Stadtmitte-Konzeption sowie eine Auseinanderlegung von zwei Subsystemen der Gesellschaft, einem traditionellen und einem „modernen", mit den neuen Machtverhältnissen und Ideologien konformen. Das ältere Stadtsystem erfährt Extensivierungsprozesse im Hinblick auf die wirtschaftlichen Funktionen und ebenso eine soziale Abwertung, die beide mit physischem Blight Hand in Hand gehen.

Auf das kapitalistische Stadtsystem geht die „gründerzeitliche Innenstadt" zurück, an die sich die „zwischen- und nachkriegszeitliche Außenstadt" im Süden und Osten von Wien halbmondförmig anschließt. Dem gründerzeitlichen Stadtraum ist eine weitere Expansion nach Westen durch den Wienerwald verwehrt. Unter dem Schlagwort „vom sozialen Wohnungsbau zum sozialen Städtebau" ist es derart zu einer Drehung der Wachstumsfront von Wien nach Osten und Süden gekommen. Auf freiem Feld sind hier Wohnanlagen in Größenordnungen entstanden, welche an die Produkte der Stadtplanung im Staatssozialismus erinnern. Neue Trassen für den Verkehr wurden gebaut, neue Industriegebiete, Einkaufszentren, Schulen und Spitäler errichtet. Mit der Konzeption „Wien an die Donau", der Anlage des zweiten Donaubettes, der Donauinsel und weiteren Einrichtungen hat die Gemeinde Wien eine neue Freizeitachse geschaffen und damit – in Ansätzen – ein neues bipolares Konzept von Städten zu verwirklichen begonnen, in dem der Freizeit entsprechend ihrem Stellenwert in der Gesellschaft auch eine zentrale Stellung im Stadtraum eingeräumt wird. Hierbei handelt es sich um eine zweifellos zukunftsträchtige neue städtebauliche Lösung. Die „große grüne Wiese", Erholungsflächen und Sportanlagen gehören in einer Zeit der Freizeitgesellschaft in die Mitte der Stadt, mit bester Erreichbarkeit für alle.

Die Internationale Weltausstellung Wien – Budapest wird die bereits durch die UNO-City initiierte Standortwahl eines City-Ausliegers im Osten der Donau verstärken. Hierbei wird, ähnlich wie bei La Defense in Paris, eine barocke Sichtachse, in Wien ist es die Praterstraße, über das ehemalige Augelände und die Reichs-Brücke hinweg die mittelalterliche Landmarke von Wien, den Stephansdom, mit der neuen Landmarke des ausgehenden 20. Jahrhunderts, der UNO-City und dem internationalen Konferenzzentrum, verbinden.

Die Euphorie, welche die politischen Entscheidungsträger schon seinerzeit erfaßt hat, als der Ausbau des kollektiven Freizeitraums längs der Donau, dessen Nutzung zum Nulltarif angeboten wird, auf Akzeptanz breiter Kreise der Bevölkerung gestoßen ist, wird heute in die Zukunft projiziert und auf das Vorhaben der EXPO 1995 übertragen. Im Hintergrund sind freilich gravierende finanzpolitische Entscheidungen zu erwarten, nämlich ein Abstoppen der kaum angelaufenen Stadterneuerung in der gründerzeitlichen Innenstadt und ein neuer Weg in die nächste Etappe der Stadterweiterung. Das für ein Jahrzehnt anvisierte Problem der Erneuerung des von starken Verfallserscheinungen gezeichneten gründerzeitlichen Stadtkörpers wird damit wieder aus dem Blickwinkel der Politiker und Planer geschoben. Dies ist eine gefährliche Strategie, denn die gründerzeitliche Innenstadt ist bis zu Beginn der 80er Jahre bereits vier Jahrzehnte hindurch aufgrund der enormen Investitionen in der Außenstadt weitgehend vernachlässigt worden. Nun

Figur II/1: **Das duale Stadtmodell von Wien in der Gegenwart**

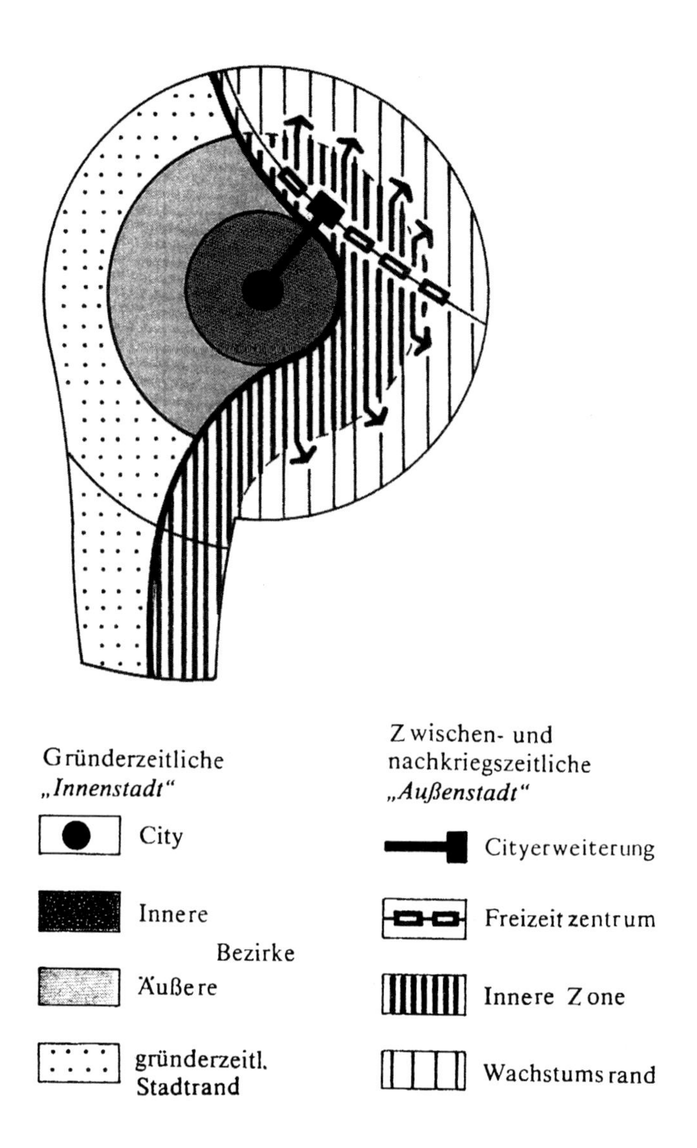

haben erfreulicherweise in den 80er Jahren die finanziellen Maßnahmenpakete der Stadterneuerung bereits erste Resultate gezeitigt. Die erschreckenden Verfallsphänomene konnten, wenn auch erst zum Teil, haus- und viertelsweise beseitigt werden.

2. Spezifische Probleme von Stadtverfall und Stadterneuerung in Wien

2.1. Die verlorene Balance von Stadterweiterung und Stadterneuerung und die Überalterung des Baubestandes

Bereits in Teil I wurde darauf verwiesen, daß der Stadtverfall in der gesamten westlichen Welt und auch im Osten Europas dadurch gekennzeichnet ist, daß die Balance zwischen der Stadterweiterung und der Stadterneuerung zugunsten der ersteren verlorenging. Diese Feststellung trifft auch auf Wien zu und sei durch den Zu- und Abgang an Wohnungen in den abgelaufenen 100 Jahren belegt. Die Figur II/2 läßt rasch erkennen, daß aufgrund der geringen Abbruchs- und Umbauraten in der Gegenwart mit einem erschreckenden Ansteigen der Überalterung des Wohnungsbestandes bereits bis zum Jahr 2000 zu rechnen ist. Geradezu modellartig präsentiert die Bautätigkeit in den Gründerjahren die Konjunkturzyklen mit einer Dauer von 4 bis 10 Jahren und einer Schwankungsbreite des jährlichen Zuwachses von 6.000 bis 13.000 Wohnungen im Zeitraum von 1890 bis 1914. Im gründerzeitlichen Stadtgebiet müßten daher jährlich im Schnitt rund 10.000 Wohneinheiten neu gebaut bzw. komplett und tatsächlich durchgreifend erneuert werden, nur um die Altersstruktur in den gegenwärtigen Proportionen zu halten. Die als „sozialer Städtebau“ deklarierte massive Stadterweiterung seit den 50er Jahren hat mit zwei Bauspitzen – in den späten 60er Jahren und nochmals in den 70er Jahren – mit einem jährlichen Bauvolumen von rund 15.000 Wohneinheiten die Gründerzeit übertroffen, dabei aber die angesprochene notwendige Balance zwischen Stadterweiterung und Stadterneuerung völlig verloren. Allerdings hat aufgrund des Rückgangs der gesamten Bautätigkeit in den 80er Jahren die Stadterneuerung, in der Baustatistik als Abgang von Wohnungen ausgewiesen, relativ an Bedeutung gewonnen. Die Umbauraten, die einen Anteil von 20 v. H. an den jeweiligen Altersklassen in der abgelaufenen Generation nie überschritten haben, sind nunmehr auf fast 40 v. H. angestiegen. Dies darf nicht darüber hinwegtäuschen, daß auch weiterhin jährlich rund 8.000 Wohnungen in den „überschatteten“ Bereich eintreten.

Figur II/2 demonstriert recht eindrucksvoll die Notwendigkeit von massiven Anstrengungen aller mit Stadtplanung und Bautätigkeit befaßten Entscheidungsträger um eine „echte Erneuerung“, d.h. um einen Abbruch und Neubau von weit überalterten Teilen des Baubestandes.

Mit allem Nachdruck sei betont, daß Stadterneuerung eine immanente Aufgabe

Figur II/2: **Neubau und Abbruch von Wohnungen in Wien seit 1885**

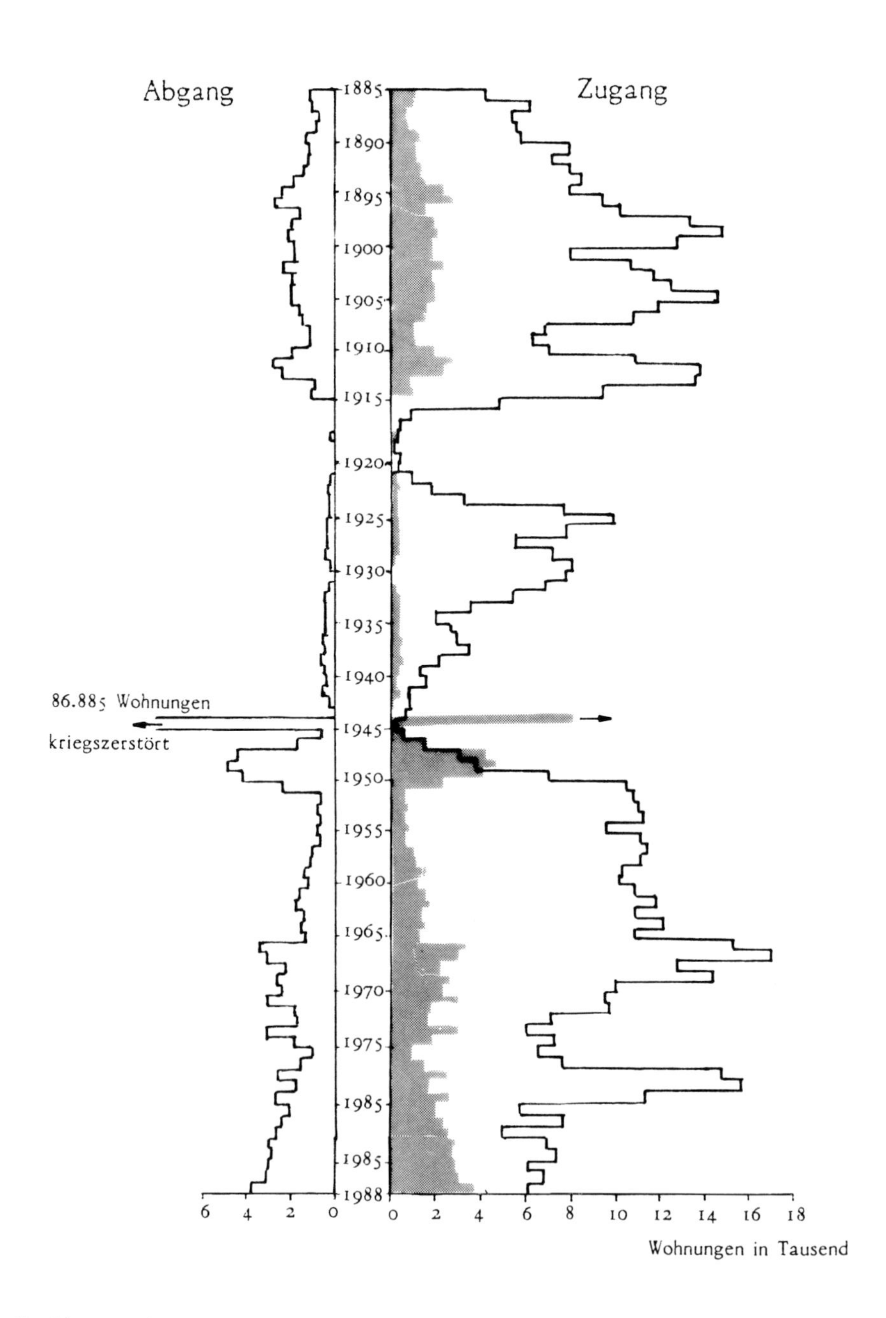

Quelle: Planungsatlas
Statistisches Jahrbuch der Stadt Wien

darstellt, die endlich aus der Sichtweise des „Marginalitätssyndroms" heraus in eine gesamtstädtische Perspektive gerückt werden sollte. Viel zuwenig wird beachtet, daß eine kontinuierliche Ausbreitung der Phänomene des Stadtverfalls in immer jüngere Baubestände eintritt. Stadtverfall betrifft demnach nicht eine einmal zu definierende strukturelle Menge an Bauten, sondern ist in prozessualer Sicht ein immanentes Problem der Stadtentwicklung, das einer „ständigen Beobachtung" bedarf. Der prozessualen These entsprechend, rücken daher nicht nur die Gründerzeitbauten, sondern bereits die Kommunalbauten der Zwischenkriegszeit und in Kürze die Bauten aus den 50er Jahren in die „graue Zone" von Objekten ein, bei denen erste Anzeichen des Verfalls deutlich sichtbar werden. In der ausländischen Literatur wird dieses Problem bereits ernsthaft diskutiert.

2.2. Die nicht realisierte städtebauliche Chance der Stadterneuerung

Die Altbaugebiete sind in Wien ebenso wie in anderen europäischen Städten heute in eine historische Dimension des Städtebaus gerückt. Daraus resultiert auch das städtebauliche Problem der Stadterneuerung. Bereits in der Zwischenkriegszeit haben Städtebauer die Kubatur des Rastersystems und der einheitlichen Traufhöhe der Baublöcke, wie sie u. a. Camillo Sitte in Wien um die Jahrhundertwende konzipiert hatte, beiseite geschoben. Architektonisch neue Lösungen für die Umgestaltung der gründerzeitlichen Reihenmiethausverbauung wären jedoch die Voraussetzung für eine umfassende Stadterneuerung. Es dürfte kein Zufall sein, daß die bisherige Ausweisung von Stadterneuerungsgebieten sich historisch-topographisch zunächst an alte Vorstädte (vgl. Anm. 1) und alte Vororte (vgl. Anm. 2) angeschlossen hat und selbst im größten derzeitigen Stadterneuerungsgebiet Favoriten die Straßenwurzel des alten Vorortes auch der „topographische Aufhänger" für die fächerförmige Struktur des ausgewiesenen Erneuerungsareals darstellt. Die funktionsneutrale Monotonie der Rasteraufschließung bietet zum Unterschied von älteren Siedlungsbestandteilen sehr viel geringere Möglichkeiten für architektonische Umgestaltungen.

Es ist daher in Wien bisher weder auf der Makro- noch auf der Mesoebene eine Diskussion über Stadterneuerung in einem umfassenden städtebaulichen Sinn in Gang gekommen. Durch die Politik der sanften Stadterneuerung ist überdies eine Tabuisierung der Thematik eingetreten. Nur auf der Mikroebene des Baublocks und des Einzelobjekts werden, wenn überhaupt, Kämpfe um neue Gestaltungsformen ausgetragen (vgl. Anm. 3). Man muß daher den provozierenden Satz formulieren, daß dem „Städtebau" im Rahmen der Stadterneuerung bisher keine Chance gegeben wurde. Ironisierend könnte man auch feststellen, daß der Kanon der städtebaulichen Maßnahmen im wesentlichen Abbruch von Einzelobjekten, Entkernung, Umbau und Instandsetzung bedeutet. Die historischen Grundrisse von Parzellen und Straßenzügen sind mittels einer Baulückenpolitik fossilisiert worden.

Dabei entspricht die in Wien in der Nachkriegszeit geleistete Neubautätigkeit im gründerzeitlichen Stadtgebiet mit der Errichtung von 123.000 Wohnungen der Größenordnung einer neuen Stadt mit rund 400.000 Einwohnern (vgl. unten). Die Festschreibung der gesamten Kubatur von Baublöcken und offenen Räumen wird im Innenstadtbereich durch die ebenso unbemerkt wie unaufhaltsam Haus für Haus und Block für Block fortschreitende Ausweitung der zentralen Schutzzone (vgl. Karte II/1) bestimmt.

Andererseits verdichtet sich die Neubauzone am Rande der gründerzeitlichen Miethausverbauung und weitet sich zentripetal aus (vgl. Faltkarte). Es ist damit vermutlich nur eine Frage der Zeit, bis auch Wien dem Vorbild der Pariser Bauordnung folgen wird, die einerseits in äußerst rigider Weise historische Schutzzonen im gesamten inneren Stadtbereich ausweist und andererseits gegen die Stadtgrenze hin eine Aufzonung der Bauklassen vorgenommen hat, sodaß – von einzelnen Hochhäusern abgesehen – nunmehr der Bauhöhenplan mit seinem erhöhten Rand einer Schüssel gleicht.

2.3. Das Substandardproblem der Wohnungen. Eine Verschiebung der Meßlatte

Die Gründerzeit hat in der geschlossenen Reihenhausverbauung unter Bezug auf das Wohnumfeld zwei Probleme hinterlassen:

- die zu hohe Verbauungsdichte und
- die große Zahl von Substandardwohnungen, welche als „würgender Ring von Arbeitermiethäusern" in die Literatur eingegangen sind und sehr wohl schon früh von der Stadtplanung zur Kenntnis genommen wurden.

Die ersten Ausgrenzungen von Stadterneuerungsgebieten in Ottakring und Fünfhaus sind in derartigen Substandardwohngebieten erfolgt. Im folgenden seien zu den Ausmaßen dieses Problems einige Zahlenangaben geboten. Die Beurteilung hat sich dabei seit Beginn der Sechzigerjahre verschoben:

1961 konnten sich die Anstrengungen der Stadtplaner und Politiker noch auf die sogenannten Bassenawohnungen ausrichten (vgl. Anm. 4). Zum damaligen Zeitpunkt wurden 211.000 Einheiten registriert. Inzwischen haben sich entscheidende Veränderungen, und man muß hinzufügen: Verbesserungen, vollzogen. Zwar war, wie oben vermerkt, im gründerzeitlichen Baukörper das Abbruchgeschehen unbedeutend. Im Zeitraum von 1961 bis 1981 sind von den 1961 gezählten 431.000 Altbauwohnungen nur 41.000 durch Abbruch beseitigt worden, d.h. rund 10 v. H. des Ausgangsbestandes. Wäre es bei dieser relativ geringen Reduzierung des Altbaubestandes geblieben, so wäre zweifellos eine ausgedehnte Slumbildung die Folge gewesen. Hinter den Hausfassaden der Arbeitermiethäuser haben sich aber zwei ganz wesentliche Vorgänge abgespielt, nämlich die Zusammenlegung von Wohnungen und das Ausscheiden von Wohnungen aus der Wohnnutzung. Auf jeden dieser beiden Vorgänge entfallen mehr Wohneinheiten als auf den Abbruch, nämlich im ersten Fall 40.000 und im zweiten Fall 55.000 Wohnungen.

Alle diese Vorgänge zusammen haben 136.000 Wohnungen, d.h. rund ein Drittel des Ausgangsbestandes, erfaßt und in erster Linie die Zahl der am schlechtesten ausgestatteten Kleinwohnungen reduziert. Weitere 65.000 frühere Bassenawohnungen wurden ausstattungsmäßig verbessert. Insgesamt hat die Zahl der Bassenawohnungen in den zwei Jahrzehnten 1961–1981 auf 48.000 abgenommen.

Diese erfreuliche Feststellung bedarf jedoch einer Einschränkung. Für das Jahr 1981 muß nämlich die Meßlatte bei der Beurteilung des technischen Ausstattungsstandards von Wohnungen wesentlich höher gelegt werden als 1961. Konnte man 1961 mit dem Begriff der Bassenawohnungen noch eine „Wiener Substandard-Definition" verwenden, so ist dies 1981 nicht mehr angängig. Nunmehr muß für die Berechnung der Zahl von Substandardwohnungen die internationale Definition zugrundegelegt werden. Im folgenden wird hierfür der Begriff der „potentiellen Substandardwohnungen" verwendet. Darunter werden alle Wohnungen zusammengefaßt, die Bad und WC nicht im Wohnungsverband besitzen (vgl. Anm. 5).

1981 betrug der Anteil der Altbauwohnungen im gründerzeitlichen Stadtgebiet noch 60 v. H., davon waren 40 v. H. potentielle Substandardwohnungen. Demnach bestanden zu diesem Zeitpunkt insgesamt 200.000 Kleinwohnungen mit einer Substandardausstattung.

Legt man – mit vermutlich zu großem Optimismus – das Tempo der Beseitigung von Substandardwohnungen im Zeitraum 1971–1981 für eine Abschätzung der weiteren Entwicklung zugrunde, so könnte man in den inneren Bezirken eine Beseitigung der vorhandenen rund 70.000 Substandardwohnungen bis zum Jahr 2000 erwarten. In den äußeren Bezirken vollzog sich die Reduzierung der Substandardwohnungen im abgelaufenen Jahrzehnt langsamer. Hier standen 1981 noch 126.000 Wohnungen zur Sanierung an. Es ist kaum zu erwarten, daß sie bis zur Jahrtausendwende zur Gänze durch besser ausgestattete Wohnungen ersetzt werden.

Die Verschiebung der Meßlatte beim Substandardbegriff hat freilich, und dies sollte man nicht übersehen, die noch vorhandenen Bassenawohnungen in eine randlichere Position gerückt und sie viel stärker als in den 60er Jahren für eine soziale Marginalisierung prädestiniert.

Diese lapidaren Zahlen dokumentieren die Verbesserung des Wohnstandards und die Anhebung der Wohnungsgrößen, eröffnen jedoch gleichzeitig das Dilemma von weiteren erneuerungspolitischen Lenkungsmaßnahmen, die sich nicht nur im Hinblick auf die technischen Möglichkeiten einer sanften Erneuerung wachsenden Schwierigkeiten gegenübersehen, sondern vor allem durch die Veränderungen des Bedingungsrahmens der Wohnungswirtschaft in das weiter unten beschriebene Dilemma eines Defizits an Niedrigmietenwohnungen hineingeraten.

2.4. Die Effekte der Wohnungswirtschaft. Zwischen Mieterschutz und neuer Kommerzialisierung der Mieten

In Teil I wurde auf die zwei Probleme der Reduzierung des öffentlich geförderten und sozialen Wohnungsbaus und der Reduzierung des Niedrigmietensektors hingewiesen. Auch die Entwicklung des Wiener Wohnungsmarktes bindet seit den 80er Jahren in diesen internationalen Trend ein. Damit geht eine Periode des Wiener Wohnungsmarktes zu Ende, welche drei Jahrzehnte der Nachkriegszeit bestimmt hat. Zu Recht wurde die 1917 erlassene Mietengesetzgebung einmal als Langzeitversuch in gebrauchswertorientierter Naturalwirtschaft bezeichnet.[1]

Die Auswirkungen der Außerkraftsetzung des Marktmechanismus sind bekannt. Den privaten Miethausbesitzern und Kapitalgebern wurde jeglicher Anreiz für Investitionen genommen. Die Bildung von privaten Kapitalgesellschaften zwecks Errichtung von Wohnbauten wurde über mehr als zwei Generationen praktisch verhindert. Die Mieten sanken zu Anerkennungsgebühren herab. Durch die vom Gesetzgeber gewährleistete „Vererbung" der Wohnungen in direkter Linie entstand eine Art „Pseudoeigentums-Denken". Daraus läßt sich die bis heute ungebrochene Investitionsbereitschaft der Mieter erklären, ebenso wie der ungeheure Erfolg der Wohnungsverbesserungskredite (vgl. unten). Das nach langen Verhandlungen erlassene Mietengesetz 1981 hat zwar den Mieterschutz und damit das „Pseudoeigentumsrecht" beibehalten, gleichzeitig jedoch eine schrittweise „Kommerzialisierung" der Mieten durch Anhebung der Mietensätze in Gang gebracht (vgl. Anm. 6). Enorme Spannweiten der Mietpreise sind derzeit die Regel. Die Mieten unterscheiden sich auch im Altbaubestand von Haus zu Haus und selbst von Wohnung zu Wohnung, entsprechend dem Zeitpunkt des Vertragsabschlusses. Hierbei wird grundsätzlich die Gruppe jener Wohnungen, für die schon derzeit die gesetzlich festgelegten Kategorieobergrenzen der Mieten nicht gelten (bei bestehendem Denkmalschutz, bei Gebäuden mit bis zu 4 Wohnungen, bei Wohnungen der Kategorie B über 130 qm), bei Neubauten nach 1945 und bei Standardanhebungen durch den Vermieter, nicht zuletzt durch die Stadterneuerung immer größer werden.

Das Auseinanderklaffen der Entwicklung der Einkommen und der Wohnungskosten zuungunsten der Bezieher mittlerer und kleiner Einkommen wurde durch die Konsequenzen des Mietrechtsgesetzes 1982, das gegenwärtig im Rahmen der „Verländerung" einer weiteren Modifikation unterzogen wird, erheblich verschärft. Es hat sich die Schere zwischen dem Durchschnittseinkommen und den Wohnkosten geöffnet, was sich in einer ständig steigenden Zahl von Empfängern von Wohnbeihilfen äußert (vgl. Anm. 7).

Es kann nicht erstaunen, daß infolge der zumindest teilweisen Rückkehr kapitalistischer Prinzipien die aus dem gründerzeitlichen Wien bekannte Regel der vergleichsweise höheren Wohnkostenbelastung für die Bezieher niedriger Einkommen wieder Gültigkeit erhält.

---

[1] Vgl. KAINRATH 1988, S. 92.

Das sozialpolitische Problem, daß durch eine forcierte Stadterneuerung eine ständige Reduzierung des billigen Altwohnungsbestandes erfolgt, ist in Wien deswegen besonders augenfällig, da für Substandardwohnungen bis zum Mietengesetz 1981 nur Anerkennungsgebühren bezahlt wurden. Die Einbringung von „mehr Markt" in den Altwohnungsbestand wird überdies durch alle Sanierungsmaßnahmen verstärkt.

Die Fortschritte der Stadterneuerung bewirken eine ständige Reduzierung des billigen Altwohnungsbestandes und damit langsam wirksam werdende Verdrängungseffekte. Von diesen sind in erster Linie einkommensschwache Schichten, ethnische Minderheiten, Jugendliche und ältere alleinstehende Personen betroffen. Die Stadterneuerung, die sich die Renovierung verwahrloster und erneuerungsbedürftiger Viertel zur Aufgabe stellt, verringert somit den Bestand an Billigwohnraum für die genannten Gruppen. Eine umfangreiche sozialkritische Literatur ist zu diesem Thema vorhanden.

Der Wiener Wohnungsmarkt zeichnete sich bisher durch eine im internationalen Vergleich relativ geringe Mobilitäts- und Segregationsintensität aus. Verantwortlich dafür waren vor allem die sozialpolitischen Maßnahmen des Mieterschutzes, der Niedrigmietenpolitik sowie des kommunalen Wohnbaus, die zu einer zumindest partiellen Angleichung des Wohnungsstandards einkommensschwacher Bevölkerungsschichten an die Wohnverhältnisse Wohlhabenderer führten. Eine ausgeprägte Polarisierung zwischen einkommensstärkeren und -schwächeren Bevölkerungssegmenten, wie sie in kapitalistischen Stadtgesellschaften die Regel ist, konnte bis dato durch die gesellschaftspolitischen Ausgleichstendenzen weitgehend reduziert werden. Aufgrund der „Kommerzialisierungstendenzen" auf dem Wohnungsmarkt müßte die kommunalpolitische Konsequenz freilich lauten: „sozialer Wohnungsbau" für die „neuen Bedürftigen" zur teilweisen Beseitigung der „neuen Wohnungsnot" und „bausoziale Aufwertung" der schlechten Wohnquartiere zur Vermeidung von Slumbildung, wobei hier eine Auswechslung der Wohnbevölkerung wohl nur unter sehr großen Kosten für die Allgemeinheit zu vermeiden ist.

2.5. Kommunalpolitische „Leerräume" und soziale Marginalisierung

Jede Kommunalpolitik berücksichtigt die jeweilige Wohnbevölkerung, und zwar in zweifacher Hinsicht: erstens als Wählerpotential und zweitens als wohnhafte Bevölkerung, für deren Versorgung bestimmte Quoten festgesetzt sind. In dieser Hinsicht ist der gründerzeitliche Stadtraum ein kommunalpolitisches Problemgebiet erster Ordnung, und zwar aus zwei Gründen:

1. Es handelt sich um ein Stadtgebiet, das als Konsequenz der Stadterweiterung allein in den letzten beiden Jahrzehnten rund eine viertel Million Menschen verloren hat. Blendet man zurück in das kaiserliche Wien, so gelangt man zur Aussage, daß im Jahr 1910 rund 2 Millionen Menschen in der gründerzeitlichen Reihenmiet-

hausverbauung im gleichen Areal gelebt haben, in dem die Zählung im Jahr 1981 nur mehr rund 800.000 ergeben hat. Argumente des Bevölkerungswachstums können daher von Politikern in diesem Stadtraum nur schwer bei budgetären Machtkämpfen eingesetzt werden. Welche Argumente gibt es daher, Budgetmittel in diese bevölkerungsmäßig abnehmenden Stadtbezirke zu lenken? In erster Line solche, welche den Wohnungsbau stärken und die Bevölkerungszahl – und damit die Wählerzahl – zumindest in einzelnen Zählsprengeln erhöhen. Aus dieser Sichtweise ist das Paradoxon zwischen Planziel und Handlungsstrategie des Magistrats verständlich, wonach auf der einen Seite eine Auflockerung des zu dicht verbauten Gebietes gefordert wird und auf der anderen Seite auf nahezu jeder freiwerdenden Parzelle, nicht zuletzt bei Absiedlung von Industrien, massige Wohnbauten errichtet werden.

2. Die aus der „politischen Arithmetik" stammende Argumentation mit Wohnbevölkerung erweist sich als besonders problematisch, wenn man die Frage nach den realen Nutzern des Stadtraumes stellt. Die Antwort sei an Hand der Daten der inneren Bezirke geboten. Die Stadtplanung sieht sich hier vor einem „kommunalpolitischen Leerraum", da die „bezirkszentrierten Bürger", deren absolute Zahlen als Richtwerte auch für Infrastruktureinrichtungen aller Art gelten, nur mehr rund die Hälfte der wohnhaften Bevölkerung – d. s. rund 400.000 Menschen – ausmachen. 10 v. H. der Bewohner waren bereits im Jahr 1981 als ausländische Staatsbürger registriert, weitere 15 v. H. verfügten über einen Zweitwohnsitz außerhalb von Wien und schließlich hatten rund 70 v. H. der Erwerbstätigen außerhalb des Bezirkes ihren Arbeitsplatz. Durch die „Bevölkerung auf Zeit", die die Stadt als Arbeitsstättenzentrum, als Einkaufs- bzw. Vergnügungs- und Studienort benötigte, erfolgte andererseits eine beachtliche „Aufstockung der Wohnbevölkerung". Wenn man nämlich die Mitglieder der von der Kommunalpolitik sträflich vernachlässigten „potentiellen Zuwandererarmee" der aus ganz Österreich stammenden Studierenden, das Bettenpotential für die Touristen, die Arbeitsplätze und die „Ghost-Bevölkerung", d.h. die Bevölkerung, die die leerstehenden Wohnungen als städtische Zweitwohnung benützt, zusammenzählt, so gelangt man zur Aussage, daß durch diese „Aufstockung" nochmals die gleiche Zahl an Menschen wie bei der Wohnbevölkerung, d.h. rund 400.000, zu berücksichtigen ist. Im Verhältnis zu den bezirkszentrierten Bürgern (rund 200.000) ist somit eine vierfache Menge von Bevölkerung vorhanden, welche Nutzungs- und u. a. auch Verkehrsansprüche an den Raum und die Einrichtungen der inneren Bezirke stellt.

Mit dem Problem des kommunalpolitischen Leerraums überlagert sich das Problem der sozialräumlichen Marginalisierung. Es kann unter zwei Stichworten gefaßt werden: soziale Abwertung und ethnische Viertelsbildung.

1. Von der ursprünglichen Konzeption aus war der gesamte gründerzeitliche Baubestand ein Gebiet mit ausgeprägten sozialen Segregationserscheinungen. Diese haben sich in der Nachkriegszeit stark verringert. Bei insgesamt erstaunlicher Persistenz der sozialräumlichen Gliederung treten insgesamt soziale Abwertungsvorgänge auf. Aufgrund der Suburbanisierung der Mittelschichten sowie des Exodus der Angestellten in die Gebiete der Stadterweiterung blieben in überproportionalem Maße Grundschichten zurück.

Viertelsweise Segregationsvorgänge zeichnen sich ab. Untersuchungen in einem Stadterneuerungsviertel von Hernals ergaben Anteile von 25 v. H. Pensionisten und 21 v. H. Gastarbeitern, die andere Hälfte der Bewohnern bestand aus alleinstehenden Frauen mit Kindern, Lebensgemeinschaften junger Leute, Haushalten mit Arbeitslosen, Studenten und dergleichen. Soziale Desorganisationserscheinungen, wie Phänomene der Aggression, Alkoholismus usf., konnten festgestellt werden. Es erwies sich, daß die dort wohnhafte Bevölkerung außer räumlicher Nähe keine Gemeinsamkeiten besaß. Interessen, Probleme, Erfahrungen, emotionale Bezüge waren verschieden. Die Sanierung des Grätzls bedeutete den meisten „so gut wie nichts“.[2] Mit dieser Deskription wird ein Problem offengelegt, nämlich die Frage nach der Unterbringung marginaler Bevölkerungsgruppen.

Die Stadterneuerung wird mit Sicherheit das bisherige hausweise Segregationsmuster in Richtung auf eine viertelweise Segregation verändern. Dies wurde bisher nicht so deutlich „sichtbar“, da die Stadterneuerung im wesentlichen eine Wohnhauserneuerung und nicht eine Viertelserneuerung gewesen ist. Mit dem Wirksamwerden des Wohnhaussanierungesetzes (WSG; vgl. unten) wird der räumlich selektive Investitionsprozeß im Althausbestand beschleunigt, vermutlich nach ähnlichem Muster wie bereits beim Wohnungsverbesserungsgesetz (WVG; vgl. unten). Freilich ist die Problemlage bisher nicht mit der in den Slums amerikanischer Städte zu vergleichen. Trends in diese Richtung sind aber durchaus im Bereich des Möglichen.

2. Ethnische Segregationsprozesse sind in Wien bisher von geringer Bedeutung gewesen. Aufgrund der Mieterschutzgesetzgebung ist einerseits die Fluchtreaktion der Bevölkerung bei stärkerer Ansiedlung von Gastarbeitern unterblieben, und andererseits ist die Mieterschutzgarantie auch von den Gastarbeitern selbst rasch erkannt worden, indem sie die von der Wiener Bevölkerung nicht mehr angestrebten Hauswartsposten in den gründerzeitlichen Miethäusern übernahmen. 1981 hatte daher der Segregationsindex für die Wiener Gastarbeiter auf der Zählbezirksebene mit 32,6 v. H.[3] nicht die Höhe wie in anderen großen Städten im deutschen Sprachraum. Berlin, Frankfurt und München seien als Beispiele genannt. In einzelnen Stadtvierteln mit überwiegend gründerzeitlicher Bebauung geht der fortschreitende Verfall der Bausubstanz mit einer rasanten Zunahme des ausländischen Bevölkerungsanteiles einher, der in einigen Gebieten mit vor 1919 errichteter Bausubstanz bereits über ein Viertel beträgt (vgl. Anhang). In einzelnen Volksschulklassen haben Ausländerkinder bereits die Majorität erreicht.

---

[2] FÖRSTER W. u. H. WIMMER (Hsg.), 1986, S 225ff.

[3] Vgl. LICHTENBERGER 1987, S. 110.

2.6. Die Problematik der Mengung von Wohnungen und Arbeitsstätten

Durch die Fixierung der kommunalpolitischen Strategien auf Fragen der Wohnraumversorgung und der Ausstattung von sozialer und technischer Infrastruktur sind andere Belange, darunter die Frage der Arbeitsstätten, im Zusammenhang mit der Stadterneuerung aus den Überlegungen der Kommunalpolitik und der Stadtplanung weitgehend weggeschoben worden.

Insgesamt befinden sich im gründerzeitlichen Stadtgebiet rund eine halbe Million Arbeitsplätze in sehr unterschiedlicher Einbindung in die Miethausverbauung. Ein wesentlicher Teil der für den Arbeitsprozeß benötigten Flächen und Bauten befindet sich im Inneren der Baublöcke bzw. nimmt das Erdgeschoß und in höheren Geschossen die Stelle von Wohnungen ein. Diese in einem vielschichtigen historischen Prozeß entstandene Lokalisierung von zehntausenden Arbeitsplätzen im Rahmen der gebauten Kubatur bzw. in Innenhofräumen zählt zu den wesentlichen Problemen der Stadterneuerung, nicht zuletzt deshalb, weil die Integration von Arbeiten und Wohnen im baulichen Verband in der vielschichtigen Problematik und spezifischen räumlichen Verteilung einschließlich der Verfallsprobleme und der leerstehenden Objekte nur ungefähr bekannt ist, da die amtliche Statistik hierfür keine ausreichenden Daten zur Verfügung stellt. Es fehlen aber ebenso idealtypische Vorstellungen hinsichtlich zweckmäßiger Mengung von Wohnungen und Arbeitsstätten.

Um die Größenordnung der Reduzierung der Arbeitsstätten vorzustellen, im folgenden einige Angaben. Im gesamten gründerzeitlichen Stadtraum ist im Jahrzehnt 1971 – 1981 eine Reduzierung der Arbeitsplätze, und zwar sowohl im sekundären als auch im tertiären Sektor, erfolgt (vgl. Anm. 8).

Besonders betroffen ist der gesamte gründerzeitliche Stadtraum vom Vorgang der Entindustrialisierung, der nicht nur die Schließung von Produktionsstätten, sondern auch die Aufgabe zahlreicher Büros zur Folge hatte. Insgesamt haben im Zeitraum 1972 – 1985, gegenläufig zur generell steigenden Entwicklung des Bürosektors, rund 100 Zentralbüros der Industrie geschlossen und hat die Zahl der in solchen Büros Beschäftigten um 8.000 abgenommen (vgl. Tab. II/1).

Tabelle II/1: **Die Abnahme der Zentralbüros der Industrie in Wien 1972 – 1985**

	1972		1985	
	Büros	Beschäftigte	Büros	Beschäftigte
1. Bezirk	166	8.321	64	4.042
Innere Bezirke	195	9.597	135	4.888
Äußere Bezirke	68	3.766	97	4.482
Außenstadt	9	302	34	701
Summe	438	21.986	330	14.113

Tabelle II/2: **Die Entindustrialisierung in Wien 1972–1985**

Gebiete	Betriebe	Beschäftigte	Betriebe	Beschäftigte
	1972		1985	
1. Bezirk	104	5.574	52	878
Hinterhofind.	508	39.401	358	23.001
gründerzeitl.				
Stadtrand	622	73.331	481	42.934
Außenstadt	102	27.378	254	34.830
Summe	1.426	145.684	1.145	101.643

Über die Entindustrialisierung unter Bezug auf die Produktionsstätten und die Verlagerung an den Stadtrand informiert Tabelle II/2.

Von dieser Entwicklung sind zwei Gebiete im gründerzeitlichen Stadtraum besonders betroffen. Im einst bedeutenden Sektor der Hinterhof- und Stockwerkindustrie, in den Bezirken VI und VII, ist seit den 60er Jahren eine Absiedlung von Fabriken in Gang gekommen. Allein im Zeitraum 1972–1985 hat die Zahl der Beschäftigten in der Hinterhofindustrie von 39.000 auf 23.000 abgenommen. Überalterte Betriebe wurden geschlossen, es erfolgte jedoch keine Umwandlung der Produktionsstätten in Büros, wie dies in der Gründerzeit der Fall war, sondern mit der Verlagerung des Betriebsstandorts an den Stadtrand oder aus Wien hinaus wurden stets auch die Verwaltung und der Vertrieb verlagert. Die Formel für das Recycling von Industriebauten lautet schlicht: Umbau zu Wohnbauten. Dieser Umbau erfolgte mit öffentlichen Mitteln aufgrund des Wohnbauförderungsgesetzes bzw. im Rahmen des kommunalen Wohnbaus.

Die Stadtrandindustrie der Gründerzeit im Westen und Süden der geschlossenen Reihenmiethausbebauung ist ebenfalls durch Schließung von Betrieben und Wegrationalisierung von Arbeitsstätten in einem starken Umbruch begriffen. Die Zahl der Beschäftigten hat hier von 73.000 auf 42.000 abgenommen. Die kommunale Wirtschaftspolitik hat sich vorwiegend auf Betriebsansiedlungen am Stadtrand konzentriert, die interessanterweise „als Beitrag zur Stadterneuerung" aufgefaßt werden (vgl. Anm. 9).

Fehlt bereits eine Konzeption für die Erneuerung des traditionellen City-Bereiches in Wien, so gilt dies in noch höherem Maße für die Menggebiete des Wohnens und Arbeitens, welche mehr oder minder den gesamten gründerzeitlichen Stadtraum umfassen. Jede Form von Stadterneuerung greift daher in Gebiete ein, in denen neben der Wohnfunktion auch eine Vielfalt von Arbeitsstätten situiert ist.

Vermerkt sei, daß bisher in den die Stadterneuerung fördernden Gesetzen noch immer die Wohnnutzung festgeschrieben ist und es für die notwendigen Sanierungsmaßnahmen, darunter auch zur Erfüllung der Auflagen z. B. des Arbeitsinspektorats, für die Sanierung von Erdgeschoßflächen, keine Förderaktionen gibt. Eine weitere Entflechtung von Wohnungen und Betriebsstätten sowie eine Randverlagerung von Arbeitsplätzen ist daher zu erwarten.

2.7. Zwischen Urbanität und „neuer Wohnungsnot". Die demographische Integration der Bevölkerung

Soziologen, Architekten, Kulturhistoriker haben Urbanität beschrieben. Urbanität ist ein theoretisches Konstrukt, aber auch eine Ideologie. Das theoretische Konstrukt enthält materielle Bestandteile der gebauten Stadtkultur ebenso wie organisatorische Elemente der städtischen Gesellschaft und Merkmale eines bestimmten „Lebensstils". Das theoretische Konstrukt ist niemals operationalisiert und mit Meßgrößen ausgestattet worden.

Zur Urbanität gehören in der physischen Struktur der Städte monumentale Baustrukturen, große offene Plätze und Straßenräume, die Demonstration von Pracht und Vielfalt, in den gesellschaftlichen Strukturen gehören dazu die soziale Spannweite der Lebensstile mit den Möglichkeiten der Individualisierung des Wohnens, der Wahrnehmungs- und der Lernpotentiale und des kollektiven Konsums im weitesten Sinn. Zu den großen Städten gehören Entmischungsvorgänge nach sozialen und ethnischen Kategorien. Sie sind notwendige Bestandteile der räumlichen Organisation. Eine Kategorie sollte jedoch ausgespart bleiben, nämlich die Separierung der Gesellschaft nach Altersklassen und Haushaltstypen.

Die These lautet: Urbanität benötigt demographische Integration. Sie ist möglicherweise nur eine Randbedingung, aber nach Meinung der Autorin eine äußerst wichtige, denn wenn sich Altersklassen und Haushaltstypen klar segregieren, dann zerfällt das Kontinuum in der Weitergabe von kulturellen Traditionen und damit auch die Urbanität. Vorindustrielle Stadtkulturen belegen die wesentliche Funktion der Großhaushalte der Ober- und Mittelschichten für die Entfaltung städtischer Kultur und urbaner Lebensformen.

Nun werden – und dies scheint ein unaufhaltsamer Prozeß – die Haushalte immer kleiner, sie spalten sich auf. Die „neue Wohnungsnot" der Einpersonenhaushalte mit unzureichenden Wohnbedingungen, von der rund 200.000 Einzelhaushalte betroffen sind, ist keineswegs ein Spezifikum der Wiener Situation. Im Gegenteil, in Wien ist der Anteil mit 40 v. H. Einpersonenhaushalten im internationalen Vergleich mit anderen großen Kernstädten noch relativ niedrig, und es ist anzunehmen, daß er weiter ansteigen wird (Paris, Stockholm: bereits 50 v. H.). Der Trend zur Individualisierung des Wohnens bewirkt eine verstärkte Nachfrage nach Kleinwohnungen, in denen die Abdeckung der Wohnkosten auch durch eine Einzelperson gewährleistet sein muß. Dazu kommt die wachsende Zahl von Haushalten unvollständiger Kernfamilien und partnerschaftlicher Formen des Zusammenlebens, für die ebenfalls meist die finanziellen Ressourcen einer Person ausreichen müssen. Eine weitere Risikogruppe auf dem Wohnungsmarkt stellen Personen mit unzureichendem Einkommen dar. Unter Bezug auf den internationalen Trend ist der Schluß naheliegend, daß sich die Nachfrage auf dem Wohnungsmarkt in Richtung kleinerer und preiswerterer Wohnungen bewegen wird, während die Entwicklung auf der Angebotsseite gegenläufige Tendenzen aufweist.

Nun hat die internationale Forschung in vielen Beispielen belegt, daß mit der Suburbanisierung und Stadterweiterung eine demographische Entmischung der Bevölkerung einhergeht. Familien und junge Leute werden den Suburbs, alleinstehende Personen, vor allem aber alte Leute den Kernstädten zugeschrieben. In letzterem Kontext ist es verständlich, daß vielfach die schlichte Formel „alte Häuser = alte Menschen“ auch auf das gründerzeitliche Stadtgebiet angewandt wird. Die Formel ist schlicht, aber auch schlichtweg falsch. Eine Revision ist angebracht. Die Formel *war* richtig für den tatsächlich erschreckenden „Altersbauch“ der Bevölkerungspyramide von Wien im Jahr 1971. Die „Hypothek des Todes“ wurde inzwischen zurückbezahlt, die Überalterung ist eliminiert. Eine Gegenbewegung hat eingesetzt: Die junge Bevölkerung hat sehr stark zugenommen. Sie beherrscht das Straßenbild und die Freizeitgesellschaft in Lokalen und Geschäften und ist dabei, in die freigewordenen Wohnungen in den alten Häusern einzuziehen. Zahlen für diesen Vorgang fehlen, die nächste Volkszählung (1991) wird, so ist zu hoffen, die statistischen Daten für die obigen Aussagen liefern. Dieser Vorgang einer bemerkenswerten „Verjüngung“ der Wohnbevölkerung ist eine Chance für die Kommunalpolitik. Damit erhält nämlich die Stadterneuerung die reale Chance, eine junge berufstätige Bevölkerung als Wohnbevölkerung für den innerstädtischen Lebensraum zu gewinnen.

Bereits anhand der Daten der Volkszählung 1981 läßt sich der Nachweis erbringen, daß die Qualität des gründerzeitlichen Stadtraumes in beeindruckendem Maß in der demographischen Integration besteht, d.h. im hausweisen Nebeneinanderwohnen von verschiedenen Altersklassen und Haushaltstypen. Die Berechnung des demographischen Segregationsindex ergab auf der Zählbezirksebene den international äußerst erstaunlichen Wert von nur 5 v. H.! Diese Tatsache verdient deswegen besondere Beachtung, weil heute weltweit demographische Segregationsvorgänge an Bedeutung gewinnen und in Nordamerika die sozialen und ethnischen Auseinanderschichtungsprozesse längst überrundet haben.

Es sollte von seiten der Planer und Politiker alles darangesetzt werden, um diese spontan entstandene integrative Funktion des Wohnmilieus in der gründerzeitlichen Reihenhausverbauung zu erhalten, wo sich in faszinierender Weise eine junge Generation wieder in den traditionsreichen gebauten Strukturen einzurichten beginnt.

3. Politische Ideologien, rechtliche und finanzielle Maßnahmen zur Stadterneuerung

3.1. Die Stadterneuerung im Stadtentwicklungsplan. Kritische Reflexionen

Die Ausführungen über die Stadterneuerung sind im Stadtenwicklungsplan relativ kurz und kursorisch. Die normative Formulierung lautet: „Stadterneuerung soll die Lebensverhältnisse innerhalb des dichtverbauten Stadtgebiets verbessern.“

Fünf Problemschwerpunkte der Stadterneuerung werden unterschieden und hierzu Gebiete ausgegrenzt:[1]

1. Mängel in der Wohnungsstruktur (zu kleine und zu schlecht ausgestattete Wohnungen) führen zur Ausgrenzung von Gebieten, in denen eine Verbesserung der Wohnungsstruktur notwendig ist.

2. Mängel in den Wohnumweltbedingungen führen zur Ausgrenzung von Gebieten, in denen eine Verbesserung der Grünflächenversorgung bzw. der Stellplatzversorgung vorgenommen werden soll.

3. Zu dichte Bebauung führt zur Ausgrenzung von Gebieten, in denen diese aufgelockert werden soll.

4. Gefährdung kulturhistorisch wertvoller Ensembles führt zur Ausweisung von Schutzzonen im Sinne der Wiener Bauordnung zu ihrer Erhaltung.

5. Die Gefährdung der meist kleinstrukturierten Betriebe wird zwar zur Kenntnis genommen, findet aber nicht in einer Gebietsausgliederung Niederschlag.

In den Zielformulierungen ergeben sich Widersprüche:

Die Ziele der angestrebten Verbesserung der Wohnungsstruktur, Grünflächenvermehrung und Stellplatzversorgung sind auf die Bewohner hin orientiert und bedeuten bei einer Realisierung eine ziemlich beachtliche Erweiterung des Flächenbedarfs. Damit stehen sie im Widerspruch zur Auflockerungsabsicht in Gebieten mit zu dichter Verbauung. Eine Verwirklichung der Auflockerung bedeutet Reduzierung der Geschoßflächendichte und damit in weiterer Konsequenz Reduzierung der Einwohnerzahlen und der Arbeitsplätze.

Zwischen den oben genannten Zielen hinsichtlich Wohnraum, Grünflächen und Stellplätzen besteht schließlich auch eine Konkurrenz um die zu vergebenden Flächen, für die bisher keine Lösungsstrategie angeboten wird (vgl. Anm. 10).

Mit der Auflockerung der zu dichten Verbauung ist eine normative Zielvorstel-

---

[1] Vgl. STEP, Abbildung Stadterneuerung 1, 2, S. 58, 59.

lung genannt, welche seit über einer Generation die Stadtplanung in und die Literatur über Wien durchzieht und zu deren Realisierung nur unter folgenden Bedingungen eine Chance bestehen würde:
- eine weitere starke Bevölkerungsabnahme, etwa auf die Hälfte des gegenwärtigen Bestandes,
- Enteignungsrechte von seiten einer „totalitären" Stadtplanung und damit
- ausgedehnte Flächensanierungen.

Ansätze hiezu waren im Stadterneuerungsgesetz 1974 vorgesehen, haben sich aber dann, beginnend mit den Denkmalschutzintentionen über Europa hinweg Mitte der 70er Jahre und der im Anschluß daran entstandenen Ideologie der sanften Stadterneuerung, nicht durchgesetzt. Daraus ergibt sich in weiterer Konsequenz, daß die Zielformulierungen im Stadtentwicklungsplan aufgrund der angegebenen Inkonsistenzen keine Realisierungschancen besitzen.

Die tatsächliche Entwicklung vollzieht sich, gerade im Zeichen reichlich fließender Mittel für die Stadterneuerung, durch weiteres „Schinden von Kubatur" selbst bei genossenschaftlichen und kommunalen Wohnbauten.

Blendet man die Zielvorstellungen des Stadtentwicklungsplanes ein in das Einleitungskapitel über das duale Zyklusmodell der Stadtentwicklung, so sind zwei Defizite der bisherigen Perspektiven besonders offensichtlich:

1. Es wird übersehen, daß Stadterneuerung eine *komplementäre Aufgabe* zur Stadterweiterung erhalten muß. Im konkreten Fall muß sie daher vor allem die Bedürfnisse der Betriebsstätten berücksichtigen und damit in weiterem Zusammenhang die der sogenannten „aufgestockten Bevölkerung", d.h. der Einpendler, der Studenten, der Touristen, der Benutzer zentraler Funktionen aus dem Umland, sowie der nationalen und internationalen Aufgaben von Wien.

2. Es wird ferner übersehen, daß der geschlossen verbaute Stadtkörper aus der Gründerzeit aus zwei Zonen mit unterschiedlichen Problemen besteht, nämlich den inneren und den äußeren Bezirken. Nur am Rande der letzteren ist eine Übernahme von Modellen aus den Stadterweiterungsgebieten sinnvoll und möglich. In den anderen Gebieten müßten *funktionsadäquate Stadterneuerungsmodelle* neu konzipiert werden (vgl. unten).

3.2. Wohnungsverbesserung, Hausrenovierung und Stadterneuerung

3.2.1. Ein begrifflicher Exkurs

In den Ausführungen von Teil I wurde der Begriff der „Stadterneuerung" verwendet, und zwar mit dem Sinngehalt einer umfassenden straßen- und viertelsweisen Erneuerung der physischen Bausubstanz einschließlich der dazugehörigen technischen Infrastruktur. Die Realität des Sprachgebrauchs in den Massenmedien unterscheidet sich jedoch ganz wesentlich von der obigen Definition. Es werden vielmehr Maßnahmen zur Wohnungsverbesserung, Hausrenovierung und sonstige Einzelmaßnahmen im Rahmen des Straßen- und Parzellensystems, wie die Anlage von Kleinparks, Wohnstraßen und dergleichen, darunter subsumiert. Diese Unschärfe der Begriffsformulierung ist zumindest teilweise durch die Tatsache zu erklären, daß die einzelnen Teile des Stadtsystems in sehr unterschiedlichem Maße einem Abnützungs- und Alterungsvorgang unterliegen. Grundsätzlich altern alle Einrichtungen der technischen Infrastruktur und der industriellen Produktion und Wirtschaft sehr viel schneller als Wohnbauten. So werden auch Geschäfte, Werkstätten und Fabrikshallen rascher aufgegeben als Wohnhäuser.

Im Hinblick auf die Wohnbausubstanz weisen nun Wohnungen, Häuser und Viertel eine unterschiedliche Lebensdauer auf. Die Adaptierung und Erneuerung von Wohnungen ist ursprünglich auf die Abfolge von Generationen zugeschnitten gewesen. Heute ändern sich die „Wohnmoden" sehr viel rascher mit den auf dem Wohnungsmarkt neu auftretenden Kohorten. Damit sind auch Untersuchungen über Wohnwünsche und Wohnvorstellungen von ähnlich kurzfristigem Aussagewert. Grundsätzlich ist es jedoch möglich, von seiten der staatlichen Entscheidungsträger die Partizipation der Wohnbevölkerung bei der Erneuerung des Wohnungsbestandes in die Überlegungen miteinzubeziehen. Auf dieser Ebene ist in Wien die sehr erfolgreiche Aktion der Wohnungsverbesserungskredite angesiedelt. Mit dieser Strategie einer kapitalmäßigen Beteiligung der Mieter ist es möglich, eine Zeitdauer von maximal einer Generation zur „normalen Lebensdauer" der Wohnbausubstanz dazuzugewinnen.

Spätestens nach Ablauf dieses Zeitraums steht jedoch eine Sanierung der Häuser an, bei der es nicht mehr darum geht, die Ersparnisse der Mieter, sondern das Kapital der Hausbesitzer für die „Stadterneuerung" einzusetzen. Die Wiener Stadterneuerung ist derzeit in dieser Etappe angekommen. Will man aber von seiten der öffentlichen Hand die privaten Hausbesitzer als potentielle Investoren gewinnen, so ist die Akzeptanz der Profitabilität von Mietwohnhäusern und damit die Revision einer jahrzehntelangen Diskriminierungsstrategie gegenüber den privaten Hauseigentümern notwendig.

Es ist bereits jetzt abzusehen, daß es nicht gelingen wird, über Kreditaktionen die privaten Hausbesitzer zu einer „Kompletterneuerung" des Althausbestandes heranzuziehen. Damit zeichnet sich die Notwendigkeit der Durchführung von block- und viertelsweisen Stadterneuerungsvorhaben mit öffentlichen Mitteln in immer größerem Umfang ab. Erste rechtliche Maßnahmen hierzu wurden durch die Ausgrenzung von „Stadterneuerungsgebieten" gesetzt. Allerdings ist man auch hierbei in Wien aus dem Experimentierfeld der Baulückenpolitik, die weiter oben als für die Innovationsphase der Stadterneuerung kennzeichnend herausgestellt wurde, noch nicht hinausgetreten. Die „sanfte Stadterneuerung" hat zu Mischstrukturen zwischen punktuellem Abbruch und Neubau, kompletter Revitalisierung und Fassadenkosmetik von Altbauten geführt.

3.2.2. Gesellschaftspolitische Ideologien und Leistungen von Wohnungsverbesserung und Haussanierung in den 80er Jahren

Die Abfolge der Begriffe Wohnungsverbesserung, Hausrenovierung und Stadterneuerung würde erwarten lassen, daß ein Bruch in der gesellschaftspolitischen Ideologie erfolgt ist. Ein Studium der Gesetzestexte und der finanziellen Maßnahmenpakete läßt jedoch erkennen, daß die Antisegregationstendenz der sozialdemokratischen Basisideologie weiter beibehalten wurde. Es ist daher bezeichnend, daß die verteilungspolitischen Effekte aller Gesetze und Förderungsmaßnahmen stets sorgfältig registriert und, wenn möglich, entsprechend korrigiert wurden. Derartige Korrekturen können gleichermaßen „nach oben" und „nach unten" hin erfolgen, so wurde z. B. beim Mietengesetz die Obergrenze des Kategorienzinses bei den Wohnungen mit höchstem Ausstattungsstandard I (mit Zentralheizung) bereits aufgehoben und die Mietpreisbildung dem freien Markt überlassen. Mit der Zunahme der Subjekt- und der Reduzierung der Objektförderung, die dem internationalen Trend entspricht (vgl. Teil I), wird die Förderung aus dem Sozialraum der Stadt in die immaterielle Struktur der Gesellschaft hineingeschoben, damit wird jedoch die Wirksamkeit als Mittel der räumlichen Antisegregationsstrategie reduziert. Als Subjektförderung ist auch die Übernahme des Wohnungsaufwandes über der nach Haushaltsgröße und Familieneinkommen gestaffelten Zumutbarkeitsgrenze vorgesehen.

Das Wohnungsverbesserungsgesetz gilt als einer der großen kommunalpolitischen Erfolge.[2] Seit 1969 wurden 150.000 Wohnungen gefördert, allein 1984–1987 rund 65.000.[3] Nichtsdestoweniger mußte registriert werden, daß bei den Wohnungsverbesserungskrediten Angehörige der Grundschichten als Mieter nur in geringem Ausmaß die Möglichkeit wahrgenommen haben, sich darum zu bewerben. Ähnliches gilt für die Hauseigentümer unter Bezug auf die Finanzierung der Sanierung von Wohnhäusern durch das Wohnbauförderungesetz (1968).

Von den verteilungspolitischen Effekten her erfüllt die Wohnbauförderung nicht die in sie gesetzten Erwartungen, da es einkommensstärkeren Schichten naturgemäß leichter möglich ist, die erforderlichen Eigenmittel aufzubringen.

Um dieser Tendenz entgegenzuwirken hat das Wohnhaussanierungsgesetz (WSG 1984) die kompensatorische „Besserförderung" gerade der schlechtest ausgestatteten Wohnhäuser als Leitvorstellung gewählt.[4] Es sind nach Ausstattungskategorien gestaffelte Annuitätenzuschüsse vorgesehen, wodurch eine Konzentration der öffentlichen Mittel auf den schlechtesten Hausbestand ermöglicht wird (vgl. Anm. 11). Bei Verländerung der wichtigsten Wohnbaugesetze wird das WSG ab 1989 durch das Wiener Wohnbauförderungs- und Sanierungsgesetz (WWFSG) abgelöst, das Neubau und Sanierung in einem Gesetz zusammenfaßt. In Hinkunft wird der Vorrang von Sockelsanierungen in Wohnhäusern mit Wohnungen der Ka-

---

[2] Für die folgenden Ausführungen sowie für Kapitel 3.2.3 wurde ein Manuskript von Dr. Rohn und DDr. Kohlbacher verwendet.

[3] Vgl. FRÖHLICH u. FÖRSTER o.J., S. 49–50.

[4] Vgl. EDLINGER 1988, S. 23.

tegorie C und D noch stärker betont (vgl. Anm. 12). Die für Totalsanierungen aufzubringenden Mittel sollen fortan für die Neubauförderung verwendet werden (vgl. Anm. 13).

3.2.3. Rechtliche Grundlagen der Stadterneuerung

Die Rechtslage ist komplex. Ein schwer überblickbares – nicht widerspruchsfreies – Netzwerk von Gesetzen und Verordnungen bildet den Rahmen. Zum Teil kommen legistische Instrumente zur Anwendung, die räumlich nicht begrenzt sind. Hierzu zählen in erster Linie die Mietengesetzgebung, die Wohnungsverbesserungs- und Wohnungsneubauförderung.[5] Dem Bund kommt im Stadterneuerungsgeschehen eine ganz wesentliche Rolle zu. Er tritt als Gesetzgeber (Mietrechtsgesetz, Stadterneuerungsgesetz, Steuergesetze), Verteiler von Steueranteilen (Finanzausgleich), Bauherr (bei Errichtung und Erhaltung von Bundesobjekten) und als Geber von Förderungsmitteln (im Bereich der Wirtschaftsförderung und regionalpolitischer Maßnahmen) auf. Die großen strukturpolitischen Entscheidungen des Bundes bilden einen wichtigen Rahmen für die Stadterneuerung.[6] Während das Mietrechtsgesetz vor allem Bedacht darauf nimmt, Bestandsrechte zu wahren, zielen das Wohnbauförderungsgesetz, das Wohnhaussanierungsgesetz und das Stadterneuerungsgesetz darauf ab, bestehende Zustände zu verändern. Daher wird manches, was im Stadterneuerungsgesetz als zu verändernder Mißstand bezeichnet wird, im Mietrechtsgesetz als Recht verteidigt.[7]

Im folgenden sollen die rechtlichen Instrumente, die für die Stadterneuerung von Relevanz sind, charakterisiert werden.

Das *Mietengesetz* (Mietengesetznovelle 1974) enthält im Zusammenhang mit der Stadterneuerung die verbindliche Vorschrift, daß im Falle von Kündigungen wegen Abbruchreife eines Hauses den Mietern zwei entsprechende Ersatzwohnungen zur Wahl anzubieten sind. Gleichzeitig wird Geschäftsinhabern ein gleichwertiges Lokal zugesichert.

Das *Wohnungsverbesserungsgesetz 1969*, mehrfach novelliert, regelt Modernisierungsarbeiten innerhalb der Wohnungen und kleinere Verbesserungsarbeiten innerhalb des Wohnhauses. Die Förderung sieht eine Refundierung von 40 v. H. eines privat aufgenommenen Bankkredites durch das Land Wien vor, was der Abgeltung der ganzen Zinsenbelastung entspricht. Eine Zumutbarkeitsgrenze ist vorgesehen.

Für umfangreiche Wohnhaussanierungen, die mit dem Wohnungsverbesserungsgesetz nicht mehr finanzierbar sind, kann nach dem *Wohnbauförderungsgesetz* 1968 vorgegangen werden. Diese günstigere Förderungsform kann seit der Gesetzesnovelle 1974 auch für Sanierungen herangezogen werden. Im Falle eines kompletten Umbaus sind auch bis zu 100 v. H. der entsprechenden Neubaukosten för-

---

[5] Vgl. BERGER 1984, S. 1.

[6] Vgl. PRAMBÖCK 1985, S. 53.

[7] Vgl. EDLINGER u. POTYKA 1989, S. 157.

derbar. Das Finanzierungssystem erfordert allerdings die Initiative des Hauseigentümers, der den Antrag auf Förderung stellen und bereit sein muß, hypothekarische Belastungen zu akzeptieren.

Mit dem *Wohnhaussanierungsgesetz (WSG 1984)* und den Wiener Verordnungen dazu wurde die Basis für eine intensive Erneuerung des Althausbestandes in Wien unter Berücksichtigung sozialer Gesichtspunkte geschaffen. Durch dieses Gesetz werden haustechnische Verbesserungen, Anhebung des Wohnstandards, Zusammenlegung von Wohnungen, aber auch Hofbegrünung und stadtbildgerechte Fassadengestaltung gefördert. Der Förderungswerber kann einzelne Maßnahmen oder auch ein Bündel von Maßnahmen, zugeschnitten auf seinen Bedarf, auswählen.

Unter den Instrumenten zur Beeinflussung der Stadterneuerung nimmt das *Stadterneuerungsgesetz (STEG)* eine Sonderstellung ein. Es ist das einzige Gesetz, das sich dezidiert und ausschließlich auf die Stadterneuerung bezieht. Es wurde 1974 vom Nationalrat beschlossen. Die langjährigen Beratungen über das Stadterneuerungsgesetz waren vom Gedanken der Flächensanierung unter Einsatz von Zwangsmitteln (Enteignung)[8] durch Abbruch und Neubau begleitet. Hier kann man einfügen, daß die Wiener Kommunalverwaltung in den 60er Jahren durchaus Flächensanierungen praktiziert hat, die heute in Vergessenheit geraten sind, wie die Abtragung von alten Vorstädten (Lichtental) und Dörfern (Ottakring, Erdberg). Ungefähr zum Zeitpunkt der Beschlußfassung setzte aber über die Zielsetzungen der Stadterneuerung ein Meinungsumschwung ein, der zur bestandsschonenden, sanften Vorgangsweise führte.[9] Daher gehen auch viele Bestimmungen des Gesetzes heute ins Leere, sodaß zunehmend geringe Bereitschaft besteht, Assanierungsverordnungen zu erlassen. Beim Stadterneuerungsgesetz handelt es sich im wesentlichen um eine Verfahrensvorschrift, die die rechtlichen und organisatorischen Voraussetzungen für Sanierungsvorhaben schaffen soll. Es ist offen hinsichtlich der Sanierungsträger und enthält auch keine gesonderte Finanzierungsbasis für Stadterneuerungsprojekte.[10] Es ist eine offene Frage, ob Gebietsbetreuer und Investoren getrennt bleiben werden. Die Agenden werden dort, wo nicht die Gemeinde Wien die Gebietsbetreuung durchführt, dem Direktzugriff der Flächenwidmungs- und Bebauungsplanung entzogen. Karte II/1 bietet eine Übersicht der Stadterneuerungsgebiete.

Zwecks Erhaltung der historisch und kulturell wertvollen städtischen Bausubstanz wurde 1972 das *Altstadterhaltungsgesetz* als Novelle zur Wiener Bauordnung beschlossen und der Wiener Altstadterhaltungsfonds geschaffen. Dadurch wurde die Festlegung von Schutzzonen im Flächenwidmungs- und Bebauungsplan möglich. Innerhalb dieser Schutzzonen können besondere Auflagen zur Sicherung der Ensemblewirkung von Gebieten vorgeschrieben werden. Zu Schutzzonen wurden die gesamte Innere Stadt, große Teile des III., IV., VII. und VIII. Bezirkes, erhaltenswerte ehemalige Vorstadtkerne und Vororte sowie außergewöhnliche Anlagen

---

[8] Vgl. FRÖHLICH u. FÖRSTER o.J., S. 50.

[9] Vgl. EDLINGER u. POTYKA 1989, S. 157.

[10] Vgl. WEBER 1981, S. 19.

Karte II/1: **Stadterneuerungsgebiete, Denkmalschutzgebiete**

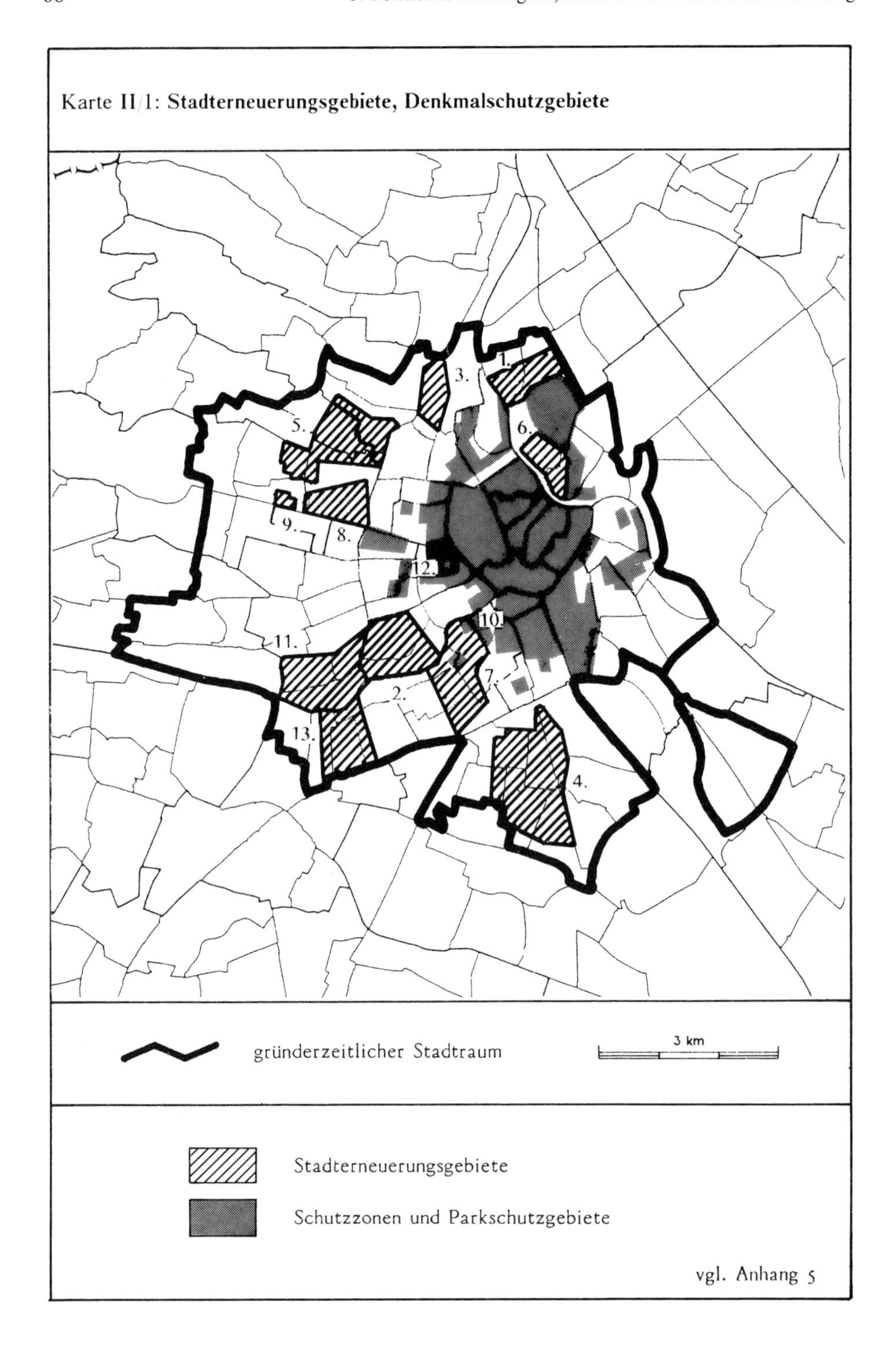

vgl. Anhang 5

des kommunalen Wohnbauprogrammes (z. B. der Karl-Marx-Hof) erklärt. Seit der Bauordnungsnovelle 1975 besteht die Möglichkeit, in Schutzzonen den Anteil der Büro- und Geschäftsräume in Wohngebäuden zu kontrollieren, um so eine schleichende Verdrängung der Wohnnutzung zu verhindern. Die Auflagen, die den Hauseigentümern in Schutzzonen zur Altstadterhaltung gemacht werden, führen allerdings nicht selten zu beträchtlichen Mehrbelastungen. Deshalb wurde die Schutzzonenregelung durch die Schaffung des Wiener Altstadterhaltungsfonds 1972 ergänzt. Der Fonds wird vom Kulturamt verwaltet und durch Zuwendungen aus den Erträgen nach dem Wiener Kulturschillinggesetz 1972 gespeist. Der Hauptzweck des Fonds liegt in der finanziellen Abdeckung denkmalpflegerischer Mehraufwendungen.

Weitere Förderungsmaßnahmen der Stadt Wien im Rahmen der Stadterneuerung bestehen in der Dachbodenausbauaktion für Wohnzwecke, der Gartenhofförderung 1976 sowie verschiedenen wirtschaftsfördernden Aktionen (Kleinbetriebezuschußaktion, Wiener Strukturverbesserungsaktion, Aktion Baurechtsgründe, Geschäftsförderungsaktion etc.).

3.2.4. Die Stadterneuerungspraxis in Wien im internationalen Vergleich

Der Wiener Magistrat und für ihn arbeitende Forschungsinstitute haben die Zielsetzungen der Stadterneuerung des öfteren in umfangreichen Publikationen thematisiert. Eine Einbindung in die internationalen Erfahrungen erscheint angebracht, ebenso wie eine Herausstellung der Wiener Besonderheiten, die sich aus der spezifischen kommunalpolitischen Sichtweise, der Gesetzeslage, den Finanzierungsformen und den eingespielten Verhaltensweisen der Wiener Bevölkerung ergeben.

Bei der Stadterneuerung in Wien geht es derzeit nicht darum:

- Slumgebiete zu beseitigen,
- Gebiete mit großem Potential des Bodenmarktes zu erneuern,
- spezifischen Interessengruppen (etwa Vertretern der Wirtschaft) zu dienen.

Die Stadterneuerung hat vielmehr eine stark sozial- und wohnungspolitische Zielsetzung, wodurch andere Ziele ausgeblendet werden. Zunächst die generelle Problematik:

1. Die Probleme der Stadterneuerung sind wesentlich komplexer als die der Stadterweiterung. Daraus erklärt sich ein höheres Anforderungsniveau an die Stadterneuerung, und zwar sowohl quantitativ (gemessen an Personal, Zeitaufwand und spezifischen Kosten) als auch qualitativ (Qualifikation des Personals, Organisationsgrad).

2. Die lange Planungsdauer ist keine Wiener Besonderheit. In den USA gelten als Erfahrungswerte für die Planungsvorbereitung vier Jahre, für die Durchführung 10 Jahre, in der BRD für Erneuerungen nach dem Städtebauförderungsgesetz 6 bis 20 Jahre.

Im folgenden einige Angaben aus Wien: In Ottakring hat die Vorbereitung mehr als vier Jahre gedauert. Für eine kleinräumige Stadterneuerung wie im Planquadrat (Wohnbauförderungsgesetz, Wohnungsverbesserungskredite, §§ 7, 8 Mietengesetz, Förderungsmittel für Fassadenerneuerung, Begrünung von Hinterhöfen), wurde eine Zeitspanne von acht Jahren benötigt. Allerdings sind die Gebiete in anderen Städten z. T. wesentlich größer, während sich in Wien aus den bisher untersuchten Erneuerungsvorhaben eine Obergrenze von sechs bis acht Häuserblöcken mit maximal 800 Grundstücken und 1.500 Mietern in maximal 1.000 Wohnungen abzeichnet.

3. Für die Wahl eines Erneuerungsgebietes gibt häufig nicht die tatsächliche Erneuerungsbedürftigkeit den Ausschlag, sondern andere Gründe. Es ist verständlich, daß daher auch in Wien – wie vielfach im Ausland – zunächst Gebiete zur Auswahl kamen, welche sich als Demonstrationsobjekte anboten, wie die alte Vorstadt Spittelberg aufgrund des nahezu vollständig erhaltenen barocken Baubestandes bzw. der alte Vorort Ottakring, der als ehemalige frühgründerzeitliche Brauereiarbeitersiedlung unmittelbar neben der großen Ottakringer Brauerei gelegen ist (vgl. Anhang 5).

Mit der jüngsten Ausweisung des Augartenviertels wird dagegen die Sanierungsproblematik eines im Entstehen begriffenen ethnischen Viertels (23 v. H. Gastarbeiter) aufgegriffen.

4. Es findet sich auch in anderen Städten die organisationssoziologische Utopie, daß Stadterneuerung im Instanzenweg von der „Zentralbehörde des Magistrats“ bis zum einzelnen Bürger im betreffenden Stadterneuerungsgebiet eine „Kommunikationsschiene“ herstellen kann. Dieses Top-Down-Problem der Kommunikation und der folgenden Aktionen ist generell ungelöst und in den real bestehenden komplexen mehrschichtigen politökonomischen Strukturen auch nicht lösbar.

5. Ebenso fehlt auch in anderen Städten ähnlich wie in Wien der horizontale Informationstransfer zwischen den lokalen Gebietsbetreuungen und zwischen den verschiedenen zentralen Planungsinstanzen.

6. Es ist ganz allgemein schwierig, in Wohngebieten, die (gegenwärtig und mittelfristig) in besonderem Maße vom baulichen Verfall bedroht sind, die dort lebende Bevölkerung zu aktiver Organisation und Nutzung der Chancen zu bewegen. Dadurch besteht die Gefahr einer technokratischen Betrachtungsweise der betroffenen Bevölkerung durch die jeweiligen Verwaltungsinstanzen, d.h. die Bevölkerung wird als Teil der sozialen Infrastruktur aufgefaßt, welche die Bausubstanz beeinflußt. Entsprechend dieser Betrachtungsweise werden soziale Aspekte als Barriere für eine effiziente Stadterneuerung interpretiert (vgl. Anm. 14).

7. Maßnahmen des Denkmalschutzes und der Wahrung des historischen Stadtbildes sowie der Revitalisierung wertvoller Bausubstanz sehen sich vor Interessenkonflikten, sowohl vom Standpunkt wirtschaftlicher Institutionen als auch von dem der Bevölkerung aus. Es stellt sich die Frage: Welchen Bevölkerungsteilen soll die notwendige, sehr hohe Subvention von öffentlichen Mitteln bei echter Sanierung der alten Bausubstanz tatsächlich zugeschrieben werden?

8. Eine umfangreiche Literatur belegt das Problem der Verdrängung historisch gewachsener kleinbetrieblicher Strukturen, d.h. die Stadterneuerung akzentuiert Konzentrationsprozesse der Wirtschaft. Für die Kleinbetriebe ist die Umsiedlung mit umfangreichen Investitionen, dem Verlust von Arbeitskräften und eingespielten Marktverhältnissen verbunden.

Die spezielle Wiener Situation der Stadterneuerungspraxis ist folgendermaßen zu kennzeichnen (vgl. Anhang 5):

1.Die Stadterneuerung als Gesamtaufgabe der Stadtentwicklung ist von vornherein auf die gebietsbezogene Lenkung von Erneuerungsmaßnahmen als Aufgabenbereich der öffentlichen Hand eingeengt worden. Gleichzeitig ist damit sehr rasch das Konzept der *sanften Stadterneuerung* entstanden. Die Kette der ideologischen Prämissen sei im folgenden vorgeführt. Sie haben zum Teil utopischen Charakter. Danach soll Stadterneuerung „behutsam", in engem Einvernehmen mit der Bevölkerung, die Qualität innerstädtischen Lebens heben, wobei vor allem die Wohnumweltqualität zu berücksichtigen ist.

2. Das Verständnis von Stadterneuerung als eine Vielzahl von kleinen Maßnahmen steht in der bisher definierten Form in schärfstem Kontrast zu den Großprojekten, wie sie im Zuge der Stadterweiterung errichtet wurden und auch noch weiter im Programm der Stadtentwicklungsplanung vorherrschen.

3. Die bereits erwähnte komplizierte Besitzstruktur und die kleinteiligen Eigentumsverhältnisse bewirken in der Regel, daß es einerseits nur schwer zu einer Eigendynamik kommt und andererseits von außen kommende Initiativen auf ein Netz komplexer lokaler Verhältnisse und Beziehungen stoßen. Bei Grunderwerb müssen die Bauträger im dichtbebauten Gebiet ein Vielfaches mehr an Aufwand einsetzen als am Stadtrand.

4. Die sogenannte „sanfte" Stadterneuerung ist freilich erst ein Produkt der 80er Jahre. Die Phase der Flächensanierung ist in Wien vergessen. Kein Kommunalpolitiker würde es heute wagen, alte Vorstädte und Dörfer abzureißen und durch kommunale Wohnanlagen zu ersetzen, wie dies anfangs der 60er Jahre ohne das geringste Aufheben in den Medien und sogar begleitet von Bilddokumentationen geschehen ist (Alt-Ottakring im XVI. Bezirk, Erdberg im III. Bezirk, Lichtental im IX. Bezirk)

5. Die „sanfte Stadterneuerung" ist noch immer Wohnungsverbesserung und Hausrenovierung und als solche keineswegs an die Stadterneuerungsgebiete gebunden, sondern sie umgreift – über Blocksanierungen und Einzelanträge – den gesamten Stadtraum von Wien, wobei die Etikette und die Förderungsmittel auch bereits für Neubauten auf grüner Wiese verwendet werden (vgl. Anm. 15).

4. Aktueller Forschungsstand zum Stadtverfall

4.1. Einleitung

Die Forschungsinstitutionen und Forschungsideologien haben sich bisher nicht von den politischen Zielsetzungen des Magistrats abheben können. Politisch-ideologische Einschätzungen sind daher als unscharfe Prämissen in die zumeist als Auftragsforschung durchgeführte angewandte Forschung eingegangen. Wenn man von der vorliegenden Arbeit absieht, ist bisher keine Emanzipation der Forschung von den politischen Handlungsstrategien und Zielsetzungen eingetreten.

4.2. Das Stadtverfallsmodell von FEILMAYR – HEINZE – MITTRINGER – STEINBACH

Es ist verständlich, daß über der ideologisch-politischen Diskussion der Stadterneuerung die Frage nach dem Umfang des Stadtverfalls zuerst von der universitären Forschung aufgegriffen wurde. Auf der Basis eines sozialökologischen Modells hat erstmals J. STEINBACH gemeinsam mit Th. HEINZE, W. FEILMAYR und K. MITTRINGER unter Verwendung der Zählgebietsdaten für 1971 ein Stadtverfallsmodell gerechnet. Es wurden abbruchreife und abbruchgefährdete Gebiete ausgewiesen und eine Abschätzung der notwendigen Sanierungsmaßnahmen vorgenommen. Im folgenden die Detailangaben:

In der Basiskonstruktion des Modells werden

- die Konstrukte von physischem Blight und
- Marginalitätssyndrom

miteinander verknüpft, und zwar ohne daß diese Verknüpfung explizit angesprochen wird.

Das Stadtverfallsmodell besteht aus drei Komponenten:

1. Einem *technologischen Submodell* zur mengenmäßigen Erfassung von abbruchreifen und abbruchgefährdeten Arealen.

Zur Bestimmung der Lebensdauer von Gebäuden werden folgende Richtwerte verwendet:

- 60–70 Jahre für den Ersatz von Ausbauteilen,

- 100–115 Jahre für den Ersatz von Rohbauteilen,
- weitere 30 Jahre bis zum Erreichen der Rentabilitätsgrenze für Investitionen (vgl. Anm. 16).

Entsprechend den verwendeten Kriterien gelangen die Autoren zu einer räumlichen Ausgliederung der Problemgebiete, welche im wesentlichen mit dem „würgenden Ring" von Arbeitermiethäusern der frühen Gründerzeit identisch sind. Die Ausgrenzung entspricht daher weitgehend der betreffenden Kategorie der Karte der Verbauung und Landnutzung von Wien von E. LICHTENBERGER und H. BOBEK 1966. Für die ausgewiesenen Zählgebiete treffen folgende Merkmale zu:
- umfangreicher baulicher Erneuerungsbedarf,
- geringe Sanierungsaktivität der Wohnbevölkerung,
- ungünstige wirtschaftliche Entwicklungschancen.

2. Das zweite Modell der Abschätzung der Sanierungsaktivitäten der Träger von Sanierungsmaßnahmen wird hinsichlich der Operationalisierung ebenfalls nicht explizit dargestellt. Es kann daher nur angenommen werden, daß, entsprechend den Kalkülen der sozialökologischen Theorie, sozialer Rang und Schulbildung als Ersatzvariable Verwendung gefunden haben. Die Aktivitäten von institutionellen Bauträgern werden jedenfalls nicht berücksichtigt.

3. Schließlich gehen eine Reihe von normativen Zielsetzungen in das Modell ein, wie
- Dichtenormen (maximal 380 Einwohner/ha Wohnfläche),
- Wohnflächennormen (mindestens 25 qm Wohnraum pro Einwohner),
- Grünflächennormen (mindestens 1,5 qm Park oder öffentliche Grünfläche/Einwohner),
- Zielvorstellungen hinsichtlich der Verbesserung der Wohnungsausstattung (vgl. Anm. 17).

Auf der Grundlage einer Clusteranalyse wurden von J. STEINBACH et al. insgesamt acht räumliche Typen des Erneuerungsbedarfes und der Erneuerungsmaßnahmen unterschieden. Die Typen 1 und 2 entsprechen den besonders erneuerungsbedürftigen Gebieten, welche außerhalb des Gürtels in den Bezirken X, XIV bis XVII und in den inneren Bezirken V und VI konzentriert sind (vgl. Karte II/2).

Die oben bereits erwähnte merkwürdige bessere Einschätzung der östlichen inneren Bezirke findet sich ebenfalls bei der Abhebung des Clustertyps 3 und 4, welche arealsmäßig in den Bezirken II und III dominieren. Der Abbruch von Gebäuden wird hier nur mehr teilweise vorgesehen. Fehleinschätzungen liegen auch bei den Clustern 7 und 8 vor, welche die Gebiete zusammenfassen, in denen der geringste Bedarf für Erneuerungstätigkeiten angenommen wird. Darunter befinden sich der IV.,VII.,VIII. und IX. Bezirk.

Im folgenden einige Ergebnisse der Rechenoperation.

1. Aufgrund der Dichtenormen und der Norm für Wohnflächen müßten zwischen 6.800 und 9.300 Objekte demoliert werden.

2. Erneuerung bei gleichzeitiger Zusammenlegung von Wohnungen würde bei rund 8.500 Objekten notwendig sein, hierzu kommen weitere 9.000 Erneuerungsfälle ohne Veränderung der Wohnungsgröße.

3. Die Gesamtzahl der durch Abbruch bzw. Erneuerung betroffenen Gebäude

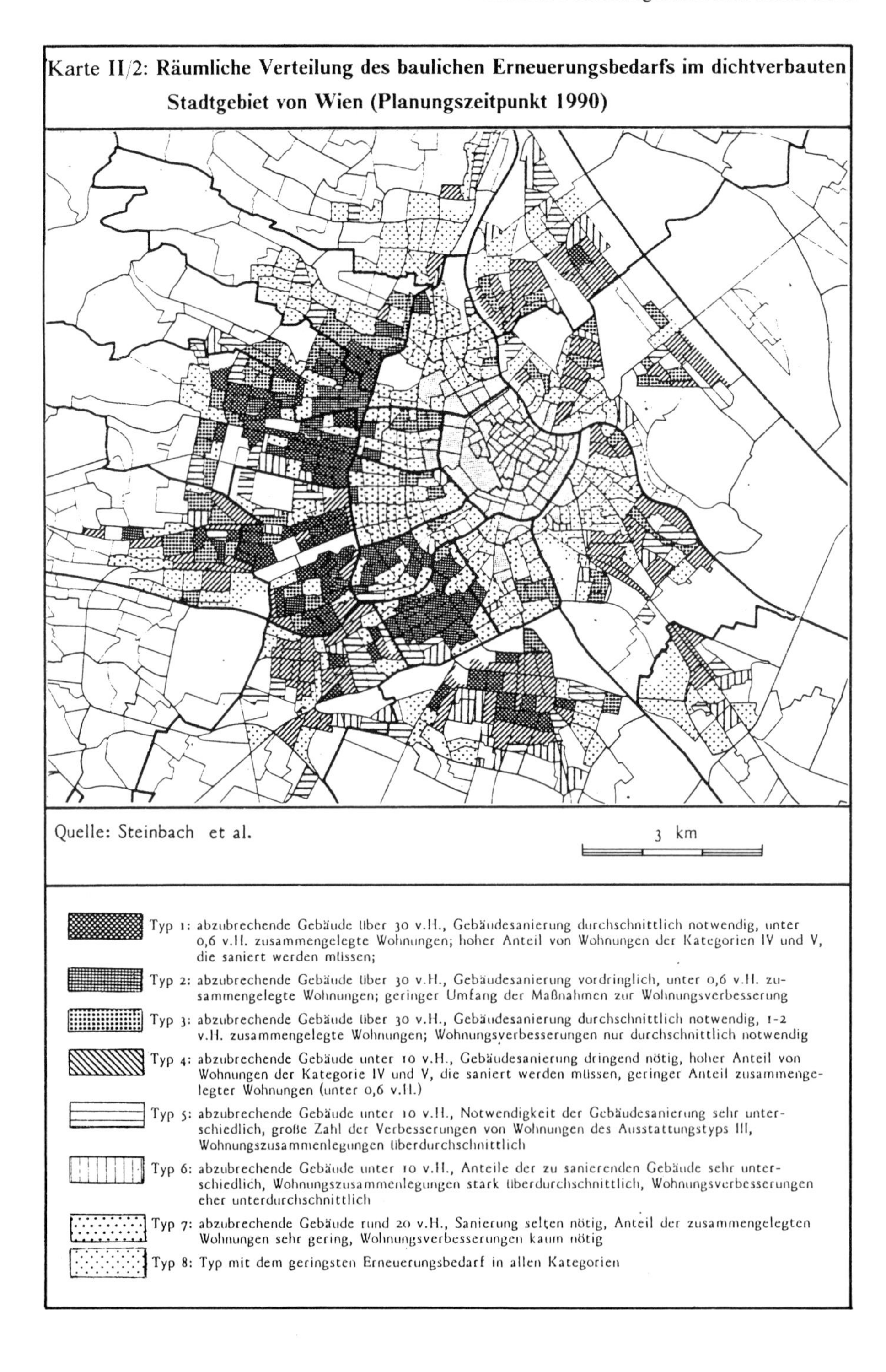
Quelle: Steinbach et al.
3 km
Typ 1: abzubrechende Gebäude über 30 v.H., Gebäudesanierung durchschnittlich notwendig, unter 0,6 v.H. zusammengelegte Wohnungen; hoher Anteil von Wohnungen der Kategorien IV und V, die saniert werden müssen;
Typ 2: abzubrechende Gebäude über 30 v.H., Gebäudesanierung vordringlich, unter 0,6 v.H. zusammengelegte Wohnungen; geringer Umfang der Maßnahmen zur Wohnungsverbesserung
Typ 3: abzubrechende Gebäude über 30 v.H., Gebäudesanierung durchschnittlich notwendig, 1-2 v.H. zusammengelegte Wohnungen; Wohnungsverbesserungen nur durchschnittlich notwendig
Typ 4: abzubrechende Gebäude unter 10 v.H., Gebäudesanierung dringend nötig, hoher Anteil von Wohnungen der Kategorie IV und V, die saniert werden müssen, geringer Anteil zusammengelegter Wohnungen (unter 0,6 v.H.)
Typ 5: abzubrechende Gebäude unter 10 v.H., Notwendigkeit der Gebäudesanierung sehr unterschiedlich, große Zahl der Verbesserungen von Wohnungen des Ausstattungstyps III, Wohnungszusammenlegungen überdurchschnittlich
Typ 6: abzubrechende Gebäude unter 10 v.H., Anteile der zu sanierenden Gebäude sehr unterschiedlich, Wohnungszusammenlegungen stark überdurchschnittlich, Wohnungsverbesserungen eher unterdurchschnittlich
Typ 7: abzubrechende Gebäude rund 20 v.H., Sanierung selten nötig, Anteil der zusammengelegten Wohnungen sehr gering, Wohnungsverbesserungen kaum nötig
Typ 8: Typ mit dem geringsten Erneuerungsbedarf in allen Kategorien

Karte II/2: Räumliche Verteilung des baulichen Erneuerungsbedarfs im dichtverbauten Stadtgebiet von Wien (Planungszeitpunkt 1990)

beträgt, entsprechend den Rechenvarianten, zwischen 31,5 und 35,6 v. H. Das bedeutet, daß bis zum Jahr 2010 ein Drittel der Gebäude (im wesentlichen im geschlossen verbauten Stadtgebiet) von Erneuerungstätigkeiten betroffen sein wird.

4. Ein Verlust von 113.000 – 170.000 Wohnungen durch diese Erneuerung wird ermittelt, wovon 210.000 – 355.000 Menschen betroffen sein werden. Das Modell geht von der Annahme aus, daß für diese Bevölkerungszahl neue Wohnungen gebaut werden müssen.

5. Entsprechend den Grünflächennormen im Modell (1,5 – 7 qm pro Einwohner) müßten zwischen 21 und 114 ha der durch Abbruch freiwerdenden Areale als Grünflächen gewidmet werden.

6. Nur der Vollständigkeit halber seien die inzwischen längst überholten Gesamtkosten einer derartig durchgreifenden Stadterneuerung genannt: Auf der Grundlage der Preise des Jahres 1978 wurden bereits 82,6 bis 134 Milliarden Schilling angenommen.

4.3. Die Arbeiten des Instituts für Stadtforschung

Mit Förderungsmitteln des Bundesministeriums für Bauten und Technik hat zu Beginn der 80er Jahre das Institut für Stadtforschung die Frage der Verfallstendenzen und Erneuerungsprozesse für die österreichischen Landeshauptstädte und auch für Wien untersucht.[1]

Aus dem Bemühen, die theoretische und methodische Konzeption der Untersuchung

– auf Städte sehr unterschiedlicher Größe auszudehnen,
– in erster Linie amtliche Daten auf der Ebene von Zählgebieten zu verwenden und
– bauliche und sozioökonomische Strukturmerkmale der Bevölkerung in gleicher Weise heranzuziehen,

ergeben sich die Begrenzungen des Aussagewerts der in aufwendiger Technik gedruckten Karten und des in Detailaussagen abdriftenden Textes. Im folgenden wird nur unter Bezug auf die Thematik des vorliegenden Buches auf die Karte der baulich-funktionellen Veränderungen eingegangen. Die mit großem Aufwand durchgeführte Untersuchung weist Defizite auf:

1. Es fehlt zum Unterschied von der Arbeit von STEINBACH et al. eine theoretische Bezugsbasis für die Prozesse von Verfall und Erneuerung.

2. Die verwendeten theoretischen Konstrukte werden gleichzeitig als idealtypische Kategorien verwendet, als solche jedoch nicht operationalisiert (vgl. Anm. 18).

---

[1] P. MOSER: Verfallstendenzen und Erneuerungsprozesse. Bd. 79. Institut für Stadtforschung 1987.

3. Alle Aussagen beziehen sich auf statistische Zählgebiete. Das räumliche Muster der Karte ist zum Gutteil schlichtweg falsch. Den westlichen äußeren Bezirken wird eine Qualität der Sanierung zugeschrieben, die sie nicht besitzen. So wird Gebieten eine besondere Sanierungstätigkeit zugeschrieben, welche in der STEINBACHschen Karte als Kernräume des Verfalls ausgewiesen sind.

Berücksichtigt wurde letztere dagegen in einer anderen vom Institut für Stadtforschung erstellten Studie. Sie kommt auf der Basis der Merkmale „Mängel des Wohnungsbestandes", „Mängel des Gebäudebestandes" und „Mängel der Wohnumfeldstruktur" zu einer Abgrenzung erneuerungsbedürftiger Stadtgebiete. Die Kernzone der strukturell erneuerungsbedürftigen Stadtregionen liegt demzufolge im Westen zwischen Gürtel und Vorortelinie sowie zwischen Felberstraße und Gentzgasse in den Bezirken XV, XVI, XVII und XVIII, weiters im südlichen Teil des XV. Bezirks und in den gründerzeitlichen Stadterweiterungsgebieten zwischen Wiental und Südbahn (V, XII). Ausgedehnte Konzentrationen erneuerungsbedürftiger Bausubstanz finden sich darüber hinaus im II., III., X. und XX. Bezirk.[2]

Anmerkungen

1. Vgl. Anhang: Spittelberg, Himmelpfortgrund, Karmeliterviertel usf.

2. Ottakring, Neulerchenfeld, Wilhelmsdorf

3. Es zählt zu den Kuriosa der Wiener Situation, daß derartige Einzelobjekte, wie z. B. das Hundertwasserhaus, rasch zu einer Fremdenverkehrsattraktion avancieren.

4. Kleinstwohnungen mit Zimmer/Küche bzw. Zimmer/Küche/ Kabinett; WC und Wasserauslauf am Gang.

5. In der Stadtplanungsliteratur werden bisher als Substandard nur die Ausstattungskategorien V (Bassena-Wohnungen) und IV (Wasserentnahmestelle in der Wohnung, WC außerhalb) zusammengefaßt. Es ist jedoch davon auszugehen, daß auch in der Wiener Stadtplanung in Kürze, entsprechend dem internationalen Gebrauch, eine Erweiterung des Begriffes im Sinne der obigen Definition vorgenommen werden wird.

6. Selbst die Gemeinde Wien hat 1982 zur Finanzierung der Erhaltung ihres Bestandes an etwa 125.000 vor 1960 errichteten Wohnungen im Mietrechtsgesetz die Mietzinsanhebung auch bei bestehenden Verträgen in Form der Möglichkeit der Einziehung der sog. Erhaltungs- und Verbesserungsbeiträge vorgesehen.

7. Eine Statistik der Bezieher von Wohnbeihilfen in Wien zeigt einen deutlichen Anstieg der Zahl der Anspruchsberechtigten von 23.914 im Jahre 1980 auf 30.124 im Jahre 1986. Die steigenden Mietzinsrückstände im kommunalen Wohnungswesen bilden einen Aspekt, der zwar über den Rahmen der Stadterneuerung hinausgeht, aber die angeführte Entwicklungstendenz unterstreicht (FÖRSTER u. WIMMER 1986, S. 431f.; vgl. IS INFORMATION 7–8/1988, S. 5ff.; KÖPPL u. POHL 1988, S. 167; Wohnen in Wien 2).

8. Aufgrund der Mängel der Arbeitsstättenzählung ist hierzu eine exakte Zahlenangabe nicht möglich.

9. Allein im Zeitraum 1982–1985 konnte der Wiener Wirtschaftsförderungsfonds an insgesamt 128 Betriebsansiedlungen mitwirken, wobei 12.000 Arbeitsplätze geschaffen und ein Bauareal von rund einem Quadratkilometer zur Verfügung gestellt wurden.

---

[2] Vgl. INSTITUT FÜR STADTFORSCHUNG (Hsg.) 1986, S. 4, 53.

10. Es sei vermerkt, daß die Ausgrenzung der mit Wohnungsstrukturmängeln behafteten Gebiete ebenso wie die Ausweisung der Gebiete, in denen die dichte Verbauung aufgelockert werden soll, sehr unpräzise ist. Es ist zu bedauern, daß die äußerst genaue Karte der Verbauung und Landnutzung von Wien im Wien-Buch von H. BOBEK und E. LICHTENBERGER offenbar nicht zu Rate gezogen wurde.

11. Von den bis Ende August 1988 positiv beschiedenen 1754 Förderungsanträgen entfallen 852 auf Sockel- und 141 auf Totalsanierungen, daneben wurden Einzelverbesserungen (z. B. Lifteinbauten) gefördert. Von den Sanierungsmaßnahmen im Rahmen dieses Gesetzes waren bisher rund 28.000 Wohnungen betroffen (vgl. MANG u. MARCHART o.J., S. 51).

12. 1986 geschätzter Bestand: rund 150.000 Wohnungen.

13. Ausmaß der Wohnhaussanierung in Wien: Seit 1985 wurden 253 Wohnhäuser mit knapp 8.000 Wohnungen saniert, bei 726 Häusern mit knapp 36.000 Wohnungen ist die Sanierung im Gange. Gesamtbaukosten: 5 Milliarden S jährlich, 500 Mio. S für Zinsenstützungen. Bisher Anträge für mehr als 3.500 Wohnhäuser, allein für förderwürdigen Projekte Gesamtbaukosten von fast 14 Milliarden S, jährlicher Zinsenaufwand fast 1,5 Milliarden S. 1988 Rekordinvestitionen: 473 Häuser – 3,5 Milliarden S.

14. Vgl. KAINRATH 1979, S. 72. Hierzu als Beispiel das Erneuerungsgebiet im Bezirk Ottakring: Als Voraussetzung für eine seriöse Mitwirkung der Bevölkerung sollten alle Vorgänge für die Beteiligten durchschaubar bleiben. Neben einer öffentlichen Präsentation der Grundlagen für den Assanierungsantrag im Rathaus sammelte ein Informationsbus im vorgesehenen Sanierungsgebiet mehr als 200 Gesprächsprotokolle. In der Phase der allgemeinen Information und der ersten Architektenentwürfe zeigte sich die Verwaltung kooperativ, doch änderte sich dies beim Versuch einer Organisation der Planungsbetroffenen. Die Ottakringer SPÖ-Bezirksorganisation reagierte mit Mißtrauen, andere politische Parteien waren völlig desinteressiert. Mangels organisatorischer Infrastruktur kam es zu keiner weiteren Aktivierung der Bevölkerung. Letztere war nicht in der Lage, eine organisierte Vertretung ihrer Interessen zustandezubringen.

15. Eine Erhebung Ende Februar 1989 ergab für die Stadterneuerungsgebiete in Summe folgende Daten: Über 1.100 Sanierungsobjekte mit einem Gesamtbau- und -sanierungsvolumen von 7,2 Milliarden Schilling sind seit dem Einsetzen der Stadterneuerungsaktivitäten von der Gemeinde Wien gefördert worden. In der Bauphase befinden sich derzeit 534 Wohnhaussanierungen mit einem Finanzierungsrahmen von 4,87 Milliarden Schilling. Bereits abgeschlossen wurden die Arbeiten an 391 geförderten Wohnhaussanierungen im Wert von 1,454 Milliarden S. Im Rahmen der Stadterneuerungsmaßnahmen werden darüber hinaus jährlich rund 10.000 Wohnungen saniert; davon entfallen ca. 2.000 auf Standardanhebungen in Altbauten, 8.000 auf geförderte Einzelwohnungsverbesserungen (WIENER ZEITUNG, 1989-04-05).

16. Genaue Angaben über die Operationalisierung der genannten theoretischen Konstrukte und die verwendeten Variablen fehlen leider in den Publikationen. Das Baualter von Gebäuden wird bei älteren Beständen einheitlich in die Bauklasse „Bauten vor 1880" eingereiht. Es ist daher aufgrund der amtlichen Statistik nicht möglich, das tatsächliche „Rohbauende" bzw. den Zeitpunkt des notwendigen Austausches von Rohbauteilen präzise zu definieren. Als Ersatzvariable wurde daher der Anteil der Gebäude mit schlecht ausgestatteten Wohnungen verwendet.

17. Zählgebieten wird derart eine reale städtebauliche Umweltqualität zugeschrieben.

18. Unscharfe Begriffskategorien, wie z. B. „verdrängende Sanierung" oder „feinverteilte Erhaltung und Vernachlässigung", werden verwendet.

Teil III: Stadtverfall und Stadterneuerung. Ergebnisse eines Großforschungsprojekts des Instituts für Stadt- und Regionalforschung

1. Fragestellungen und räumliche Bezugsbasis

Aufgrund des immer rascheren Wandels von gesellschaftlichen Strukturen, Normen und Werten, gesetzlichen Regelungen und ökonomischen Zielsetzungen ist es bei Langfristprojekten, die zum Bereich der gesellschaftlichen Prozeßforschung gehören, nicht mehr möglich, mit *einer* „wissenschaftlichen Basisideologie“ und Fragestellung vom Anfang bis zum Ende des Unternehmens das Auslangen zu finden. Umso wichtiger und notwendiger wird es daher, beim Prozeß der Gewinnung von Informationen letztere so zu strukturieren, daß sie eine längere Lebensdauer besitzen als die gesellschaftsrelevanten Fragestellungen, die den Impetus zu ihrer Sammlung gegeben haben. Damit sind „harte“, relativ „langlebige“ Fakten gefragt. Die vorliegende Untersuchung belegt diese These, und sie belegt noch eine zweite für die geographische Stadtforschung wichtige Feststellung, daß nämlich die Erhebung physischer Strukturen mit einfachen Kategorien immer noch das beste Instrumentarium darstellt, das genügend robust ist, um bei Änderung der Sichtweisen neue Interpretationen zu gestatten.

Eine Auflistung der Denkanstöße und die damit bewirkte schrittweise Änderung der Fragestellung und des explorativen Designs der Arbeit ist notwendig. Hierzu folgendes:

1. Der provozierende Titel des Forschungsprojekts, „Stadt*verfall*“, beruht auf den Forschungserfahrungen der Verfasserin in Nordamerika mit Problemen der Stadtentwicklung, der Krise der Kernstadt und dem Take-off von Suburbia, den Segregationsvorgängen und Desorganisationserscheinungen einer spätindustriellen Gesellschaft (vgl. Teil I). Das 1982 begonnene Forschungsvorhaben war daher mit der Frage ausgestattet, ob die Wiener Situation, wenn auch verspätet, der nordamerikanischen Entwicklung folgen wird und damit Stadtverfall auf allen Ebenen der baulichen und sozialen Struktur der Stadt ein „unausweichliches Schicksal“ darstellt. Ausgehend von der mit dem Konzept von filtering-down-Prozessen operierenden sozialökologischen Theorie konnte eine Erklärung für die Verfallserscheinungen in den äußeren Arbeiterbezirken von Wien geboten werden, und sie führte auch weiter zur Erklärung des Verfalls in den Mittelschichtquartieren, der bis dahin von der Forschung nicht registriert worden war.

Eine Beschäftigung mit Detailfragen des Verfalls, darunter dem Commercial Blight, d.h. dem Rückzug des Einzelhandels aus der Fläche der Reihenmiethausverbauung, erbrachte jedoch rasch die Erkenntnis der Unabhängigkeit von bis dahin als miteinander verknüpft angesehenen Phänomenen des Niedergangs, nämlich den Marginalisierungsprozessen der kleinbetrieblichen Wirtschaft und der Bevölkerung im Sozialraum der Stadt.

2. Die Verschiebung der Fragestellung von der Erhebung des Stadtverfalls zur Frage nach dem Ausmaß der Stadterneuerung als Gegensteuerungsprozeß führte in weiterer Konsequenz zu einer planungsrelevanten Zielsetzung für das Projekt, näm-

lich diejenigen Areale auszugrenzen, in denen in hohem Maße öffentliche Mittel eingesetzt werden müssen, um den weiteren Verfall aufzuhalten. Auf der Basis von Segmentierungskonzepten wurde davon ausgegangen, daß, entsprechend den Grundprinzipien des sozialen Wohlfahrtsstaates und der dualen Ökonomie Österreichs, Stadterneuerung von vornherein als ein dualer Investitionsprozeß aufgefaßt werden muß, an dem öffentliches und privates Kapitel beteiligt sind. Dort, wo keine Profite möglich sind, muß Stadterneuerung als öffentliche Aufgabe betrachtet werden.

In einem weiteren Schritt wurde schließlich der Weg einer Evaluierung der durch den Magistrat ausgewiesenen Stadterneuerungsgebiete beschritten und die Frage geprüft, ob Planners' Blight-Phänomene auftreten bzw. welche positiven Effekte zu verzeichnen sind.

3. Die dritte Dimension stellt in der Stadtforschung zumeist eine terra incognita dar. Um die Frage von Stadtverfallsprozessen im Vertikalaufbau der Stadt zu klären, wurde in einer gesonderten Geländeaufnahme von rund 10 v. H. des Baubestandes das Ausmaß von Blight-Erscheinungen geschoßweise erhoben.

4. Die Zusammenbindung der Daten der hausweisen Erhebung mit den Daten der Häuser- und Wohnungszählung des Statistischen Zentralamtes gestattete eine Analyse der Effekte des Baualters und der Kubatur sowie der Bauträger und der Segmentierung des Wohnungsmarktes, d.h. der Partizipation der institutionellen Bauträger an den Prozessen des Stadtverfalls und der Stadterneuerung.

5. Der jüngste Zugang – in szenarienmäßiger Form – ergibt sich auf dem Hintergrund der veränderten Position der Stadt in Europa, der „Verschiebung" Wiens aus der Randlage in der westlichen Welt zurück in eine zentrale Lage in einem im Aufbruch begriffenen Mitteleuropa. Die von Bevölkerungsabnahme überschattete Stadtentwicklung ist damit abgeschlossen. Die Stadterneuerung wird aller Voraussicht nach wieder von der Stadterweiterung abgelöst. Neue Zuwanderungsströme zeichnen sich ab, verstärkte ethnische Segregationsprozesse sind ebenso zu erwarten wie Effekte von ausländischem Kapital auf den Immobilienmarkt. Ein neuer polit-ökonomischer Produktzyklus der Stadtentwicklung beginnt.

2. Der Aufbau des Forschungsprojekts

2.1. Die Abgrenzung des Untersuchungsgebietes

Die räumliche Bezugsbasis der Untersuchung beruht auf der Zweiteilung der Stadt in eine gründerzeitliche „Innenstadt" und eine zwischen- und nachkriegszeitliche „Außenstadt". Diese Unterschiede gehen durch alle Bereiche des Lebens, der Wirtschaft und der Wohnumwelt. Die Ausgrenzung des gründerzeitlichen Stadtraums ist aus Karte III/1 zu entnehmen.

Diese Ausgrenzung stützt sich auf den Stadtatlas von Wien aus den Jahren 1955–1960, der im Lehrbetrieb am Institut für Geographie der Universität Wien entstanden ist und in Parzellenschärfe Angaben über Bauten und Landnutzung enthält. Mit Rücksicht auf die historisch-topographische Entwicklung Wiens und die in allen Erscheinungen der physischen Struktur der Stadt, der Bauordnung und Flächennutzung, der Bauhöhe und dem Baubestand, nachwirkende historische Grenze zwischen ehemaligem Vorstadtraum bzw. Vororteraum von Wien wurde innerhalb des gründerzeitlichen Stadtgebietes eine weitere Zweiteilung vorgenommen. Die inneren Bezirke (I – IX) wurden von den äußeren Bezirken getrennt.

Es darf darauf hingewiesen werden, daß die damit gebotene räumliche Ausgrenzung nicht mit der im Stadtentwicklungsplan vorgesehenen Ausgrenzung des dicht verbauten Stadtgebietes identisch ist (vgl. Anm. 1). Nicht berücksichtigt wurden ferner die in der „Außenstadt" inselhaft vorhandenen Siedlungsteile mit gründerzeitlichem und älterem Baubestand:

- Dörfer,
- Siedlungen an Ausfallsstraßen und
- industrielle Wachstumsspitzen und dergleichen.

Die Probleme dieser Siedlungsteile sind jedoch infolge der zumeist sehr spezifischen Betriebsstättenstruktur (landwirtschaftliche Betriebe, Speditionen, Reparaturwerkstätten, gewerbliche Unternehmen aller Art) und hinsichtlich der Parzellen- und Bauformen sehr verschieden von denen des geschlossen verbauten gründerzeitlichen Stadtgebietes.

Karte III/1: **Topographische Karte mit Ausgrenzung des gründerzeitlichen Stadterneuerungsgebietes 1989**

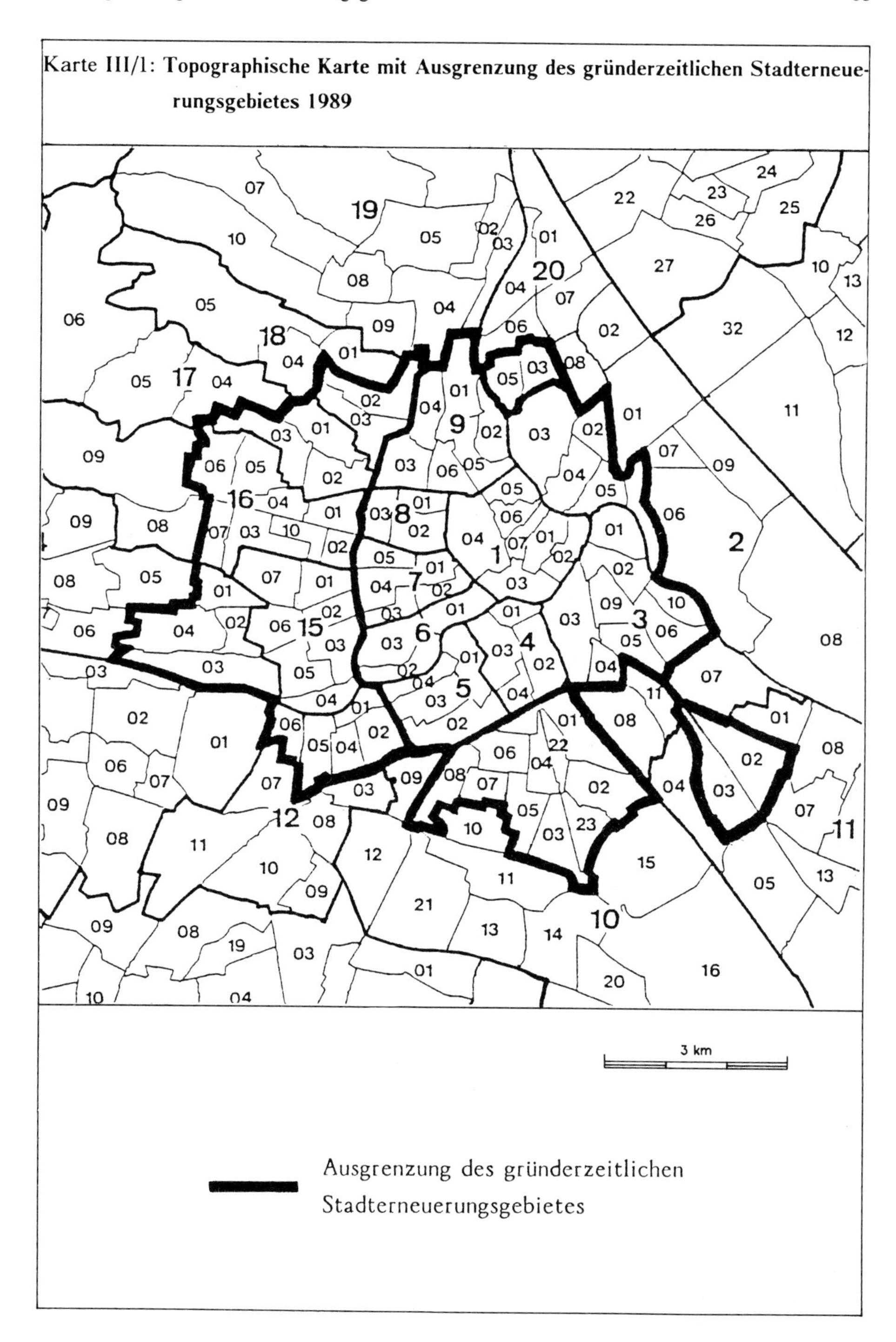

2.2. Thesen zum gründerzeitlichen Stadterneuerungsgebiet

In politikrelevanter Perspektive wird der gesamte so abgegrenzte Stadtraum gleichzeitig als gründerzeitliches Stadterneuerungsgebiet aufgefaßt. Es wird hierbei von der Auffassung ausgegangen, daß es zu den Voraussetzungen einer umfassenden Stadtplanung und Stadterneuerung zählt, nicht, wie es die bisherige Praxis ist, kleine, voneinander separierte Stadterneuerungsgebiete auszuweisen, sondern den gesamten aus der Gründerzeit stammenden Stadtkörper als umfassende Raumkategorie, nämlich als „gründerzeitliches Stadterneuerungsgebiet", zu definieren.

Nun zählt es zu den Bedingungen gezielter Raumordnung und Stadtplanung, daß spezifische Probleme und Nutzungsstrukturen rechtlich ausgegrenzt und definiert werden müssen, um gezielte Maßnahmen zur Strukturverbesserung anwenden zu können. In der österreichischen Raumordnungspolitik kann auf die Ausgrenzung des Bergbauernraumes als Beispiel verwiesen werden. Alle Ebenen von Förderungsmaßnahmen treten hier zusammen: Subjekt- und Objektförderungen, Förderungen zur Aufrechterhaltung bestimmter Nutzungsformen bzw. Nutzungsziele sowie von Pflegemaßnahmen für die Kulturlandschaft. Hierzu kommt ferner in räumlicher Hinsicht eine Untergliederung des Gesamtraumes nach Erschwernisklassen, welchen bestimmte Gemeinden, Siedlungen und Einzelbetriebe zugeteilt werden und die mit einem spezifischen Prämiensystem ausgestattet sind.

Die jahrzehntelangen Erfahrungen mit der Problematik von Bevölkerung und Siedlung in den alpinen Gebieten Österreichs, welche inzwischen durch die starke Nutzung des Raumes durch den Fremdenverkehr und die Freizeitgesellschaft spezifische Akzente erfahren haben, bieten die Ausgangsbasis für folgende Vorschläge zur rechtlichen Ausgrenzung des Stadterneuerungsgebietes in Wien:

1. Stadterneuerung muß in einer Millionenstadt, welche überdies nicht nur die Hauptstadt des Staates, sondern gleichzeitig auch dessen Wachstumspol ist, als Gesamtproblem für den Staat, das Land und die Stadt aufgefaßt werden. Aus der Stadterneuerung in Wien resultierende positive ökonomische und kulturelle Effekte kommen auch dem Gesamtstaat zugute. Hierüber muß auf der politischen Ebene zwischen Vertretern des Bundes und der Länder Konsens erreicht werden.

2. Als Grundlage zur Umsetzung dieser Sichtweise in die Realität ist allerdings eine umfassende Abgrenzung des Stadterneuerungsgebietes die unabdingbare Voraussetzung. Im folgenden werden die sachlichen Details zur Ausgrenzung des Stadterneuerungsraumes geboten.

3. Die bisherige Praxis, z. T. sehr kleine, voneinander separierte Stadterneuerungsgebiete auszuweisen, ist ungeeignet. Es hat sich herausgestellt, daß damit nur Planners' Blight-Phänomene erzeugt werden, private Investoren werden abgeschreckt, und schließlich müssen derartige Gebiete zur Gänze aus öffentlichen Mitteln erneuert werden.

4. In weiterer Konsequenz ergibt es sich, daß das Gesamtgebiet in mehrere Kategorien der Erneuerungsbedürftigkeit einzuteilen ist. Auf diese Kategorienbildung wird später noch ausführlich eingegangen. Hierbei ist ferner die grundsätzliche Frage nach der Ausgrenzung von Bereichen, in denen zu erwarten ist, daß private

Investoren Kapital einsetzen werden, zuerst zu lösen. Der mit öffentlichen Mitteln zu sanierende Stadtraum ist nämlich eine Art Restgröße.

5. Analog zu den Maßnahmen im Bergbauerngebiet muß auch bei der Stadterneuerung ein gestaffeltes System von Maßnahmen bestehen. Dies bedeutet:

- Die bereits gesetzten Maßnahmen der Wohnungsverbesserung und der Hausrenovierung müssen verstärkt weiterlaufen.
- Bestehende Nutzungsformen, wie z. B. Hausgärten, Details der Straßengestaltung usw., müssen durch spezifische Subventionen gestützt werden.

6. Ebenso wie die Erhaltung der alpinen Kulturlandschaft heute von den Politikern des Bundes und der Länder als vorrangige Aufgabe akzeptiert wird, muß die Erhaltung einer Großstadtlandschaft als vorrangige Aufgabe anerkannt werden, bei der auch die wienzentrierten Bürger mit allen zur Verfügung stehenden Mitteln anzusprechen sind.

7. Damit ist eine Zweiteilung der Gesellschaft in der Stadt angesprochen, wie sie grundsätzlich – nur unter anderen Vorzeichen – auch im alpinen Raum besteht. Hiebei ist davon auszugehen, daß die externen ökonomischen Effekte auf die Stadt realistisch bewertet und unterstützt, gleichzeitig aber auch dort, wo es notwendig ist, über entsprechende Maßnahmen an einer potentiellen Zerstörung der Stadtlandschaft gehindert werden müssen.

2.3. Methodischer Aufbau des Forschungsprojektes und Datenverbund

Das Forschungsprojekt beruht auf einem sehr komplexen Amalgam von Informationsstrukturen. Forschungsexterne Datenproduzenten, wie das Statistische Zentralamt und das Vermessungsamt der Stadt Wien, haben einerseits Primärdaten und andererseits auf der Ebene der Zählbezirke Arealdaten zur Verfügung gestellt. Die Verknüpfung dieser externen Daten mit den Primärdaten, die im Verbund zwischen dem Lehrbetrieb der Universität (Institut für Geographie) und dem ISR (Institut für Stadt- und Regionalforschung der Österreichischen Akademie der Wissenschaften) gewonnen wurden, ist im folgenden Schema dargestellt (vgl. Figur III/1), aus dem die Fragestellung, die Datenstruktur, der Datenverbund, die räumliche Bezugsbasis der Daten, die statistische und kartographische Auswertung sowie Hinweise auf Karten, Tabellen und Figuren zu entnehmen sind.

ad 1. Die Grundlage der Projekts bildete eine umfassende Primärforschung mit explorativem Charakter, getragen von der Beobachtung, daß die auf der Basis der amtlichen Statistik in aggregierter Form auf Zählgebietsbasis vorhandenen Informationszugänge über Baualtersklassen und Wohnungsstruktur der Häuser sowie über die Sozialstruktur der Bevölkerung nicht ausreichen, um das unregelmäßig-punktuelle und keineswegs flächig-geordnete Muster in der räumlichen Verbreitung von Verfallsvorgängen und Erneuerungsprozessen zu erklären.

Um in einer Millionenstadt wie Wien überhaupt eine Realisierungschance für

Figur III/1: **Schema der Datenstruktur, Fragestellung und Auswertung des Forschungsprojekts Stadtverfall und Stadterneuerung**

	Datengrundlage Zahl d. Fälle	statistische u. kartogr. Auswertung	räumliche Bezugsbasis d. Daten	Verweise
1. Stadtverfall und Stadterneuerung	hausweise Erhebung 11 Kategorien n = 40.184	eindimens. Analyse, Zählbezirkskarten der Kategorien,	Wohnhäuser im gründerz. Stadtgebiet	I/AT 1 I/A T 2,3 Z/K 3 – 12
2. Politikrelevante Evaluierung		potentielle Stadterneuerungsgebiete		Z/F 2,3 Z/K13 – 15
3. Vertikalaufbau von Stadtverfall	Hauserhebungsbogen 10 v. H. n = 4500	graphische Analyse	Häuser mit Verfallserscheinungen	G F 17,18 G T 10
4. Effekte der Bauträger u. städtebaul. Struktur	Datenverbund von hausweiser Erhebung und Häuserzählung n = 27509	Matrizenanalyse	Häuser ab 3 Wohnungen	G T 4 – 8,9 I/A F 4 – 7 F 15 Z/K 16

G Gesamtgebiet I Innere A Äußere Bezirke
Z Zählbezirke F Figur K Karte T Tabelle

ein derartiges Unternehmen der hausweisen Erhebung von Stadtverfall und Stadterneuerung im gesamten gründerzeitlichen Baugebiet zu besitzen, mußte ein sehr einfaches Kategoriensystem der Erhebung gewählt werden, um einerseits die Untersuchung überhaupt zu einem Abschluß zu bringen und nicht auf halbem Wege scheitern zu lassen und andererseits eine hinreichend genaue Vergleichbarkeit zwischen den Stadträumen zu gewährleisten.

Die Kategorienbildung ging dabei von einem polarisierten Bauzustandsmodell aus, in dem einerseits graduelle Varianten von physischem Blight und andererseits die Intaktheit bzw. die Erneuerung des Baubestandes festgehalten wurden. Insgesamt wurden 11 Kategorien erfaßt und durch entsprechende Detailangaben definiert. Um die EDV-mäßige Verarbeitbarkeit zu gewährleisten, war es notwendig, das räumliche Bezugssystem von Wien (RBW), das von Herrn Dipl.-Ing. Erich Wilmersdorf freundlicherweise zur Verfügung gestellt wurde, an der Großrechenanlage der Universität Wien zu implementieren. Damit war es möglich, Erhebungsbögen zu erzeugen und derart die Vorbereitung der Aufnahme im Gelände und ebenso die Weiterverarbeitung von Anfang an mittels EDV durchzuführen. Im Anhang ist ein Erhebungsformular beigefügt (vgl. Anhang 1).

Die insgesamt 11 Kategorien seien im folgenden kurz beschrieben:

Kategorien des Verfallssyndroms:

Kategorie 1: Parzelle frei (bzw. Gebäude im Abbruch)
Kategorie 2: Objekt abbruchreif
Kategorie 3: Objekt teilweise leer (50 – 100 v. H. leerstehend)
Kategorie 4: Objekt mäßig leerstehend (halbes Geschoß – 50 v. H. leerstehend)
Kategorie 5: Fassadenzustand schlecht, ohne sichtbare Leerstehung

Kategorien von Altbauten:

Kategorie 6: vorwiegend Wohnhaus
Kategorie 7: Mischfunktion – mindestens 1 Geschoß betriebliche Nutzung
Kategorie 8: Betriebsobjekt
Kategorie 9: Erneuerter Altbau: Totalsanierung der Fassade

Kategorien von Neubauten:

Kategorie 10: Neubau – Wohn- und Mischfunktion
Kategorie 11: Neubau – Betriebsobjekt

Der zeitliche Ablauf der Durchführung der Erhebung ist aus Karte III/2 ersichtlich.

Aus der Karte sind ferner zwei Strategien zu entnehmen:

1. Um die Abgrenzung des potentiellen Stadterneuerungsgebietes klar definieren zu können, wurde noch eine ziemlich breite Übergangszone in die Geländebegehung einbezogen, d. h. die Erstaufnahme erstreckte sich über ein größeres Gebiet.

2. Zählbezirke mit besonders auffälligen Verfallserscheinungen wurden nochmals, einzelne Zählbezirke sogar ein drittes Mal erhoben. Da die Erhebungen in den inneren Bezirken begonnen wurden, sind hier die Daten teilweise älter als in den äußeren Bezirken.

Die kartographische Auswertung der hausweisen Erhebung bestand in der Umsetzung der Resultate aus den Straßenlisten in die Stadtkarte 1 : 2.000. Auf dieser Grundlage wurde auch die beiliegende Karte 1 : 10.000 – in nur mäßig generalisierter Form – von Mag. Andreas Andiel gezeichnet (vgl. Faltkarte). Die eindimensionale statistische Auswertung gestattete ferner die Erstellung von Rangskalen für die einzelnen Kategorien auf der Aggregierungsebene von Bezirken und Zählbezirken.

Die in erster Linie für die Stadtforschung und Stadtplanung in Wien interessanten bezirks- und zählbezirksweisen Ergebnisse werden in einem eigenen Forschungsbericht des ISR veröffentlicht werden.

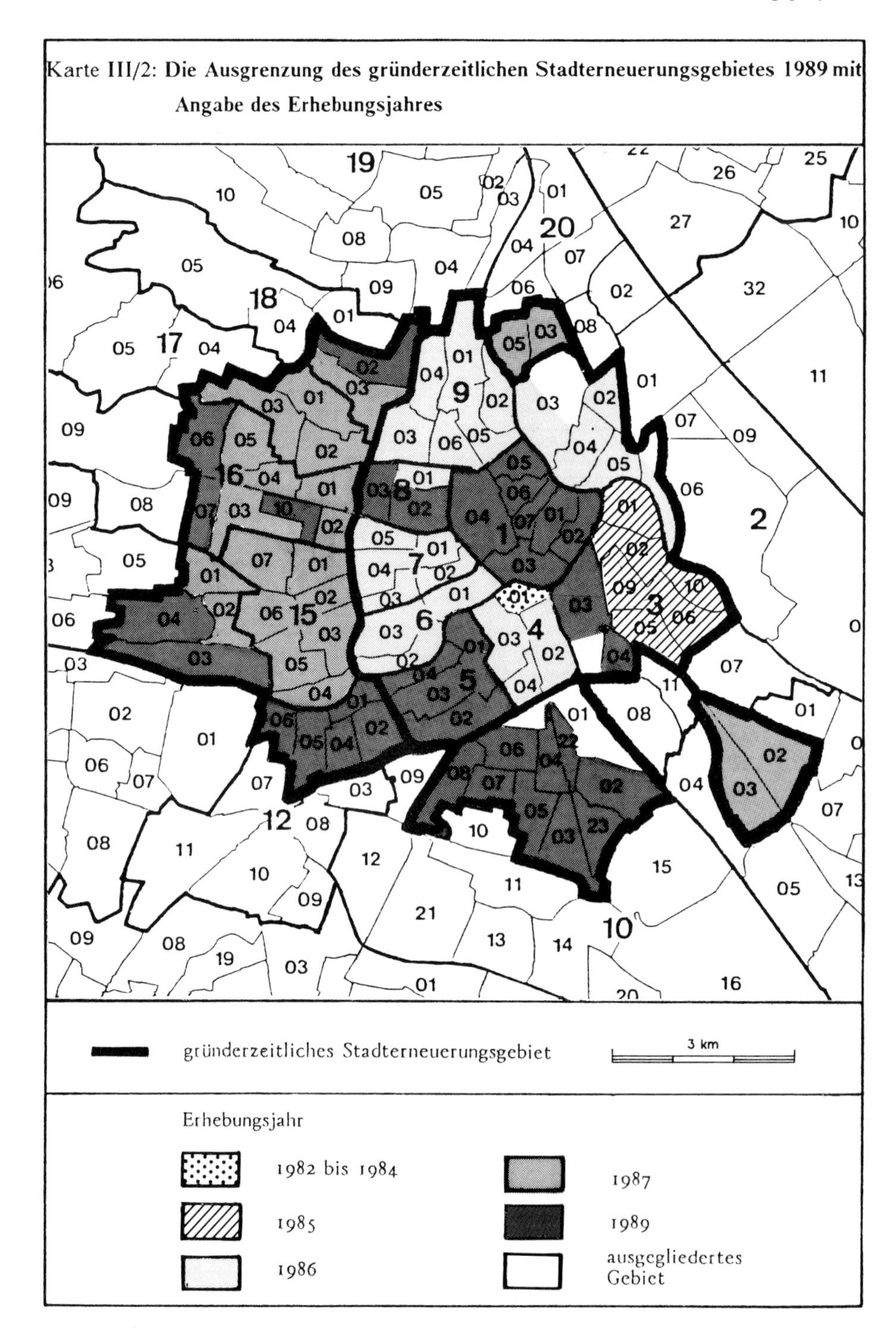

Karte III/2: Die Ausgrenzung des gründerzeitlichen Stadterneuerungsgebietes 1989 mit Angabe des Erhebungsjahres

ad 2. Die politikrelevante Evaluierung der Ergebnisse mittels eines Vorschlags zur Ausgrenzung weiterer Stadterneuerungsgebiete erfolgte auf der Grundlage der statistischen Analyse des Bauzustands der bereits gesetzlich festgelegten Stadterneuerungsgebiete. Nur durch die Zusammenfassung der hausweisen Erhebungsresultate auf der Arealbasis von Zählbezirken war es möglich, die Unterschiede zwischen den inneren und äußeren Bezirken bzw. einzelnen Stadtteilen analytisch präzise zu belegen. Durch Verwendung der Daten der ISIS-Datenbank konnte auch das Mengenproblem von Bauten und Wohnungen sowie das Ausmaß des viel entscheidenderen Problems der vom Stadtverfall betroffenen Bevölkerung spezifiziert werden.

ad 3. Um das Verfallsphänomen auch im Vertikalaufbau der Stadt zu erfassen, wurde bei rund 10 v. H. der in Verfallskategorien eingestuften Bauten eine Komplettaufnahme des Hauses und der Fassade durchgeführt (vgl. Anhang 2). Die statistische Auswertung gestattete eine Beantwortung der Frage, welche Effekte im Verfallsprozeß von der dritten Dimension ausgehen und in welchem Umfang insbesondere das Erdgeschoß vom Verfall betroffen ist.

ad 4. Stadtverfall und Stadterneuerung betreffen das bauliche Gehäuse der Stadt. Durch die Verknüpfung der Daten der Häuserzählung 1981 für alle Häuser mit drei und mehr Wohnungen auf der Grundlage der genannten Adreßdatei (RBW) des Vermessungsamtes der Stadt Wien mit der Hauserhebung war es erstmals möglich, die Effekte des Baualters und der Kubatur, definiert durch Grundstücksfläche, verbaute Fläche und Geschoßhöhe, zu analysieren, wodurch völlig neue Ergebnisse mit hohem Praxisbezug gewonnen werden konnten. Es war ferner möglich, die Effekte der Bauträger und der Segmentierung des Wohnungsmarktes auf Stadtverfalls- und Stadterneuerungsvorgänge sowohl in den systematischen Gesamtbezügen als auch in der räumlichen Differenzierung zu erfassen.

Die kartographische und tabellarische Dokumentation der Ergebnisse des Forschungsprojekts bedient sich der Zählbezirke (Liste vgl. Anhang 3). Hierzu im folgenden eine Begründung:

1. Die Abgrenzung der Zählbezirke wurde seinerzeit am Österreichischen Institut für Raumplanung durch Bruno Backe (heute Professor am Institut für Geographie der Universität Klagenfurt) durchgeführt, der sich auf den unveröffentlichten Wien-Atlas der Verfasserin (haus- und parzellenweise Kartierung von Wien in den Jahren 1955 – 1960) stützen konnte. Die Zählbezirke sind daher zum großen Teil mit historisch-topographischen Stadtvierteln bzw. Verbauungsgebieten identisch und nicht nur „statistische Raumeinheiten“, wie dies öfters in anderen Städten der Fall ist.

2. Die Wahl der Zählbezirke erfolgte auch unter Bezug auf die beim Österreichischen Statistischen Zentralamt verfügbaren Daten für weiter zurückliegende Großzählungen bzw. mit Rücksicht auf die Tatsache, daß auf der Zählbezirksebene in der ISIS-Datenbank des ÖStZA ein wesentlich größeres Set von Merkmalen über Häuser, Betriebe, Wohnungen, Haushalte und Personen zur Verfügung steht als für noch kleinere Raumeinheiten.

3. Im Laufe des Forschungsprojektes erwies es sich ferner, daß die kleinsten statistischen Raumeinheiten, die Baublöcke, völlig ungeeignet sind, um damit Verfalls-

gebiete bzw. Erneuerungsgebiete auszugrenzen. Diese Aussage sei besonders herausgestellt, da generell die Auffassung besteht, daß bei einem so tiefen räumlichen Aggregierungsniveau wie den Baublöcken ein viel größerer Informationsgehalt gewonnen werden müßte als bei höheren räumlichen Aggregierungseinheiten. Dies ist jedoch nicht der Fall. Baublöcke sind Menggebiete verschiedener Prozeßstadien, wobei viertelsweise Effekte bewirken, daß nebeneinander liegende Baublöcke häufig ähnliche Mengungen aufweisen. Daraus ergibt sich die paradoxe Situation, daß die Zusammenfassung von Baublöcken zu größeren Einheiten, wie den Zählbezirken, weit besser die räumliche Differenzierung erkennen läßt, als wenn man die Baublöcke heranzieht, bei denen der Grad der Mengung und damit die Homogenität bereits größer ist. Die Statistik bietet keine Erklärung für dieses Phänomen eines offenbar mit der Disaggregierung zunächst zunehmenden und dann wieder abnehmenden Differenzierungsgrades von räumlichen Phänomenen. Es ergibt sich aus der obigen Feststellung in weiterer Konsequenz, daß die Verwendung von Baublöcken keine bessere wissenschaftliche Erkenntnis und auch keine bessere Entscheidungshilfe bietet als Aussagen aufgrund größerer Einheiten, noch dazu, wenn diese, wie im Fall der Wiener Zählbezirke, auf sehr wichtigen territorialen Gruppierungen, wie historisch-baulichen bzw. sozioökonomischen Siedlungsbestandteilen, beruhen.

Die beigegebene Karte 1:10.000 mit dem eindrucksvollen Muster eines nahezu von Haus zu Haus auftretenden Kategorienwechsels belegt recht eindrucksvoll, daß Baublöcke als Aggregierungseinheit für die Ausweisung von Typen des Stadtverfalls und der Stadterneuerung nicht geeignet sind.

4. Gerade unter Bezug auf die Zielsetzung des Forschungsprojekts, einen Gesamtüberblick über die derzeitige Entwicklungstendenz des Stadtraumes zu gewinnen, war es weiters aus Gründen der Übersichtlichkeit und der Arbeitsökonomie zweckmäßig, die mittlere Ebene der Zählbezirke als räumliche Aggregierungsebene für alle tabellarischen und kartographischen Aussagen zu verwenden.

3. Stadtverfall und Stadterneuerung. Empirische Ergebnisse der hausweisen Erhebung

3.1. Einleitung

Dieses Kapitel bindet zunächst ein in die Aussage des Vorworts: Wien bietet im Hinblick auf Ausmaß und räumliches Muster einen Beleg für die Effekte einer segregationsreduzierenden Gesellschaftpolitik in einem sozialen Wohlfahrtsstaat. Bereits als Mengenproblem ist der Stadtverfall in Wien nicht so gravierend wie in anderen großen westeuropäischen und vor allem in amerikanischen Städten. Besonderes Interesse verdient jedoch das räumliche Muster des Stadtverfalls und – es sei bereits hier dazugefügt – der Stadterneuerung. Die dieser Publikation beigegebene Karte von Stadtverfall und Stadterneuerung in Wien belegt den hausweisen Wechsel von verfallenen, in Ordnung befindlichen und erneuerten Bauten sowie Neubauten. Ein flächenhafter viertelsweiser Verfall fehlt ebenso wie eine viertelsweise Flächensanierung. Die Gründe für beide Erscheinungen seien – ohne Anspruch auf Vollständigkeit – aufgelistet:

1. Die Bevölkerung von Wien ist über eine Generation zahlenmäßig unverändert geblieben, alle Investitionen in die bauliche Struktur konnten daher der Verbesserung weiter Bereiche des Baubestandes und der Infrastruktur dienen.

2. Die gesellschaftpolitische Grundtendenz des Mietengesetzes hat die Auseinanderschichtung der Bevölkerung hintangehalten. Die Gebrauchswertorientierung von Wohnungen und Bauten hat zu individuellen Investitionen der Mieter in die Wohnungen geführt.

3. Die Citybildung war aufgrund der geringen wirtschaftlichen Dynamik nur schwach ausgeprägt. Damit wurden auch die Prozesse einer Verdrängung von Wohnungen durch Büros hintangehalten.

4. Gewerbliche Kleinbetriebe waren ebenfalls lange Zeit durch das Mietengesetz gegen Verdrängung geschützt. Ein Konzentrationsvorgang auf dem Arbeitsstättensektor fand nur in bescheidenem Ausmaß statt. Die Dominanz von kleinen Betriebsstätten blieb erhalten.

5. Insgesamt kam es zu keinen Konzentrationsprozessen auf dem Realitätenmarkt, das zersplitterte Privatkleineigentum an Grundstücken und Häusern blieb unangetastet.

6. Von entscheidender Bedeutung war die in der gesamten Nachkriegszeit fehlende Markttransparenz. Sie betraf die Mietwohnungen ebenso wie die Miethäuser und begünstigte individuelle Investitionen, die ohne direkte Steuerung über das Marktgeschehen vielfach nach dem Zufallsprinzip erfolgten.

7. Dieses Zufallsprinzip betraf die Investitionen auf allen räumlichen Ebenen des städtischen Systems, zuunterst zunächst auf der Ebene der einzelnen Wohnungen, in welche die Mieter investiert haben – nicht zuletzt unter dem Anreiz der Wohnungsverbesserungskredite, welche nicht arealbezogen, sondern subjektbezogen, d.h. nach dem Nachfragerprinzip unabhängig vom räumlichen Standort, vergeben wurden. Derart ist das Wohnungsverbesserungsgesetz seit Mitte der 70er Jahre zum großen Erfolg einer im Gießkannenprinzip wirksamen Stadterneuerung geworden (vgl. oben).

8. Das Zufallsprinzip bestimmt auch zum Großteil die Vergabe von Mitteln aufgrund des Wohnhaussanierungsgesetzes an die Hausbesitzer (vgl. oben).

9. Hinzu kommt ferner, daß auch die Kommunalverwaltung keineswegs durchgreifend und mittels großzügiger Gebietsausweisung in den Entwicklungsprozeß der Stadt eingegriffen hat. Rückblickend sei herausgestellt, daß die Ausweisung relativ kleiner Stadterneuerungsgebiete weiter zum Mosaik der unterschiedlichen Bauqualität und des Bauzustandes im gründerzeitlichen Stadtgebiet beigetragen hat (vgl. Anhang 5). Die zwar beabsichtigten, aber niemals realisierten Bestrebungen der Kommunalverwaltung nach einem Enteignungsrecht in den Erneuerungsgebieten haben die Effizienz der rechtlichen Festlegungen von vornherein sehr eingeschränkt, ebenso aber auch Planners' Blight-Phänomene, wie sie aus der englischsprachigen Welt dokumentiert sind, nur sporadisch aufkommen lassen. Da die Konzeption der Gebietsbetreuungen (vgl. oben) keine speziellen Finanzmittel für die betreuten Gebiete vorsah, fehlte die Grundlage für das Entstehen großer Erneuerungsgesellschaften, wie etwa in anderen großen Städten, z. B. in Berlin, wo diese massenhaft Häuser aufkauften.

10. Zusammenfassend kann man feststellen, daß von Anbeginn an die Taktik der kleinen Schritte die gesellschaftspolitische Linie bestimmt hat. So ist es sehr bezeichnend, daß nach der Ausweisung des letzten relativ großen Stadterneuerungsgebietes, Favoriten mit 38.000 Einwohnern, das Wohnhaussanierungsgesetz und Baublocksanierungen in der räumlichen Verortung von öffentlichen Mitteln in der Stadterneuerung wieder zu einem sehr kleinzügigen Mosaik zurückgekehrt sind. Alle gesetzlichen und finanziellen Maßnahmen hatten stets ambivalente Auswirkungen. Sie provozierten Ausnahmeregelungen, und bei unzureichender Kontrolle war eine weitere Diversifizierung des Bedingungsrahmens die unausweichliche Konsequenz.

3.2. Das Mengenproblem von Bevölkerung, Wohnungen und Bauten im gründerzeitlichen Stadtgebiet

Als Einstieg in die Problematik als erstes einige Eckdaten des gründerzeitlichen Stadterneuerungsgebietes (vgl. Tab. III/1).

Tabelle III/1: **Eckdaten für das gründerzeitlichen Stadterneuerungsgebiet**

	Innere Bezirke	Äußere Bezirke	Gründer-zeitliches Stadtgebiet	Gesamt-stadt
Wohnbevölkerung	368.062	440.558	808.620	1,531.346
Ghost-bevölkerung v. H.	*16,32*	*15,79*	*16,03*	*14,91*
Ausländer v. H.	*9,87*	*10,16*	*10,03*	*7,26*
Arbeits-bevölkerung	324.096	153.101	477.197	710.270
Wohnungen	211.898	259.989	471.887	821.175
Altbauwohn. v. H.	*64,45*	*56,42*	*60,03*	*41,35*
potentielle Substandard-wohnungen v. H.	*32,90*	*46,51*	*40,40*	*32,38*

Insgesamt wohnen in den inneren und äußeren Bezirken rund 800.000 Menschen. Der Wohnraum selbst ist jedoch zu 16 v. H. nicht mehr genutzt und „beherbergt“ eine wie immer zu definierende „Ghostbevölkerung“ (vgl. Anm. 2). Hierzu kommen weiters 10 v. H. ausländische Bevölkerung, sodaß insgesamt die kommunalpolitische Problembevölkerung zumindest 25 v. H. beträgt. Außerordentlich hoch ist der Anteil der Arbeitsbevölkerung im Verhältnis zur Wohnbevölkerung mit 88 v. H. in den inneren Bezirken, aber selbst dann, wenn man das Gesamtgebiet aufrechnet, bleibt die Relation zwischen Arbeitsplätzen und Wohnbevölkerung immer noch über dem Stadtmittel! Es ergibt sich somit die Notwendigkeit, bei allen Maßnahmen der Stadterneuerung die Effekte auf die Arbeitsplätze äußerst sorgfältig zu überlegen, um nicht die z. T. schon bestehenden Suburbanisierungstendenzen der Betriebe zu verstärken. Von der Wohnbausubstanz aus wird das Problem der Stadterneuerung am besten durch den Anteil der potentiellen Substandardwohnungen definiert (Ausstattungskategorien III + IV + V), welche in den äußeren Bezirke 46 v. H. des Wohnungsbestandes betragen (vgl. Anm. 3).

3.3. Der Umfang von Verfall und Erneuerung im gründerzeitlichen Stadtgebiet: Innere und äußere Bezirke

In der gängigen Meinung wird der Stadtverfall als ein Phänomen der äußeren Bezirke aufgefaßt und durch den Fortbestand des gründerzeitlichen Arbeitermiethausgürtels mit Kleinwohnungen interpretiert. Anhand des Vergleichs der Erhebungen in den inneren und äußeren Bezirken wird diese Persistenzhypothese überprüft.

Im Untersuchungsgebiet wurden über 40.000 Häuser erhoben. Davon entfallen 45 v. H. auf die inneren und 55 v. H. auf die äußeren Bezirke (vgl. Tab. III/2).

Die Größenordnung der Probleme wird aus der Summation aller Verfallskategorien ersichtlich. Insgesamt rund 25 v. H. des Wohnbaubestandes, d.h. rund 10.000 Häuser, sind bereits in der einen oder anderen Form dem Verfallssyndrom zuzurechnen. Wenden wir uns den Neubauten bzw. komplett erneuerten Bauten zu, so können wir andererseits doch mit einer gewissen Befriedigung feststellen, daß insgesamt rund 27 v. H. dem „Erneuerungssyndrom" zuzuzählen sind. Beide Vorgänge befinden sich somit in einem „gewissen Gleichgewicht".

Im Ausmaß von Verfall und Erneuerung bestehen zwischen den inneren und äußeren Bezirken beachtliche Unterschiede. Die empirische Erhebung legt die überraschende Tatsache offen, daß die Blightphänomene in den inneren Bezirken zumindest ebenso bedeutend sind wie in den äußeren und hinsichtlich des Leerstehungsgrades, d.h. des Anteils der teilweise bzw. zumindest in einem Geschoß leerstehenden Objekte, diese bereits anteilsmäßig beachtlich übertreffen. Nur die Kategorie der in schlechtem Bauzustand befindlichen Häuser ist in den äußeren Bezirken geringfügig höher als in den inneren. Weit ungünstiger ist die Aussage unter Bezug auf die Erneuerungstätigkeit. Hier stehen einem Anteil von rund 25 v. H. Neubauten in den äußeren Bezirken nur 13 v. H. in den inneren gegenüber, ferner ist der Umfang von komplett erneuerten Objekten in den äußeren Bezirken mit nahezu 10 v. H. ebenfalls beachtlich höher als in den inneren (5,7 v. H.).

Aus diesen grundsätzlich neuen und ebenso wichtigen Feststellungen ergibt sich, daß in Zukunft die gesamten inneren Bezirke von seiten des Magistrats in alle Überlegungen und Maßnahmenpakete einzubeziehen sind und sogar besondere Beachtung verdienen.

In diesem Zusammenhang sei auf die außerordentlich wichtige demographische Integrationsfunktion der Miethäuser in den inneren Bezirken hingewiesen, welche gesellschaftspolitisch nicht hoch genug eingeschätzt werden kann. Ihre geräumigen Wohnungen bieten nicht nur jungen Familien und Wohngemeinschaften junger Menschen Platz, sondern gestatten auch – über die Mobilität der Mieter – eine echte Durchmischung nach Haushaltstypen und Altersstruktur, wie sie in Neubauten im allgemeinen nicht möglich und auch kaum durch programmierte Integrationspakete zu erzielen ist.

Tabelle III/2: **Kategorien von Stadtverfall und Stadterneuerung in den inneren und äußeren Bezirken**

Erhebungs-kategorie	innere Bezirke	äußere Bezirke	Summe
Parzelle frei	438 *1,1*	788 *2,0*	1.226 *3,0*
ALTBAUTEN VERFALL			
Objekt abbruchreif	149 *0,4*	194 *0,5*	343 *0,8*
Objekt teilweise leer	328 *0,8*	257 *0,6*	585 *1,5*
Einzelne Wohn. u. Betriebe leer	3.519 *8,8*	2.418 *6,0*	5.937 *14,8*
Zustand schlecht	1.306 *3,2*	1.851 *4,6*	3.157 *7,9*
Zwischensumme in Prozent	5.302 *13,2*	4.720 *11,7*	10.022 *24,9*
IN ORDNUNG			
Vorwiegend Wohnhaus	3.329 *8,3*	4.135 *10,3*	7.464 *18,6*
Mischfunktion	4.326 *10,8*	3.393 *8,4*	7.719 *19,2*
Betriebsobjekt	1.341 *3,3*	1.278 *3,2*	2.619 *6,5*
komplette Erneuerung	1.025 *2,6*	2.182 *5,4*	3.207 *8,0*
Zwischensumme in Prozent	10.021 *24,9*	10.988 *27,3*	21.009 *52,3*
NEUBAU			
Mischfunktion	1.824 *4,5*	4.748 *11,8*	6.572 *16,3*
Betriebsobjekt	520 *1,3*	835 *2,1*	1.355 *3,4*
Zwischensumme in Prozent	2.344 *5,8*	5.583 *13,9*	7.927 *19,7*
GESAMTSUMME in Prozent	18.105 *45,1*	22.079 *54,9*	40.184 *100,0*

3.4. Die Beschreibung der Erhebungskategorien

Es zählt zu den Grundregeln geographischer Forschung, daß man, um eine Erscheinung erklären zu können, als erstes ihre Verbreitung feststellen muß. Diesem Prinzip folgt die kartographische Dokumentation der einzelnen Erhebungskategorien auf der Ebene der Zählbezirke. Die beachtlichen Unterschiede seien im folgenden beschrieben (vgl. Anm. 4):

1. Die freien Parzellen

Die Anteile freier Parzellen sind ein äußerst wichtiger Indikator für die Baulandreserven und gleichzeitig für die Umbauintensität. Die freien Parzellen sind in Summe beachtenswert. Es handelt sich hierbei um 3,1 v. H. aller Grundstücke, und damit bei einer angenommenen Durchschnittsfläche von 750 qm pro Parzelle um ein Areal von rund 1 qkm. Insgesamt wurden 1226 freie Parzellen erhoben. davon entfielen 438 auf die inneren Bezirke und 788 auf die äußeren. Die Möglichkeiten für eine Baulückenpolitik sind nun keineswegs, wie man annehmen sollte, in den äußeren Bezirken durchgehend größer als in den inneren (vgl. Karte III/3).

Die Unterschiede sind vielmehr recht beachtlich. Mit Abstand an erster Stelle steht der Bezirk XI/Simmering mit 11,7 v. H. Damit entfällt in der seinerzeitigen gründerzeitlichen Wachstumsspitze der Stadt nach dem Südosten längs der Ausfallsstraße nach Ungarn im Schnitt auf acht Bauten bereits eine freie Parzelle. Ansonst muß man überall zumindest durchschnittlich 20 Häuser abgehen, bevor man auf eine freie Parzelle stößt (vgl. Anm. 5). In den inneren Bezirken polarisiert sich das räumliche Muster zwischen „Mittelstandsbezirken", wie dem IV. Bezirk im Süden und dem IX. Bezirk im Norden, mit einem unterproportionalen Anteil an freien Parzellen, und dem westlichen Abschnitt der inneren Bezirke, dem VI. und VII. Bezirk, auf deren beachtliche Entindustrialisierungstendenz hingewiesen wurde, in denen teilweise der Anteil der freien Parzellen 5 v. H. überschreitet.

Für die alte westliche Ausfallsstraße von Wien gilt ähnliches wie für die südöstliche. Im altindustrialisierten Vorstadtraum des XII., XIV. und XV. Bezirks ist der Anteil an freien Parzellen ebenfalls durchwegs über 5 v. H., ebenso in der gründerzeitlichen Industrieperipherie des XVI. Bezirks.

Gerade im Hinblick auf die jüngsten Tendenzen der Kommunalpolitik, die Stadterneuerung abzubrechen und mit einem neu zu startenden kommunalen Wohnungsbau wieder „auf die grüne Wiese" zu gehen, sei auf diese Baulandreserve im gründerzeitlichen Stadtgebiet mit allem Nachdruck aufmerksam gemacht.

Karte III/3: Die Anteile der freien Parzellen 1986 - 1989

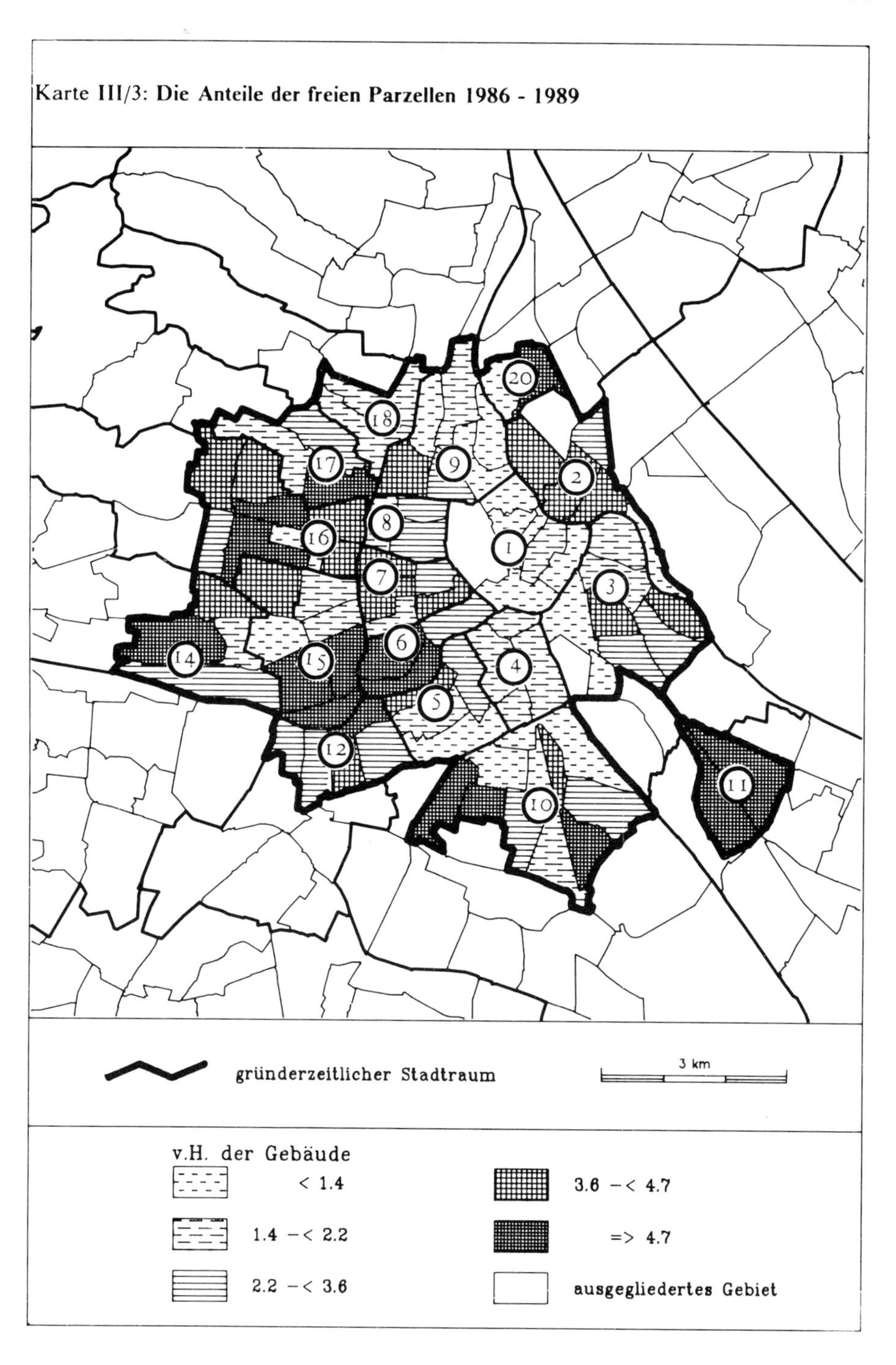

2. Abbruchreife und teilweise leerstehende Häuser

Es darf vorausgeschickt werden, daß eine Einstufung von Objekten als *abbruchreif* bei der Geländeerhebung nur dann vorgenommen wurde, wenn das gesamte Objekt leergestanden ist und klare Anzeichen eines in Kürze zu erwartenden Abbruchs vorhanden waren. Dementsprechend ist auch die Zahl der so eingestuften Objekte mit insgesamt 343 verhältnismäßig bescheiden, d.h. bei der Erhebung im Gelände stand im Schnitt nicht einmal jedes 100. Haus unmittelbar vor dem Abbruch. Diese geringe Zahl entspricht auch der sehr geringen Abbruchtätigkeit, welche allerdings in den inneren Bezirken – und hier wäre daher auch eine neue Erhebung angebracht – in den letzten drei Jahren aufgrund der Stadterneuerungsmaßnahmen stärker zugenommen hat.

Als *teilweise leerstehend* wurden alle Objekte definiert, welche zumindest zur Hälfte leergestanden sind. Es handelt sich hierbei eindeutig um einen Übergang zu den abbruchreifen Objekten, sodaß die Verteilung dieser Kategorie ebenfalls Indikatorfunktion besitzt. Insgesamt wurden bei der Erhebung 585 überwiegend leerstehende Objekte kartiert. Beim Vergleich zwischen den inneren und äußeren Bezirken ergibt sich, daß insgesamt in den inneren Bezirken mit 1,8 v. H. der Anteil der leerstehenden Objekte höher ist als in den äußeren Bezirken mit 1,2 v. H. Das Stadtmittel liegt bei 1,5 v. H. Da diese teilweise leerstehenden Objekte eine klare Vorstufe zu den abbruchreifen Objekten darstellen, wurden beide Anteilswerte zusammengefaßt (vgl. Karte III/4).

Das räumliche Muster der Anteile von abbruchreifen und leerstehenden Häusern unterscheidet sich recht beachtlich von dem der freien Parzellen.

Erstaunlicherweise hat die Innenstadt (I) mit 2,5 v. H. den höchsten Anteil teilweise leerstehender Objekte von allen Bezirken – ein Hinweis darauf, daß in ihrem baulichen Gehäuse doch beachtliche Entleerungsvorgänge ablaufen, die bisher völlig übersehen und nur durch die Geländeerhebung aufgedeckt wurden. Der sich in den Fußgängerzonen drängende Touristen- und Kundenstrom läßt auch zumeist den Blick nicht über die höheren Hausteile schweifen, sodaß man nicht zur Kenntnis nimmt, wieviel an leerstehendem Raum sich in höheren Stockwerken befindet. Schwierig ist es auch zu beurteilen, ob in absehbarer Zeit ein Abbruch oder aber, dank des Denkmalschutzes, eine Komplettsanierung erfolgen wird.

In den inneren Bezirken weisen die Bezirke VI/Mariahilf und VII/Neubau überdurchschnittliche Werte auf, gefolgt vom Bezirk II/Leopoldstadt. In den äußeren Bezirken ist wieder der XI. Bezirk mit 3,3 v. H. abbruchreifer Objekte der Spitzenreiter, während andererseits jedoch der Anteil teilweise leerstehender Bauten mit nur 0,2 v. H. sehr bescheiden ist. Im Verein mit dem oben angegebenen hohen Anteil freier Parzellen kann dies als ein deutlicher Hinweis dafür angesehen werden, daß die Abbruchtätigkeit in diesem Bezirk bereits längere Zeit rasch und zügig voranschreitet und auf einen Konzentrationsprozeß in der Neuverbauung über Parzellenzusammenlegung hinzielt. Anders sind die Verhältnisse im XII. Bezirk, wo durch die Einrichtung des Stadterneuerungsgebietes vermutlich die Abbruchtätigkeit abgestoppt wurde. Nur 0,7 v. H. aller Objekte wurden als abbruch-

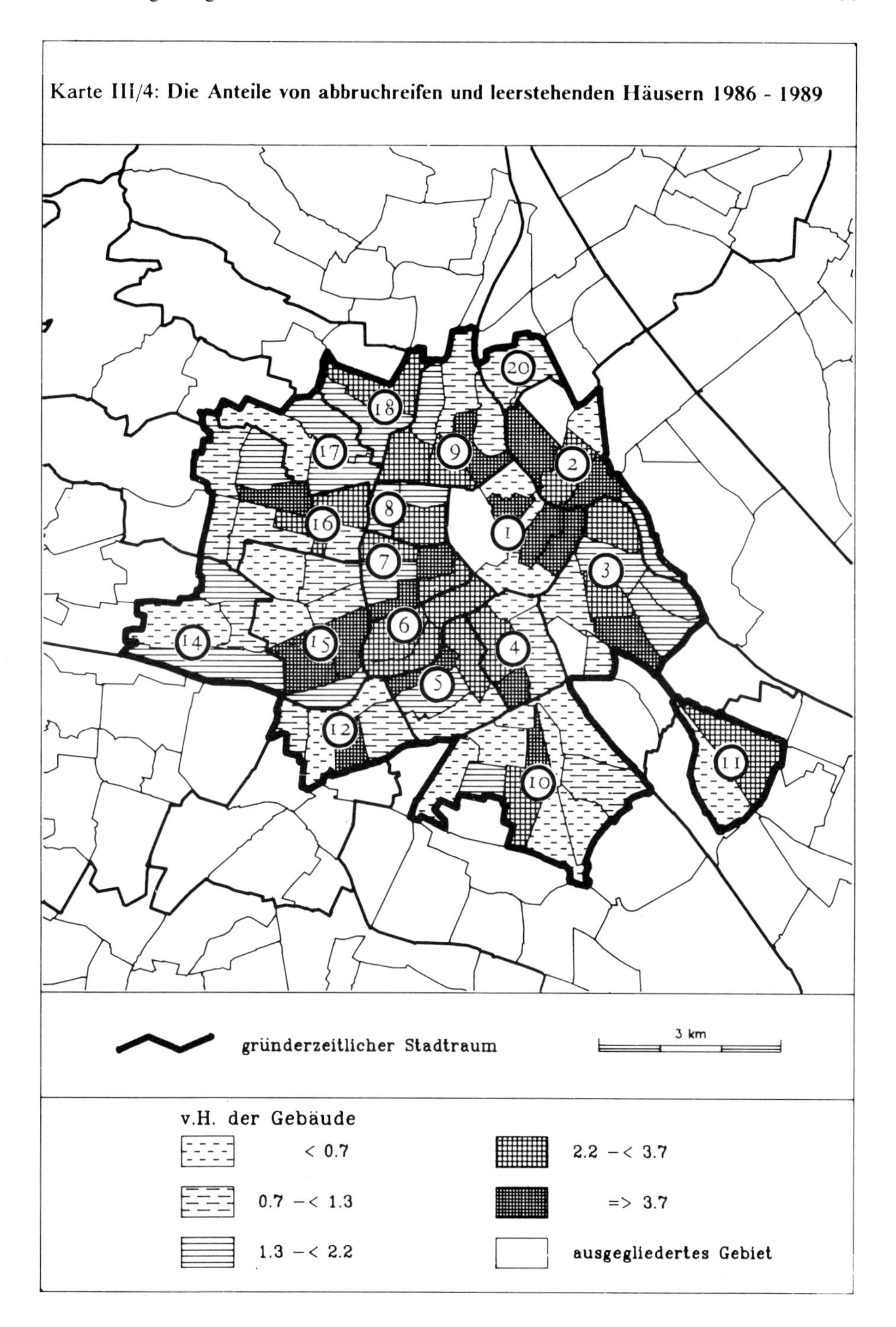

Karte III/4: Die Anteile von abbruchreifen und leerstehenden Häusern 1986 - 1989

reif kartiert, während andererseits mit 2,2 v. H. teilweise leerstehender Objekte der XII. Bezirk als einziger äußerer Bezirk die Anteilswerte der inneren Bezirke erreicht, während ansonst der mittlere Anteilswert an teilweise leerstehenden Objekten in den äußeren Bezirken nur 1,2 v. H. beträgt.

Insgesamt können wir festhalten, daß Abbruch und Umbau für die inneren Bezirke zweifellos kurzfristig bereits von größerer Bedeutung sein werden. In den äußeren Bezirken fallen Zählbezirke, in denen Stadterneuerungsgebiete (X., XII., XV., XVI.) ausgewiesen sind, durch höhere Anteilswerte auf.

Faßt man abschließend die absoluten Werte für unverbaute Parzellen, abbruchreife und überwiegend leerstehende Objekte zusammen, so gelangt man zu der beachtlichen Zahl von über 2.100 Parzellen, welche in Kürze bzw. sofort verbauungsfähig wären. Verwendet man die bereits weiter oben angeführte Schätzgröße der durchschnittlichen Parzellenfläche von 750 qm, so gelangt man zu einem Areal von gut 1,5 qkm.

4. Häuser mit mäßigem Grad von Leerstehung von Wohnungen und/oder Betrieben

In dieser Kategorie sind alle Objekte zusammengefaßt, in denen *zumindest ein halbes Geschoß bis maximal die Hälfte des Hauses zum Zeitpunkt der Erhebung leergestanden* ist. Bei einem Stadtmittel von 14,8 v. H. und insgesamt 5.937 erhobenen Objekten bestehen äußerst beachtliche Unterschiede zwischen den inneren und äußeren Bezirken und ebenso zwischen den einzelnen Bezirken (vgl. Karte III/5). Insgesamt erreichen alle inneren Bezirke über dem Stadtmittel gelegene Werte, sodaß der Mittelwert für die inneren Bezirke mit 19,4 v. H. nahezu das Doppelte desjenigen der äußeren Bezirke (11,0 v. H.) erreicht. Die Gesamtzahl der Objekte beträgt in den inneren Bezirken 3.519, in den äußeren 2.418. In den inneren Bezirken sind die Bezirke V/Margareten und II/Leopoldstadt mit 32,8 v. H. und 26,5 v. H. die Spitzenreiter. Sie sind als Problemgebiete der Stadterneuerung bekannt und werden gefolgt von den Mittelstandsbezirken IV/Wieden und IX/Alsergrund, bei denen die hohe Leerstehungsrate auf Bevölkerungsverluste und Ghostbevölkerung zurückzuführen ist. In den äußeren Bezirken erreichen an den Gürtel anschließende Zählbezirke in den durch das Gastarbeitersyndrom gekennzeichneten Bezirke XV/Rudolfsheim/Fünfhaus, XVI/Ottakring und XVII/Hernals überdurchschnittliche Werte,

5. Häuser in schlechtem Zustand

Die Aussagen über diese Kategorie sind einer isolierten Interpretation nicht zugänglich, da die Einstufung von Objekten in schlechtem Zustand als zusätzliche Kategorie zu den Kategorien des Verfalls erfaßt wurde. Das heißt anders ausgedrückt: Es handelt sich hierbei um Objekte, deren *baulicher Zustand schlecht* ist, ohne daß Wohnungen oder Betriebe im Umfang von zumindest einem halben Geschoß leerstehen. Aufgrund der sehr spezifischen Wiener Situation ist es jedoch

Karte III/5: Die Anteile von Häusern mit mäßigem Grad von Leerstehung von Wohnungen und/oder Betrieben 1986 - 1989

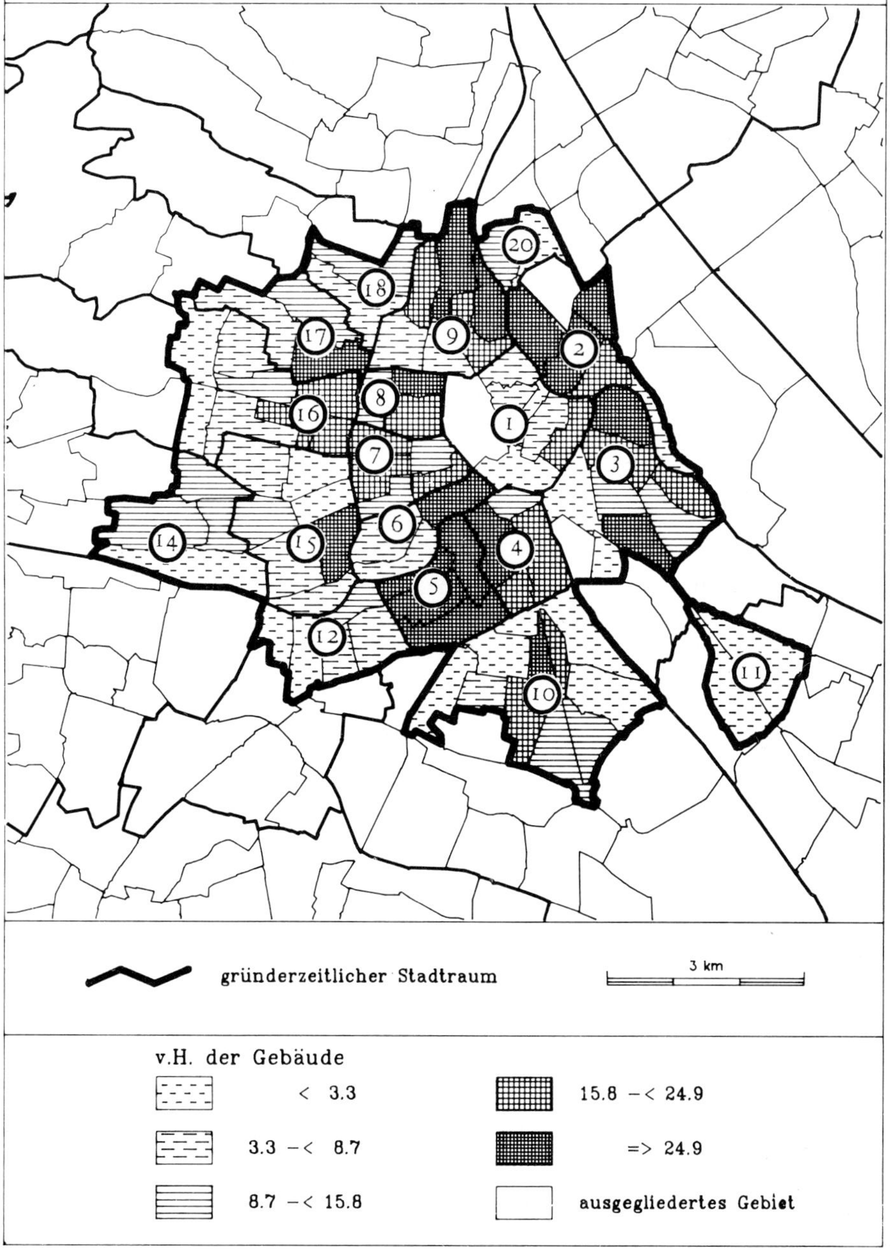

gründerzeitlicher Stadtraum

3 km

v.H. der Gebäude

< 3.3	15.8 –< 24.9
3.3 –< 8.7	=> 24.9
8.7 –< 15.8	ausgegliedertes Gebiet

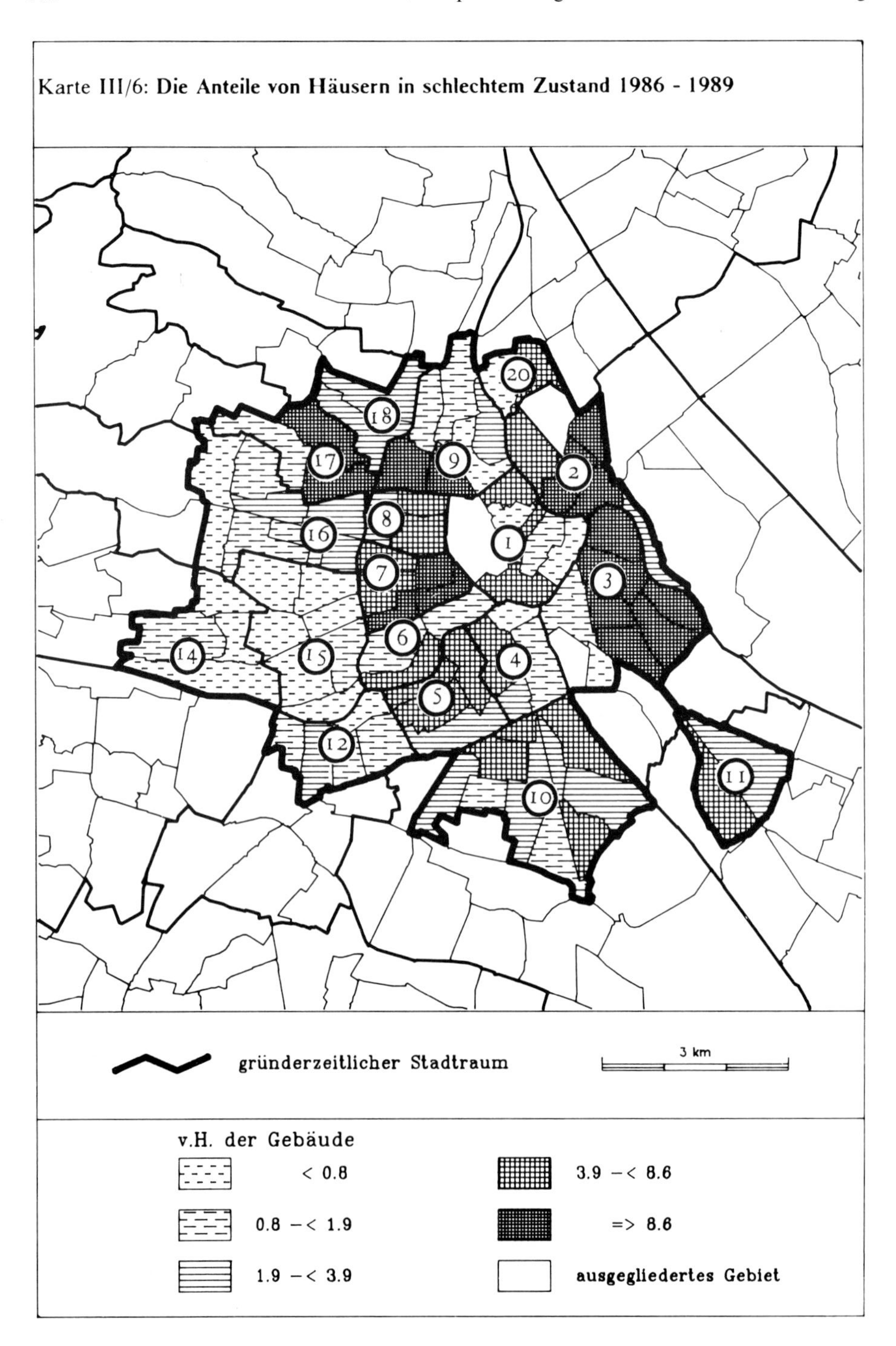

Karte III/6: **Die Anteile von Häusern in schlechtem Zustand 1986 - 1989**

Karte III/7: Die Anteile der Häuser mit Verfallserscheinungen 1986 - 1989

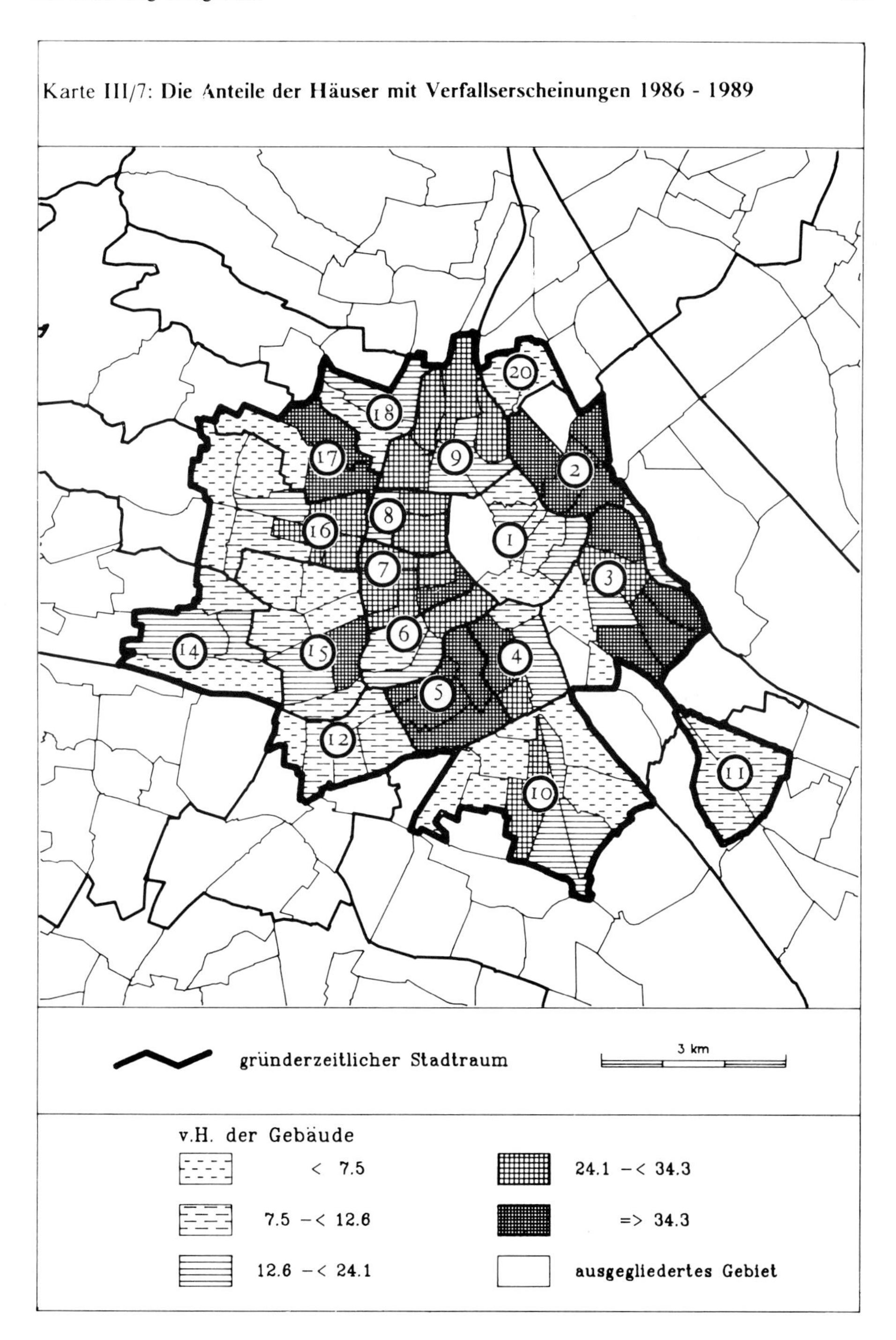

nicht möglich, diese Objekte als Slumobjekte zu bezeichnen, da sich auch in Häusern mit schlechtem Bauzustand die Wohnungen aufgrund der Eigeninitiative der Mieter durchaus in gutem Zustand befinden können. Diese Kategorie reflektiert daher in erster Linie die Investitionsdefizite von seiten der Hausbesitzer aufgrund der jahrzehntelangen Niedrigmietenpolitik. Diese Investitionsdefizite zeigen wiederum eine andere Rangreihung der Zählbezirke und damit ein anderes räumliches Muster als die vorhin beschriebenen Kategorien (vgl. Karte III/6).

Insgesamt befanden sich bei der Erhebung 3.157 Objekte in schlechtem Bauzustand. Hierbei entfielen auf die inneren Bezirke mit 1.306 Objekten 41,4 v. H. und auf die äußeren Bezirke mit 1.851 Objekten 58,6 v. H. Danach ist im Vergleich zum Leerstehungsphänomen die Aussage unter Bezug auf die inneren und äußeren Bezirke umzukehren. Der schlechtere Bauzustand bedeutet jedoch nicht, daß diese Bauten leerstehen, sondern sie sind, im Gegenteil, mit mehr Menschen gefüllt. In den inneren Bezirken rückt in dieser Kategorie der bisher eher im Durchschnitt gelegene Bezirk III/Landstraße sowohl mit dem absoluten Wert von 487 Objekten als auch mit dem relativen Wert von 13,9 v. H. mit Abstand an die erste Stelle, gefolgt von den Bezirken II/Leopoldstadt und VII/Neubau. In den äußeren Bezirken steht in der Rangreihe der Bezirk XVII/Hernals mit 13,4 v. H. und 342 Objekten an erster Stelle, der XX. Bezirk/Brigittenau mit 10,0 v. H. schließt an. Zieht man die internationale Literatur zu Rate, in der Verslumung immer auch mit Zunahme der Bevölkerungsdichte korreliert wird, so kann man die Interpretation riskieren, daß die räumliche Verteilung der Anteilswerte der in schlechtem Zustand befindlichen Häuser mit geringen Leerstehungsraten besonderer kommunalpolitischer Aufmerksamkeit bedürfen, da sie doch als eine Vorstufe zur zumindest hausweisen Verslumung angesehen werden müssen.

6. Das Gesamtausmaß des Verfallssyndroms

Faßt man abschließend alle Kategorien des Verfallssyndroms zusammen, so gelangt man zum Gesamtresultat, daß rund ein Viertel aller Bauten im gründerzeitlichen Stadtgebiet in der einen oder anderen Form vom Verfall betroffen sind. Die inneren Bezirke liegen dabei mit einem Mittel von 29,2 v. H. doch wesentlich über den äußeren Bezirken mit 20,2 v. H. Selbst diejenigen inneren Bezirke, die die niedrigsten Anteilswerte aufweisen, wie der IV., VIII. und IX. Bezirk (Wieden, Josefstadt, Alsergrund), überschreiten das Mittel der äußeren Bezirke. Die bereits mehrfach hervorgehobenen Bezirke V/Margareten und II/Leopoldstadt nehmen die ersten Rangplätze ein (41,5 bzw. 39,1 v. H.). In den äußeren Bezirken liegen der XVII., XVIII. und XII. Bezirk mit 27,5, 26,4 und 24,5 v. H. noch über dem Stadtmittel. Aufgrund der starken Neubautätigkeit ist in den äußeren Bezirken (vgl. unten) der Gesamtanteil des Verfallssyndroms jedoch niedriger als in den inneren Bezirken, auch wenn einzelne Zählbezirke beachtliche Werte erreichen (vgl. Karte III/7).

Diese unterschiedliche Situation der inneren und äußeren Bezirke sowie die besonders gravierenden Verfallserscheinungen in einzelnen Bezirken haben bisher in den Maßnahmenpaketen der politischen Entscheidungsträger der Stadt Wien kaum eine Berücksichtigung gefunden. Dabei wäre es notwendig, im Rahmen der Stadterneuerungsprogramme, ebenso wie bei der Neubautätigkeit, den einzelnen Bezirken unterschiedliche Quoten hinsichtlich der Partizipation an öffentlichen Mitteln zu gewähren. Alle bisher getroffenen Maßnahmen haben sich als „Minikosmetik im Wohnumfeld“ in erster Linie mit der Zuteilung von Radwegen, Wohnstraßen, Parkbäumen und dgl. beschäftigt. Eine darüber hinausgehende Investitionsstrategie verfügt freilich aufgrund der fehlenden Verankerung von politischen Bezirken in der Verfassung weder über die rechtlichen Möglichkeiten noch über die finanziellen Mittel. Es besteht auch keine Transparenz hinsichtlich der zentralistischen Verteilungsprinzipien von Investitionen der öffentlichen Hand, welche – dies gilt insbesonders für Mittel aus der Wohnbauförderung – in sehr komplizierter, zum Teil wohl informeller Weise auch an Genossenschaften und den geförderten Eigentumswohnungsbau vergeben werden.

7. Erneuerte Altbauten

Die *komplette Erneuerung* ist als Vorgang in den letzten Jahren besonders akzentuiert worden. Das schon weiter zurückliegende Erhebungsjahr gerade in den inneren Bezirken erbringt daher vermutlich wesentlich günstigere Aussagen für die äußeren Bezirken, wo 2.184 Altbauten erneuert wurden, gegenüber nur 1.025 in den inneren Bezirken. Dementsprechend erreichen diese im Stadtmittel nur einen Anteilswert von von 5,7 v. H. gegenüber 9,4 v. H. in den äußeren Bezirken. Als Spitzenreiter überraschen einerseits der V. Bezirk mit 10,7 v. H. und andererseits der VII. Bezirk mit 10,8 v. H. In den äußeren Bezirken sind die Effekte der Stadterneuerung im XV. Bezirk, der an erster Stelle steht, mit 15,1 v. H. dokumentiert. Auch in den Bezirken XVII. und XVIII. ist der Erneuerungsprozeß mit 14,1 und 14,2 v. H. bereits deutlich akzentuiert. Eine Polarisierung der Entwicklung zeichnet sich damit ab.

8. Neubauten

Im dualen Stadtmodell von Wien wurde die zwischen- und nachkriegszeitliche „Außenstadt“ von Wien von der „gründerzeitlichen Innenstadt“ abgehoben. Die Faltkarte dokumentiert den *Ring des Neubaus.* Aus den Zählbezirksergebnissen läßt sich ferner ein sehr deutlicher zentral-peripher abnehmender Gradient der Neubautätigkeit feststellen. Während insgesamt der Neubauanteil im gründerzeitlichen Stadtgebiet 19,7 v. H. beträgt, erreicht er in den inneren Bezirken nur 12,7 v. H. gegenüber 25,5 v. H. in den äußeren Bezirken. Hierbei sind die Spitzenreiter die Bezirke II und V, während der im Erneuerungsprozeß recht gut plazierte Bezirk VI bei der Neubautätigkeit zurückbleibt und der VII. Bezirk mit 6,6 v. H. nicht einmal den Mittelwert erreicht. In den äußeren Bezirken ist die südliche Wachstumsfront ganz markant ausgebildet, während die westlichen Bezirke XVII und XVIII nicht einmal das Stadtmittel erreichen (vgl. Karte III/9).

Karte III/8: Die Anteile der erneuerten Häuser 1986 - 1989

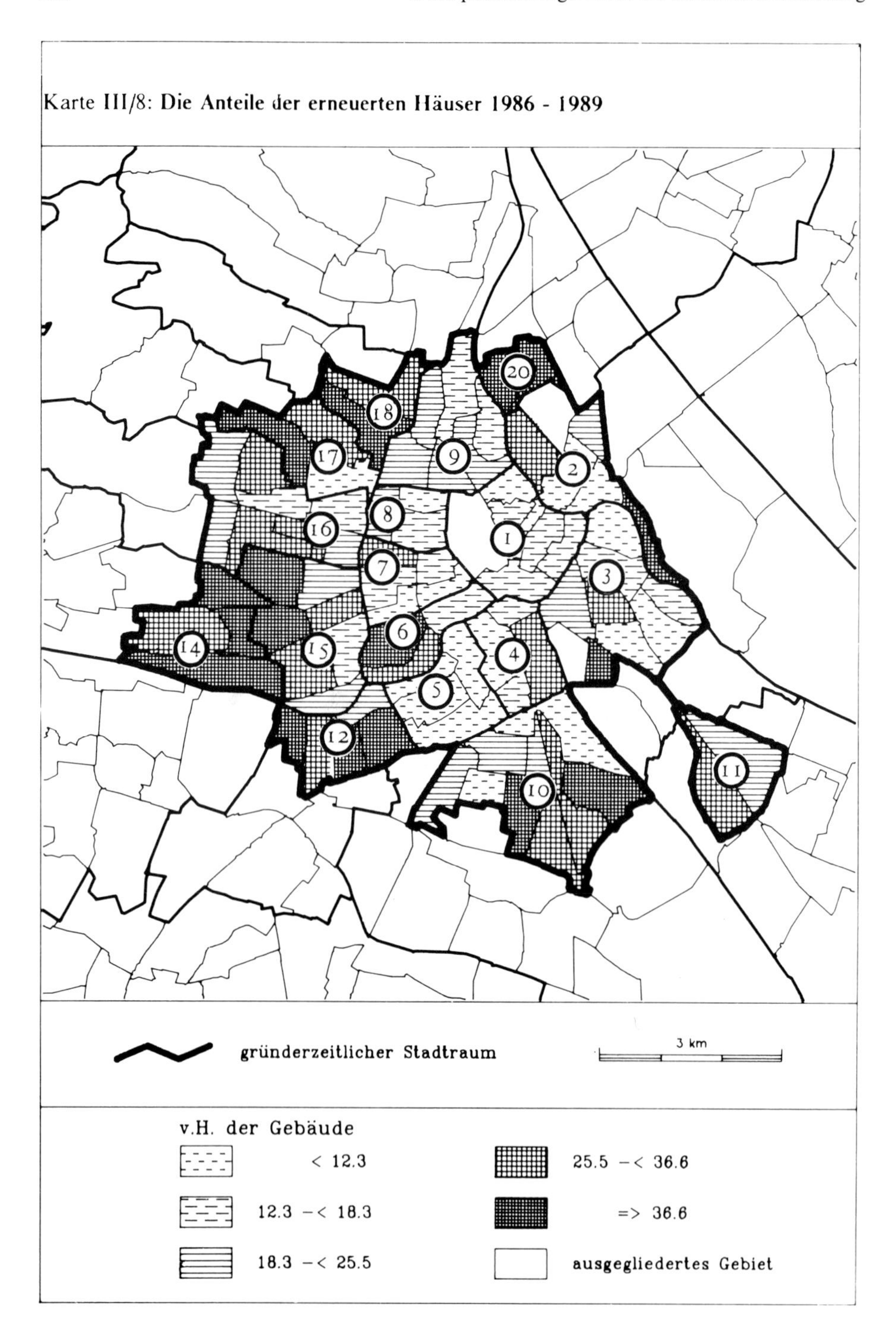

Karte III/9: Die Anteile von Neubauten 1986 - 1989

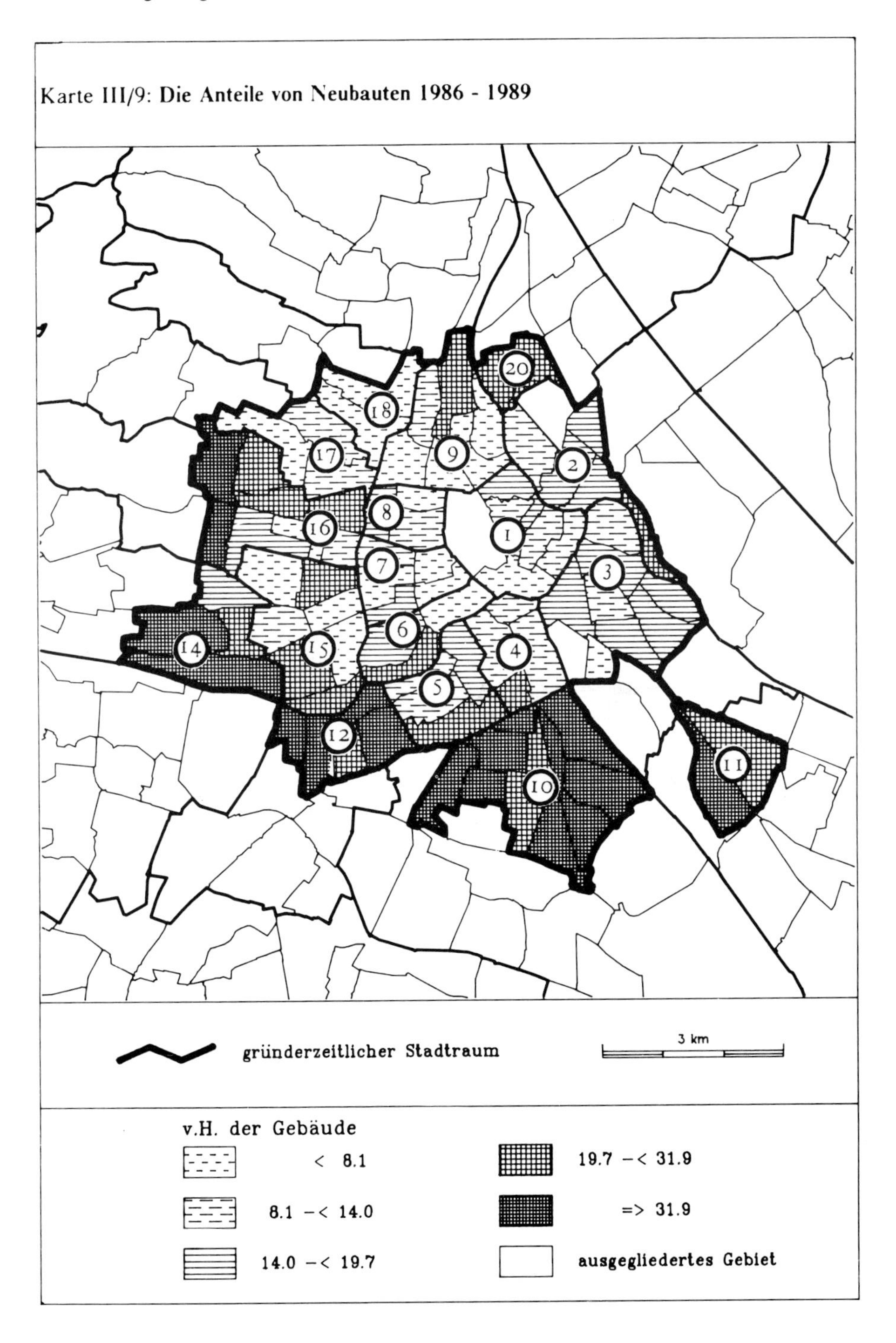

Die Summierung der Anteile von Neubauten und erneuerten Bauten bietet weitere Aussagen zu den wiederholt herausgestellten Unterschieden zwischen inneren und äußeren Bezirken. Der Abstand zwischen beiden Stadträumen vergrößert sich. In den äußeren Bezirken wurden im Durchschnitt rund ein Drittel der Bauten neu errichtet bzw. erneuert, in den inneren Bezirken dagegen nicht einmal ein Fünftel.

Die „bauliche Erstarrung der City" kommt im Vergleich zu den anderen inneren Bezirken deutlich zutage. Insgesamt sind nur 13,4 v. H. der erhobenen Häuser entweder komplett erneuert oder Neubauten. Dieser niedrige Wert wird sonst nur vom IX. Bezirk erreicht. In den inneren Bezirken steht der V. Bezirk mit rund 28 v. H. an erster Stelle. Die Polarisierung der Entwicklung ist hier besonders ausgeprägt. In den äußeren Bezirken sind die Unterschiede geringer. Nur der XVIII. Bezirk und der südliche XX. Bezirk bleiben im Gesamtprozeß der Erneuerung und Neubautätigkeit deutlich zurück.

Bei der Erhebung der *Betriebsbauten* wurde ein Defizit der Forschung und Planung offensichtlich. Eine laufende Registrierung der Vorgänge im geschlossen verbauten gründerzeitlichen Stadtgebiet fehlt weitgehend.

Die gängige Vorstellung, daß sich der Betriebsbau – unterstützt mit öffentlichen Mitteln – in Wien bisher im wesentlichen im Stadterweiterungsgebiet auf eigens ausgewiesene Betriebsflächen ausweitet, bedarf einer Revision. Die Erhebung ergab die beachtliche Zahl von 1.355 neuen Betriebsobjekten verschiedener Art. Der absolute Spitzenreiter hierbei ist der I. Bezirk, mit 7,4 v. H. aller Bauten. Der Neubauvorgang ist – bei aller mengenmäßigen Bescheidenheit – daher durch Betriebsbauten gekennzeichnet. In den äußeren Bezirken überschreiten die bereits genannten Wachstumsspitzen des II. und XIV. Bezirks das Mittel von 3,9 v. H. beachtlich (5,5 bzw. 6,4 v. H.). Eine Stabilisierung der verbleibenden Betriebe in diesem Stadtraum zeichnet sich damit ab. Sehr gering ist die Neubautätigkeit dagegen in den inneren Bezirken VI und VIII sowie im XVIII. Bezirk. Die Auslagerung von Produktionsstätten geht in diesen Bezirken weiter.

9. Kategorien von intakten Altbauten

Zwischen den Polen der Entwicklung von Verfall und Erneuerung liegt der *in Ordnung befindliche Baubestand.* Er umfaßt rund 44 v. H. aller Objekte. Der Mittelwert beträgt in den inneren Bezirken 50,9 v. H., in den äußeren Bezirken 40,2 v. H. Mit Abstand an erster Stelle steht der I. Bezirk mit 73,4 v. H. Weit unter dem Durchschnitt liegen dagegen in den inneren Bezirken der V., der mit 28,1 v. H. den niedrigsten Wert erreicht, und der II. mit 36,2 v. H. In den äußeren Bezirken reihen sich der XI., XII., XV. und XVII. Bezirk mit ebenfalls unter dem Mittel gelegenen Werten an (30,8, 33,6, 35,5, 34,8).

Das räumliche Muster differenziert sich freilich nach den funktionellen Kategorien von vorwiegenden Wohnbauten, Häusern mit Mischfunktion und Betriebsobjekten deutlich. Im Stadtmittel entfallen 18,6 v. H. auf vorwiegende Miethäuser, 6,5 v. H. auf Betriebsobjekte aller Art und 19,2 v. H. auf Häuser mit Mischfunktion.

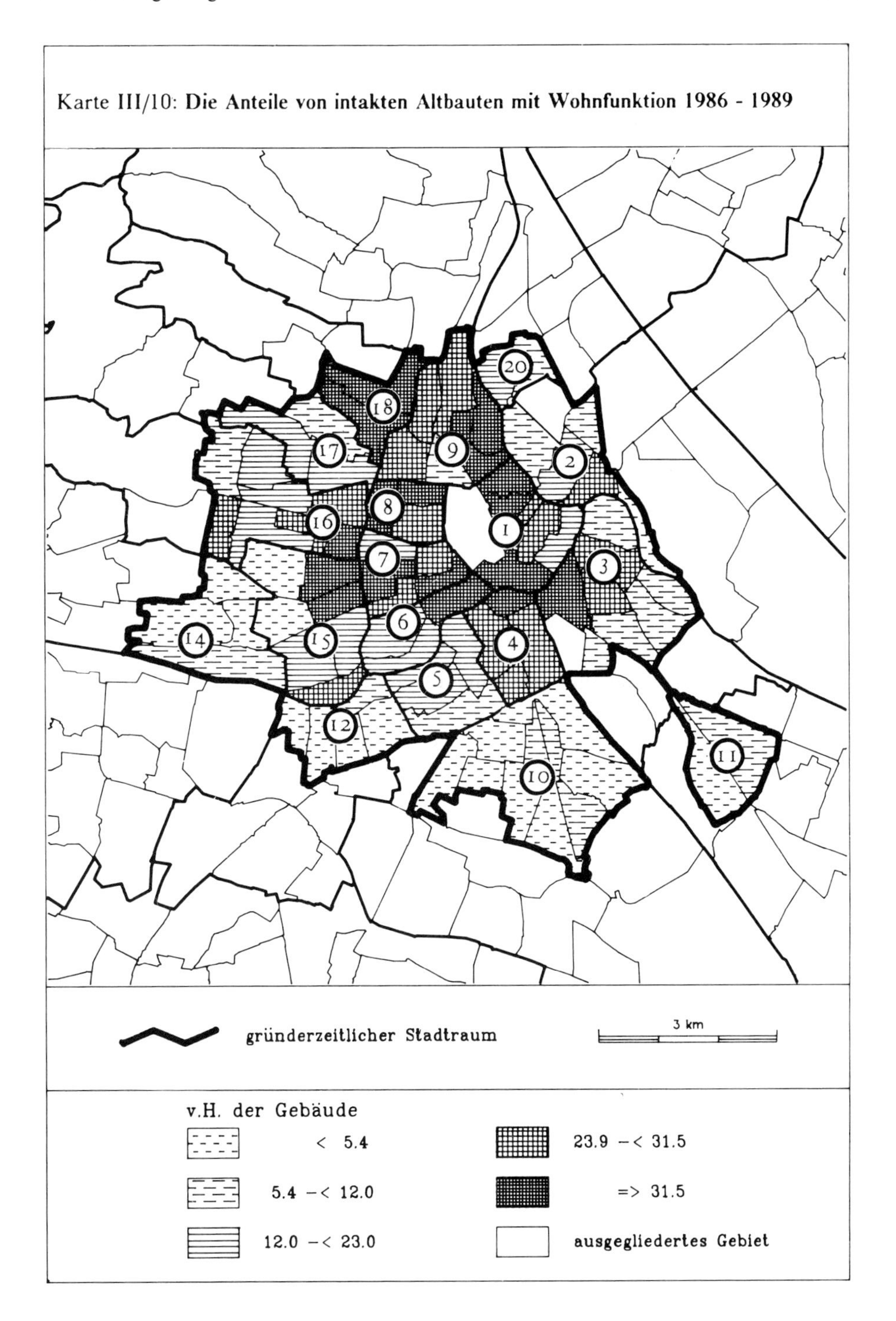

Karte III/10: **Die Anteile von intakten Altbauten mit Wohnfunktion 1986 - 1989**

Karte III/11: **Die Anteile von intakten Altbauten mit Mischfunktion 1986 - 1989**

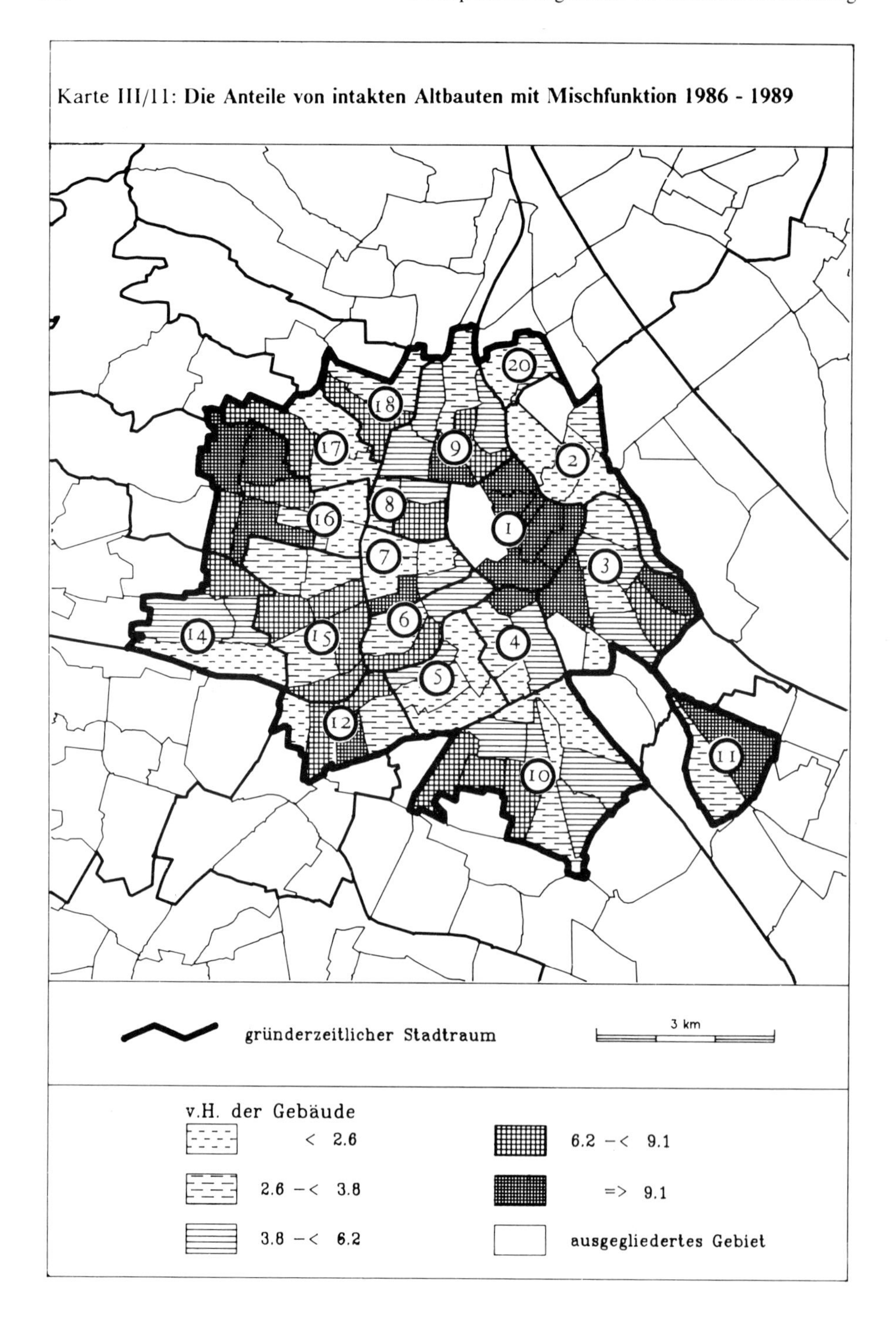

Karte III/12: **Die Anteile von intakten Altbauen mit Betriebsfunktion 1986 - 1989**

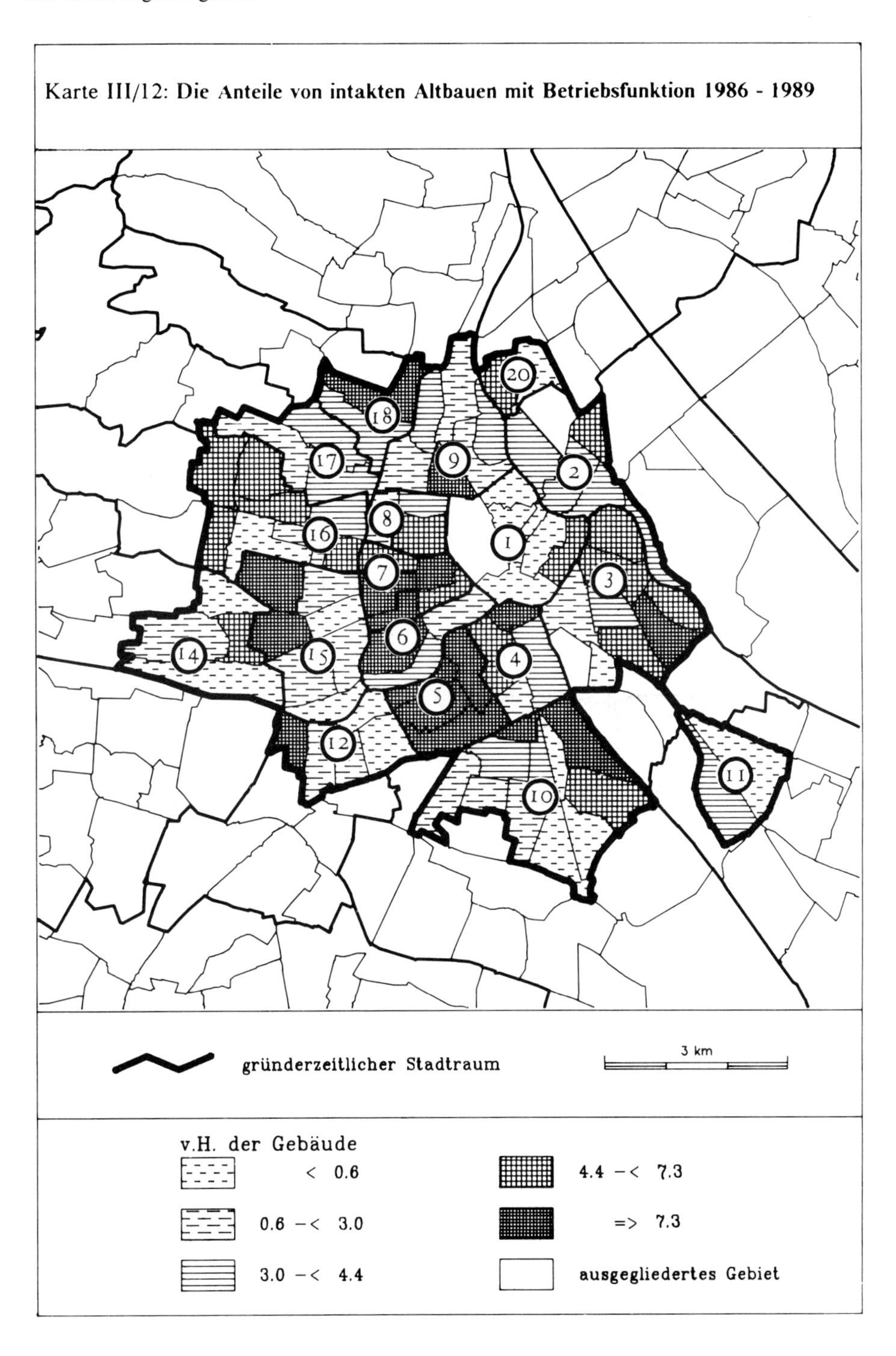

Dieses stabile Grundgerüst des Altbaubestandes (vgl. Anm. 6) weist ein unterschiedliches räumliches Verbreitungsmuster auf, das durch ein Kartenset belegt wird. Im Stadtmittel unterscheiden sich innere und äußere Bezirke mit Werten von 18,4 und 19,5 v. H. nur unwesentlich. *Altbauten mit Wohnfunktion* sind danach das Bindemittel der städtebaulich-funktionellen Substanz des gründerzeitlichen Stadtraumes.

Allerdings schließt die räumliche Verteilung der intakten Altbauten mit Wohnfunktion an die City an und kennzeichnet den Citymantelbereich. In den äußeren Bezirken hebt sich der XVIII. Bezirk durch den höheren Anteil von Altbauten mit Wohnfunktion, deren Zustand in Ordnung ist, deutlich heraus (vgl. Karte III/10).

Eine deutlich polarisierte Verteilung weisen die intakten *Altbauten mit Mischfunktion* auf, welche das Problem des Arbeitsstättensektors offenlegen, einerseits kennzeichnen sie die City und andererseits die Industrieperipherie, vor allem im Westen (vgl. Karte III/11).

Von den insgesamt 7.719 Objekten liegen 4.326 in den inneren und 3.393 in den äußeren Bezirken. Rund 40 v. H. aller Altbauten gehören diesem Mischtyp an. Vom gesamten Baubestand entfallen auf die inneren Bezirke im Durchschnitt 25,4 v. H., auf die äußeren Bezirke noch 15,3 v. H. Nur in den Bezirken des südlichen Sektors, dem X., XI. und XII., ebenso wie dem XIV. im Westen, sind die Bestände dieser Mischform des Altbaubestandes von geringer Bedeutung, mit Anteilen von 13,1, 9,1, 8,1 und 8,8 v. H.

Im geschlossen verbauten Stadtgebiet befindet sich eine große Zahl von *Betriebsobjekten des Altbaubestandes.* Das oben angesprochene Defizit der Forschung bezüglich der neu errichteten Betriebsbauten gilt auch für sie. Die Gesamtzahl aller Objekte (einschließlich öffentlicher Bauten) beträgt immerhin 2.519, von denen 1.341 auf die inneren Bezirke und 1.278 auf die äußeren Bezirke entfallen. Die Karte III/12 läßt die Sektoren mit Hinterhofindustrie in den inneren Bezirken sowie die Stadtrandindustrie gut erkennen.

3.5. Die Dissimilarität von Verfall und Erneuerung

Die Berechnung von *Segregationsindizes* für Merkmale der Bevölkerung zählt zum Standardrepertoire der Sozialforschung in Städten. Weniger gebräuchlich ist die Verwendung der Formel für die Berechnung der räumlichen Ungleichverteilung von unterschiedlichen baulichen Objekten. Die Anwendung des Index zur Feststellung der Ungleichverteilung der Neubautätigkeit in der gründerzeitlichen Innenstadt und in der Außenstadt von Wien seit der Zwischenkriegszeit erbrachte bereits das Ergebnis einer vorprogrammierten Segregation, und es stellte sich heraus, daß der Index der Ungleichverteilung der Neubauten im Laufe der Jahrzehnte der Nachkriegszeit sich nur mäßig verändert und um 30 v. H. geschwankt hat. Die Segregationsindizes nach den sozialrechtlichen Teilmärkten des Arbeitsmarktes, nämlich Arbeiter, Angestellte und Selbständige, liegen dagegen etwas niedriger. Nicht unerwähnt soll bleiben, daß der Segregationsindex der Arbeiter in der gründerzeitlichen Innenstadt 1971–1981 sogar schwach zugenommen und 1981 fast 25 v. H. erreicht hat.[1] Die Berechnung der Indizes für die Erhebungskategorien von Verfall und Erneuerung ergab einige interessante Resultate (vgl. Tab. III/3).

Tabelle III/3: **Segregationsindizes der Erhebungskategorien von Verfall und Erneuerung auf der Ebene der Zählbezirke**

Erhebungskategorie	Segregationsindex
1 Parzelle frei	*51,3*
ALTBAUTEN VERFALL	
2 Objekt abbruchreif	*46,8*
3 Objekt teilweise leer	*33,9*
4 Einz. Wohnungen u. Betriebe leer	*28,0*
5 Zustand schlecht	*31,2*
ALTBAUTEN IN ORDNUNG	
6 vorwiegend Wohnhaus	*26,7*
7 Mischfunktion	*31,2*
8 Betriebsobjekt	*40,4*
9 komplette Erneuerung	*31,5*
NEUBAUTEN	
10 Wohn- und Mischfunktion	*38,1*
11 Betriebsobjekt	*39,4*

1. Am gleichmäßigsten verteilt sind die in Ordnung befindlichen Altbauten mit vorwiegender Wohnfunktion (Index 26,7), gefolgt von den Altbauten, in denen einzelne Wohnungen und Betriebe leerstehen (28,0). Der Index liegt somit nur schwach über dem Segregationsindex der Arbeiter.

2. Altbauten in schlechtem Zustand und komplett erneuerte Altbauten überraschen durch ähnliche Indizes von 31,2 und 31,5 und lassen damit erkennen, daß auf der Zählbezirksebene zwischen den dadurch abgebildeten Vorgängen von Verfall und Erneuerung keineswegs eine Polarisierung eintritt. Erwähnt sei, daß sich beide Werte in „einem Feld“ mit dem Segregationsindex von Gastarbeitern (32,6) befinden.

3. Betriebsobjekte und Neubauten erreichen gleicherweise höhere Werte. Auf den unterschiedlichen Index von erneuerten Bauten und Neubauten sei besonders

[1] Vgl. LICHTENBERGER u. a. 1987, S. 107, 124.

hingewiesen, da sich daraus die These ableiten läßt, daß die Neubautätigkeit zwangsläufig zu einer stärkeren Polarisierung des Baubestandes und damit zwangsläufig zur viertelweisen Ausbildung von Slums führen muß. Gerade der gleich hohe Index von verfallenden und erneuerten Bauten ist dagegen ein sehr eindrucksvoller Beleg für die Antisegregationseffekte einer sanften Stadterneuerung und eine damit bewirkte Verhinderung von viertelweisen Slums, zumindest im Hinblick auf den Bauzustand.

4. Am stärksten ungleich verteilt sind die freien Parzellen (51,3) und die abbruchreifen Objekte (46,8). Sie sind Indikatoren des Umbruchs in der Stadtentwicklung.

Die Berechnung einer *Dissimilaritätsmatrix* gestattet weitere Aussagen über die assoziativen bzw. abstoßenden Effekte zwischen den einzelnen Kategorien:

1. Das wohl wichtigste Ergebnis ist der niedrige Dissmilaritätsindex zwischen Bauten in schlechtem Zustand und in erneuertem Zustand von 26,6. Er unterstreicht die obige Aussage über den Effekt der sanften Stadterneuerung nochmals deutlich.

2. Als Einbruch in eine „geordnete Welt des Altbaus“ ist jedoch der Index der freien Parzellen und der abbruchreifen Objekte anzusehen. Die Dissimiliaritätsmatrix weist einen Wert von über 60 zwischen den Altbauten und den freien Parzellen bzw. abbruchreifen Objekten aus. Auch die Neubautätigkeit erweist sich als partieller Fremdkörper zum Altbaubestand mit einem Wert von über 40.

3. Nun besteht auf einem liberalen Bodenmarkt die Regel, daß die Kategorienkette von Verfall und Abbruch in ihren Gliedern assoziativ verknüpft ist. Es ist daher besonders hervorzuheben, daß sich eine solche Regelhaftigkeit in Wien nicht nachweisen läßt. Es bestehen vielmehr bei Messung auf der Zählbezirksebene durchwegs Dissimilaritätsindizes von über 50 zwischen freien Parzellen, abbruchreifen Objekten und teilweise leerstehenden Häusern. Es läßt sich damit auch kein lokal auftretendes Abbruchsyndrom nachweisen. Der Grund ist in dem Fehlen von Kapitalgesellschaften zu suchen, welche Kapital, Boden und Baumarkt nach marktwirtschaftlichen Prinzipien organisieren und daraus Profite ziehen würden.

Die eindimensionale Darstellung der Kategorien in Zählbezirkskarten verlangt nach einer Zusammenführung der Ergebnisse. Hierzu seien die Hauptkategorien *Verfall – Erneuerung und Neubau – in Ordnung befindlicher Altbaubestand* verwendet. Die Positionierung der einzelnen Zählbezirke nach diesen Hauptkategorien in Dreiecksdiagrammen für die inneren und äußeren Bezirke erbrachte außerordentlich interessante und zum Teil überraschende Ergebnisse (vgl. Fig. III/2 und III/3).

1. Die außerordentlich eindrucksvollen Unterschiede zwischen der Position der inneren und äußeren Bezirke im Verfalls- und Erneuerungsprozeß werden klar belegt. In den inneren Bezirken ist das Differenzierungsspektrum wesentlich größer. Polarisierungen von Zählbezirken innerhalb eines Bezirks (z. B. 303 Belvedere, 304 Fasangasse) mit sehr gutem Bauzustand und anderen mit sehr schlechtem Bauzustand (305 Rudolfsspital/Rennweg bzw. 301 Weißgerber) haben in den äußeren Bezirken kein Gegenstück.

Figur III/2: **Verfallene, erneuerte und in Ordnung befindliche Bausubstanz in den Zählbezirken der inneren Bezirke 1986 – 1989**

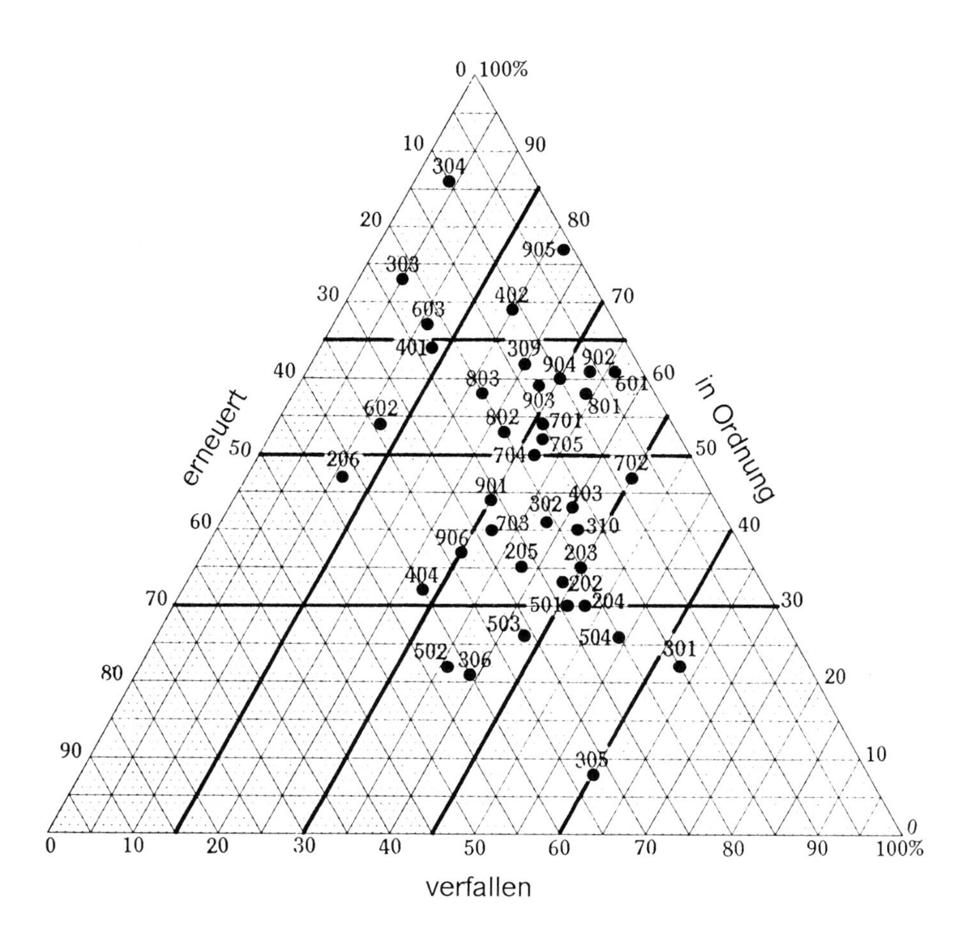

2. Die „konservative Ordnungsstruktur" in den inneren Bezirken mit den hohen Anteilen von in Ordnung befindlichem und nur mäßig erneuertem Baubestand findet in den äußeren Bezirken keine Parallele.

3. Der Vergleich der beiden Dreiecksdiagramme läßt die Verschiebung der Zählbezirke der äußeren Bezirke in Richtung auf den Erneuerungs- und Neubauprozeß deutlich ablesen, ebenso wie die viel stärker ausgeprägten Polarisierungstendenzen zwischen Verfall und Erneuerung bzw. Neubau.

Details über die Rangreihung der Zählbezirke im Hinblick auf den Verfalls- und Erneuerungsprozeß werden in dem bereits genannten Forschungsbericht veröffentlicht werden.

Figur III/3: **Verfallene, erneuerte und in Ordnung befindliche Bausubstanz in den Zählbezirken der äußeren Bezirke 1986 – 1989**

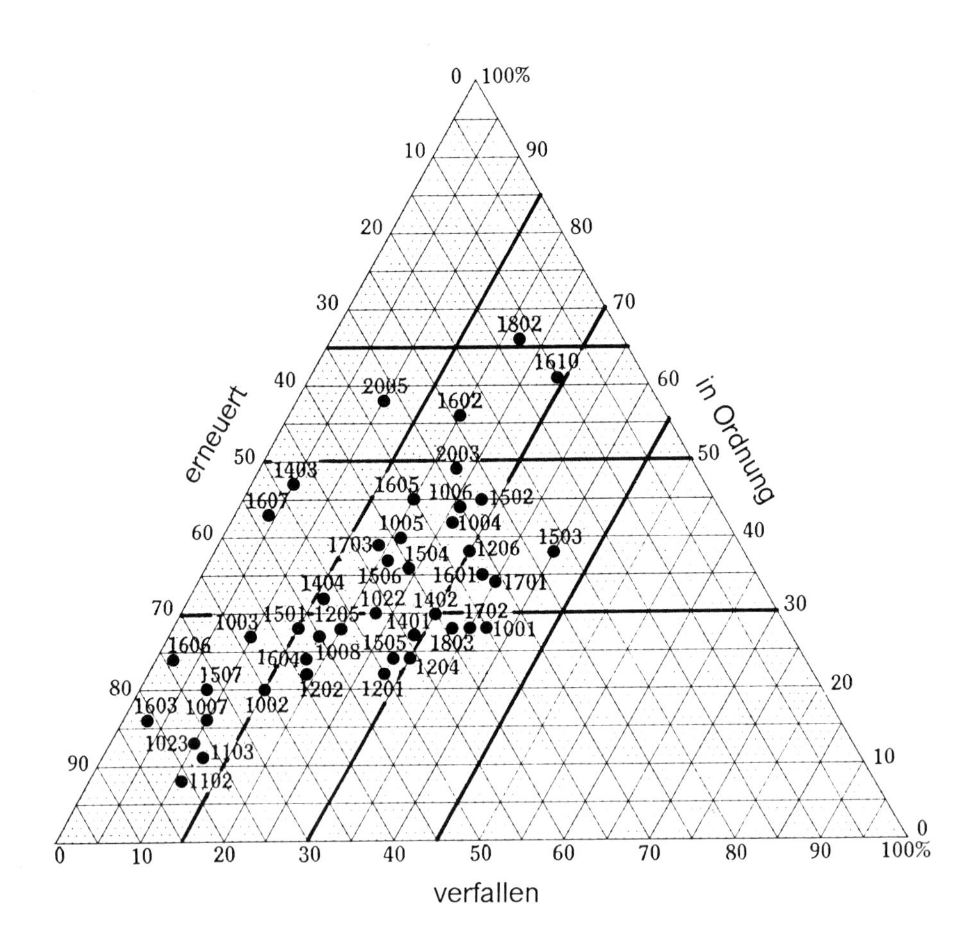

4. Stadtverfall und Stadterneuerung in Wien. Eine politikrelevante Evaluierung der Ergebnisse des Forschungsprojektes

4.1. Einführung in die Problematik

Es erscheint angebracht, als erstes einige Thesen zur Stadterneuerung zu postulieren.

1. Den Grundprinzipien des sozialen Wohlfahrtsstaates und der dualen Ökonomie Österreichs entsprechend, ist – wie oben bereits ausgeführt – Stadterneuerung von vornherein als ein dualer Investitionsprozeß aufzufassen, an dem öffentliches und privates Kapital zu beteiligen sind. Will man für diesen Prozeß privatwirtschaftliche Organisationen gewinnen, dann muß man ihnen von seiten der Entscheidungsträger Profite zuschreiben. Letztere sind grundsätzlich nur durch die politische Akzeptanz von drei Tendenzen möglich:

(1) Im Sinn der Gentrification, d.h. der derzeit z. B. in Nordamerika ablaufenden Vorgänge einer bausozialen Aufwertung um die Innenstadt in Form der Errichtung von Komfortwohnungen für eine junge, gut verdienende Bevölkerung.

(2) Durch die Erweiterung des quartären Sektors, d.h. eine Ausweitung des Citymantels und damit die Schaffung von neuen Büroräumen. Von beiden Vorgängen sind nur verhältnismäßig kleine Räume betroffen.

(3) Schließlich ist noch die Gewinnung von weiterer Geschoßfläche anzuführen und damit das seit Jahrzehnten angeprangerte „Schinden von Kubatur", das man übrigens gerade in der jüngsten Baulückenverbauung in Wien beobachten kann.

2. Mit obigen Aussagen sind diejenigen Stadtgebiete gewissermaßen als negatives Residuum ausgegrenzt, in denen die Stadterneuerung als eine öffentliche Aufgabe zu betrachten ist. Es handelt sich hierbei, wie noch nachzuweisen sein wird, um sehr umfangreiche Gebiete, und zwar um solche,

(1) in denen wie bisher die Wohnfunktion bestehen bleiben und Grundschichten der Bevölkerung in Wohnungen mit besserer Ausstattung untergebracht werden sollen, bzw. solche,

(2) bei denen keine Gewinnung von Geschoßfläche möglich ist und relativ hohe Bodenpreise die Baukosten belasten.

Kombiniert man die oben gebotenen Aussagensysteme, so gelangt man aufgrund des derzeit gültigen Flächenwidmungsplanes für Wien zu folgendem scheinbarem Paradoxon: Da die Gewinnung von mehr Geschoßfläche grundsätzlich an der Peripherie des geschlossen verbauten Baukörpers eher möglich ist als in den inneren Stadtteilen – von einzelnen Parzellen abgesehen –, ist eine Erneuerung peripherer Stadtgebiete eher zu erwarten als eine echte Revitalisierung von zentralen Gebieten mit überwiegender Wohnnutzung.

3. Unter Bezug auf die im theoretischen Teil angesprochene komplementäre Aufgabe der Stadterneuerung zur Stadterweiterung ergeben sich weitere Aussagen:

(1) Entsprechend der zonalen und sektoralen Lage im gründerzeitlichen Stadtgebiet sind unterschiedliche Mengungen von Bevölkerung und Betrieben anzuwenden.

(2) Die Stadterneuerung muß in flexibler Weise die „aufgestockte Bevölkerung", d.h. die Bevölkerung auf Zeit, ebenso berücksichtigen wie die Bedürfnisse des tertiären Sektors der Wirtschaft. Aufgrund der in erster Linie von Sozialwissenschaftlern kritisch rezipierten Stadtplanung werden die Bedürfnisse der Betriebsstätten in allen Entwicklungsplänen häufig negiert bzw. die Wirtschaftsbetriebe in ghettoartige Betriebsbaugebiete verbannt.

4. Stadterneuerung unter Bezug auf die angesprochene Konzeption der Freizeitgesellschaft muß schließlich gerade die Bedürfnisse der letzteren in besonderem Maße zur Kenntnis nehmen. Dies bedeutet konkret eine Benützbarkeit von Bewegungsräumen und Abstellflächen für private und kollektive Freizeittätigkeiten, und zwar sowohl im Wohnumfeld als auch in den zentralen Bereichen von Stadterneuerungsgebieten.

Bereits im Vorwort wurde darauf hingewiesen, daß der Anstoß zum Forschungsprojekt über den Stadtverfall durch die nordamerikanischen Verhältnisse gegeben wurde. Nun ist in der Wiener Situation inzwischen eine doch sehr beachtliche Stadterneuerung angelaufen. Das Gesamtergebnis der Erhebung ergab ein gewisses Gleichgewicht, zumindest in mengenmäßiger Hinsicht, zwischen der vom Verfall bedrohten und der erneuerten bzw. neu gebauten physischen Struktur des geschlossen verbauten Stadtgebietes. Gleichzeitig hat die kartographische Aufnahme und ebenso auch die statistische Analyse belegt, daß die Stadterneuerung sich als hausweiser und viertelweiser Vorgang nicht mit den ausgewiesenen Gebietskategorien der Stadterneuerung zur Deckung bringen läßt.

4.2. Der Vorschlag für potentielle Stadterneuerungsgebiete mit öffentlichen Mitteln

Entsprechend der Aufgabe des Forschungsprojekts, die Zählbezirke der Dringlichkeitsstufe I der Stadterneuerung in den inneren und äußeren Bezirken festzulegen, deren Altbaubestand im wesentlichen nur durch Mittel der Öffentlichkeit erneuert werden kann, dienten die Verhältnisse des Baubestandes in den bereits ausgewiesenen Stadterneuerungsgebieten als Meßlatte.

Die Zuschreibung von Zählbezirken zu einer potentiellen Kategorie, nämlich einerseits den privaten Investoren oder andererseits dem öffentlichen Geldgeber, stößt freilich aus zwei Gründen auf Schwierigkeiten,

1. wenn sich die wirtschaftliche und soziale Struktur eines Viertels in starkem Umbruch befindet, dessen mittelfristige Tendenz jedoch schwer vorhersehbar ist, und wenn
2. aufgrund des gegenwärtigen Bauzustandes und des Baualters noch keine klar erkennbare Verfallstendenz und keine stärkere Erneuerungstätigkeit zu bemerken ist (vgl. Anm. 7).

Die Karte III/13 dokumentiert die potentiellen Stadterneuerungsgebiete mit öffentlichen Mitteln und zeigt ein relativ kompliziertes Muster von zonalen und sektoralen Elementen.

1. Wenn man vom Stadtzentrum ausgeht, so ist eine deutliche Asymmetrie zu bemerken. In einem Halbkreis umgeben im Norden, Westen und Süden in relativ gutem Zustand befindliche Streifen die Ringstraße und damit den I. Gemeindebezirk, während im Osten die Verfallsgebiete in den Bezirken II/Leopoldstadt und III/Landstraße unmittelbar an die Innenstadt heranreichen.
2. Ein massiver, fast geschlossener Block umfaßt die südwestlichen inneren Bezirke und reicht in den anschließenden Sektor der äußeren Bezirke hinaus.
3. Durch die erst später verbauten Areale um die Schmelz ist dieser Block getrennt von einem westnordwestlichen Block, der jedoch, mit Ausnahme eines kleinen Teils im IX. Bezirk, nur aus Zählbezirken der äußeren Bezirke besteht.
4. Diese zwei großen bezirksübergreifenden Problemareale hervorzuheben erscheint deswegen besonders wichtig, weil bisher keine bezirksübergreifenden Stadterneuerungsgebiete ausgewiesen wurden. Gerade dieses Übergreifen von Bezirksgrenzen läßt jedoch eine Tendenz zum Entstehen von künftigen großen Verfallsgebieten durchaus realistisch erscheinen.

Um einen Überblick über die involvierte Menge von Häusern, Wohnungen, Wohnbevölkerung und Arbeitsbevölkerung zu bieten, wurden die wichtigsten Eckdaten für die potentiellen Stadterneuerungsgebiete in den inneren und äußeren Bezirken zusammengestellt. Im Anhang sind die Daten für alle darin zusammengefaßten Zählbezirke im Detail angeführt.

Damit werden den Entscheidungsträgern für die mittelfristige Zukunft Angaben über das Ausmaß der notwendigen Maßnahmen für die Erneuerung von Wohnungen und von Arbeitsplätzen geboten. Mit allem Nachdruck ist darauf hinzuweisen, daß ohne umfassende Maßnahmen mit einem sehr raschen Fortschreiten von Verfallserscheinungen und Slumbildung zu rechnen ist. Der Berechnung liegen folgende Überlegungen zugrunde:

1. In den ausgewiesenen Zählbezirken wurden nur die Altbauwohnungen berücksichtigt, da anzunehmen ist, daß im Falle einer wie immer gearteten Erneuerung – zumindest vorläufig – nur die vor dem Ersten Weltkrieg entstandene Bausubstanz einer umfassenden Erneuerung bedarf.
2. Unter Bezug auf den Anteil der Altbauwohnungen am Gesamtbestand wurde dann – unter der Annahme einer identen durchschnittlichen Haushaltsgröße – die Wohnbevölkerung im Altbaubestand berechnet.

Karte III/13: **Potentielle Stadterneuerungsgebiete mit öffentlichen Mitteln 1989**

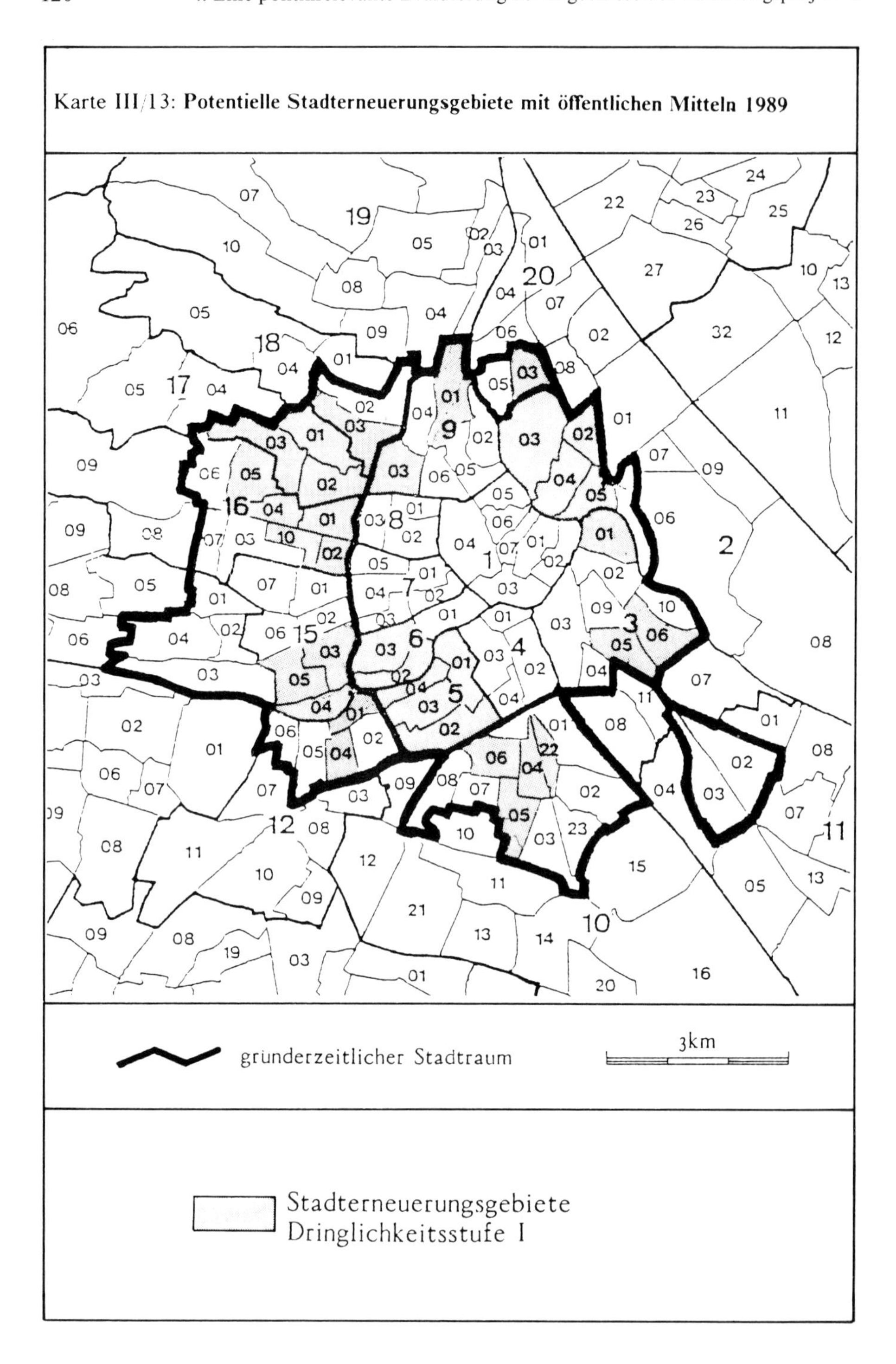

3. Beim Anteil der Gastarbeiter wurde davon ausgegangen, daß sie nur im Altbaubestand wohnen, und eine darauf bezogene Quote errechnet.

4. Ein weiteres Problem, besonders der inneren Bezirke, ist der Anteil leerstehender Wohnungen. Dieser Anteil läßt sich leider nicht auf den Altbaubestand und den Neubaubestand aufteilen. Es wurde daher der auf den Zählbezirk bezogene Wert angegeben.

5. Um die Zahl der betroffenen Arbeitsplätze abzuschätzen, wurde von der Prämisse ausgegangen, daß sich die Arbeitsbevölkerung, unabhängig vom Baualter der Objekte, in den betreffenden Zählbezirken gleichmäßig verteilt, und derart ein auf den Altbaubestand bezogener Schätzwert der Arbeitsbevölkerung ermittelt.

4.3. Stadtverfall und Stadterneuerung durch die öffentliche Hand in den inneren und äußeren Bezirke

Hinsichtlich der Stadtverfallsphänomene und damit der Erneuerungsproblematik sondern sich in Wien die inneren und äußeren Bezirke deutlich voneinander. Hierzu im folgenden einige stichwortartige Aussagen. Die Tabelle III/4 bietet Eckdaten zum Mengenproblem von Wohnungen und Bevölkerung.

Tabelle III/4: **Eckdaten für die Gebiete der potentiellen Stadterneuerung mit öffentlichen Mitteln in den inneren und äußeren Bezirken**

Gebiet	Zahl der Zählbez.	Altbauwohnungen abs.	Altbauwohnungen in v. H.	Anteil leerst. Wohnungen	Gastarbeiter in v. H.	Wohnbev. in Altbauten	Arbeitsbev. in Altbauten
Innere B.	15	75.601	*69,7*	*13,7*	*16,0*	132.203	70.894
Äußere B.	17	89.623	*69,4*	*15,7*	*19,0*	147.084	54.516
Gesamt	32	165.224	*69,6*	*15,7*	*17,5*	279.287	125.410

1. In den inneren Bezirken ist auf Grund des Zusammentretens von „aufgestockter" Bevölkerung und Zweitwohnbevölkerung (= Ghostbevölkerung) eine spezifische Situation entstanden, wobei allerdings in den einzelnen Vierteln zwischen diesen Bevölkerungsteilen unterschiedliche Relationen bestehen. Das Hauptproblem der Stadterneuerung liegt darin, eine drastische Reduzierung der Zahl der Betriebe durch Maßnahmen der öffentlichen Hand zu verhindern, wie sie im Ausland, etwa in Großbritannien und Frankreich, geradezu die Regel ist, wo die Stadterneuerung zu einer Verdrängung bzw. überhaupt zu einer Existenzvernichtung vieler kleiner, kapitalschwacher Betriebe geführt hat. Ein Beispiel für diese Entwicklung bietet übrigens bereits der äußere Teil des VI. Bezirkes.

Insgesamt sind in den Zählbezirken der Dringlichkeitsstufe I 75.600 Altbauwohnungen vorhanden. Dieser Altbaubestand umfaßt 69 v. H. des gesamten Wohnungsbestandes. Von diesen Wohnungen stehen 13,7 v. H. leer, in weiteren 16,0 v. H. leben Gastarbeiter. Die Wohnbevölkerung umfaßt 132.200 Personen, die Arbeitsbevölkerung beträgt 70.900. Entsprechend dieser hohen Arbeitsstättenfunktion muß daher in diesen Zählbezirken eine betriebsstättenorientierte Stadterneuerung erfolgen (vgl. unten).

In den meisten inneren Bezirken besteht eine sehr ausgeprägte zentral-periphere Differenzierung. In den zentrumsnahen Teilen laufen Vorgänge der Gentrification und Ausweitung des tertiären und quartären Sektors der Wirtschaft ab, während in den äußeren Teilen Verfallsprozesse überhandnehmen und die Stadterneuerung wohl im wesentlichen durch Initiativen der öffentlichen Hand bestimmt sein muß. Diese Zweiteilung ist aus Karte III/13 zu entnehmen. Sie trifft zu auf den III., IV., VI. und IX. Bezirk.

2. In den äußeren Bezirken können im Zusammenhang mit der Stadterneuerungsproblematik folgende Unterschiede herausgestellt zu werden:

(1) Die Neubauanteile sind in den äußeren Bezirken im Durchschnitt höher.

(2) Der sozialökologische Gradient ist im Vergleich zu den inneren Bezirken umgedreht. Während in den inneren Bezirken in den stadtwärtigen Teilen eine bausoziale Aufwertung stattfindet, sind in den äußeren Bezirken gerade diese stadtwärtigen, d.h. an den Gürtel anschließenden Teile besonders vom Verfall bedroht. Es handelt sich in historischer Perspektive um alte Vorortekerne mit frühindustrieller Vergangenheit, in denen heute deutlich Abwertungstendenzen auftreten. Dagegen ist in den äußeren Teilen des gründerzeitlichen Baukörpers vielfach schon in der Zwischenkriegszeit und dann wieder in der Nachkriegszeit eine starke Neubautätigkeit erfolgt, bei der auch alter Baubestand beseitigt wurde.

(3) Beachtliche Unterschiede bestehen ferner zwischen den westlichen und den südlichen Bezirken. Entsprechend dem dualen Stadtmodell von Wien gehören die Bezirke X, XI und der Nordteil des XX. Bezirks bereits der Außenstadt an, Effekte des „sozialen Städtebaus" wirken daher in die gründerzeitlichen Abschnitte der betreffenden Bezirke hinein.

Der Sanierungsbedarf ist in den äußeren Bezirken mit 89.000 Altbauwohnungen nur mäßig höher als in den inneren, gravierend erscheint jedoch der höhere Anteil ausländischer Bevölkerung. Wenn man ihn zusammen mit den leerstehenden Wohnungen berücksichtigt, welche von einer Ghostbevölkerung bewohnt sind, so gelangt man bereits für 1981 zur Aussage, daß rund ein Drittel des Altbaubestandes einen „kommunalpolitischen Leerraum" darstellt (vgl. Anhang 3).

In den äußeren Bezirken ist ganz allgemein der bauliche Verfall mit einer Marginalisierung der Bevölkerung, darunter steigenden Quoten von Ausländern, in erster Linie Gastarbeitern, verbunden. Jede Stadterneuerung steht hier vor der grundsätzlichen Frage, in welchen Stadtteilen und in welchen Wohnverhältnissen man in Zukunft eine ausländische Bevölkerung haben will, mit deren weiterer Zunahme eine realistische Planung rechnen muß. Noch 1981 konnte die Verfasserin schreiben, daß eine viertelweise Segregation der Gastarbeiter in Wien nicht besteht und daß hausweise Segregationsprozesse die Regel darstellen. Diese Aussage bedarf inzwischen einer Revision. In mehreren Zählbezirken (vgl. Anm. 8) sind inzwischen – mitbedingt durch die Segregationstendenz türkischer Gastarbeiter – ethnische Stadtviertel im Entstehen begriffen. Da Neubauwohnungen im allgemeinen für Gastarbeiter nicht zugänglich sind, bedeutet jede Neubautätigkeit einen weiteren „Sprung vor der Spitzhacke", damit eine Erhöhung der hausweisen Segregation im Altbaubestand und letztlich eine Verstärkung der Bildung ethnischer Ghettos.

Die zweite Überraschung ergibt sich bei der Berechnung der Arbeitsbevölkerung insofern, als in den ausgewiesenen äußeren Zählbezirken der Anteil der Arbeitsbevölkerung keineswegs so niedrig ist, wie man erwarten würde. In den potentiellen Stadterneuerungsgebieten bestehen im Altbaubestand immerhin 54.000 Arbeitsplätze. Einzelne Zählbezirke weisen sogar höhere Werte der Arbeitsbevölkerung auf als solche innerhalb des Gürtels, u. a. interessanterweise das Stadterneuerungsgebiet im X. Bezirk. Diese Tatsache wurde bei allen bisherigen Stadterneuerungsvorhaben ignoriert.

Summiert man die Angaben der inneren und äußeren Bezirke, so gelangt man für das gesamte potentielle Stadterneuerungsgebiet der Dringlichkeitsstufe I zu einer Gesamtzahl von rund 165.000 Altbauwohnungen und rund 280.000 Personen sowie 125.000 Arbeitsplätzen, welche bei einer umfassenden Stadterneuerung berücksichtigt werden müßten. Diese an sich sehr großen Zahlen sollten jedoch eine Stadtregierung nicht erschrecken, der es seit dem Ersten Weltkrieg gelungen ist, zuerst ein gigantisches Wohnbauprogramm im Zuge der Stadterweiterung durchzuführen und im Anschluß daran nicht nur ein neues Donaubett anzulegen, sondern auch andere großtechnische Einrichtungen, nicht zuletzt den U-Bahn-Bau, in Angriff zu nehmen. Unter diesen Aspekten erscheint die Erwartungshaltung durchaus berechtigt, daß im Ablauf der nächsten Generation, und damit in einer dritten Periode von Zielsetzungen und Investitionen, auch dieses notwendige Stadterneuerungsprogramm bewältigt werden kann.

4.4. Legistische und potentielle Stadterneuerungsgebiete

Aus dem Vergleich der im Stadtentwicklungsplan ausgewiesenen und den auf Grund des Forschungsprojekts definierten potentiellen Stadterneuerungsgebieten der Dringlichkeitsstufe I mit öffentlichen Mitteln gelangt man zu folgenden Aussagen (vgl. Karte III/14):

1. Die überwiegende Zahl der ausgewiesenen Stadterneuerungsgebiete erwies sich auch bei der Geländeerhebung als so erneuerungsbedürftig, daß die Richtigkeit der Ausweisung bestätigt werden konnte (vgl. Anm. 9).

2. Einige wenige als Stadterneuerungsgebiete ausgewiesene Stadtteile sind jedoch, gemessen am „durchschnittlichen Verfall" in den inneren und äußeren Bezirken, in einem relativ so günstigen Bauzustand, daß ihre Ausweisung als nicht zutreffend erscheint (vgl. Anm. 10).

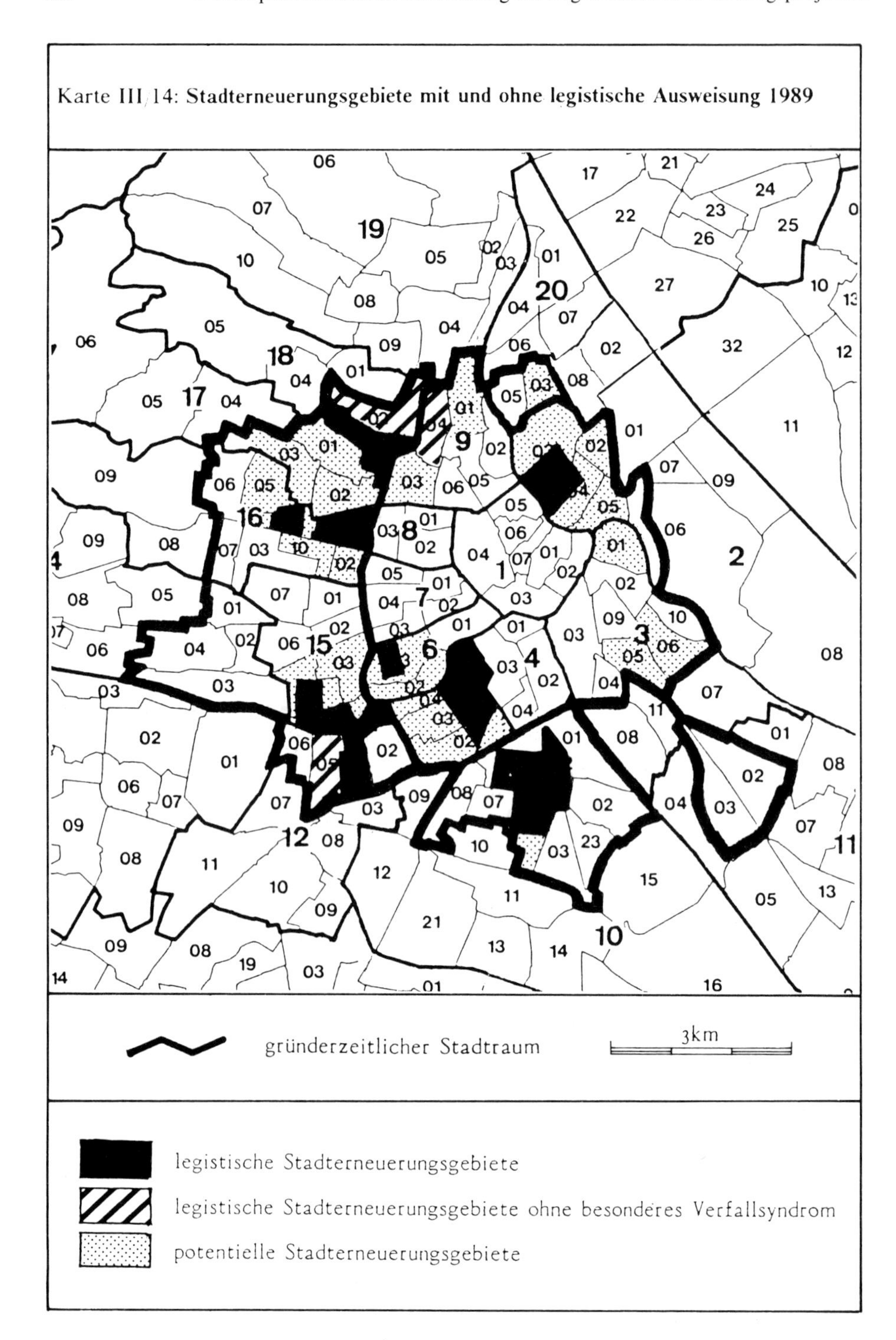

Karte III/14: **Stadterneuerungsgebiete mit und ohne legistische Ausweisung 1989**

3. Der weitaus größte Teil der durch das Forschungsprojekt als erneuerungsbedürftig ausgewiesenen Zählbezirke besitzt gegenwärtig jedoch noch keine gesetzlichen Grundlagen (vgl. Anm. 11).

4.5. Funktionstypen der Stadterneuerungsgebiete

4.5.1. Überblick

Bereits in der Einleitung wurde auf die Notwendigkeit der Konzeption von funktionsadäquaten Stadterneuerungsmodellen hingewiesen. Stadterneuerung im echten Wortsinn bedarf auch in Gebieten, welche in erster Linie durch die öffentliche Hand erneuert werden sollen, einer Gesamtkonzeption über die funktionelle Gliederung der Stadt. Hierbei kann davon ausgegangen werden, daß sowohl der unmittelbare Citykern als auch die Citymantelbereiche nur mäßiger finanzieller Anreize von seiten der öffentlichen Hand bedürfen.

Die eigentlichen Stadterneuerungsgebiete der Dringlichkeitsstufe I umfassen:

1. die graue Zone des Citymantels, d.h. den Randbereich der City, in dem durch Schrumpfungsvorgänge des traditionellen Citygewerbes Einbrüche auf der Arbeitsstättenseite erfolgt sind,

2. dazu zählen weiters die Gebiete der ehemaligen Hinterhofindustrie mit Mischstrukturen von Fabriken, Werkstätten und Wohnungen,

3. Mittelstandsmiethausgebiete der inneren Bezirke mit sehr ausgeprägten Leerstehungsraten,

4. Altbaubestände in den inneren Bezirken, in denen bisher keine massiven Denkmalschutzmaßnahmen gesetzt wurden,

5. in den äußeren Bezirken die alten Vorortekerne mit noch hohem Anteil von gewerblicher Nutzung und starker Marginalisierung der Bevölkerung,

6. überwiegende Wohnbaugebiete mit vorherrschenden Substandardwohnungen (Ausstattungskategorien III, IV, V),

7. von Commercial Blight erfaßte Bezirkszentren.

Alle bisherigen Stadterneuerungsmaßnahmen haben in erster Linie die Wohnfunktion berücksichtigt und, bei einer sanften Stadterneuerung, z. T. auch noch Denkmalschutzinteressen wahrgenommen. Wie die eben gebotene Auflistung der derzeitigen funktionellen Struktur von potentiellen Stadterneuerungsgebieten belegt, ist diese Ausrichtung auf die Wohnfunktion zu einseitig.

Die Stadterneuerung bedarf vielmehr funktionsadäquater Modelle. Nur die Haupttypen seien im folgenden genannt:

1. Integrierte Wohnbaumodelle, in denen Freizeiteinrichtungen, öffentliche Einrichtungen und dergleichen integriert werden müssen;
2. Modelle mit Priorität von Arbeitsstätten und
3. Bezirkszentrenmodelle.

Anhand von Karte III/15 wird eine Zuordnung zu den genannten Stadterneuerungsmodellen vorgenommen.

Bei dieser Zuordnung wird davon ausgegangen, daß Konsens bestehen muß

1. über die künftige Zentrengliederung der Stadt und damit die zu fördernden, derzeit vom Verfall bedrohten Bezirkszentren,

2. über die Gebiete, in denen Wohn- und Betriebsfunktionen unbedingt erhalten werden sollen.

Beim letzteren Gesichtspunkt ist zu berücksichtigen, daß grundsätzlich die Reduzierung der Zahl der Betriebsstätten auf dem Produktionssektor im gesamten gründerzeitlichen Stadtgebiet weitergehen wird, und es sind daher sorgfältige Überlegungen notwendig, in welchen Zählbezirken bei noch vorhandenem Produktionsbesatz dieser unbedingt erhalten und eventuell ausgebaut werden sollte. Es ist wenig wahrscheinlich, daß von seiten des privatwirtschaftlichen tertiären und quartären Sektors eine Standortsukzession in aufgegebenen Gewerbe- und Industriegebieten erfolgt, außer wenn die Errichtung der gesamten technischen und physischen Infrastruktur durch die Stadtgemeinde übernommen wird.

4.5.2. Bezirkszentrenmodelle

Im Zuge der Stadterneuerung stehen derzeit bereits zwei Bezirkszentren auf dem Programm. Gerade hier fehlt aber bisher noch eine neue Konzeption hinsichtlich der Mengung von Einrichtungen der öffentlichen Verwaltung, des Kultur- und Geschäftslebens und des Freizeitangebots in Anbindung an verschiedene Verkehrsmittel. Die Notwendigkeit von Architektenwettbewerben erscheint gerade hier besonders vordringlich; allerdings bedarf es zur funktionellen Gestaltung auch der Wirtschaftsexperten.

Durch die Ausweisung der Stadterneuerungsgebiete der Dringlichkeitsstufe I sind folgende Bezirkszentren direkt in die Stadterneuerung involviert:

(1) prosperierende, bereits mit Fußgängerzonen ausgestattete Bezirkszentren im X. Bezirk und im XII. Bezirk,

(2) weitere Bezirkszentren bzw. Regionalzentren, die durch die Verkehrsbaumaßnahmen im Zusammenhang mit den U-Bahn-Linien mittelfristig neu geplant werden können (vgl. Anm. 12),

(3) Bezirkszentren, die massiv von Commercial Blight befallen sind und direkt in Stadterneuerungsgebieten liegen (vgl. Anm. 13).

4.5.3. Modelle mit Priorität von Arbeitsstätten

Die Stadterneuerung hat bisher die berechtigten Ansprüche von Betrieben beiseitegeschoben und durch Abbruch und Neubau zur Suburbanisierung von Betriebsstätten ebenso beigetragen wie durch die Reduzierung von kleinen Einzelhandelsbetrieben zum Commercial Blight des lokalen Handels und Reparaturgewerbes. Grundsätzlich ist davon auszugehen, daß die Stadterneuerung die Entindu-

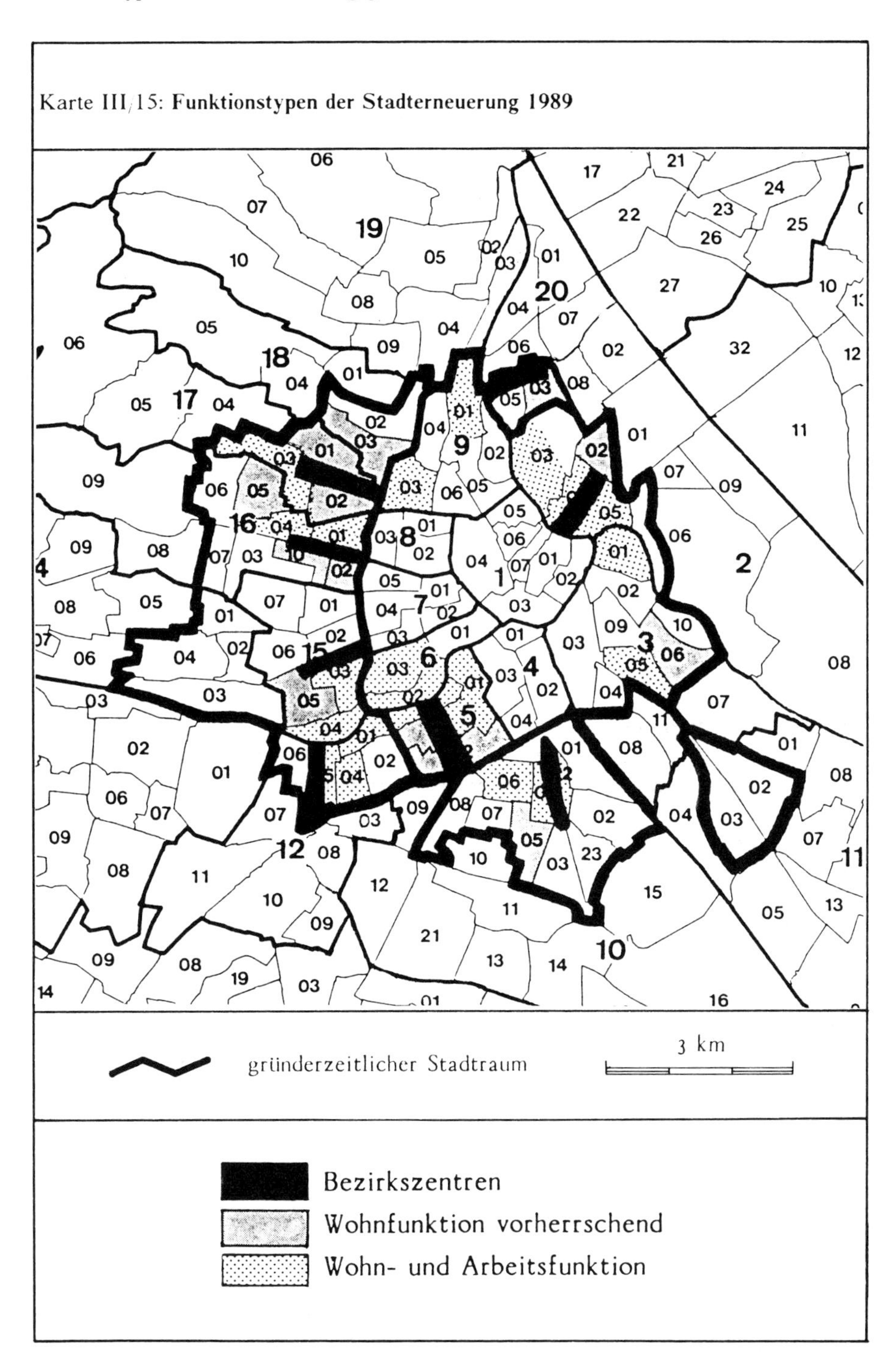

Karte III/15: **Funktionstypen der Stadterneuerung 1989**

strialisierung von Wien beschleunigen wird. Dieser Vorgang ist nach Auffassung der Autorin in der Gesamttendenz nicht aufzuhalten. Auf der anderen Seite sollte und müßte dagegen die Chance wahrgenommen werden, den wachsenden Raumansprüchen des tertiären und quartären Sektors entgegenzukommen und die hierfür benötigten Büroflächen bereitzustellen. Ebenso müßte im Zusammenhang damit die Chance genützt werden, die neue technische Infrastruktur des EDV-Zeitalters über Standleitungen und Servicestationen in die Konzeptionen einzubringen. Im Zusammenhang mit einer Stadterneuerung als Revitalisierung bestehender Bausubstanz wäre es ferner zweckmäßig, hierfür spezifische Gewerbeareale vorzusehen. Ansätze hierzu sind z. B. im XII. Bezirk in Wilhelmsdorf vorhanden. Sie sollten durch entsprechende Förderungsmaßnahmen ausgeweitet werden.

Die Bezirkszentren sind, von Ausnahmen abgesehen, stets von stärker betriebsstättenorientierten Zählbezirken umgeben. Im Hinblick auf die künftige Entwicklung dieser betriebsstättenorientierten Zählbezirke zeigen sich Unterschiede zwischen den inneren und den äußeren Bezirken. In letzteren ist davon auszugehen, daß die Suburbanisierung aller großen Industriebetriebe über kurz oder lang im gesamten westlichen Stadtraum auf dem Produktionssektor nur Klein- und Mittelbetriebe zurücklassen wird. In diesem Zusammenhang erscheint daher die Konzeption von Gewerbegebieten überall dort angebracht, wo die Parzellen- und Hausbesitzstruktur hiezu gegenwärtig noch eine Grundlage bietet (vgl. Anm. 14). In allen anderen derzeit noch in höherem Maße mit Gewerbe durchsetzten Zählbezirken der äußeren Bezirke erscheint es wenig wahrscheinlich, daß der Vorgang der Entindustrialisierung und das Verschwinden von gewerblichen Arbeitsstätten abgestoppt werden kann. Anders ist die Entwicklung in den inneren Bezirken zu beurteilen. Hier bestehen in den Menggebieten realistische Chancen der Tertiärisierung und damit der Ansiedlung von Bürobetrieben, vor allem dann, wenn diesen neuer, attraktiver Büroraum angeboten wird (vgl. Anm. 15).

4.5.4. Integrierte Wohnbaumodelle

In sozioökonomischer Hinsicht muß es das Anliegen von wohnorientierten Modellen sein, den hohen integrativen Wert, den die ältere Bausubstanz im Hinblick auf Mengung von Altersstruktur und Haushaltstypen besitzt, aufrechtzuerhalten. Eine Übernahme von Wohnbaukonzepten des Stadtrandes, welche auf jeweils spezifische Kohorten zugeschnitten sind, würde diese ganz wesentliche Qualität der Bausubstanz zerstören. Die Stadterneuerungsgebiete umfassen vielfach auch Teile von alten Vorstädten und Vororten, in denen jedoch die alte Bausubstanz nicht als museales Relikt mit öffentlichen Mitteln in luxussanierte Wohnbauten umgestaltet werden sollte; es müßten hier vielmehr – in einer Zeit der Neubildung von großstädtischen „Subkulturen“ und mit steigendem Raumbedarf der Freizeitgesellschaft in der Stadt – für derartig wertvolle Objekte offiziöse Aufgaben gefunden werden, welche ein aktuelles Defizit vermeiden helfen, nämlich die Reduzierung des halböffentlichen Lebensraumes in der Stadt, auf den nicht nur die kulturelle Entwicklung an sich, sondern die städtische Kultur als solche angewiesen ist (vgl. Anm. 16).

5. Die Effekte des Baualters und der Kubatur im Prozeß von Stadtverfall und Stadterneuerung

5.1. Einleitung

War es die Zielsetzung der bisherigen Darstellung, die räumliche Verbreitung von Stadtverfall und Stadterneuerung mittels Aggregierung der Ergebnisse der kategorialen Erhebung des Baubestandes auf der Ebene von Zählbezirken kartographisch darzustellen und die Assoziation von Kategorien mengenmäßig zu erfassen sowie in weiterer Konsequenz die Gebiete auszugrenzen, welche als potentielle Stadterneuerungsgebiete mit öffentlichen Mitteln erneuert werden müssen, so geht nunmehr die Analyse einen Schritt tiefer. Sie wendet sich dem einzelnen Haus als Merkmalsträger zu und versucht, Merkmale der Bauobjekte, wie das Baualter, und Baugrundstücke, wie die Parzellengröße und die verbaute Fläche, hinsichtlich ihrer Effekte auf die beiden Vorgänge von Stadtverfall und Stadterneuerung zu analysieren. Die Frage lautet: Welche hausspezifischen Merkmale tragen dazu bei, daß Häuser eher verfallen, eher in ordentlichem Zustand verbleiben bzw. erneuert werden? Für das Baugeschehen ist die Frage nicht unwichtig, ob das Baualter die entscheidende Erklärungsvariable für das Ausmaß des Verfalls darstellt, ebenso ist nach weiteren Merkmalen zu fragen, die Häuser aufweisen müssen, damit sie eine größere Chance besitzen als andere, komplett erneuert zu werden.

Planungsrelevante, die Stadtentwicklung betreffende Fragen verbinden sich mit der statistischen Analyse. So ist die Frage nach den Effekten der sanften Stadterneuerung berechtigt, sie ist ebenso berechtigt wie die Frage, wo und unter welchen Bedingungen diese überhaupt stattgefunden hat und stattfinden kann. Es ist die Frage zu stellen, ob sich die sanfte Stadterneuerung mit der Zielsetzung einer Reduzierung der Verbauungsdichte verträgt, die als Hauptzielsetzung der Stadterneuerung im Stadtentwicklungsplan angeführt ist. Es ist ferner die Frage zu stellen, ob der Wunsch nach mehr Grün in der Stadt mit sanfter Stadterneuerung befriedigt werden kann.

Stellen wir die Fragen von der Gegenposition, der „unsanften“ Stadterneuerung, aus, vom Standpunkt derjenigen, die abbrechen und neu bauen, durchgreifend umgestalten wollen, und fragen wir: Was bewirkt die Neubautätigkeit tatsächlich im Grundrißgefüge der Stadt und was bewirkt sie im Aufriß? Wo zeichnen sich Änderungen ab, gibt es prozessuale Ketten, welche es gestatten, Trends abzuschätzen, oder ist die Aussage nach wie vor richtig, daß jegliche Entwicklung einzementiert ist in persistente Strukturen von in der Vergangenheit geschaffener Kubatur?

Mit dieser Persistenzthese, die besagt, daß es kaum möglich ist, das traditionelle bauliche Erbe gegen modernistische Strukturen, was immer man darunter verstehen mag, auszutauschen, sei das folgende Kapitel eröffnet.

5.2. Die Effekte des Baualters

Es besteht Konsens in der internationalen Literatur, daß das Alter von Bauten – erwartungsgemäß – ein entscheidender Faktor für das Auftreten von Verfallserscheinungen ist. Das Problem der Reproduktionszeit der physischen Bausubstanz von Städten wurde bereits in der Einleitung angeschnitten. In allen Modellberechnungen im Hinblick auf den städtebaulichen Erneuerungsbedarf bildet das Baualter von Häusern den determinierenden Faktor. Freilich ist in all diesen Berechnungen eine große Unbekannte enthalten, nämlich die Abschätzung der „möglichen Lebensdauer" von Bauobjekten bei gutem Reparaturzustand im Verhältnis zur ökonomisch begründeten Nutzungsdauer.

Eine Vorbemerkung zu den folgenden statistischen Angaben ist erforderlich. Die amtliche österreichische Statistik weist für den Zeitraum bis zum Ersten Weltkrieg nur zwei Altersklassen von Bauten aus, eine umfaßt alle bis 1880 errichteten Bauten, die zweite die Periode 1880 – 1914. Die Abgrenzung mit dem Jahr 1880 verwischt die bautechnisch und bausozial gleicherweise wichtige Abtrennung der Früh- von der Hochgründerzeit, welche mit dem Jahr 1870 anzusetzen ist. Auch eine Ausgrenzung des unter Denkmalschutz stehenden Altbaubestandes (bis 1840) ist nicht möglich.

Als Einstieg zunächst die Angaben über den Altersaufbau des Baubestandes in der geschlossenen Reihenhausverbauung. Rund die Hälfte stammt aus dem Zeitraum von 1880 bis zum Ausbruch des Ersten Weltkriegs. Der vor 1880 errichtete Baubestand ist mit 15,8 v. H. zahlenmäßig von den Bauten der Nachkriegszeit überrundet worden, auf die bereits jeder fünfte Bau entfällt. Aus Tabelle III/5 kann der „Alterseffekt" entnommen werden.

Stellen vor 1880 errichtete Altbauten weniger als ein Sechstel des gesamten Baubestandes, so beteiligen sie sich andererseits mit einem Viertel an den Verfallskategorien und erreichen bei den abbruchreifen Häusern sogar die Hälfte. In der Optik der Massenmedien und der punktuellen Wahrnehmung des einzelnen Stadtbewohners sind es diese abbruchreifen Altbauten, welche – teilweise zu Unrecht – dem Altbaubestand insgesamt die Abbruchsreife zuschreiben. Wie immer, die „Altersgefährdung" der vor 1880 errichteten, gegenwärtig mindestens 110 Jahre alten Bauten besteht, da sie bei der gängigen Annahme einer „durchschnittlichen Lebenserwartung" der Wiener Häuser von 120 Jahren über kurz oder lang am Ende ihrer Lebenszeit stehen werden.

Stellt man die Gegenfrage nach dem Umfang der kompletten Erneuerung des gründerzeitlichen Baubestandes unter Bezug auf das Baualter, so läßt sich die An-

Tabelle III/5: **Die Effekte des Baualters auf Stadtverfalls- und Erneuerungsprozesse**

Erhebungs-kategorie	bis 1880	1880–1914	Zwischen-kriegszeit	1945–1981	unbe-kannt	Summe
Parzelle frei*	35 *0,1*	44 *0,2*	1 *0,0*	19 *0,1*	6 *0,0*	105 *0,4*
ALTBAUTEN VERFALL						
Objekt abbruchreif	44 *0,2*	31 *0,1*	3 *0,0*	1 *0,0*	8 *0,0*	87 *0,3*
Objekt teilweise leer	93 *0,3*	179 *0,7*	6 *0,0*	12 *0,0*	20 *0,1*	310 *1,1*
Einzelne Wohn. u. Betriebe leer	1.095 *4,0*	2.925 *10,6*	100 *0,4*	120 *0,5*	328 *1,2*	4.568 *16,7*
Zustand schlecht	589 *2,1*	1.406 *5,1*	152 *0,6*	32 *0,1*	148 *0,5*	2.327 *8,4*
Zwischensumme in Prozent	1.821 *6,6*	4.541 *16,5*	261 *0,9*	165 *0,6*	504 *1,8*	7.292 *26,5*
IN ORDNUNG						
Vorwiegend Wohnhaus	840 *3,1*	3.676 *13,4*	295 *1,1*	355 *1,3*	301 *1,1*	5.467 *19,9*
Mischfunkton	1.130 *4,1*	3.367 *12,2*	136 *0,5*	131 *0,4*	367 *1,3*	5.131 *18,5*
Betriebs-objekt	63 *0,2*	115 *0,4*	20 *0,1*	21 *0,1*	20 *0,1*	239 *0,9*
komplette Erneuerung	378 *1,4*	1.407 *5,1*	198 *0,7*	59 *0,2*	113 *0,4*	2.155 *7,8*
Zwischensumme in Prozent	2.411 *8,8*	8.565 *31,1*	649 *2,4*	566 *20,6*	801 *29,1*	12.992 *47,2*
NEUBAU						
Mischfunktion	65 *0,2*	242 *0,9*	1.425 *5,2*	5.036 *18,3*	226 *0,8*	6.994 *25,4*
Betriebs-objekt	14 *0,1*	20 *0,1*	10 *0,0*	76 *0,2*	6 *0,0*	126 *0,4*
Zwischensumme in Prozent	79 *0,3*	262 *1,0*	1.435 *5,2*	5.112 *18,6*	232 *0,8*	7.120 *25,9*
GESAMTSUMME in Prozent	4.346 *15,8*	13.412 *48,8*	2.346 *8,5*	5.862 *21,3*	1.543 *5,6*	27.509 *100*

* Bei der Erhebungskategorie Parzelle frei handelt es sich um Grundstücke, auf denen 1981 noch Wohnbauten gestanden sind. Die Angaben beziehen sich auf diese Wohnbauten.

nahme, daß ältere Bauten seltener erneuert werden, nicht bestätigen, im Gegenteil: Der Anteil der komplett erneuerten, vor 1880 errichteten Bauten liegt mit 17,5 v. H. sogar knapp über dem Mittelwert von 15,8 v. H. Die Sonderstellung dieses alten Baubestandes geht jedoch aus der Rubrik der in Ordnung befindlichen Betriebsobjekte und der Bauten mit Betriebs- und Wohnfunktion hervor, welche mit 26,4 v. H. bzw. 22,0 v. H. annähernd ebenso stark über dem Mittelwert der Baualtersklasse liegen wie die Bauten mit Verfallssyndrom. Konkret bedeutet dies:

Die Chancen bezüglich der Lebenserwartung der beschriebenen Altbauten sind polarisiert: Eine funktionelle Struktur mit Mengung von Wohnungen und Arbeitsstätten schreibt ihnen eine längere Bestandsdauer zu, als wenn sie nur Wohnungen aufweisen.

Es steht damit folgende, auch erneuerungspolitisch wichtige Aussage zu Buche: Für den Altbaubestand ist die Betriebsfunktion von entscheidender Bedeutung, da aktive Betriebe auch an einem in ordentlichem Zustand befindlichen Bauobjekt interessiert sind und hierfür Investitionen tätigen, vor allem dann, wenn noch die Einheit von Hausbesitz und Betriebsstandort besteht.

Betrachtet man schließlich den hoch- und spätgründerzeitlichen Baubestand von den 80er Jahren des 19. Jahrhunderts bis zum Ausbruch des Ersten Weltkriegs und berechnet man den Anteil der vom Verfallssyndrom betroffenen Objekte im Verhältnis zum gesamtstädtischen Anteil am Baubestand, so stellt man mit gewisser Überraschung fest, daß die Situation insgesamt nur mäßig besser ist als bei den älteren Bauten. Zwar ist der Anteil der abbruchreifen und teilweise leerstehenden Objekte niedriger, der Anteil der in schlechtem Zustand befindlichen Bauten jedoch nur unwesentlich geringer. Günstiger steht es beim Anteil der Häuser mit kompletter Erneuerung. Hierin äußert sich auch mengenmäßig das für den aufmerksamen Beobachter des Erneuerungsprozesses auffällige Phänomen, daß vor allem in recht gutem Ausgangszustand befindliche Bauten der Jahrhundertwende in überproportionalem Ausmaß komplett erneuert werden.

Unterschiede zwischen den inneren und äußeren Bezirken bestehen aufgrund des wesentlich höheren Anteils von älteren Bauten in den inneren Bezirken, die daher auch mit einer größeren „Altlast" in der künftigen Entwicklung zu rechnen haben, wobei allerdings der immerhin schon gleich hohe Anteil von bereits erneuerten und noch Verfallsmerkmale aufweisenden Altbauten zu Optimismus Anlaß gibt. Diese Balance ist übrigens in gleicher Weise auch in den äußeren Bezirken vorhanden (vgl. Fig. III/4).

Allerdings ist die Situation des Altbaubestandes in den äußeren Bezirken, d.h. dem ehemaligen Vorortebereich, grundsätzlich anders zu bewerten. Die Häuser waren hier bereits zur Zeit ihrer Errichtung auf die Unterbringung der Grundschichten der Bevölkerung, Taglöhner, Teilhandwerker, Arbeiter usf., ausgerichtet und daher zumeist auch im architektonischen Detail bescheiden und im Ausstattungsstandard bestenfalls auf dem Niveau von Bassenawohnungen. In der Sukzession ist daher auch keineswegs eine „soziale Abwertung" erfolgt, sondern diese früh- und hochgründerzeitlichen Arbeitermiethausviertel, in denen in der Gründerzeit die Zuwanderer Wohnungen fanden, sind erneut Zuwanderungsgebiete, jetzt für Gastarbeiter und sonstige Ausländer aus wirtschaftlich schwachen Staaten. Die

Figur III/4: **Die Effekte des Baualters auf Stadtverfalls- und Erneuerungsprozesse in den inneren und äußeren Bezirken**

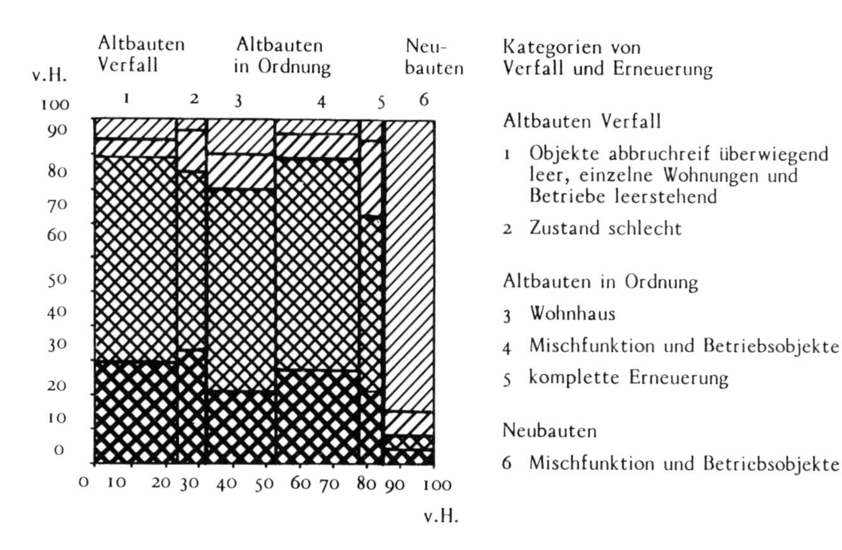

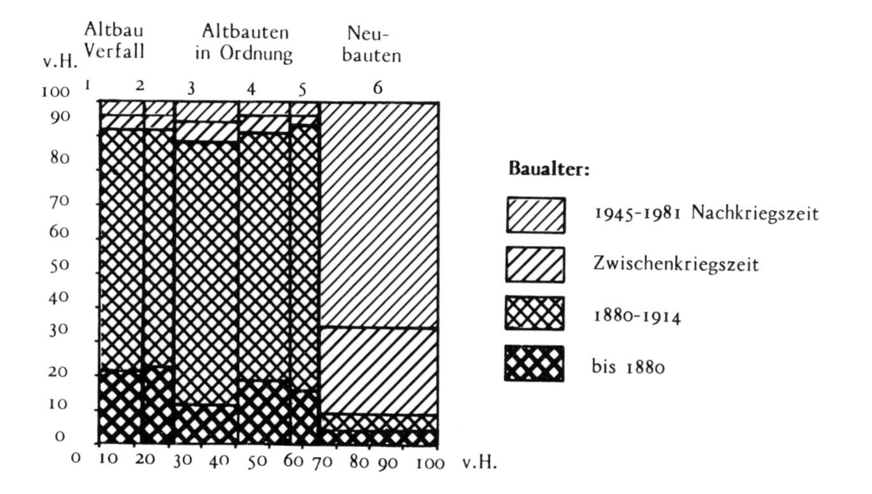

Problematik ist daher keineswegs neu, sondern sie wird nur wieder brisant, und zwar durch die Verknüpfung mit der Frage ausländischer Zuwanderer.

5.3. Die Effekte der Kubatur

5.3.1. Die Effekte der Grundstücksfläche

Mit einer schlichten Feststellung seien die Ausführungen eröffnet: Die Häufigkeitsverteilung in den Grundstücksgrößenklassen belegt, daß mehr als zwei Drittel aller Wiener Miethäuser in die Parzellenstruktur von Eigenheimsiedlungen „gezwängt" sind. 40,6 v. H. aller Häuser stehen auf einem Grundstück mit 251 bis 500 qm, d.h. auf Flächen, die Eigenheimwerber in Österreich zumeist als zu klein ansehen würden. Weitere 29,8 v. H. der Bauten erheben sich auf Grundstücken von 501 bis 750 qm (vgl. Tab. III/6).

Zwei Hauptprobleme werden dadurch unmittelbar einsichtig, erstens die bautechnischen Probleme der Erneuerung und zweitens die „Flucht der Bevölkerung" aus derart eng gepackten Strukturen und die Aufspaltung der Wohnfunktion, welche in der Komplementarität der Wohnformen – und darin liegt das historische städtebauliche Paradoxon – auf grundsätzlich sehr ähnlichen Parzellenstrukturen erfolgt, d.h. die Wiener Zweithausbesitzer errichten ihre Häuser auf Parzellen, die annähernd die gleiche bzw. sogar eine größere Fläche aufweisen als die Miethäuser, in denen sie in Wien wohnen.

Nun sind die künftigen Möglichkeiten der Neubautätigkeit im Parzellensystem durch die Größe der freien Parzellen sowie derjenigen von abbruchreifen und teilweise leerstehenden Objekten beschreibbar. Für diese Kategorien unterscheidet sich die Besetzung der Größenklassen sehr wesentlich. Freie Parzellen sind – und dies überrascht nicht – im Schnitt sehr viel größer als verbaute, und auch auf Parzellen mit abbruchreifen und teilweise leerstehenden Objekten trifft diese Aussage zu. Nun ist es eine Regel der Stadtentwicklung, daß Bauten auf kleineren Parzellen eine längere Lebensdauer haben als auf großen – und umgekehrt auf größeren Parzellen eine raschere Rotation von baulichen Strukturen erfolgt. Die obigen Feststellungen fügen sich in diesen Zusammenhang ein. Sie führen damit notwendig zur nächsten Frage, ob nämliche diese Tendenz bezüglich der Parzellen auch bei den Bauten in schlechtem Zustand und mit mäßigen Blightphänomenen festzustellen ist, womit Umbauabsichten der Besitzer von Objekten auf größeren Parzellen entsprechend der besseren Renditechancen angenommen werden könnten.

Die Analyse falsifiziert eine solche Hypothese: Die beiden genannten Verfallskategorien unterscheiden sich in der Parzellengrößenverteilung *nicht* von den in gutem Zustand befindlichen Bauten. Anders ausgedrückt: Es besteht kein Effekt von der Parzellengröße auf den Verfallszustand.

Kommunalpolitisch noch wichtiger ist die nächste Aussage über den Erneue-

Tabelle III/6: **Die Effekte der Grundstücksfläche auf Stadtverfalls- und Erneuerungsprozesse**

	FLÄCHE IN QM							
Erhebungs-kategorie	bis 500	501 – 750	750 – 1000	1001 – 1500	1501 – 2000	über 2000	unbek.	Summe
Parzelle frei	49 *0,2*	13 *0,0*	25 *0,1*	6 *0,0*	2 *0,0*	4 *0,0*	6 *0,0*	105 *0,3*
ALTBAUTEN VERFALL								
Objekt abbruchreif	40 *0,1*	16 *0,1*	9 *0,0*	9 *0,0*	2 *0,0*	5 *0,0*	6 *0,0*	87 *0,2*
Objekt teil-weise leer	126 *0,4*	79 *0,3*	35 *0,1*	30 *0,1*	14 *0,1*	3 *0,0*	23 *0,1*	310 *1,1*
Einzelne Wohn. u. Betriebe leer	2.061 *7,5*	1.280 *4,7*	443 *1,6*	248 *0,9*	108 *0,4*	85 *0,3*	343 *1,2*	4.568 *16,6*
Zustand schlecht	1.087 *4,0*	687 *2,5*	192 *0,7*	107 *0,4*	38 *0,1*	67 *0,3*	149 *0,5*	2.327 *8,5*
Zwischensumme in Prozent	3.314 *12,0*	2.062 *7,5*	679 *2,5*	394 *1,4*	164 *0,6*	160 *0,6*	521 *1,9*	7.292 *26,5*
IN ORDNUNG								
Vorwiegend Wohnhaus	2.743 *10,0*	1.647 *6,0*	466 *1,7*	193 *0,7*	76 *0,3*	77 *0,3*	265 *1,0*	5.467 *19,9*
Mischfunktion	1.996 *7,3*	1.551 *5,6*	606 *2,2*	346 *1,3*	141 *0,5*	111 *0,4*	380 *1,4*	5.131 *18,7*
Betriebs-objekt	55 *0,2*	51 *0,2*	30 *0,1*	25 *0,1*	19 *0,1*	40 *0,2*	19 *0,1*	239 *0,9*
komplette Erneuerung	974 *3,5*	699 *2,5*	188 *0,7*	104 *0,4*	29 *0,1*	37 *0,2*	124 *0,5*	2.155 *7,8*
Zwischensumme in Prozent	5.768 *21,0*	3.948 *14,4*	1.290 *46,9*	668 *2,4*	265 *9,6*	265 *9,6*	788 *2,9*	12.992 *47,2*
NEUBAU								
Mischfunktion	2.973 *10,8*	2.153 *7,8*	850 *3,1*	465 *1,7*	128 *0,5*	232 *0,8*	193 *0,7*	6.994 *25,4*
Betriebs-objekt	44 *0,2*	32 *0,1*	8 *0,0*	18 *0,1*	9 *0,0*	12 *0,0*	3 *0,0*	126 *0,5*
Zwischensumme in Prozent	3.017 *11,0*	2.185 *7,9*	858 *3,1*	483 *1,8*	137 *0,5*	244 *0,9*	96 *0,7*	7.120 *25,9*
GESAMTSUMME in Prozent	12.148 *44,1*	8.208 *29,8*	2.852 *10,4*	1.551 *5,6*	566 *2,1*	673 *2,4*	1.511 *5,5*	27.509 *100,0*

Figur III/5: **Die Effekte der Grundstücksfläche auf Stadtverfalls- und Erneuerungsprozesse in den inneren und äußeren Bezirken**

INNERE BEZIRKE

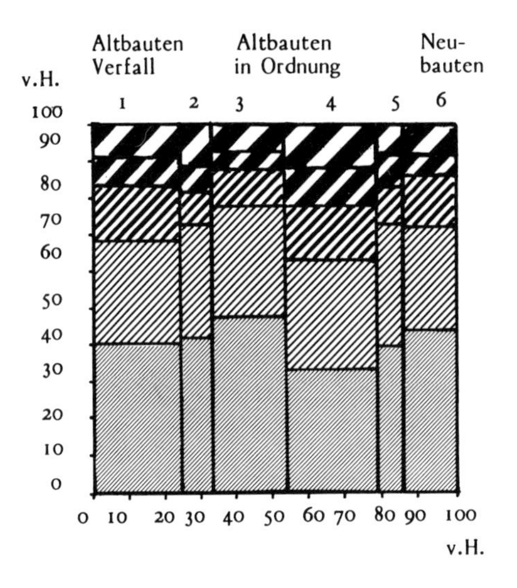

Kategorien von Verfall und Erneuerung

Altbauten Verfall

1 Objekte abbruchreif überwiegend leer, einzelne Wohnungen und Betriebe leerstehend

2 Zustand schlecht

Altbauten in Ordnung

3 Wohnhaus

4 Mischfunktion und Betriebsobjekte

5 komplette Erneuerung

Neubauten

6 Mischfunktion und Betriebsobjekte

ÄUSSERE BEZIRKE

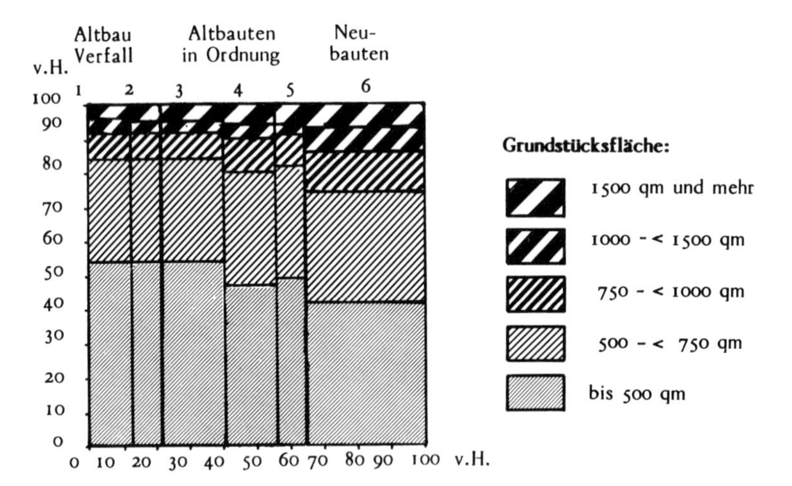

rungsprozeß: Es zeigt sich, daß die Kompletterneuerung von Altbauten *nicht* auf größeren, sondern eher auf kleineren Parzellen und – dies ist eine weitere Einschränkung – *eher* bei kleineren Häusern stattfindet. Konkret bedeutet dies, daß komplett erneuerte Bauten zu 80 v. H. auf Parzellen stehen, die maximal 750 qm Fläche aufweisen. In diese Aussage sind auch die in ordentlichem Zustand befindlichen Wohnbauten einzuschließen.

Die Zementierung der städtebaulichen Struktur im Grundrißgefüge Wiens wird schließlich nachgewiesen durch die Parzellengrößen bei den Neubauten in der geschlossenen Reihenmiethausverbauung, bei deren Errichtung es nicht gelungen ist, aus dem historisch entstandenen kleinzügigen Parzellenzuschnitt auszubrechen. Diese Feststellung überrascht, denn durch die beherrschende Präsenz von großen Wohnanlagen am Stadtrand ist die Auffassung einer wesentlichen Vergrößerung der Objekte durch die Neubautätigkeit allgemein akzeptiert. Sie trifft jedoch nicht auf die Abbruch- und Neubautätigkeit im geschlossen verbauten Stadtgebiet zu, in dem Parzellenzusammenlegungen selten sind. Noch seltener sind bisher „Abräumungen" und Neustrukturierungen von größeren Teilen eines Baublocks.

Die Erklärung hierfür lautet: Es fehlen Bauträger, welche, den Ständen der Barockzeit von Kirche und Adel entsprechend, durch politische Macht eine Zusammenlegung von Parzellen erzwingen könnten. Es fehlen aber ebenso Kapital und Baugesellschaften, welche aus Renditegründen den systematischen Aufkauf von benachbarten Häusern forcieren würden. Das Ergebnis der Analyse ist damit: Trotz der beachtlichen Neubautätigkeit und des Erneuerungsprozesses bei Altbauten ist die Kleinparzelle nach wie vor die vielfach übersehene echte Voraussetzung für eine sanfte Stadterneuerung, die eine den größeren Strukturen der modernen Bautechnologie gemäße Neuorganisation der Grundrißgestaltung verhindert.

Allerdings bestehen gewisse Unterschiede zwischen den inneren und äußeren Bezirken (vgl. Fig. III/5).

Sie dokumentieren das historische soziale Gefälle zwischen den Vorstädten und Vororten. In den inneren Bezirken sind die Parzellen im Durchschnitt größer als in den äußeren, vor allem dort, wo Betriebe in den Hintertrakten untergebracht waren oder noch sind. Erst die Neubautätigkeit hat in den äußeren Bezirken die Dominanz der Kleinparzellen bis 500 qm reduziert, aber auch dies nur in mäßigem Umfang.

5.3.2. Grundstücksfläche versus verbaute Fläche

Leider orientiert sich die Klassifikation der Häuserzählung des ÖStZA bezüglich der verbauten Fläche an der Größenordnung des Einfamilienhauses. Dadurch belegt sie die Auffächerung der Kleinobjekte ganz ausgezeichnet, während andererseits – durch die Zusammenfassung aller Bauten mit 251 und mehr qm – Angaben über die Differenzierung der verbauten Fläche bei Miethäusern nur in eingeschränktem Maße möglich sind (vgl. Tab. III/7).

Während bei der Klassifikation der Grundstücksflächen festgestellt werden konnte, daß freie Parzellen und Parzellen mit Abbruchbauten eine über dem Stadt-

Tabelle III/7: **Die Effekte der verbauten Fläche auf Stadtverfalls- und Erneuerungsprozesse**

Erhebungs-kategorie	VERBAUTE FLÄCHE IN QM bis 100	101–150	151–200	201–250	über 250	unbek.	Summe
Parzelle frei*	1	6	14	12	66	6	105
	0,0	*0,0*	*0,1*	*0,0*	*0,2*	*0,0*	*0,4*
ALTBAUTEN VERFALL							
Objekt abbruchreif	2	3	13	12	52	5	87
	0,0	*0,0*	*0,0*	*0,0*	*0,2*	*0,0*	*0,3*
Objekt teilweise leer	4	10	32	33	206	25	310
	0,0	*0,0*	*0,1*	*0,1*	*0,7*	*0,1*	*1,1*
Einzelne Wohn. u. Betriebe leer	44	108	276	445	3.328	367	4.568
	0,2	*0,4*	*1,0*	*1,6*	*12,1*	*1,3*	*16,6*
Zustand schlecht	26	99	206	289	1.568	139	2.327
	0,1	*0,4*	*0,7*	*1,1*	*5,7*	*0,5*	*8,5*
Zwischensumme in Prozent	76	220	527	779	5.154	536	7.292
	0,3	*0,8*	*1,9*	*2,8*	*18,7*	*1,9*	*26,5*
IN ORDNUNG							
Vorwiegend Wohnhaus	35	186	501	765	3.697	283	5.467
	0,1	*0,7*	*1,8*	*2,8*	*13,4*	*1,0*	*19,9*
Mischfunktion	47	117	251	423	3.911	382	5.131
	0,2	*0,4*	*0,9*	*1,5*	*14,2*	*1,4*	*18,7*
Betriebsobjekt	2	2	8	24	184	19	239
	0,0	*0,0*	*0,0*	*0,1*	*0,7*	*0,1*	*0,9*
komplette Erneuerung	17	64	204	318	1.420	132	2.155
	0,1	*0,2*	*0,7*	*1,2*	*5,2*	*0,5*	*7,8*
Zwischensumme in Prozent	101	369	1.964	1.530	9.212	816	12.992
	0,4	*1,3*	*7,1*	*5,6*	*33,5*	*2,9*	*47,2*
NEUBAU							
Mischfunktion	89	241	1.033	2.192	3.211	228	6.994
	0,3	*0,9*	*3,8*	*8,0*	*11,7*	*0,8*	*25,4*
Betriebsobjekt	2	7	11	9	91	6	126
	0,0	*0,0*	*0,0*	*0,0*	*0,3*	*0,0*	*0,5*
Zwischensumme in Prozent	91	248	1.044	2.201	3.302	234	7.120
	0,3	*0,9*	*3,8*	*8,0*	*12,0*	*0,8*	*25,9*
GESAMTSUMME in Prozent	269	843	2.549	4.522	17.734	1.592	27.509
	0,1	*3,1*	*9,3*	*16,4*	*64,5*	*5,8*	*100,0*

* Bei der Erhebungskategorie Parzelle frei handelt es sich um Grundstücke, auf denen 1981 noch Wohnbauten gestanden sind. Die Angaben beziehen sich auf diese Wohnbauten.

mittel gelegene Größe aufweisen, erweist es sich nunmehr, daß bei abgebrochenen und ebenso bei abbruchreifen Objekten die verbauten Flächen kleiner waren bzw. sind. Hierin kommt indirekt die Verpflichtung bezüglich der Stellung von Ersatzwohnungen für die Mieter beim Abbruch zum Tragen. Es ist aufgrund der immer noch gültigen Regelungen einer Schutzpolitik mit großem Aufwand und hohen Kosten verbunden, den Abriß eines noch bewohnten Hauses vorzubereiten, da allen Mietern vom Hauseigentümer vorher zwei Ersatzwohnungen zur Wahl angeboten werden müssen. Der Vorgang der Absiedlung bedarf einiger Zeit und findet nur selten statt. Die teilweise leerstehenden Objekte und die von mäßigen Blighterscheinungen betroffenen Häuser haben dafür auch keine besonders günstigen Voraussetzungen, da beide Kategorien, und vor allem die letztere, über dem Stadtmittel gelegene Flächengrößen aufweisen. Woraus resultiert dieses zunächst sehr überraschende Ergebnis, das die Frage aufwirft, welche Bauobjekte somit in der statistischen Gesamtmenge der Häuser das unter dem Mittel gelegene Pendant darstellen? Die Antwort darauf lautet schlicht: Es sind die Neubauten, bei denen aufgrund des Prinzips eines Minimums an „lichter Weite“ (also eines Lichteinfallswinkels von 45°) in der Bauordnung nur die Verbauung eines kleineren Anteils der Grundstücksflächen zugestanden wurde.

Daraus ergibt sich die in der statistischen Analyse äußerst eindrucksvolle, im Stadtbild selbst jedoch kaum unmittelbar optisch nachvollziehbare Aussage, daß durch die Neubautätigkeit eine beachtliche Reduzierung des Überbauungsgrades erfolgt ist. Beträgt der Anteil der in Ordnung befindlichen Bauten mit einer Grundfläche von 250 und mehr qm rund drei Viertel, so verringert er sich bei Neubauten auf 45 v. H.

Es wäre jedoch unrichtig, aus dieser Reduzierung des Überbauungsgrades auf eine tatsächliche Verringerung der Kubatur zu schließen. Wie noch zu zeigen sein wird, wurde sie durch eine Vermehrung der Zahl der Geschosse kompensiert.

Wenden wir uns als letztes dem Gegensatzpaar von komplett erneuerten und von in schlechtem Zustand befindlichen Objekten zu, so können wir festhalten, daß sie sich nur unwesentlich vom Stadtmittel unterscheiden und die Klassenbesetzung hinsichtlich der bebauten Fläche praktisch identisch sind.

Daraus ergibt sich in logischer Konsequenz die Aussage, daß die verbaute Fläche keinen Effekt auf den Verfalls- und Erneuerungsprozeß ausübt. Beide Kategorien stellen somit in statistischer Hinsicht „Normalfälle“ dar, bei denen die Zuordnung zur einen bzw. anderen Kategorie von nicht von der Kubatur bestimmten Effekten gesteuert wird. Zusammenfassend kommt man zu der keineswegs selbstverständlichen, sondern im internationalen Vergleich überraschenden Aussage, daß der Erneuerungsvorgang keine Konzentrationseffekte im Hinblick auf die Grundrißelemente der Stadt ausgeübt hat.

Blendet man zurück zur Forderung des Stadtentwicklungsplans nach Reduzierung der Dichte im dicht verbauten Stadtgebiet, so ergibt sich eine andere Konsequenz, nämlich daß diese Reduzierung der verbauten Fläche nicht über „sanfte“ Stadterneuerung, sondern nur über Abbruch und Neubau zu erreichen ist.

Diese Aussage bedarf freilich einer Spezifizierung im Hinblick auf die inneren und äußeren Bezirke.

Figur III/6: **Die Effekte der verbauten Fläche auf Stadtverfalls- und Erneuerungsprozesse in den inneren und äußeren Bezirken**

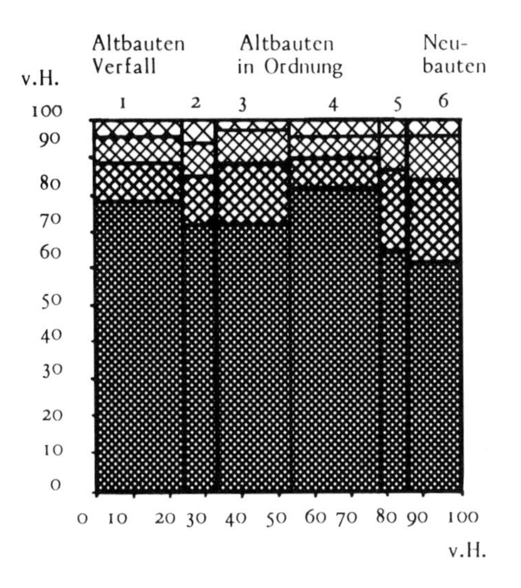

Kategorien von Verfall und Erneuerung

Altbauten Verfall

1 Objekte abbruchreif überwiegend leer, einzelne Wohnungen und Betriebe leerstehend

2 Zustand schlecht

Altbauten in Ordnung

3 Wohnhaus

4 Mischfunktion und Betriebsobjekte

5 komplette Erneuerung

Neubauten

6 Mischfunktion und Betriebsobjekte

ÄUSSERE BEZIRKE

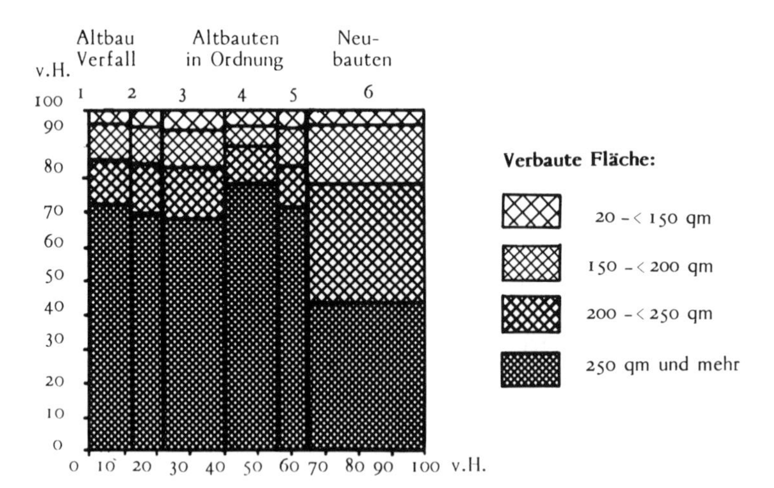

Wie Figur III/6 rasch erkennen läßt, hat die Neubautätigkeit in den inneren Bezirken die verbaute Fläche nicht nennenswert reduziert. Nur in den äußeren Bezirken ist das Ausmaß der verbauten Fläche deutlich verringert und bei rund der Hälfte der Neubauten unter den Schwellenwert von 250 qm abgesenkt worden. Das immer wieder zitierte „Schinden von Kubatur“ bei der Neuverbauung ist demnach in den ohnehin schon dichter verbauten inneren Bezirken stärker ausgeprägt.

5.4. Das Problem der Baublockstruktur

5.4.1. Die Effekte von inneren Grünflächen

Der Ruf nach mehr Grün in der Stadt verbindet alle politischen Lager. Er findet sich auch in jedem Stadtentwicklungsbericht. Die Frage ist in diesem Zusammenhang jedoch nicht normativ formuliert, sondern wird gleichsam „umgedreht“ gestellt: Welche indirekten Effekte gehen vom Vorhandensein von Grünflächen auf den Verfalls- bzw. Erneuerungsprozeß aus? Verfallen Häuser eher, wenn sie keinen Grünblick haben, oder werden sie eher erneuert, wenn Grünblick besteht? Die Analyse gibt auf diese Fragen eine präzise, mengenstatistisch gesicherte Antwort.

Von den untersuchten Fällen (n = 27.509) besitzt immerhin nahezu ein Viertel Innenhöfe mit Gärten bzw. Grünflächen. Diese keineswegs ungünstige Situation muß jedoch, wenn man die einzelnen Kategorien durchmustert, relativiert werden, und zwar in mehrfacher Hinsicht:

1. Alle Kategorien des Verfallssyndroms weisen beachtlich geringere Grünflächenanteile auf, und zwar unabhängig davon, ob die Objekte abbruchreif sind, teilweise leerstehen oder nur einzelne leerstehende Wohnungen und Betriebe umfassen. Bei allen genannten Kategorien liegt der Anteil der Gebäude mit Grünflächen unter 14 v. H.

2. Bereits besser schneiden die als in Ordnung klassifizierten Wohnbauten ab (21,0 v. H.). Ähnlich sind auch die komplett erneuerten Altbauten einzustufen (19,3 v. H.). Nur die Altbauten, die gleichzeitig auch Betriebsfunktion besitzen, reihen sich mit 11,9 v. H. an die erstgenannte Gruppe an.

3. Deutlich heben sich die Neubauten ab, von denen mehr als die Hälfte über Grünflächen verfügen.

Zusammenfassend gelangen wir damit zu der wichtigen Feststellung, daß die bereits vorhandene Grünflächenausstattung im Altbaubestand einen wichtigen Effekt auf die Erneuerung ausübt. Dieser Effekt erscheint deswegen so bemerkenswert, weil in ihn zwei unterschiedliche Aussagensysteme eingehen, nämlich einerseits die Beurteilung des Bauzustandes, welche im wesentlichen von der Straßenansicht ausgeht, und andererseits die Aussage über die Nutzung des im Baublockinneren befindlichen Teils der jeweiligen Parzellen. Ebenso wichtig erscheint der positive Effekt der Neubautätigkeit und damit eines Abbruchs und Neubaus von

Tabelle III/8: **Die Effekte von inneren Grünflächen und Versiegelung der Hofräume auf Stadtverfalls- und Erneuerungsprozesse**

Erhebungskategorie	Garten oder andere Grünfläche	Verkehrsfl., Hof oder Betrieb	sonstige Nutzung	Summe
Parzelle frei*	17 *0,1*	76 *0,3*	12 *0,0*	105 *0,4*
ALTBAUTEN VERFALL				
Objekt abbruchreif	12 *0,0*	63 *0,2*	12 *0,0*	87 *0,3*
Objekt teilweise leer	35 *0,1*	233 *0,8*	42 *0,1*	310 *1,1*
Einzelne Wohn. u. Betriebe leer	553 *2,0*	3.360 *12,2*	655 *2,4*	4.568 *16,6*
Zustand schlecht	379 *1,4*	1.667 *6,1*	281 *1,0*	2.327 *8,5*
Zwischensumme in Prozent	979 *3,6*	5.323 *19,3*	990 *3,6*	7.298 *26,5*
IN ORDNUNG				
Vorwiegend Wohnhaus	1.146 *4,2*	3.725 *13,5*	596 *2,2*	5.467 *19,9*
Mischfunktion	613 *2,2*	3.780 *13,7*	738 *2,7*	5.131 *18,6*
Betriebsobjekt	50 *0,2*	146 *0,5*	43 *0,2*	239 *0,9*
komplette Erneuerung	416 *1,5*	1.493 *5,4*	246 *0,9*	2.155 *7,8*
Zwischensumme in Prozent	2.225 *8,1*	9.144 *33,2*	1.623 *5,9*	12.992 *47,2*
NEUBAU				
Mischfunktion	3.603 *13,1*	2.882 *10,5*	509 *1,8*	6.994 *25,4*
Betriebsobjekt	27 *0,1*	80 *0,3*	19 *0,1*	126 *0,5*
Zwischensumme in Prozent	3.630 *13,2*	2.962 *10,8*	528 *1,9*	7.120 *25,9*
GESAMTSUMME in Prozent	6.851 *24,9*	17.505 *63,6*	3.153 *11,5*	27.509 *100,0*

* Bei der Erhebungskategorie Parzelle frei handelt es sich um Grundstücke, auf denen 1981 noch Wohnbauten gestanden sind. Die Angaben beziehen sich auf diese Wohnbauten.

Figur III/7: **Die Effekte von inneren Grünflächen und Versiegelung der Hofräume auf Stadtverfalls- und Erneuerungsprozesse in den inneren und äußeren Bezirken**

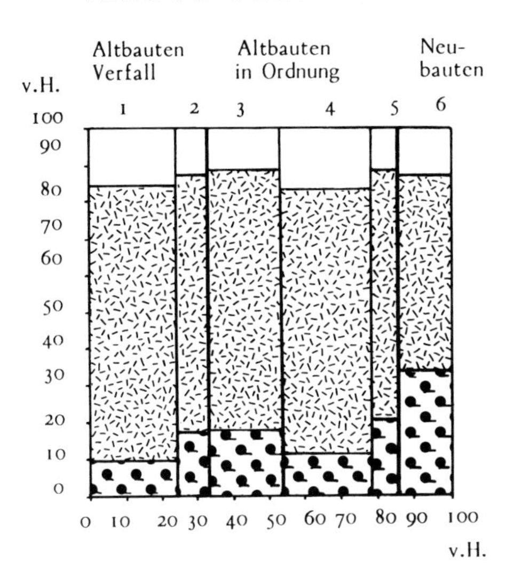

Kategorien von Verfall und Erneuerung

Altbauten Verfall

1 Objekte abbruchreif überwiegend leer, einzelne Wohnungen und Betriebe leerstehend

2 Zustand schlecht

Altbauten in Ordnung

3 Wohnhaus

4 Mischfunktion und Betriebsobjekte

5 komplette Erneuerung

Neubauten

6 Mischfunktion und Betriebsobjekte

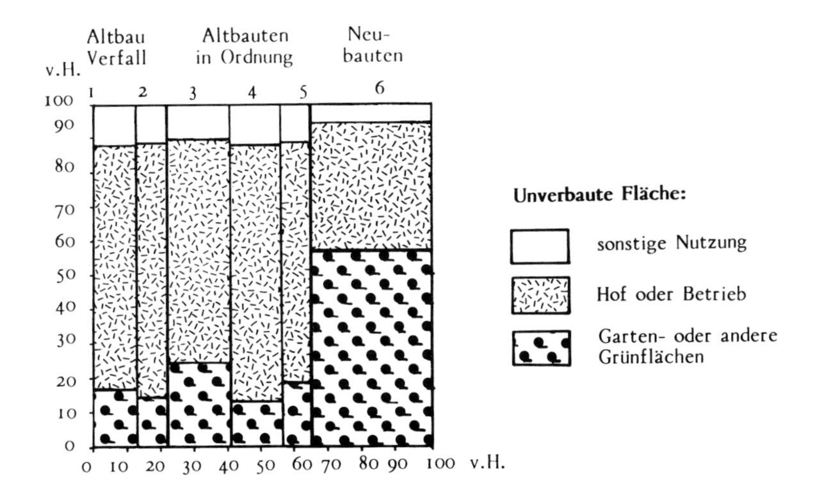

Objekten im Hinblick auf die Durchgrünung der Stadt. Die Grenzen „sanfter Stadterneuerung" bezüglich der Möglichkeit einer Reduzierung der Verbauungsdichte wurde bereits betont, nun kommt ein weiteres Argument ins Spiel durch den Bezug auf das Grünraumpotential. Die schlichte Aussage lautet: Nur über Abbruch und Umbau ist es möglich, innere Grünflächen in den dichtverbauten Stadtkörper einzubringen. Freilich ist auch dies in den abgelaufenen Jahrzehnten – so lautet die Einschränkung – nur bei der Hälfte aller Neubauten tatsächlich gelungen.

Disaggregieren wir die Daten nach inneren und äußeren Bezirken (vgl. Fig. III/7), so bieten sich folgende zusätzliche Feststellungen an:

1. Innere und äußere Bezirke sondern sich mit Anteilen von 16,7 und 31,5 v. H. Grünflächen in allen Objekten sehr deutlich voneinander. Im Hinblick auf die drei oben unterschiedenen Gruppen stufen sich jedoch die Aussagen ab:

2. Abbruchreife und teilweise leerstehende Objekte sowie Bauten mit mäßigen Blighterscheinungen besitzen in den inneren Bezirken nur in einem Bruchteil der Fälle Grünflächen oder Gärten, in den äußeren Bezirken liegt dieser Anteil jedoch mindestens bei 16 v. H.

3. In den inneren Bezirken besteht bezüglich des Anteils mit Grünflächen kein Unterschied zwischen Wohnbauten in schlechtem Zustand und denen, welche in Ordnung sind, ebenso ist der Anteil der Objekte mit Gärten und Grünflächen bei den Bauten mit kompletter Erneuerung nur geringfügig höher. Man gelangt damit zur Aussage, daß die Grünflächen in den inneren Bezirken keinen wesentlichen Effekt auf den Erneuerungsvorgang besitzen.

Figur III/8: **Das Aufschließungssystem im Westsektor der inneren Bezirke**

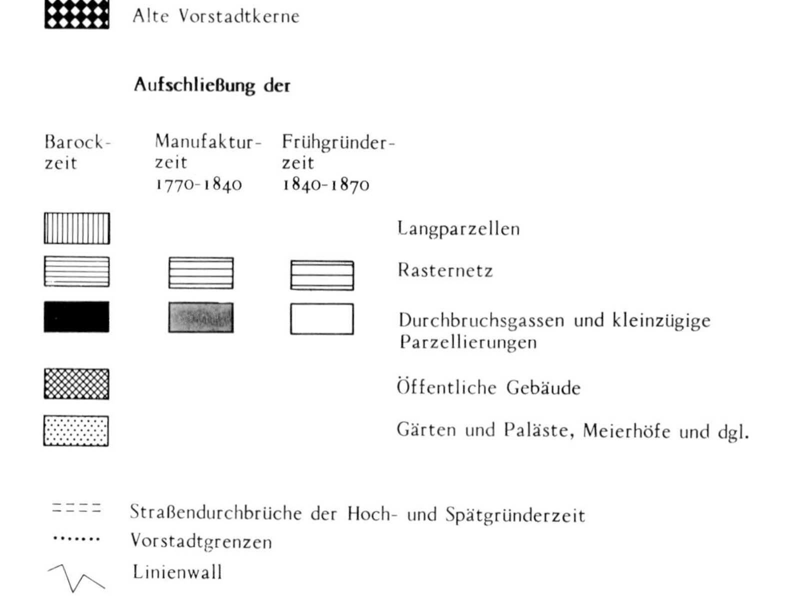

Figur III/8: **Das Aufschließungssystem im Westsektor der inneren Bezirke**

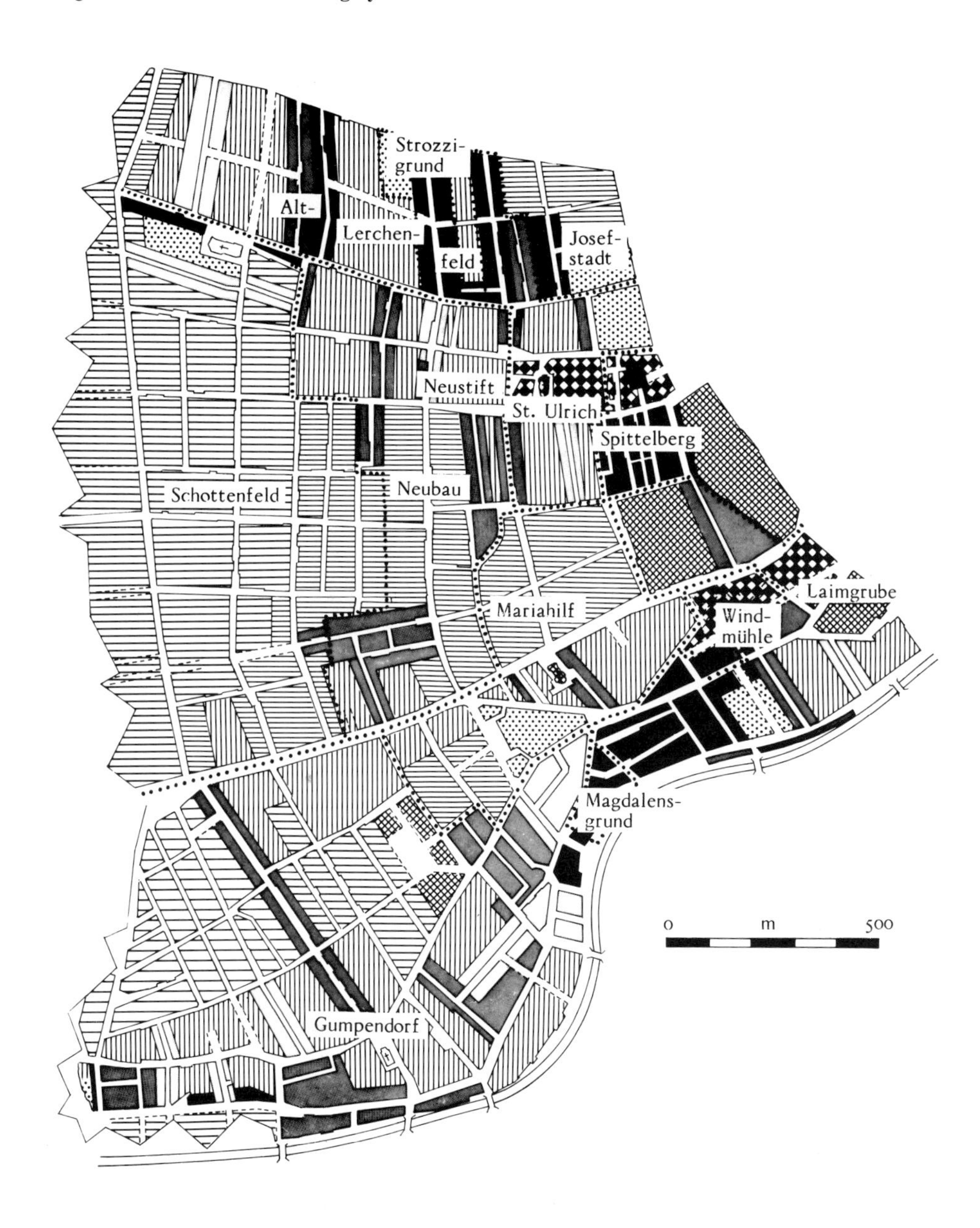

4. In den inneren Bezirken ist ferner der Zusammenhang zwischen Neubautätigkeit und Anlage von Grünflächen wesentlich schwächer ausgeprägt als in den äußeren Bezirken. Während in den letzteren 56,9 v. H. der Neubauten Grünflächen aufweisen, sind es in den inneren nur 34,9 v. H.! Es muß die Frage offenbleiben, welche Substitute in den kompakter verbauten inneren Bezirken für das Fehlen von Grünflächen „zu ebener Erde" angeboten werden – wieweit Terrassen, verglaste Balkone, Dachgärten und dergleichen einen Ersatz bieten; ebenso ist die Frage nicht zu beantworten, wieso in den inneren Bezirken die Grünflächenpolitik ein so viel weniger effizientes Vehikel ist als in den äußeren Bezirken.

5.4.2. Die Problematik von Aufschließungssystemen

Die statistische Analyse von Parzellengröße und verbauter Fläche reicht selbstverständlich nicht aus, um über das für die Vorgänge von Verfall und Erneuerung sehr wichtige Problem der Baublockstruktur Aussagen zu machen. Sie bedarf der Ergänzung durch Angaben über die konkrete Konfiguration in Parzellierungssystemen (vgl. Anm. 17). Um das Problem der Stadterneuerung auf der Baublockebene und die enormen Schwierigkeiten, die sich hierbei aufgrund der Zersplitterung des Hausbesitzes ergeben, zu zeigen, seien im folgenden zuerst einige allgemeine Aussagen über die Grundriß- und Nutzungssysteme der Aufschließung geboten und im Anschluß daran Fallbeispiele vorgeführt.

Das Gesamtgebiet des geschlossen verbauten gründerzeitlichen Stadtkörpers von Wien besteht aus zwei Hauptsiedlungselementen,

1. dem Areal der ehemaligen Vorstädte, welche zu den heutigen inneren Bezirke vereint wurden und
2. dem außerhalb des Gürtels (ehemals „Linienwall") gelegenen Vorortebereich, den äußeren Bezirken.

Im Bauhöhenprofil der Stadt unterscheiden sich die beiden Areale durch die in der Bauordnung seit der Gründerzeit festgeschriebene Abstufung des Bauhöhenprofils. Mit dieser Differenzierung überschneidet sich eine weitere hinsichtlich des Alters der Aufschließung. Wie Figur III/8 demonstriert, besteht in den inneren Bezirken ein im wesentlichen stückweise gewachsenes, bereits in der Barock- und Manufakturzeit angelegtes, im einzelnen sehr kompliziertes Aufschließungssystem, während in den äußeren Bezirken Plananlagen der Gründerzeit in Form von Rastervierteln dominieren. Derartige Rasterviertel sind nur in den äußeren Teilen der inneren Bezirke (III, IV, V, IX) anzutreffen.

Worin liegen nun die Hauptunterschiede zwischen der älteren und der gründerzeitlichen Aufschließung? Sehr vereinfacht ausgedrückt: in der enormen Spannweite hinsichtlich der Tiefe der Parzellen. Die Extreme bewegen sich zwischen den tiefen Langparzellen, die auf die Aufsiedlung von mittelalterlichen Gewannfluren zurückgehen, und den sehr seichten Parzellen längs Durchbruchsgassen, welche im Zuge einer ersten spekulativen Ausnutzung des Baulandes im wesentlichen erst ab dem späten 18. Jahrhundert entstanden sind.

Weitere Feststellungen sind in diesem Zusammenhang angebracht:

1. Straßen- und Parzellensystem gehören zu den stabilsten Elementen von Städten und sind nur durch drastische Eingriffe mittels politischer Änderungen der Eigentumsverhältnisse, begleitet von massivem Kapitaleinsatz durch neue Bauträger, aus dem ursprünglich kleinzügigen Mosaik in größere Aufschließungsformen überzuführen. Im gründerzeitlichen Stadtgebiet gibt es für derartige Konzentrationsprozesse kaum Beispiele.

2. Die Festlegung von Bauordnungen hat – über Europa hinweg – in den Städten mit Miethausstruktur versäumt, klare Vorschriften über die Verbauung der hofseitigen Anteile von Grundstücken zu machen, d. h. es fehlen Regelungen über Art und Weise der Verbauung der Innenhöfe. Erst das bereits erwähnte Prinzip des Minimums an „lichter Weite" hat für die einzelne Parzelle den Gebäudeabstand im Falle der Staffelung von Bauobjekten auf tiefen Parzellen geregelt, ohne jedoch eine mittlere Ebene kollektiv gültiger Bestimmungen für die privatwirtschaftlich und damit auch besitzmäßig zersplitterte Nutzung der inneren Baublockstruktur zu finden. Nun muß man gerechterweise betonen, daß eine derartige neue rechtliche Ebene mit drastischen Einschränkungen der privaten Nutzungsrechte auch jenseits des in einem liberalen System möglichen städtebaulichen Planungsprozesses gewesen wäre, nicht zuletzt deshalb, weil, wie im nächsten Kapitel zu zeigen sein wird, die aus der historischen Entwicklung der großen Verbauungsperioden der Stadt ererbte Baublockstruktur kaum einer übergreifenden, nach formalen Prinzipien erfolgenden neuen städtebaulichen Ordnung zugänglich ist.

5.4.3. Fallbeispiele von Baublöcken

Die Auswahlkriterien für die Fallbeispiele waren (vgl. Fig. III/9):

1. Parzellenform und Parzellenverband,
2. Nutzung der Innenhöfe und
3. funktionelle Nutzung der Objekte.

Fünf Beispiele wurden ausgewählt.

Im folgenden sei die aktuelle Problematik im einzelnen dargestellt.

1. Im Zuge der Denkmalschutzbewegung wurde der Spittelberg zu einem der ersten Sanierungebiete des Magistrats. Er steht damit als Prototyp für andere, ebenfalls *kleinzügig aufgeschlossene Straßenzüge und Baublöcke*, in denen ein Fortbestand der Altbauten durch den Denkmalschutz gesichert ist. Die Vorstadt Spittelberg nahm stets eine Sonderstellung ein, denn sie stellte den ersten Fall einer echten Bodenspekulation mit extremer Ausnutzung von kleinen Parzellen im Raum der Wiener Vorstädte dar, als nach der Türkenbelagerung um 1700 Flüchtlinge, Ungarn, Slowenen und Kroaten, angesiedelt wurden. Infolge der ungewöhnlichen Kleinheit der Parzellen konnte sich der alte Baubestand trotz der Nähe zur City in der Gründerzeit erhalten. Diese weit überdurchschnittliche Persistenz von auf besonders kleinen Parzellen stehenden Objekten gehört zu den allgemeinen Regeln der Stadtentwicklung. Nur längs der Kirchberggasse greift auf bereits deutlich größeren Grundstücken ein Block mit gründerzeitlichen Häusern in den ehemaligen

Figur III/9: **Auswahlkriterien für die Fallbeispiele**

Name des Beispiels	Parzellenform	Innenhöfe Nutzung	Funktionelle Nutzung d. Objekte
INNERE BEZIRKE:			
Spittelberg (Denkmalschutz)	extrem klein	extrem klein ohne Grün	Wohnfunktion
Neustift	extrem tief und extrem seicht	klein ohne Grün	Wohnfunktion und Gewerbebetriebe
Schottenfeld	mäßig tief	Hinterhof-industrie	Straßentrakte = Wohnbauten
Planquadrat (Modell)	extrem tief	Grünfläche	Innenpark und Wohnbauten
ÄUSSERE BEZIRKE:			
Westlich des Gürtels	gedrungene Parzellen	Mengung: Hofräume versiegelt bis grün	Mengung Wohnfunktion, Betriebe,

Vorstadtbereich ein. Der sehr schlechte Bauzustand und die völlig unzureichenden sanitären Verhältnisse hatten nach dem Zweiten Weltkrieg den Verfall und Abbruch von einigen Häusern zur Folge. Die Gemeinde Wien hat einen Teil der Häuser aufgekauft und eine komplette Sanierung mit Entkernung durchgeführt. Das Sanierungsgebiet umfaßt 80 Objekte mit 573 Wohnungen. Im Auftrag der Gemeinde Wien übernahm eine Genossenschaft die Bauführung und Wohnungsvergabe (GESIBA). Die Finanzierung erfolgte mittels Wohnbauförderung und Altstadterneuerungsfonds. Der Spittelberg ist eines der Paradebeispiele für eine „konservierende“ und gleichzeitig „revitalisierende“ Stadterneuerung im Wiener Stadtgebiet geworden, bei der man freilich das soziale Milieu völlig verändert hat. Aus der einst überfüllten Kleinhandwerker- und Taglöhnervorstadt, in der u. a. Galanteriewaren hergestellt wurden, ist, unterstützt durch die Einrichtung von Fußgängerstraßen, z. T. auch eine Freizeitattraktion (mit Kleinbühne und periodischen Marktveranstaltungen) geworden. Gegenstücke fehlen (vgl. Fig. III/10).

2. Das *Nebeneinander von extrem tiefen Parzellen und Durchbruchsgassen* mit aus verschiedenen Bauperioden stammendem Baubestand sei anhand eines weiteren Beispiels aus dem VII. Bezirk illustriert. Das Hauptproblem bildet hier der außerordentlich hohe Überbauungsgrad der Parzellen, der durchgehend die gegenwärtigen Normen der Bauordnung überschreitet. Die beiden durch den Durchbruch der Stuckgasse getrennten Baublöcke bieten einen Querschnitt durch die Wiener Bauentwicklung. Der Baubestand umfaßt Seitenflügelhäuser des Biedermeier, Stutzflügelhäuser der Frühgründerzeit, das interessante Durchhaus des Adlerhofs, welches 1874 errichtet wurde und ein Extrembeispiel für die Verbauung von ehema-

ligen Hausackerfluren bildet, bis herauf zu einem der in Wien eher seltenen Straßenhöfe aus der Spätgründerzeit.

Aufgrund der oben belegten Zementierung der Bauentwicklung durch das vorhandene Parzellensystem ist eine durchgreifende Neustrukturierung derzeit schlecht vorstellbar und infolge der extrem hohen Verbauungsdichte eine soziale Marginalisierung zu befürchten. Die unter Denkmalschutz stehenden barocken Seitenflügelhäuser sind vom Verfall bedroht (vgl. Fig. III/11).

3. Noch komplizierter wird die Baublockstruktur und noch schwieriger die Lösung im Sinne der gerne zitierten Entkernung, wenn Hochbauten der *Hinterhofindustrie* die inneren Hofräume füllen. Ein Baublock aus Schottenfeld im VII. Bezirk bietet ein Beispiel. Ausgangspunkt der Entwicklung waren die Manufakturhäuser des Biedermeiers, in deren langen Seitentrakten einerseits die Werkstätten und andererseits die Kleinwohnungen der gewerblichen Hilfskräfte untergebracht waren. Meist über mehrere Umbauetappen entstand die heutige Kombination von Miethaus und Hinterhoffabrik, bei der außerordentlich bemerkenswert erscheint, daß die straßenseitigen Miethäuser im Zuge des generellen bausozialen Aufwertungvorganges der Gründerzeit nicht für Arbeiter, sondern durchwegs für den Mittelstand gebaut wurden. Die jüngste Entwicklung geht in zwei Richtungen: Einerseits entstehen in Sukzession zu Werkstätten und Fabriken Großgaragen und Parkhäuser und andererseits große neue Wohnanlagen mit öffentlicher Förderung (Gemeindebau, Genossenschaftsbau). Im abgebildeten Beispiel ist die Hinterhofindustrie noch intakt (vgl. Fig. III/12).

Die gebotenen Beispiele könnten den Eindruck erwecken, daß der gesamte Stadtkörper der inneren Bezirke eine durchgehend dichte Innenhofverbauung besitzt, dies ist aber keineswegs der Fall. Unabhängig von den Parzellierungssystemen wirken nämlich bis zur Gegenwart zwei Entwicklungsreihen nach, welche letztlich auf die Ausdehnung der mittelalterlichen Stadtgemarkung Wiens zurückzuführen sind. Die oben gebotenen Beispiele der außerordentlich dichten Verbauung der Innenhöfe betreffen nämlich in erster Linie den Sektor der inneren Bezirke, der ursprünglich auf dörflichen Fluren und damit außerhalb der Stadtgemarkung gelegen war und sehr früh zu einem Auffangsquartier für Gewerbebetriebe wurde. Aus den Manufakturen ist dann die Hinterhofindustrie entstanden.

4. Eine andere Entwicklungsreihe vollzog sich auf den Fluren der auf der Stadtgemarkung erwachsenen Vorstädte an den *Fernstraßen* nach dem Süden (IV/Wieden), Südosten (III/Landstraße) und Nordosten (II/Leopoldstadt). Noch heute hebt sich innerhalb des Gürtels das Gebiet der alten Stadtgemarkung durch das Vorhandensein von Resten der ehemals feudalen Parks (Belvedere, Augarten), ein Nachwirken vornehmer Palasttradition in Gesandtschaftsvierteln, das Vorwiegen von ruhigen Mittelstandswohnquartieren und die geringe Industrialisierung deutlich ab. Private Gärten und Grünflächen in den Innenhöfen sind daher häufiger als in den westlichen Gewerbebezirken.

Aus dem Bezirk IV/Wieden, in dem rund ein Viertel aller Häuser Innengärten besitzt, ist das sogenannte *Planquadrat* ein Modell für die Begrünung von Innenhöfen geworden. Die Zielsetzung war, die Stadterneuerung am Modell der Schaffung eines Gartenhofes zu demonstrieren, wobei die Bevölkerung bei der Planung

Figur III/10: **Denkmalschutz in Spittelberg (VII. Bezirk)**

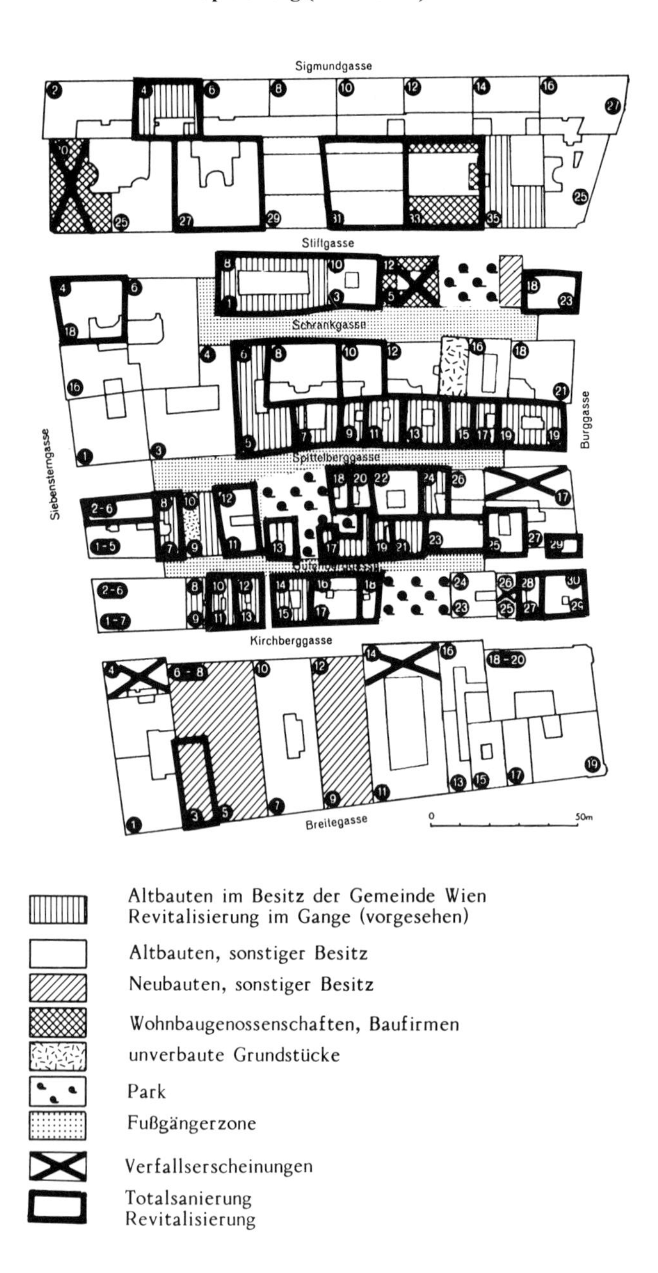

Figur III/11: **Durchbruchsgassen und Hofhäuser (VII. Bezirk)**

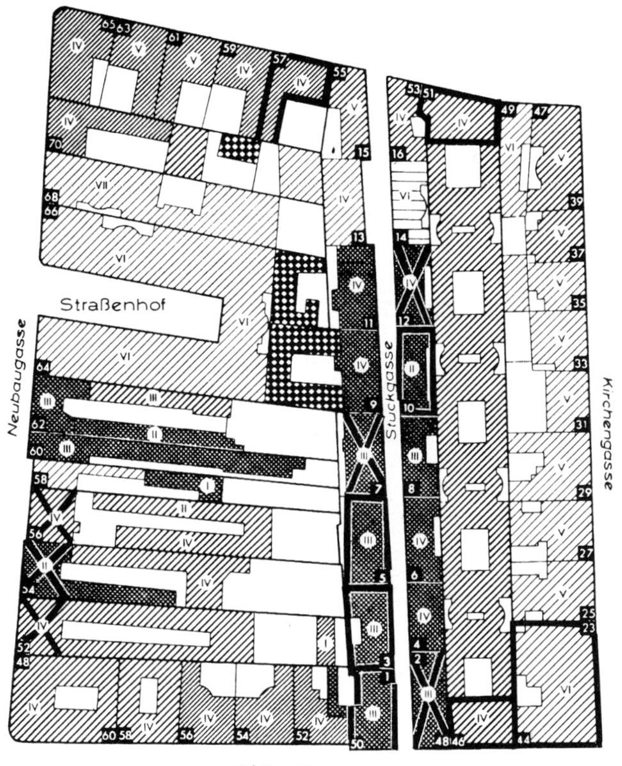

0 50m

I.-IX. Anzahl der Geschosse

- Altbauten (bis 1840)
- Frühgründerzeit (1840-1870)
- Hochgründerzeit (1870-1890)
- Spätgründerzeit (1890-1918)
- Zwischenkriegszeit (1918-1938)
- Werkstätten und Fabriken
- Verfallserscheinungen
- Totalsanierung Revitalisierung

Figur III/12: **Hinterhofindustrie in Schottenfeld (VII. Bezirk)**

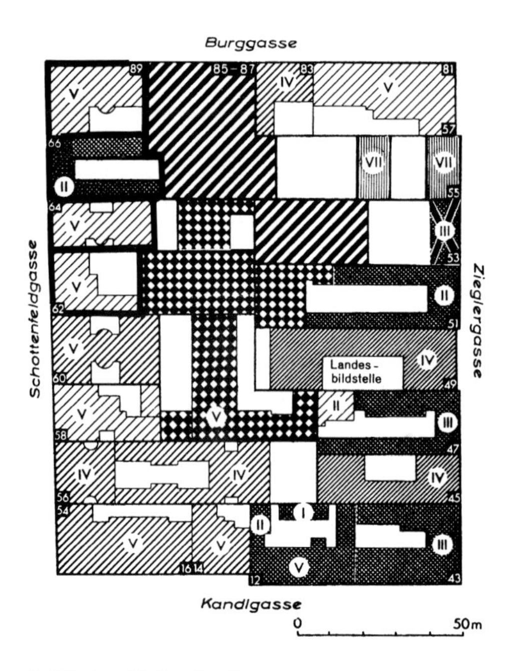

I.-IX. Anzahl der Geschosse

Figur III/13: **Planquadrat: Modell eines Innenhofparks (IV. Bezirk)**

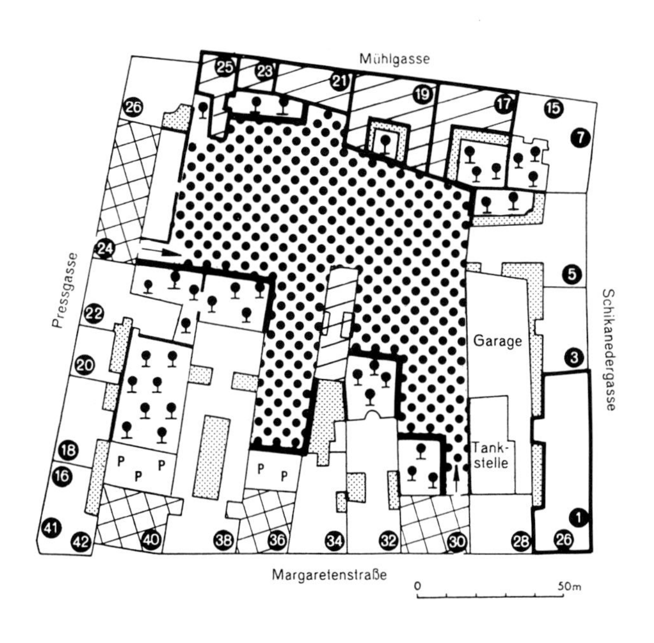

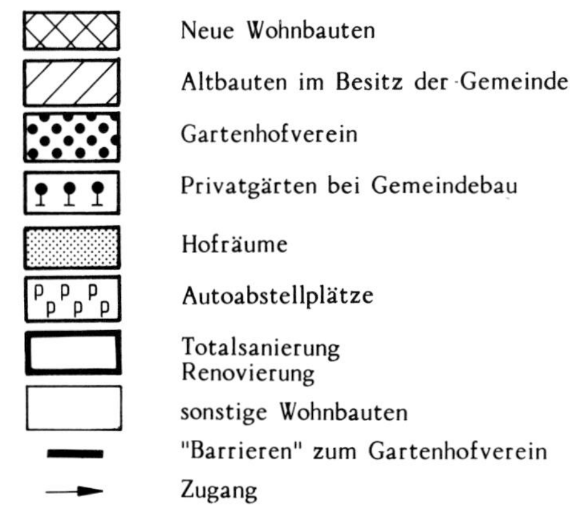

und Verwirklichung teilhaben sollte. Leider hat dieses mit viel Publicity über die Massenmedien bekanntgewordene Beispiel, dessen Auswahl von der Verfasserin gemeinsam mit einem Team des ORF erfolgt ist, nicht Schule gemacht.

Folgende Gründe sind hierfür anzuführen:

(1) die hohen Kosten für den notwendigen Erwerb von zumindest Teilen des Baubestandes durch die öffentliche Hand, welcher für die Realisierung derartiger „Modelle" eine unabdingbare Voraussetzung darstellt,

(2) der hohe Organisationsaufwand für die Instandsetzung und die hohen Kosten für die laufende Pflege und Kontrolle eines allgemein zugänglichen Gartenhof-Areals.

(3) die Interessenkonflikte zwischen Privatbesitz und -nutzung und kollektiver Nutzung.

Interessante Individualisierungstendenzen treten selbst bei Mietern von Gemeindebauten auf, die jeweils hauseigene „Privatgärten" aus der kollektiven Nutzung durch den Gartenhofverein ausgegrenzt haben. Diese Ausgrenzungstendenzen des „kleinen privaten Grüns" gegenüber dem „großflächigen kollektiven Grün" sind auch sonst in der Grünflächennutzung in Wien vorhanden (z. B. Schrebergärten versus Donauinsel). Sie werden durch das Planquadrat geradezu lehrbuchmäßig belegt (vgl. Fig. III/13).

5. Der entscheidende Wandel der Baulandaufschließung in der Gründerzeit betraf, wie bereits erwähnt, in erster Linie die äußeren Bezirke. Das Jahr 1848 hatte mit der liberalen Gemeindeverfassung den Gemeinden die Zuständigkeit für die Parzellierung gebracht. Die neu entstandenen Großgemeinden beauftragten zuerst Privatgeometer, später schalteten sich Baugesellschaften ein. Beide trugen entscheidend dazu bei, daß große Flächen in einheitliche, vom Standpunkt des Grundstücksmarktes zweckmäßig gegliederte Rasterflächen aufgeteilt wurden. Die aus der damaligen ökonomischen Situation gegebene Tendenz, auch für eine große

Figur III/14: **Bauzustand und Innenhofnutzung im Rasterviertel des XVIII. Bezirks**

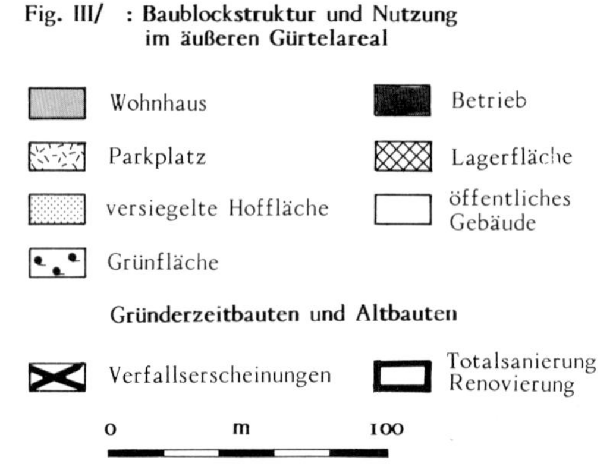

Figur III/14: **Bauzustand und Innenhofnutzung im Rasterviertel des XVIII. Bezirks**

Zahl von kapitalschwachen potentiellen Hausbesitzern Grundstücke bereitzustellen, bewirkte die Aufschließung mit verhältnismäßig kleinen Parzellen (vgl. oben). Mit Rücksicht auf die höhere Lagerente längs der Straßenfront wurde ein relativ gedrungener Parzellentyp gewählt. Das entstandene Rastersystem unterscheidet sich recht deutlich von gleichzeitigen Aufschließungen in anderen großen Städten Europas, wie in Berlin, London und Paris.

Die individuelle Besitzgeschichte der Häuser hat im abgelaufenen Jahrhundert sehr unterschiedliche Entscheidungen des einzelnen Hauseigentümers über die Nutzung des Innenhofraumes zur Folge gehabt. Selbst nebeneinander gelegene Häuser unterscheiden sich daher – ungeachtet vieler Gemeinsamkeiten – in der Nutzung der Bauobjekte und des Hofraums stark voneinander.

Figur III/14 belegt die Unterschiede im Bauzustand und der Innenhofnutzung in den westlich unmittelbar an den Gürtel angrenzenden Baublöcken des XVIII. Bezirks, in denen Innenhofräume mit kompletter Versiegelung neben anderen mit überwiegender Grünnutzung bzw. mit Betriebsobjekten liegen. Derzeit polarisiert sich die Entwicklung der Betriebe, welche auch in den Hinterhöfen untergebracht sind, zwischen Aussiedlung und Erneuerung. Es ist freilich selbst dem mit der lokalen Szene nicht vertrauten Betrachter einsichtig, daß hier mittelfristig die Stadterneuerung vor weniger schwierigen Problemen steht als in den dichter verbauten inneren Bezirken.

6. Die Effekte der Bauträger und der Segmentierung des Wohnungsmarktes

6.1. Die Rolle der Bauträger beim Stadtverfall und der Stadterneuerung

Wie im Vorwort erwähnt, ist ein Stadtentwicklungszyklus in Wien zu Ende. Dies betrifft auch die Wiener Wohnungswirtschaft und Wohnungspolitik. Der „Warencharakter“ der Wohnung ist im Zunehmen. Es kommt zur Verstärkung der Subjektförderung, zur Zunahme der Bedeutung von Kapitalmarktdarlehen; Bankeneinfluß und Eigenmittel steigen. Es gibt wieder „mehr Markt“.

In dieser Situation erscheint eine kurze Retrospektive der Stellung der Institutionen im Wohnungsbau und Wohnungswesen angebracht. Interesse verdient hierbei die Entwicklung des genossenschaftlichen Wohnungsbaus, welche unter dem Einfluß der britischen Gartenstadtidee in den 20er Jahren dieses Jahrhunderts ihren Boom erlebt hat. Sie wurde aufgrund der fehlenden gesellschaftspolitischen Förderung dann rasch vom kommunalen Wohnungsbau an die Wand gedrängt, dessen Wohnburgen auf die „Wohnklasse“ der Arbeiter ausgerichtet waren. In der Nachkriegszeit hat der kommunale Wohnungsbau zuerst die Stadterweiterung in flächiger Form getragen, dann jedoch, mit zunehmender Verbesserung der Realeinkommen und der steigenden wirtschaftlichen Prosperität, dem genossenschaftlichen Wohnungsbau zum Teil das Feld überlassen. Dank staatlicher Förderung konnte letzterer ein beachtliches Marktsegment erlangen.

Der Aufgriff der Stadterneuerung durch den Magistrat und die Privatwirtschaft seit den 80er Jahren drängt die genossenschaftlichen Bauträger wieder zurück, und sie verlieren an Bedeutung. Die Stadterneuerung muß sich organisatorisch mit zwei Institutionen arrangieren. Einerseits kommt es zu einem gewissen Comeback der Gemeinde, freilich zum Teil über den Erwerb von Boden- und Hausbesitz in den gründerzeitlichen Baublockarealen, und andererseits zu Arrangements mit der lange Zeit sozialpolitisch verfehmten Gruppe der Hausbesitzer, denen man nunmehr wieder eine Rendite zugestehen muß.

Auf diesem Hintergrund ordnen sich die folgenden Ergebnisse ein, welche erstmals präzise Aussagen über die Partizipation der institutionellen Bauträger an den Vorgängen des Stadtverfalls und der Stadterneuerung gestatten.

Zum Verständnis der gegenwärtigen Entwicklungtendenzen hinsichtlich des privatwirtschaftlich organisierten Teils des Wohnungsmarktes erscheint es notwendig, kurz auf den historischen Entstehungszusammenhang einzugehen. Ein Rückblick auf die privatkapitalistischen Verhältnissen vor dem Ersten Weltkrieg gestattet eine Abschätzung von Trends, welche aufgrund der gegenwärtigen partiellen Rückkehr privatkapitalistischer Intentionen wieder an Bedeutung gewinnen dürften. Einige Ergebnisse der Untersuchungen über die Wiener Altstadt und die Ringstraße seien hier eingeblendet.

1. Die in der Literatur öfters geäußerte Meinung über die Bedeutung des im Haus wohnenden Hausbesitzers für die Stadterneuerung ist sicher richtig für die Verhältnisse in Kleinstädten und kleinen Mittelstädten. In Wien sind die im Haus wohnenden Hausbesitzer jedoch bereits in der Minderheit. Ihre genaue Zahl ist nicht bekannt. Sie treten im wesentlichen nur mehr in zwei Bereichen auf, und zwar einerseits im Altbaubestand der ehemaligen Vorstädte und Vororte – dort, wo sich die Einheit von Hausbesitz und Betrieb erhalten konnte – und andererseits im Randbereich der äußeren Bezirke, wo Kleinmiethäuser aus Gründen der familialen Kontinuität des Hausbesitzes noch von den Eigentümern bewohnt werden. Diese Häuser befinden sich dann zumeist in gutem Zustand, wie man selbst bei Bassenahäusern, etwa in Floridsdorf, beobachten kann.

Eine zahlenmäßig geringe, neue Gruppe von Hausbesitzern ist aufgrund der Kreditvergabe durch die öffentliche Hand im Entstehen. Es handelt sich dabei um finanztechnisch versierte Personen, welche alle Möglichkeiten der Förderung von Wohnungszusammenlegungen, Einbau von Liftanlagen und Ausbau von Dachböden wahrnehmen und am Erwerb von Kleinmiethäusern in guter Lage interessiert sind, um hier mit relativ geringem Eigenkapital günstig zu Miethausbesitz und eigener Großwohnung zu gelangen.

Hausweise Mischformen zwischen Hauseigentum und Wohnungseigentum haben nur punktuelle Bedeutung. Es handelt sich dabei um die jüngst entstandene Praxis von Hausbesitzern, einzelne ihrer bisherigen Mietwohnungen als Eigentumswohnungen zu verkaufen.

Absentismus und Mehrfachbesitz, haben in Wien eine lange Vergangenheit. Der Absentismus der Hausbesitzer wurzelt bereits im Zuhauswesen des 16. Jahrhunderts, und in der Mitte des 19. Jahrhunderts (1849) hatte schon über ein Viertel der Miethäuser in der Altstadt mehrere Eigentümer. Bereits in der Gründerzeit kam es ferner zu einer Anonymisierung des privaten Hausbesitzes. Realkanzleien übernahmen schon damals die Verwaltung der Häuser in der Innenstadt. Es verdient Beachtung, daß sich gegenwärtig im gründerzeitlichen Stadtgebiet 27,3 v. H. der Objekte in der Hand von mehreren Eigentümern befinden, und damit – dies mag ein Zufall sein – der gleiche Anteil, wie er bereits 1849 in der Wiener Altstadt nachgewiesen werden konnte[1]. Es ist richtig, daß eine „Fossilisierung“ der Besitzstrukturen durch die Mieterschutzgesetzgebung erfolgt ist, welche einen Konzentrationsprozeß des Hausbesitzes entscheidend hintangehalten hat. Nur aufgrund dieser „traditionellen“ enormen Zersplitterung des privaten Hausbesitzes in Wien kann überhaupt „sanfte Stadterneuerung“ realisiert

---

[1] Vgl. LICHTENBERGER 1977, S. 153, Tabelle 41.

werden, die beim Vorhandensein großer Kapitalgesellschaften im Hausbesitz sicher nicht möglich wäre.

2. Als neue Interessenten am Hausbesitz traten bereits in der Gründerzeit im System der kapitalistischen Wohnungswirtschaft in der Wiener Innenstadt juristische Personen auf, wie Baugesellschaften, Hypothekenbanken, Versicherungen und dergleichen. Im Jahr 1910 befanden sich von den Miethäusern in der Altstadt rund 16 v. H. und in der Ringstraßenzone 12 v. H. in der Hand von juristischen Personen[2]. Vergleichen wir damit die gegenwärtige Situation. 1981 befanden sich rund 30 v. H. der Miethäuser in der Innenstadt im Eigentum von juristischen Personen, im gesamten gründerzeitlichen Stadtgebiet waren es freilich nur 6 v. H. Aufgrund der Mieterschutzgesetzgebung und des jahrzehntelangen Mietenstopps ist die Kapitalanlage im Hausbesitz für juristische Personen nicht rentabel gewesen.

3. Erst in der Nachkriegszeit sind im gründerzeitlichen Stadtgebiet durch die Neubautätigkeit und den Ankauf von Objekten weitere Bauträger zum privaten Hausbesitz getreten. Die seither entstandene Struktur polarisiert sich zwischen dem Gemeindeeigentum (14,2 v. H.) und den Eigentumswohnungen (11,0 v. H.). Nichtsdestoweniger befinden sich noch über 60 v. H. des Wohnbaubestandes im gründerzeitlichen Stadtgebiet im Privateigentum, sodaß die Intentionen privater Hausbesitzer für die Prozesse von Stadtverfall und Stadterneuerung mengen- und flächenmäßig entscheidend sind (vgl. Anm. 18).

Die Tabelle III/9 gestattet folgende akzentuierte Aussagen:

1. Der Verfallszustand vieler Wiener Miethäuser wird der Mieterschutzgesetzgebung, den geringen Mieteinnahmen und damit geringen Investitionsmöglichkeiten der privaten Hausbesitzer zugeschrieben. Sicher zu Recht. Eine Verbesserung des Ertrags von Miethäusern durch geänderte Rahmenbedingungen der Wohnungspolitik (vgl. oben) könnte die Investitionsbereitschaft der Hausbesitzer weiter ankurbeln. Die Analyse belegt das grundsätzliche Bestehen einer Investitionsbereitschaft, wenn auch die Zahl der komplett erneuerten Objekte zum Erhebungszeitpunkt noch nicht die der Häuser in schlechtem Zustand erreicht hat. Ferner stand dem mengenmäßig noch größeren Bestand an Häusern, in denen einzelne Wohnungen und Betriebe leerstanden, eine sogar etwas größere Zahl von in Ordnung befindlichen Objekten gegenüber.

2. Während die juristischen Personen als Hausbesitzer insgesamt im Baubestand nur einen geringen Anteil haben (vgl. oben), besetzen sie weit überproportional die „potentielle Abbruchsfront" mit Anteilswerten von rund 15 v. H. bei abbruchreifen und teilweise leerstehenden Objekten. Es ist naheliegend, darin ein Potential für eine künftige Bautätigkeit für renditeträchtige Objekte zu erblicken.

3. Auch die Gemeinde besitzt Bauten im Altbaubestand, wobei die Interpretation der Bedeutung der Objekte in schlechtem Bauzustand bzw. mit einzelnen leerstehenden Wohnungen und Betrieben schwierig ist. Handelt es sich hier um eine

---

[2] Vgl. ibid., S. 224, Tabelle 59.

Tabelle III/9: **Die Partizipation der institutionellen Bauträger am Stadtverfall und der Stadterneuerung**

Erhebungs-kategorie	Priv. Alleineigentümer	Mehrere Eigentümer	Eigentumswohnungen	Gemeinde	Gemeinnützige Wohnbauvereinig.	Sonst. jurist. Pers.	Sonstige	Summe
Parzelle frei	31 *0,1*	23 *0,1*	5 *0,0*	23 *0,1*	6 *0,0*	9 *0,0*	8 *0,0*	105 *0,4*
ALTBAUTEN VERFALL								
Objekt abbruchreif	35 *0,1*	23 *0,1*	3 *0,0*	3 *0,0*	1 *0,0*	13 *0,0*	9 *0,0*	87 *0,3*
Objekt teilweise leer	120 *0,4*	99 *0,4*	9 *0,0*	15 *0,0*	4 *0,0*	49 *0,2*	14 *0,0*	310 *1,1*
Einzelne Wohn. u. Betriebe leer	2.030 *7,4*	1.707 *6,2*	121 *0,4*	126 *0,5*	21 *0,1*	310 *1,1*	253 *0,9*	4.568 *16,6*
Zustand schlecht	1.017 *3,7*	842 *3,1*	45 *0,2*	174 *0,6*	10 *0,0*	125 *0,4*	114 *0,4*	2.327 *8,5*
Zwischensumme in Prozent	3.202 *11,6*	2.671 *9,8*	178 *0,6*	318 *1,1*	36 *0,1*	497 *1,8*	390 *1,4*	7.292 *26,5*
IN ORDNUNG								
Vorwiegend Wohnhaus	2.395 *8,7*	1.970 *7,2*	254 *0,9*	295 *1,1*	60 *0,2*	284 *1,0*	209 *0,8*	5.467 *19,9*
Mischfunktion	2.197 *8,0*	1.937 *7,0*	150 *0,5*	68 *0,2*	11 *0,0*	497 *1,8*	271 *1,0*	5.131 *18,6*
Betriebsobjekt	76 *0,3*	41 *0,1*	13 *0,0*	17 *0,1*	1 *0,0*	56 *0,2*	35 *0,1*	239 *0,9*
komplette Erneuerung	905 *3,3*	742 *2,7*	46 *0,2*	220 *0,8*	14 *0,0*	156 *0,6*	72 *0,3*	2.155 *7,8*
Zwischensumme in Prozent	5.573 *20,3*	4.690 *17,0*	463 *1,7*	600 *2,2*	86 *0,3*	993 *3,6*	587 *2,1*	12.992 *47,2*
NEUBAU								
Mischfunktion	318 *1,2*	119 *0,4*	2.331 *8,5*	2.963 *10,8*	958 *3,5*	132 *0,5*	173 *0,6*	6.994 *25,4*
Betriebsobjekt	27 *0,1*	11 *0,0*	42 *0,2*	11 *0,0*	9 *0,0*	22 *0,1*	4 *0,0*	126 *0,5*
Zwischensumme in Prozent	345 *1,3*	130 *0,4*	2.373 *8,6*	2.974 *10,8*	967 *3,5*	154 *0,6*	177 *0,6*	7.120 *25,9*
GESAMTSUMME in Prozent	9.151 *33,3*	7.514 *27,3*	3.019 *11,0*	3.915 *14,2*	1.095 *4,0*	1.653 *6,0*	1.162 *4,2*	27.509 *100,0*

* Bei der Erhebungskategorie Parzelle frei handelt es sich um Grundstücke, auf denen 1981 noch Wohnbauten gestanden sind. Die Angaben beziehen sich auf diese Wohnbauten.

gezielte Aufkaufsstrategie der Gemeinde? Eine Detailanalyse wäre zur Beantwortung dieser Frage notwendig, ebenso bezüglich des Anteils an den abbruchreifen und teilweise leerstehenden Objekten. Es stellt sich die Frage: Ist hier Abbruch oder sanfte Stadterneuerung geplant? Die Aufkaufstendenz der Gemeinde steht jedenfalls mit einem Anteil von 21,9 v. H. an den freien Parzellen zu Buche.

6.2. Die Effekte der Bauträger in den inneren und äußeren Bezirken

Bereits im vorangegangenen Kapitel wurde auf die unterschiedlichen Probleme des Verfalls und der Erneuerung in den inneren und äußeren Bezirken bezüglich der Elemente der baulichen Struktur eingegangen. Figur III/15 dokumentiert nunmehr die Effekte der Bauträger. Zunächst die Hauptunterschiede:

1. Mit einem Anteil von 9,4 v. H. am Baubestand und von 19,3 v. H. an den leerstehenden Objekten haben die juristischen Personen in den inneren Bezirken wesentlich größere Bedeutung als in den äußeren, wo sie mit einem Gesamtanteil von 3,3 v. H. selbst von der im Wiener Wohnungsbestand nur mäßig bedeutenden Gruppe der gemeinnützigen Bauvereinigungen (5,4 v. H.) übertroffen werden. Wie gering das Interesse von juristischen Personen an der Errichtung von neuen Wohnbauten ist, belegt der Anteil von 3,7 v. H. in den inneren und nur 1,3 (!) v. H. in den äußeren Bezirken.

2. Es überrascht nicht, daß auch der private Hausbesitz in der Hand von mehreren Eigentümern in den inneren Bezirken mit 29,1 v. H. höher ist als in den äußeren Bezirken (25,9 v. H.). Nur der Anteil der privaten Alleineigentümer ist in beiden Bereichen mit rund einem Drittel nahezu identisch.

3. Die genannten Gegenspieler der neuen Bautätigkeit, kommunaler Wohnungsbau und Eigentumswohnungsbau, haben in den äußeren Bezirken des gründerzeitlichen Stadtgebietes wesentlich stärker Fuß fassen können als in den inneren. In letzteren beträgt der Anteil der Gemeinde nur 10,1 v. H. und der Gesamtbestand aller zur Gänze oder teilweise mit öffentlichen Mitteln arbeitenden Institutionen (Gemeinde, Bund, Eigentumswohnbau, Genossenschaften) nur ein knappes Viertel (23,1 v. H.), in den äußeren Bezirken hingegen mehr als ein Drittel (35,5 v. H.).

Stellen wir diese Aussagen nun in den Zusammenhang von Stadtverfall und Stadterneuerung, so ergeben sich weitere wichtige Akzente:

1. Diese betreffen vor allem die privaten Alleineigentümer, deren Gesamtanteil, wie erwähnt, in beiden Stadträumen rund ein Drittel beträgt. In den äußeren Bezirken sind sie es jedoch, die, sei es aus Gründen des Fehlens von finanziellen oder persönlichen Ressourcen, einen wesentlich höheren Anteil an allen Kategorien des Verfallssyndroms aufweisen, wobei vor allem der über 50 v. H. betragende Anteil an den Bauten in schlechtem Zustand Hervorhebung verdient. Zum Unterschied davon entspricht in den inneren Bezirken der Anteil dieser Kategorie dem Stadt-

Figur III/15: **Die Partizipation der institutionellen Bauträger am Stadtverfall und der Stadterneuerung in den inneren und äußeren Bezirken**

INNERE BEZIRKE

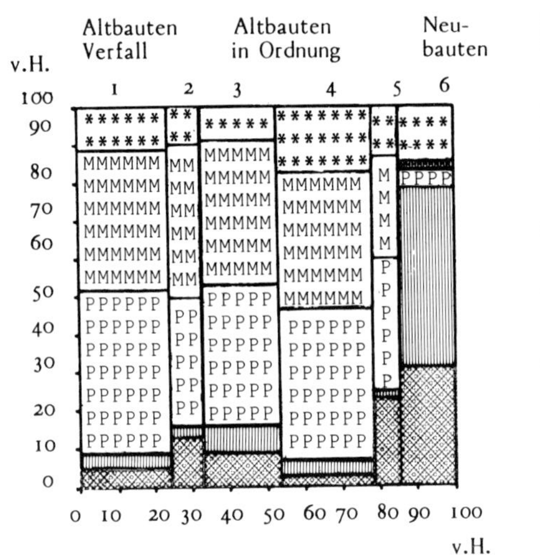

Kategorien von Verfall und Erneuerung

Altbauten Verfall

1 Objekte abbruchreif überwiegend leer, einzelne Wohnungen und Betriebe leerstehend

2 Zustand schlecht

Altbauten in Ordnung

3 Wohnhaus

4 Mischfunktion und Betriebsobjekte

5 komplette Erneuerung

Neubauten

6 Mischfunktion und Betriebsobjekte

ÄUSSERE BEZIRKE

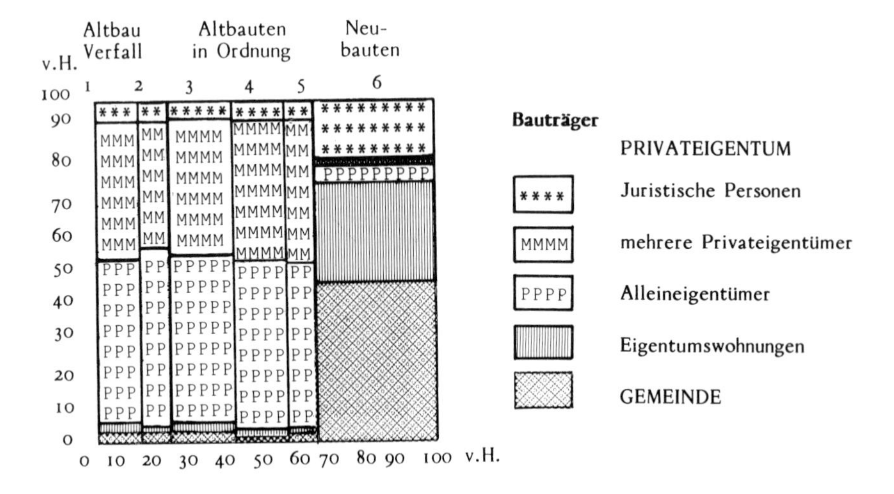

mittel. Die privaten Alleineigentümer von Miethäusern bedürfen daher in den äußeren Bezirken – diese Aussage verdient spezielle Hervorhebung – der besonderen Aufmerksamkeit von seiten der für die Stadterneuerung zuständigen politischen Entscheidungsträger, da in dieser Gruppe die Eigeninitiative für Investitionen – und vermutlich auch Kreditaufnahme – nachweislich, und dies sei als mengenstatistisch gesicherte Aussage unterstrichen, zu gering ist. Es läßt sich nachweisen, daß in den äußeren Bezirken die Häuser mit mehreren Eigentümern hinsichtlich des Bauzustandes relativ besser abschneiden. Diese Aussage bedeutet nicht, daß private Alleineigentümer die gebotenen staatlichen Hilfen für die komplette Erneuerung grundsätzlich nicht akzeptieren, sie tun dies nur in unterdurchschnittlichem Ausmaß.

2. Bei den juristischen Personen, welche gegenwärtig noch eine deutliche stadtzentrumsorientierte Besitzstruktur aufweisen, läßt sich feststellen, daß ihre Aufkaufsinitiativen die Abbruchfronten beider Stadträume in gleicher Weise betreffen. Auch diese Feststellung verdient im Zusammenhang mit künftigen privatwirtschaftlichen Intentionen im Stadtraum Beachtung.

3. Auch die Gemeinde Wien konzentriert ihre Interessen beim Ankauf freier Parzellen auf beide Stadtgebiete. Mit dem Problem des Verfalls und des Leerstehens von einzelnen Wohnungen und Betrieben ist sie in den inneren Bezirken stärker belastet als in den äußeren. Es muß offenbleiben, ob sich hinter dieser Feststellung eine spezifische Aufkaufstendenz von Häusern in schlechtem Bauzustand und daher mit niedrigem Marktwert verbirgt. Die Summierung aller Verfallskategorien im Gemeindeeigentum in den inneren Bezirken ergibt den immerhin beachtlichen Wert von 27,2 (!) v. H. an der Gesamtzahl von 1.247 im Gemeindebesitz befindlichen Häusern in den inneren Bezirken. Dem steht ein Erneuerungsanteil von 21,9 v. H. gegenüber. Wir können damit feststellen, daß die Gemeinde Wien in den inneren Bezirken als Hauseigentümer doch in Recht beachtlichem Umfang sowohl in den Verfalls- als auch in den Erneuerungsvorgang involviert ist.

6.3. Die Assoziation der Bauträger im Stadtgebiet

Die Umsetzung der Einzelaussagen über die Eigentumsverhältnisse im Baubestand bindet in zwei räumliche Aussagensysteme ein:

1. in das duale Stadtmodell von Wien und
2. in das räumliche Muster potentieller Stadterneuerungsgebiete.

Das Grundprinzip des dualen Stadtmodells von Wien mit der Ausgliederung des gründerzeitlichen Stadtgebietes als „Innenstadt" folgt einem zentral-peripher orientierten Gradienten. Konkret bedeutet dies im Hinblick auf die Nutzung die Abfolge von City – Citymantelgebiet – zu sektoral aufgespaltenen Mischgebieten mit Arbeitsstätten des tertiären und sekundären Sektors. Im Sozialraum der Stadt wurde auf die Persistenz der zentral-peripheren Abfolge von Nobelmiethäusern über Mittelstandsmiethäuser bis zu den Arbeitermiethäusern verschiedentlich hingewiesen.

Dementsprechend ist bei den Eigentumsverhältnissen am Baubestand ebenfalls ein zonales Muster – mit untergeordneten sektoralen Bestandteilen – zu erwarten.

Wie oben ausgeführt, haben die privaten Hausbesitzer durch zwei unterschiedliche Interessengruppen eine Reduzierung ihres Bestandes erfahren. Mit der Citybildung steht der Anteil der juristischen Personen am Hausbesitz im Zusammenhang, der ein zentrumsorientiertes Standortmuster aufweist. Der wesentlich später auftretende räumliche Gegenspieler hierzu ist die Gemeinde und der im Schatten der kommunalen Wohnbautätigkeit agierende genossenschaftliche Wohnungsbau. Das Hauptfeld beider Gruppen ist die zwischen- und nachkriegszeitliche Außenstadt. Von diesem Terrain aus stoßen sie gegen das Zentrum vor. Auch ihre Expansion beschneidet die Flächen und ebenso die Zahl der in Privathand befindlichen Miethäuser.

Eine Sonderstellung besitzt der Eigentumswohnungsbau. Seine Standortwahl erfolgt zum Großteil komplementär zum kommunalen und genossenschaftlichen Wohnungsbau. Sie wird gekennzeichnet durch

- die Einbindung in den Citymantel in den inneren Bezirken,
- durch das verstärkte Auftreten im Anschluß an Geschäftsstraßen in den äußeren Bezirken (vgl. Anm. 19),
- ökologische Nischenlagen (vgl. Anm. 20).

Die Karte III/16 belegt die zentrierte zonale Struktur der Eigentumsverhältnisse des Miethausbestandes:

1. Das Zentrum der City, d.h. der I. Bezirk, wird bestimmt durch den hohen Anteil von juristischen Personen am Baubestand (über 25 v. H.). Auslieger sind in den zentrumsnahen Teilen des IV. und VIII. Bezirkes vorhanden.

2. Um die City schließt der Citymantel an, der durch den überdurchschnittlichen Anteil der juristischen Personen (über 10 v. H.) definiert wird und sektoral ausgreift, wobei zwischen den Sektoren Flächen mit hohem Anteil von Häusern im privaten Alleinbesitz liegen.

3. Als nächste Zone schließt die Zone mit hohem Anteil von Alleineigentümern (über 35 v. H.) bei einem ingesamt zu über 80 v. H. in Privathand befindlichen Altbaubestand an.

Das Zerreiben des privaten Hausbesitzes durch zwei Tendenzen, auf der einen Seite die Entwicklung des tertiären und quartären Sektors und den Eigentumswohnungsbau und auf der anderen Seite, von der Peripherie her, das Aufrollen durch den kommunalen Wohnungsbau und genossenschaftliche Wohnbauträger, sind im räumlichen Muster deutlich zu erkennen. Der private Hausbesitz wird damit von zwei Seiten her in die Zange genommen. Darin besteht das Spezifikum des dualen Wiener Stadtmodells.

Im ersten Vorgang spiegelt sich die Wiener Variante des im internationalen Vergleich wichtigen Prozesses der Quartärisierung der Wirtschaft und der Gentrification, während im zweiten Vorgang der Zugriff der sozialistischen Stadtverwaltung auf den älteren Baukörper der Stadt von der Außenstadt aus zu erkennen ist.

4. Die Standortwahl des Gemeindebaus ist durch den Anschluß an die zwischen- und nachkriegszeitliche Außenstadt gleichsam „vorprogrammiert“. Von hier

Karte III/16: **Verteilung der Assoziation von Bauträgern am Baubestand 1981**

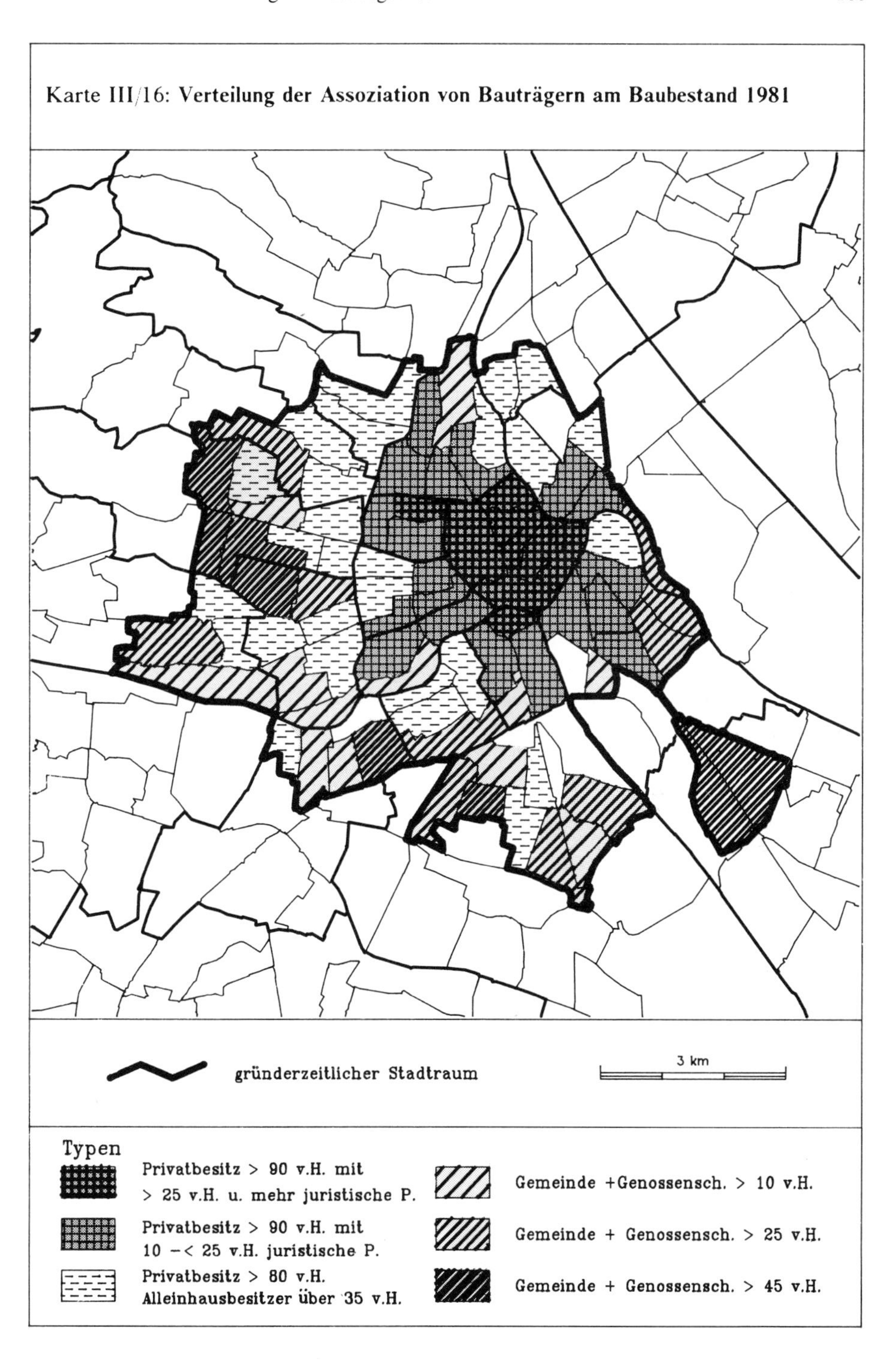

aus greift er mit unterschiedlicher Intensität, die durch Abstufung der Anteile von über 45 v. H., 25 bis 45 v. H. und 10 bis 25 v. H. auf der Karte ausgewiesen ist, in Richtung auf den privaten Miethausbestand vor.

Zwei größere „resistente Areale des privaten Miethausbesitzes" geben sich zu erkennen, es handelt sich um zwei Abschnitte in den äußeren Bezirken, der eine umfaßt, vom Westbahnhof ausgehend, Teile des XV. Bezirks und greift in den XIV. Bezirk aus, das zweite große Areal reicht vom XVI. bis zum XVIII. Bezirk.

Blendet man an dieser Stelle zurück zur Ausgrenzung der potentiellen Stadterneuerungsgebiete (vgl. Karte III/13), so gelangt man zu der sehr wichtigen Aussage, daß es in erster Linie die Areale mit hohem Anteil der Alleinbesitzer im Miethausbestand sind, welche durch überdurchschnittliche Verfallsquoten auffallen und als potentielle Stadterneuerungsgebiete ausgewiesen wurden, die mit öffentlichen Mitteln erneuert werden müssen.

An dieser Stelle sei innegehalten. Das Stichwort lautet: Marginalitätssyndrom. In der Literatur über Stadterneuerung wird es als Dachbegriff unter Bezug auf die in baulich verfallenden Strukturen lebende Bevölkerung verwendet. In der Wiener Situation sollte man auch die Hausbesitzer hier dazurechnen, die nicht die persönlichen und ökonomischen Ressourcen besitzen, um mit dem Verfall ihrer Häuser und der Marginalisierung der Bewohner fertigzuwerden.

Die Wohnungsfrage ist stets als die entscheidende Frage der Stadtentwicklungspolitik angesehen worden. An einer politischen Zeitenwende stellt sich diese immanente Frage erneut, nicht zuletzt unter dem Damoklesschwert der „neuen Wohnungsnot" und einer erst in Anfängen faßbaren „Wohnungsnot der ausländischen Zuwanderer." Auf diese Frage soll in Abschnitt 8 eingegangen werden.

7. Stadtverfall und Stadterneuerung in der dritten Dimension

7.1. Die Effekte der Bauhöhe. Eine statistische Analyse

Die dritte Dimension ist in der umfangreichen Literatur über Stadtverfall und Stadterneuerung bisher so gut wie völlig ausgeblendet worden. Auch in allen kartographischen Darstellungen wurde nur eine Projektion auf die Grundfläche vorgenommen. Nun sind Städte jedoch dreidimensionale physische Gebilde, und es stellt sich damit die Frage, in welcher Form die Verfalls- und Erneuerungsphänomene in der vertikalen Dimension des Baukörpers zum Tragen kommen.

Mehrere Informationszugänge sind möglich:

1. Dank der Zusammenbindung der Daten der Häuserzählung 1981 mit den Kategorien der Hauserhebung kann die Frage nach dem Effekt der Geschoßzahl durch eine mengenstatistische Analyse beantwortet werden: Sind niedrigere oder höhere Häuser eher vom Verfall betroffen, werden niedrigere oder höhere Häuser eher komplett saniert?

2. Durch die Auswertung des Hauserhebungsbogens ist eine nach Geschossen differenzierte Aussage möglich. Während im ersten Fall die Geschoßzahl als Merkmal von Häusern analysiert wird, lautet hier die Frage: Wo tritt Blight *im* Haus auf, welche Geschosse im Haus sind davon besonders betroffen?

3. Zur Frage nach den in der vertikalen Dimension des Baukörpers der Stadt ablaufenden Umschichtungen von Gesellschaft und Nutzung sei anhand vorliegender Primäruntersuchungen Stellung genommen.

In allen bisherigen Analysen haben sich folgende Gruppierungen ergeben: Freie Parzellen, abbruchreife Bauten und teilweise leerstehende Objekte haben sich stets vom anderen Baubestand separiert. Ebenso haben die Neubauten Veränderungen in der Kubatur bewirkt. Im Altbaubestand sind ferner Unterschiede durch die vorherrschende Wohn- bzw. Betriebsfunktion aufgetreten.

Da die Entwicklung des Baukörpers im 19. Jahrhundert durch ein schrittweises Höherziehen der zulässigen Traufhöhe und damit eine Zunahme der Geschoßzahl der Häuser gekennzeichnet war, ist zu erwarten, daß entsprechend dem „Altersblight" in überproportionalem Ausmaß niedrige Häuser, d.h. zwei- und dreigeschossige Reihenhäuser, abgerissen werden. Dementsprechend müßten auf den heute freien Parzellen vorher niedrige Häuser gestanden sein, ebenso müßten die abbruchreifen Häuser und die, welche teilweise leerstehen, sich in die Gruppe der niedrigen Bauten einreihen.

Diese scheinbar selbstverständliche Überlegung wird jedoch durch die Analyse nur teilweise bestätigt. Die gängige Vorstellung, daß in erster Linie niedrige Bauten, darunter weit überproportional zwei- und dreigeschossige Reihenhäuser, der Spitzhacke anheimfallen, trifft wohl zu, wenn man die abbruchreifen Häuser mustert, trifft jedoch nicht zu, wenn man die auf heute freien Parzellen seit 1981 abgebrochenen Häuser betrachtet. Die Aufstellung zeigt, daß auch sechs- und mehrgeschossige Objekte abgebrochen wurden, d. h. anders ausgedrückt, daß der konkrete Abbruchsprozeß nicht nur von der bautechnischen Abbruchreife (und bei dieser wieder von Baualter und Geschoßzahl), sondern auch von anderen Faktoren gesteuert wird, wie z. B. den Interessen von Institutionen, Körperschaften, Betrieben usf., sodaß letztlich auch nicht abbruchreife Objekte abgebrochen werden. Nur die abbruchreifen und die teilweise leerstehenden Objekte verhalten sich entsprechend der obigen Annahme. Während bei den abbruchreifen Häusern der Anteil von zweigeschossigen Bauten überdurchschnittlich hoch ist, stehen Bauten mit drei Geschossen in überproportionalem Ausmaß teilweise leer.

2. Selbstverständlich muß auch im Zusammenhang mit dem Vertikalaufbau der Stadt die Frage gestellt werden, welche Bauten mit welcher Geschoßzahl für die „sanfte Stadterneuerung" besonders geeignet sind und ob und in welchem Umfang sie sich von den Objekten unterscheiden, die sich bei der Erhebung in schlechtem Zustand befunden haben. Das in Form eines Diagramms präsentierte Resultat überrascht außerordentlich (vgl. Fig. III/16).

Es bildet die wichtige Aussage ab, daß der Verfall von Bauten bzw. die Erneuerung von Altbauten *nicht* von der Geschoßzahl abhängig ist. Das Diagramm dokumentiert den nahezu identischen Vertikalaufbau der beiden Erhebungskategorien! Als Mengenproblem definiert, ist demnach der schlechte Bauzustand ebenso wie die komplette Erneuerung nicht über Effekte der Bauhöhe zu erklären.

Figur III/16: **Die Geschoßzahl von Häusern in schlechtem Zustand und von komplett erneuerten Häusern**

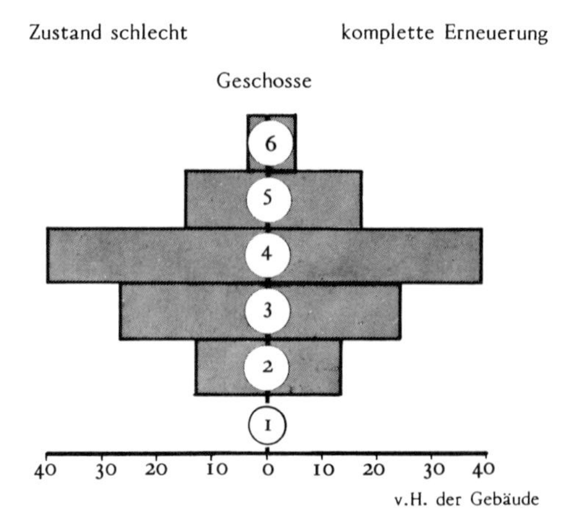

3. Auf die Sonderstellung von Neubauten wurde bereits mehrfach hingewiesen. Erinnert sei an die Aussage über die Reduzierung der verbauten Fläche durch die Neubautätigkeit aufgrund der Vorschriften der Bauordnung über die „lichte Weite“ bei der Positionierung von Baukörpern auf einer Parzelle. Die Kompensation des Verlusts an verbauter Fläche durch die Zunahme der Geschoßzahl ist offensichtlich. Wie ist eine derartige Zunahme nun überhaupt möglich, ohne die ruhige Horizontale der Traufhöhe völlig zu zerstören? Die Antwort auf diese Frage lautet: aus der Reduzierung der Geschoßhöhe bei Neubauten im Vergleich zu Altbauten. Dadurch ist es möglich, bei gleicher Traufhöhe sechsgeschossige Neubauten dort unterzubringen, wo viergeschossige Wohnhäuser der Gründerzeit gestanden sind, wie in den äußeren Bezirken, bzw. Neubauten mit acht Geschossen unauffällig in die Front der vierstöckigen, mit einem Mezzanin (Halbstock) ausgestatteten Wohnhäuser in den inneren Bezirken einzufügen. Die Tabelle III/10 belegt diese Form des Höhenwachstums des Baukörpers durch die Neubautätigkeit recht eindrucksvoll. Rund 40 v. H. aller Neubauten weisen sechs und mehr Geschosse auf. Bei den Altbauten haben viergeschossige Objekte – unabhängig vom Bauzustand (vgl. oben) – denselben v. H.-Anteil, konkret bedeutet somit die Neubautätigkeit ein „Hinaufziehen“ der Bauhöhe um zwei Geschosse.

Auf die Variabilität der Innenhofgestaltung im Rastersystem wurde oben eingegangen. Es besteht jedoch auch eine Variationsbreite in der Ausnützung der dritten Dimension. Wir stehen vor dem Paradoxon, daß einerseits die innere Abwandlungsmöglichkeit gegen die Hofräume beschnitten wird, während andererseits die in der Vergangenheit nicht genutzten Potentiale in der dritten Dimension realisiert werden, d. h.: Während von Auflockerung gesprochen wird, wird der Ausbau von Dachböden zu Mansardenwohnungen gefördert.

4. Unter den in Ordnung befindlichen Altbauten sind die Objekte mit Mischfunktion stets im Hinblick auf die Parzellengröße und die verbaute Fläche etwas geräumiger gewesen, es ist daher nicht überraschend, daß sie auch in vertikaler Hinsicht „etwas mehr Raum beanspruchen“.

Die Figur III/17 dokumentiert die Differenzierung der Bauhöhe in den inneren und äußeren Bezirken. Das Bauhöhenprofil besitzt nach wie vor an der Grenze zwischen beiden Stadträumen eine deutliche Stufe, welche auch durch die Neubautätigkeit akzentuiert wird. Während in den inneren Bezirken 68,4 v. H. der Neubauten mit sechs und mehr Geschossen errichtet wurden, sind im gleichen Zeitraum in den äußeren Bezirken nur 30 v. H. aller Neubauten mit fünf und mehr Geschossen ausgestattet worden.

Höhere Bauten haben in den inneren Bezirken auch eine bessere Chance, im Rahmen der sanften Stadterneuerung saniert zu werden, als niedrigere. In den äußeren Bezirken besteht dagegen eine „Chancengleichheit“ von niedrigeren und höheren Bauten, am Erneuerungsprozeß zu partizipieren. In den inneren Bezirken bindet die Aussage ein in die Feststellung eines höheren Partizipationsgrades von spätgründerzeitlichen Bauten am Erneuerungsprozeß (vgl. oben). Da der Vorgang der kompletten Erneuerung von Altbauten in den inneren Bezirken eher höheren und jüngeren Gründerzeitbauten zugutekommt, führt die sanfte Stadterneuerung indirekt zu weiterer Verdichtung und – wenn man die bausoziale Qualität der

Tabelle III/10: **Die Effekte der Bauhöhe auf Stadtverfalls- und Erneuerungsprozesse**

	ZAHL DER GESCHOSSE							
Erhebungs-kategorie	1	2	3	4	6 und mehr	unbe-kannt	Summe	
Parzelle frei	9	27	22	29	8	13	–	105
	0,0	*0,1*	*0,1*	*0,1*	*0,0*	*0,0*		*0,4*
ALTBAUTEN VERFALL								
Objekt	5	31	19	27	5	–	–	87
abbruchreif	*0,0*	*0,1*	*0,1*	*0,1*	*0,0*			*0,3*
Objekt teil-	4	58	93	93	40	22	–	310
weise leer	*0,0*	*0,2*	*0,3*	*0,3*	*0,1*	*0,1*		*1,1*
Einzelne Wohn.	28	538	956	1.949	884	207	6	4.568
u. Betriebe leer	*0,1*	*2,0*	*3,5*	*7,1*	*3,2*	*0,7*	*0,0*	*16,6*
Zustand	22	312	629	946	349	67	2	2.327
schlecht	*0,1*	*1,1*	*2,3*	*3,4*	*1,3*	*0,2*	*0,0*	*8,5*
Zwischensumme	59	939	1.697	3.015	1.278	296	8	7.292
in Prozent	*0,2*	*3,4*	*6,2*	*11,0*	*4,6*	*1,1*	*0,0*	*26,5*
IN ORDNUNG								
Vorwiegend	32	544	1.232	2.276	1.034	346	3	5.467
Wohnhaus	*0,1*	*2,0*	*4,5*	*8,3*	*3,8*	*1,3*	*0,0*	*19,9*
Mischfunktion	44	650	1.069	2.057	1.006	304	1	5.131
	0,2	*2,4*	*3,9*	*7,5*	*3,7*	*1,1*	*0,0*	*18,7*
Betriebs-	9	75	60	43	29	22	1	239
objekt	*0,0*	*0,3*	*0,2*	*0,2*	*0,1*	*0,1*	*0,0*	*0,9*
komplette	26	270	511	869	363	116	–	2.155
Erneuerung	*0,1*	*1,0*	*1,9*	*3,2*	*1,3*	*0,4*	–	*7,8*
Zwischensumme	111	1.539	2.872	5.245	2.432	1.134	5	12.992
in Prozent	*0,4*	*5,6*	*10,4*	*19,1*	*8,8*	*4,1*	*0,0*	*47,2*
NEUBAU								
Mischfunktion	10	276	422	1.542	1.922	2.819	3	6.994
	0,0	*1,0*	*1,5*	*5,6*	*7,0*	*10,2*	*0,0*	*25,4*
Betriebs-	7	11	17	24	14	53	–	126
objekt	*0,0*	*0,0*	*0,1*	*0,1*	*0,1*	*0,2*	–	*0,5*
Zwischensumme	17	287	439	1.566	1.936	2.872	3	7.120
in Prozent	*0,1*	*1,0*	*1,6*	*5,7*	*7,0*	*10,4*	*0,0*	*25,9*
GESAMTSUMME	193	2.792	5.030	9.855	5.654	3.969	16	27.509
in Prozent	*0,7*	*10,1*	*18,3*	*35,8*	*20,6*	*14,4*	*0,1*	*100,0*

* Bei der Erhebungskategorie Parzelle frei handelt es sich um Grundstücke, auf denen 1981 noch Wohnbauten gestanden sind. Die Angaben beziehen sich auf diese Wohnbauten.

Figur III/17: **Die Effekte der Bauhöhe auf Stadtverfalls- und Stadterneuerungsprozesse in den inneren und äußeren Bezirken**

INNERE BEZIRKE

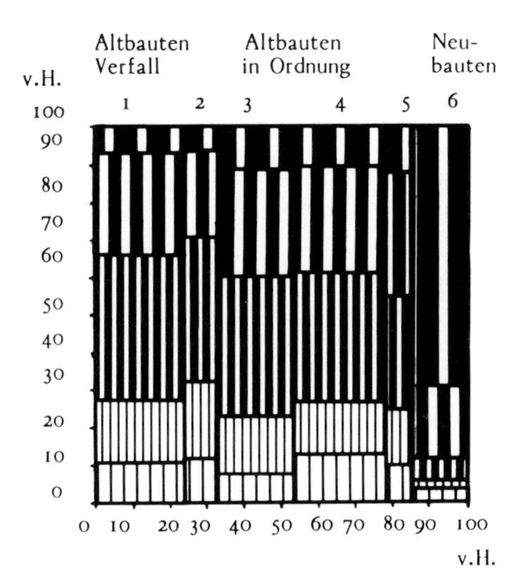

Kategorien von Verfall und Erneuerung

Altbauten Verfall

1 Objekte abbruchreif überwiegend leer, einzelne Wohnungen und Betriebe leerstehend

2 Zustand schlecht

Altbauten in Ordnung

3 Wohnhaus

4 Mischfunktion und Betriebsobjekte

5 komplette Erneuerung

Neubauten

6 Mischfunktion und Betriebsobjekte

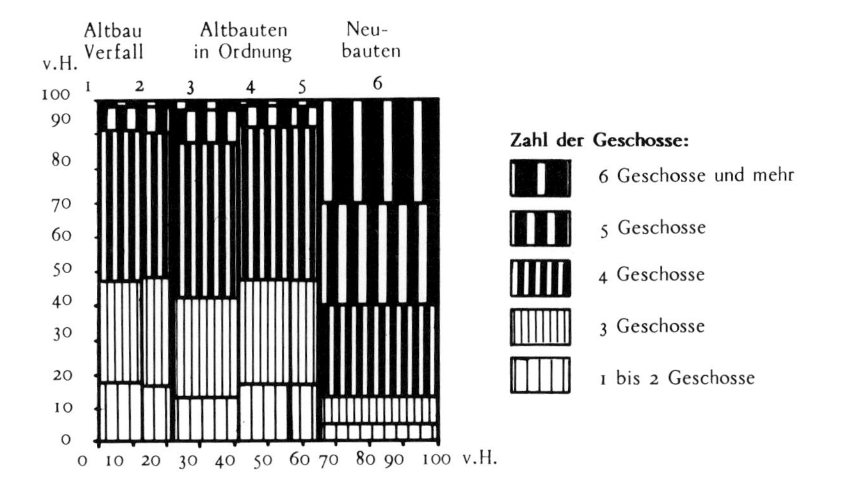

Spätgründerzeithäuser berücksichtigt – eher zu einer Beibehaltung der Wohnfunktion für mittlere und höhere Einkommensklassen der Bevölkerung.

7.2. Die vertikale Segregation von Gesellschaft und Nutzung

Die vertikale soziale Differenzierung von Gesellschaft und Nutzung zählt zu den ererbten Grundstrukturen des europäischen Städtewesens. Sie wurzelt in zwei Phänomenen:

1. Der Vorgang der vertikalen sozioökonomischen Differenzierung von Häusern beginnt in der mittelalterlichen Bürgerstadt, in der erstmals die Trennung zwischen Wohnen und Arbeiten in der vertikalen Nutzung des Gewerbebürgerhauses vollzogen wurde. Das Erdgeschoß diente zur Unterbringung von Werkstätten und Läden, die Wohnfunktion war dem ersten Stock bzw. später höheren Stockwerken vorbehalten. Diese Trennung erhielt sich unabhängig von den Besitzverhältnissen. Entsprechend der Wirtschaftsentwicklung ersetzten im Stadtzentrum weitere Produktionsstätten, Manufakturen und schließlich Büros die Wohnungen selbst in den oberen Geschossen. Aus der amtlichen Statistik des späten 19. Jahrhunderts läßt sich der vertikal fortschreitende Vorgang der Citybildung in Form der Umwandlung von Wohnungen in Büros nachweisen. Die einzelnen betrieblichen Funktionen – Einzelhandel, Werkstätten, konsumenten- und wirtschaftsorientierte Dienstleistungsbetriebe – separierten sich in ihrer Standortentwicklung im weiteren Verlauf jedoch zunehmend stärker voneinander.

Unter Bezug auf den Vertikalaufbau von Miethäusern lassen sich hierzu folgende Aussagen machen:

(1) Zunächst das Problem des Erdgeschosses: Wenn man von den jüngsten Entwicklungen absieht, war das Erdgeschoß in der Reihenmiethausverbauung stets die Domäne des Einzelhandels bzw. Kleingewerbes. Die Okkupation des zweiten Geschosses blieb ein Merkmal von echten Citygeschäften und hat auch in der Hochgründerzeit einen eigenen Typ des Wohn- und Geschäftshauses als architektonische Novität erzeugt. Es ergibt sich daraus, daß Wachstum und Rückgang des Einzelhandels in Vergangenheit und Gegenwart das Erdgeschoß besonders beeinflußt haben. Der Konzentrationsprozeß der Betriebe, die Änderung der Branchengruppierung und des Konsumverhaltens haben im Verein mit der Bevölkerungsabnahme einen enormen Commercial Blight zur Folge gehabt. Rund 9.000 Geschäfte wurden in der abgelaufenen Generation im gründerzeitlichen Stadtgebiet Wiens geschlossen. Für eine „sanfte Stadterneuerung" liegt ein bisher ungelöstes Problem vor. Die Frage lautet: Sollen generell Garagen die Stelle von Geschäften einnehmen, wie dies vereinzelt geschieht, oder überläßt man es der Initiative der einzelnen Hausbesitzer, Geschäfte, Werkstätten und Magazine in einer Zeit der unkontrollierten Zuwanderung von Ausländern mit unzureichendem Einkommen wieder in provisorische Wohnquartiere umzuwandeln?

Figur III/18: **Die vertikale Differenzierung von Blightphänomenen im I. und V. Bezirk**

(ANZAHL DER FENSTER PRO GESCHOß = 100)

1.BEZIRK

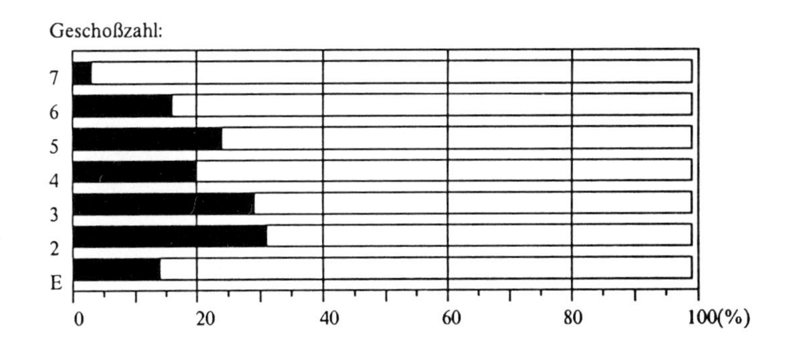

5.BEZIRK

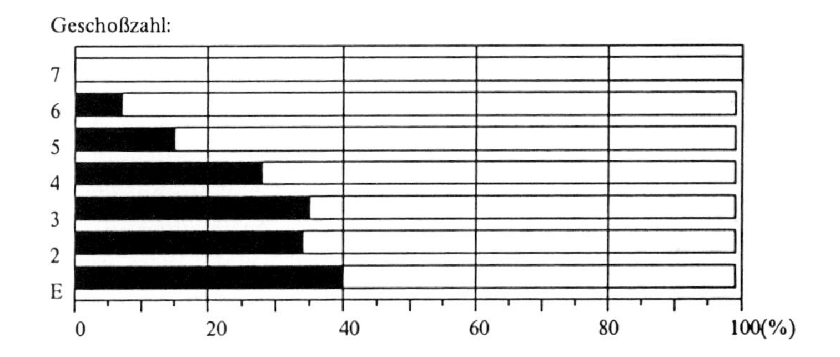

Zum Unterschied vom Einzelhandel haben sich nur ganz wenige Sektoren der wirtschaftsorientierten Dienste im Erdgeschoß niedergelassen, und zwar dann, wenn sie aufgrund der direkten Kundenorientierung den Zugang zum und die Zugänglichkeit vom Straßenraum aus benötigen, wie z. B. die Filialen von Sparkassen und Banken.

(2) Die große Mehrheit der Betriebe des wirtschaftsorientierten Dienstleistungssektors hat jedoch stets das Erdgeschoß gemieden und sich nach oben in den Häusern ausgebreitet, freilich – und dies sei als Sukzessionsregel hervorgehoben – nahezu ausschließlich auf Kosten von geräumigen, gut ausgestatteten Wohnungen. Dieser Vorgang, der als „Entfremdungsprozeß" die wirtschaftliche Standortdifferenzierung von Büros nach der Branchenstruktur in der Innenstadt bestimmt hat, steuert heute z. T. auch den Erneuerungsprozeß von Wohnhäusern in den inneren Bezirken, greift aber auch in gute Wohnlagen der äußeren Bezirke aus. Die Details der Prozesses sind unbekannt. Eine aktuelle Büroforschung fehlt.

2. Die *vertikale Differenzierung der Gesellschaft* in den Miethäusern des frühen 19. Jahrhunderts in Wien ist durch die Nestroysche Posse „Zu ebener Erd und erster Stock" in die Literaturgeschichte eingegangen. Danach hatte das Erdgeschoß als Wohnstandort stets ein relativ schlechtes Image, und der erste Stock war als Nobelstock dem Hausbesitzer vorbehalten. Durch den Absentismus der Hausbesitzer sind diese großen Wohnungen im ersten und teilweise im zweiten Stock bevorzugte Standorte für Büros geworden. Nun soll hier nicht auf Details der bausozialen Verschiebungen im Vertikalaufbau des Baukörpers eingegangen werden. Herausgehoben sei nur, daß vor dem Lifteinbau ab den 80er Jahren des 19. Jahrhunderts die vertikale Differenzierung der Sozialstruktur in allen Mittelschichthäusern ausgeprägt war. Nach oben hin nahm die Raumhöhe, die Wohnungsgröße und der Sozialstatus der Bewohner ab. Diese vertikale Differenzierung war nicht nur ein Merkmal von Wien, sondern ebenso in anderen Miethausstädten verbreitet. Sie läßt sich bereits bei den Patiohäusern im antiken Rom nachweisen. Der Aufzugseinbau hat in dieser Hinsicht revolutionierend gewirkt, und das Vorhandensein von Aufzügen stellt daher ein sehr wichtiges differenzierendes Merkmal des Altbaubestandes dar. Durch ihn ist bereits um die Jahrhundertwende eine „Gleichstellung" der oberen Stockwerke mit dem ersten und zweiten Stock erfolgt. Erst mit der zunehmenden Entwertung der unteren Geschosse durch die Emissionen des Individualverkehrs ist es zur gegenwärtigen deutlichen Besserbewertung der oberen Stockwerke – man muß hinzufügen: in allen Häusern mit Aufzügen – gekommen.

Diesen Zusammenhang illustrieren die Ergebnisse der hausweisen Erhebung der Blight-Phänomene anhand von Bezirksprofilen (vgl. Fig. III/18).

Der I. und der V. Bezirk wurden ausgewählt. Der I. Bezirk nimmt in bezug auf die Entwicklung im Erdgeschoß eine Sonderstellung ein. Nur hier konnte im letzten Jahrzehnt dank des Ausbaus von Fußgängerzonen und des U-Bahn-Baus der Einzelhandel Bedeutung – gemessen an der Zahl der Geschäfte – zurückgewinnen. Viele der in den 60er Jahren von der Verfasserin erhobenen geschlossenen Geschäfte sind im letzten Jahrzehnt renoviert und wieder eröffnet worden, und zwar meist von anderen Geschäftsinhabern und mit anderem Waren- und Dienstleistungsangebot.

Figur III/19: **Die vertikale Differenzierung der Gastarbeiter in der Miethausstruktur von Wien**

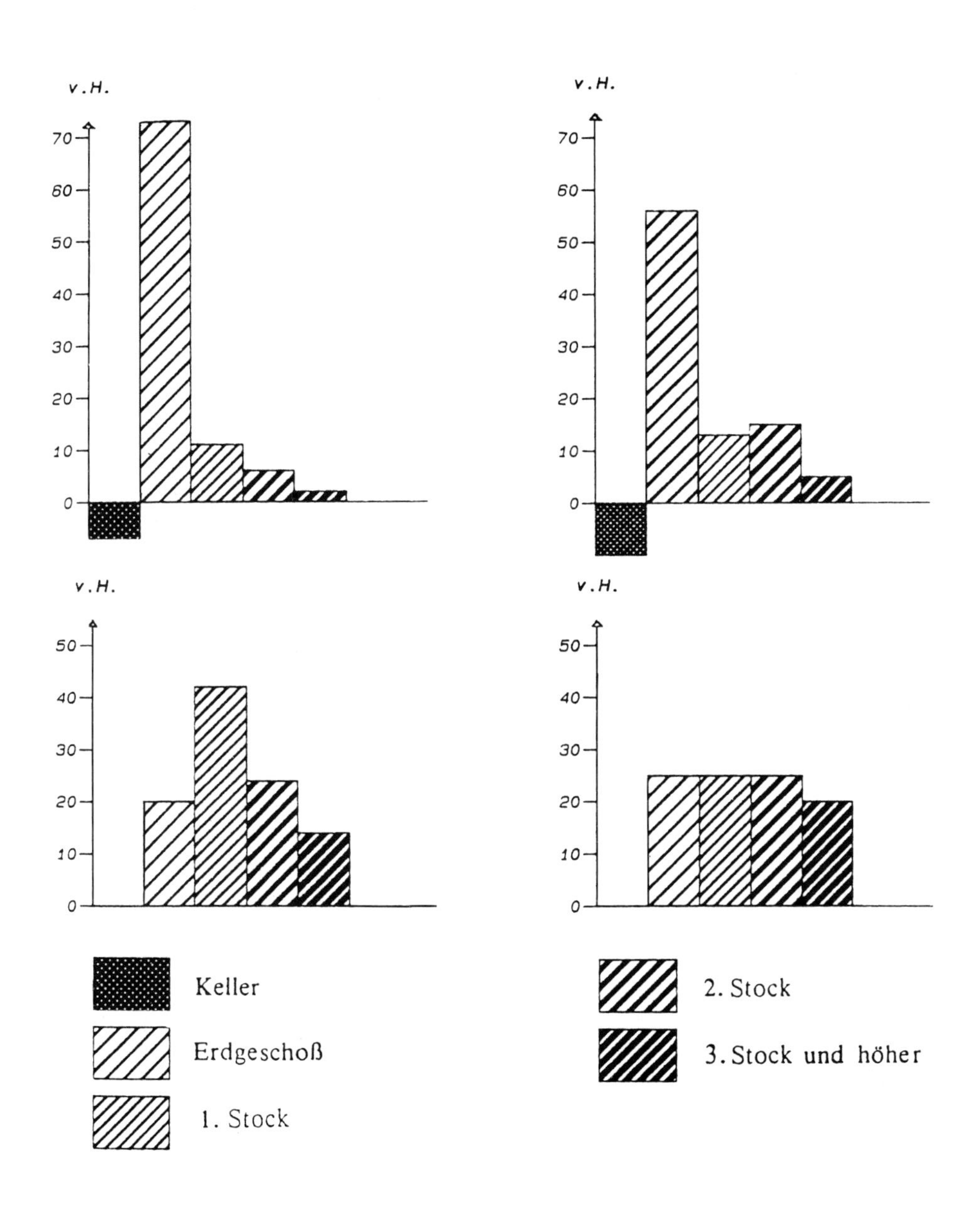

Für alle anderen Bezirke ist das am Beispiel des V. Bezirks abgebildete Blight-Profil charakteristisch, wonach im Durchschnitt Blightphänomene im Vertikalaufbau der Altbauten eher nach oben hin abnehmen. Aufgrund der besseren Belichtung und der geringeren Lärmbelästigung, d.h. also von stadtökologischen Parametern aus, ist eine Aufwertung der oberen Geschosse in vollem Gange.

An dieser Stelle seien Ergebnisse aus einem Primärforschungsprojekt über die vertikale Einbindung der Gastarbeiter in die Miethausstruktur Wiens eingeblendet. Bei der Erhebung der Wohnverhältnisse der jugoslawischen Gastarbeiter im Jahr 1984 konnte festgestellt werden, daß rund die Hälfte der Gastarbeiter im Erdgeschoß wohnte und insgesamt der Anteil nach oben abnahm. Die Erhebung ergab ferner, daß mit der zunehmenden Zahl von Gastarbeiterwohnungen in den einzelnen Häusern eine Expansion in der vertikalen Dimension erfolgt (vgl. Fig. III/19), welche schließlich dazu führt, daß beim Überschreiten von 50 Prozent eine nahezu gleichmäßige Verteilung auf sämtliche Stockwerke erreicht wird.

Hinsichtlich der horizontalen Lage der Gastarbeiterwohnungen in den Miethäusern konnte ferner festgestellt werden, daß bei Bassenahäusern mit der Zunahme der Zahl der Gastarbeiterwohnungen eine recht auffällige Zunahme der Orientierung zur Straße hin Hand in Hand geht, ein Hinweis darauf, daß die Straßenlage in der gegenwärtigen Verkehrssituation ihren Wert, den sie zur Zeit der Erbauung der Miethäuser besaß, längst verloren hat.[1]

Fassen wir zusammen. Welche Tendenzen sind im Vertikalaufbau der Stadt absehbar? Die These lautet allgemein: Unter- und Überschichtungsphänomene werden im Vertikalaufbau des inneren gründerzeitlichen Stadtgebietes an Bedeutung gewinnen und einen interessanten zusätzlichen Aspekt zu den sich abzeichnenden flächigen ethnischen Segregationsprozessen bilden. Einerseits finden sich im Anschluß an gründerzeitliche Arbeitermiethausgebiete bereits jetzt – in Sukzession von Rentnerhaushalten durch Gastarbeiter – in überproportionalem Ausmaß Jugoslawen und Türken, und andererseits ziehen Gebiete im Anschluß an die einstigen Nobelbezirke der Stadt im Westen (XIII, XVIII, XIX) kapitalkräftige Ausländer (diplomatisches Corps, Manager ausländischer Firmen) an.

Folgende vertikale Segregationstendenzen sind im Miethausbestand des gründerzeitlichen Stadtraumes zu erwarten:

1. In noch stärkerem Maße als bisher werden ausländische Zuwanderer mit niedrigen Einkommen das Erdgeschoß der Miethäuser invadieren und zum Teil jetzt leerstehende Lokale und Werkstätten als Wohnraum nützen. Die bereits bisher zu beobachtende hausweise Segregation von ethnischen Gruppen wird damit im Miethausbestand der sogenannten Mittelstandsbezirke eine interessante „räumliche ethnische Unterschichtung" erzeugen.

2. Für das „neue Überschichtungsphänomen" kann der Ausbau des Dachgeschosses als Indikator aufgefaßt werden, denn in Innenstadtlagen mit attraktiver Aussicht ist er mit der Ansiedlung von kapitalkräftigen Bevölkerungsschichten verbunden. Es muß offenbleiben, ob mittelfristig die durch Förderung von Dachbo-

[1] Vgl. LICHTENBERGER 1984, S. 335ff.

denausbauten mit öffentlichen Mitteln aus dem westlichen Ausland importierte Penthousekonzeption nicht letztlich fast ausschließlich finanzkräftigen Bürgern aus den EG-Staaten zugutekommt.

Im vertikalen bausozialen Stadtraum sind in idealtypischer Sicht drei Strata der Bevölkerung im Entstehen, wobei zentrumsorientierte Überschichtungs- und Unterschichtungsphänomene aufgrund der historisch-baulich gegebenen Struktur der Wiener Mittelstandsmiethäuser jeweils in einem Miethaus zusammen auftreten können. Einkommens- und Herkunftsstrata überlagern sich. Im Sinne der im Vorwort angesprochenen, von Intellektuellen erhofften – aber auch bezweifelten – multikulturellen Integrationsfähigkeit der Wiener Bevölkerung bietet das ererbte bauliche Gehäuse der inneren Stadtteile gewisse Chancen für eine Realisierung.

8. Wien zu Beginn des 3. Jahrtausends. Reflexionen zur Stadtentwicklung

Eine Revision der politischen Landkarte hat die Teilung Europas beendet – eine neue Standortbestimmung für die Stadtentwicklung von Wien ist erforderlich. Die Konzeption eines Wachstumspols in der vom Eisernen Vorhang umgürteten Ostregion des österreichischen Staates hat ihre Gültigkeit verloren, auch das Modell einer Solitärstadt im Thünenschen isolierten Staat hat ausgedient. Reflexionen an einer politischen Wende von kontinentalen Ausmaßen bedürfen einer zweiseitigen Einbindung: Sie müssen die Phänomene aufzeigen, welche die Zukunft an die Vergangenheit ketten, und den Spielraum einer ungewissen Zukunft definieren. Bei ersterem geht es um eine realistische Einschätzung der persistenten Strukturen der räumlichen Organisation der Gesellschaft, welche als Gerüst bestehen bleiben und die zukünftige Entwicklung „vorprogrammieren". Beim zweiten handelt es sich um die Einbindung in internationale Trends der Gesellschafts- und Wirtschaftsentwicklung. Rückkopplungsschleifen zu den bisherigen Abschnitten des Buches sind erforderlich.

Zunächst einige Stichworte zu den Prozessen und Resultaten der Stadtentwicklung Wiens in der Nachkriegszeit:

1. Die Entwicklung Wiens in der Nachkriegszeit weist Parallelen zu den Städten des Staatssozialismus auf und entspricht nicht der in Nordamerika beschriebenen Abfolge von Vorgängen. Eine kleine Übersicht dokumentiert diese Unterschiede:

Nordamerika	Wien
– Stadtflucht mit Suburbanisierung	– Stadterweiterung
– Entstädterung (Counterurbanisation)	– Aufspaltung der Wohnfunktion, Zweitwohnungswesen
– Reurbanisation, d. h. partielle Rückkehr zu den Kernstädten:	
– „Gentrification"	– „sanfte Stadterneuerung"

Konkret hierzu folgendes: Das durch den Ausbau des sozialen Wohnungsbaus zum sozialen Städtebau in Wien bedingte enorme Ausmaß der Stadterweiterung verhinderte weitgehend die Suburbanisierung, damit auch das Entstehen von Trabanten- und Satellitenstädten. Die Stadterweiterung kann danach als partielles Substitut für die Suburbanisierung aufgefaßt werden. Ein zweites partielles Substitut bildet das Zweitwohnungswesen, welches durch den Mieterschutz ermöglicht und die Niedrigmietenpolitik indirekt subventioniert worden ist. Die sanfte Stadterneuerung berücksichtigt auch sozialpolitisch schwächere Gesellschaftsschichten, entspricht daher nicht der Gentrification, welche mit Luxussanierung einhergeht, d.h. auch die partielle Hinorientierung zur Kernstadt weist in Wien spezifische Züge auf.

2. Seit dem Staatsvertrag 1955 stand die Entwicklung von Wien im Vorzeichen einer steigenden wirtschaftlichen Prosperität bei stagnierender, zuletzt abnehmender Bevölkerungszahl. Damit konnte die Chance zur generellen Verbesserung der Lebens- und Wohnbedingungen genutzt werden. Es erfolgte eine Zunahme des Flächenanspruchs aller städtischen Funktionen. Mit der ökonomischen Stabilisierung verband sich aufgrund der Solitärstadtfunktion Wiens im obigen Sinne eine Persistenz der Standorte der Bevölkerung.

3. Unter dem gesellschaftspolitischen Vorzeichen einer sozialistischen Stadtregierung erfolgte die Entwicklung einer dualen Stadtstruktur in Wien: Es entstand der Gegensatz von gründerzeitlicher Innenstadt und zwischen- und nachkriegszeitlicher Außenstadt, der alle Bereiche des Lebens der Bevölkerung und der Wirtschaft umfaßt.

Zwei kommunalpolitische Entscheidungen in der Außenstadt bestimmen die Zukunft Wiens. Die erste Entscheidung wird durch den Slogan „Wien an die Donau" umschrieben, die zweite, deren Konsequenzen zunächst keineswegs abzusehen waren, kann als „Tangentenentscheidung" bezeichnet werden: Sie betrifft den Ausbau der Südosttangente der Autobahn und der Schnellbahntrasse. Damit hat die halbmondförmig strukturierte Außenstadt ihre Verkehrsachse erhalten. Mit der Tangentenkonzeption ist ein „Bandstadt-Effekt" vorprogrammiert, der auch in Zukunft weiterwirken und dem Land Niederösterreich weitere Bevölkerung und Arbeitsstätten zuschieben wird.

Die gründerzeitliche Innenstadt stammt in ihrer baulichen Struktur aus dem privatkapitalistischen Gesellschafts- und Wirtschaftssystem vor dem Ersten Weltkrieg, ausgestattet mit einem sehr ausgeprägten bausozialen Gradienten vom Stadtzentrum über die inneren zu den äußeren Bezirken, einer beachtlichen Mengung von Wohnungen und Betriebsstätten in einer kompakten Reihenmiethausverbauung. Als Effekt der spezifischen Schutzpolitik des sozialen Wohlfahrtsstaates sind Marktmechanismen auf dem Wohnungsmarkt bekanntlich außer Kraft gesetzt worden. Investitionsdefizite haben zu einem teilweisen Verfall der Häuser, zu Blight-Erscheinungen, geführt.

Entsprechend dem internationalen Trend erfolgte – nach ersten Ansätzen einer Flächensanierung in den 60er Jahren – die als „sanft" etikettierte Stadterneuerung der 80er Jahre. Ihre Zielsetzung war die Verbesserung der Wohnumwelt. Sie erfolgte synchron mit einem massiven Vorgang der Entindustrialisierung und der Ausbreitung von Commercial Blight-Phänomenen im gründerzeitlichen Stadtkörper.

Es wäre nun unrichtig, die Stadterneuerung für beide Vorgänge verantwortlich zu machen. Partiell hat sie freilich aufgrund der dominierenden „Wohnungsideologie" dazu beigetragen. Entindustrialisierung und Verfall des Einzelhandels sind allerdings keineswegs spezifische Wiener Erscheinungen, sondern in ihnen äußern sich internationale Prozesse der Verschiebung vom sekundären zum tertiären Sektor der Wirtschaft und der Konzentration auf dem Gebiet der kundenorientierten Versorgung. Beide Vorgänge sind in Wien verhältnismäßig spät aufgetreten und haben dann zu einer umso drastischeren räumlichen Umstrukturierung geführt.

Als Gegensteuerungsmaßnahme zu einer potentiellen Suburbanisierung in das Bundesland Niederösterreich sind freilich die Standortvoraussetzungen und zum Teil auch die finanziellen Mittel für die Errichtung von Betriebsbaugebieten sowie von neuen Shopping Centers in der Außenstadt – zum Großteil von der Gemeinde Wien – geschaffen bzw. bereitgestellt worden.

Gleichzeitig mit der „sanften Stadterneuerung" ist in der Außenstadt die Füllung der schon in den 70er Jahren erschlossenen Betriebsbaugebiete und die Errichtung neuer Shopping Centers weitergegangen, d.h. die entscheidenden Investitionen sind auch in den 80er Jahren in der Außenstadt getätigt worden.

Die Erhebungen im Rahmen des Forschungsprojekts ergaben, daß die Wohnungs- und Hauserneuerung im gründerzeitlichen Baugebiet – und dies soll durchaus unterstrichen werden – die Verfallsprozesse durch Erneuerung ausbalanciert haben. Freilich wurde die städtebauliche Chance der Stadterneuerung nicht genutzt. Es erfolgte eine Fossilisierung des bestehenden Grund- und Aufrißsystems. Die Ideologie der Erneuerung orientierte sich vielfach am vorindustriellen Ambiente von Wohnformen. Dadurch entstand die beachtliche Polarität zwischen den Biedermeier-Idyllen der Revitalisierung und der Stadtreparatur bei Erneuerungen bzw. Neugestaltungen – als Beispiele seien der Spittelberg und das Hundertwasserhaus genannt – und der Gigantomanie öffentlicher Großanlagen, wie des Allgemeinen Krankenhauses, des Neubaus für das Statistische Zentralamt, d.h. den „modernistischen Monumenten" für Bürgermeister, Stadträte, Stadtplaner und Architekten.

Das Problem des unzureichenden Wohnungsstandards in großen Teilen des gründerzeitlichen Stadtgebietes blieb ungelöst. Die „Altlast" und die „Substandardlast" des gründerzeitlichen Baubestandes werden zur Lösung der nächsten Generation zugeschoben.

An dieser Stelle sei innegehalten und der Blick in die Zukunft gerichtet. Es sind drei Fragen zu stellen:

1. Welche externen Effekte sind durch die neue politische Situation zu erwarten?

2. Welche Bevölkerungsentwicklung ist für Wien insgesamt und speziell für das gründerzeitliche Stadtgebiet abschätzbar, welche Probleme auf dem Arbeits- und Wohnungsmarkt wird die Zuwanderung von ausländischer Bevölkerung bringen?

3. Welche neuen Probleme werden im gründerzeitlichen Stadtraum auftreten?

ad 1. Zunächst zu den externen Effekten. Die Euphorie der Politiker gilt der „wiedergewonnenen Mittelpunktlage von Wien". Eine reale historische Situation wird als „Zukunftsvision" medial vermarktet. Wien hatte eine Mittelpunktlage im Großreich der Monarchie und mußte sich diese schon nach dem Ausgleich 1867 mit Budapest teilen. In der Gründerzeit besaß Wien nur mehr ein halbkreisförmiges Einzugsgebiet.

Wien als Hauptstadt des Kleinstaates Österreich hat – selbst bei offenen Grenzen nach Osten – keine Mittelpunktlage, sondern eine sehr komplizierte „Schnittstellenlage" in einem asymmetrischen funktionellen Bedingungsfeld. Daraus werden „Schnittstellenprobleme" entstehen, welche völlig neu und daher insgesamt schlecht abschätzbar sind. Die Problematik entsteht durch die Asymmetrie der Funktionen. Der Kapital- und Immobilienmarkt wird durch westliche Interessen bestimmt, der Arbeits- und Wohnungsmarkt erhält Nachfrager aus dem Osten.

Die Aufgabe, die in Zukunft zu lösen ist, lautet: In welcher Weise können westliche Kapitalinteressen und Interessen der aus dem Osten zuwandernden Bevölkerung im Standort Wien zu einer möglichst „harmonischen Stadtentwicklung" – wobei unter „harmonisch" friktionsarm zu verstehen ist – vereint werden? Die Bewegungen auf dem Immobilien- und Kapitalmarkt gehen aus von westlichen Betrieben und Institutionen, welche den südöstlichsten Auslieger des deutschen Sprachraumes als Stützpunkt für die marktmäßige Erschließung von Ostmitteleuropa benützen wollen. Die Frage der Komplementarität von bzw. der Konkurrenz zwischen den so nahe gelegenen Hauptstädten Wien, Budapest und Prag ist offen. Es ist jedoch damit zu rechnen, daß alle drei Metropolen von einer Österreich und die jetzigen COMECON-Staaten umspannenden Marketingstrategie der EG und vor allem auch Japans hinsichtlich des Ausbaus des quartären Wirtschaftssektors profitieren werden. Übersprungeffekte von Betrieben aus dem süddeutschen Raum – so z. B. von München nach Budapest – sind ebenso zu erwarten wie eine partielle „Berlin-Orientierung" von Prag. Freilich hat Wien durch den früheren Eintritt in das EDV-Zeitalter und einen dem westlichen Standard entsprechenden Ausbau des Kommunikationsnetztes noch einen deutlichen Vorsprung, der durch die Errichtung der IBM-Zentrale weiter verstärkt werden wird.

Eine Diskussion über den Ausbau des quartären Sektors im östlichen Mitteleuropa ist freilich in den mit Stadtentwicklung befaßten Gremien noch nicht in Gang gekommen. Hier beherrscht die Weltausstellung Wien – Budapest 1995 voll und ganz die Szene.

Diese Weltausstellung, falls sie als grenzüberschreitende gemeinsame Veranstaltung stattfindet, ist in ihren mittelfristigen ökonomischen Wirkungen derzeit nicht abschätzbar. Der Standort der EXPO ist freilich gut gewählt: Bezüglich des Stadtraums besteht Kontinuität zur gründerzeitlichen Weltausstellung 1873, die den Prater aufgeschlossen hat, die Lage der EXPO ist nur peripher in die Außenstadt, nach Osten über die Donau in einen Bereich im Anschluß an die UNO-City, verschoben. Es ist ein repräsentativ-symbolträchtiger Standort, dem Strom über die Donauuferautobahn verkehrsmäßig zugeordnet, städtebaulich attraktiv, einerseits durch die Sichtachse zum Stephansdom und andererseits durch den Blick auf den Kahlenberg. Nur: Es fehlt das Hinterland. Die Verkehrsradiale zielt ins „städtebauliche Niemandsland" des Marchfeldes, mit Dörfern, extensiven Siedlungen von Einfamilienhäusern und Zweitwohnungen und monotonen Großwohnanlagen.

Aus diesem Raum sind keine Potentiale für eine attraktive Nachnutzung zu gewinnen. Die Nachnutzung kann nur aus einer Aufgabe für die Gesamtstadt definiert werden, und diese sollte dort angesiedelt sein – dies mag als eine Utopie angesehen werden –, wo schon mit der Donauinsel durchschlagender Erfolg erzielt werden konnte, nämlich in einer kollektiven Freizeitnutzung. An diesem Standort mit bester Erreichbarkeit für alle sollte ein „Winterfreizeitzentrum" für Wien mit komplementärer Funktion zum Sommerfreizeitzentrum der Donauinsel entstehen.

Offen bleibt freilich – der in internationalen Vergleichen von Städten versierte Sozialwissenschaftler muß diese Frage aufwerfen –, ob es gelingt, bei dem geplanten „Boulevard" von der EXPO zum Praterstern die Subkulturen wegzuschieben, die sich im Anschluß an den Prater und um den Mexikoplatz ein Territorium geschaffen haben, das sich längs der Donaulände bereits weiter ausbreitet. Die Aussage über die Verkehrslage der EXPO führt zur Schnittstellenfunktion Wiens im internationalen Verkehr und damit zum Verkehrspotential der Agglomeration. Kommerzialstraßenbau und gründerzeitlicher Bahnbau haben seinerzeit im kaiserlichen Wien die Mittelpunktlage akzentuiert. Diese Verkehrslage wird aber nicht rekonstruiert werden können, denn der über eineinhalb Generationen heruntergelassen gewesene Eiserne Vorhang hat die Entwicklung eines Autobahnnetzes gegen Osten verhindert. Diese Kappung ist nicht rückgängig zu machen. In Bratislava endet derzeit die Autobahn nach Brünn und Prag. Die Fortsetzung von Prag über Dresden nach Berlin wird gebaut werden, ebenso wie die Strecke nach Warschau geschlossen werden wird. Die Wiener Strecken nach dem Norden, die Prager- und die Brünnerstraße, sind Zubringerstrecken zur tschechischen Autobahn geworden. Zwei Städte, Wien und Bratislava, werden sich das Verkehrspotential des Raumes am Schnittpunkt der Donau mit den alten N-S-Wegen von der Ostsee zur Adria teilen. Die Ausliegerposition von Wien in der Nachkriegszeit ist einzementiert im Autobahnnetz. Nur zwei Äste – die West- und die Südautobahn – enden in Wien. Beide werden überdies durch die schräge Transversale der Pyhrn-Autobahn nach Südosteuropa gekappt. Mit der Vollendung der Autobahn Wien – Budapest ist zwar eine moderne Nachfolge der alten Ungarischen Landstraße und die Verknüpfung Wiens mit dem Südosten in Sicht, doch auch hier ist die Anbindung Bratislavas zu erwarten. Nun zu Bratislava. Welche Verkehrsspannung ist mit Bratislava zu erwarten, das in der Monarchie durch eine Straßenbahnlinie mit Wien verbunden war, und, in etwa der gleichen Distanz wie die Viertelshauptstadt Wiener Neustadt und die Landeshauptstadt St. Pölten gelegen, noch in eine potentielle Arbeitsmarktregion von Wien eingebunden werden könnte? Damit ist die Frage des Arbeitsmarktes angesprochen, auf die weiter unten eingegangen werden soll.

ad 2. Zurück zum Schnittstellenproblem der Bevölkerungsentwicklung Wiens. Hier wird die Zuwanderung der ausländischen Bevölkerung wohl zum wichtigsten Problem in den 90er Jahren werden.

Die Bevölkerungsprognosen für Wien im abgelaufenen Jahrfünft sind ein Spiegelbild der Umbewertung der Bevölkerungsentwicklung aufgrund der geänderten politischen Situation. Noch 1985 konnte das Österreichische Institut für Raumplanung (ÖIR) in einer Prognose aufgrund der Annahme geringer Zuwanderungsraten Wien als stark schrumpfende Stadt ansehen. Die Prognose ergab damals für 2010 etwa 1,285.000 Einwohner. Inzwischen sind Prognosen mit mäßigen Zuwanderungsraten „gefragt". Die magische Zahl im Stile des „Stabilität einer Solitärstadt-Denkens" lautet: 4.000 Zuwanderer jährlich, denn diese Zahl könnte bei stabiler Bevölkerungszahl pro Jahr noch gut integriert werden! In diesem Wert kommen die Erfahrungen der 80er Jahre zum Tragen, in deren letztem Jahrfünft jährlich rund 4.000 Ausländer in Wien eingebürgert wurden. Davon kamen rund 20 v. H. aus der

Bundesrepublik Deutschland, 40 v. H. aus den Gastarbeiter-Herkunftsstaaten Jugoslawien und Türkei, 20 v. H. aus Polen, 15 v. H. aus Ungarn und der Tschechoslowakei, alle übrigen Nationen lagen unter 5 v. H. Damit sind zwei Hauptsegmente des Wanderungsprozesses offengelegt: die Gastarbeiterwanderung und der Zustrom von Flüchtlingen als Asylwerber. Im abgelaufenen Jahrzehnt weist die Statistik in Österreich über 100.000 Asylwerber aus, von denen rund die Hälfte weitergewandert ist.

Die Vergleichszahlen 1981 und 1990 des Anteils ausländischer Bevölkerung in Wien belegen, daß bereits in den 80er Jahren, zum Großteil unbemerkt, in beachtlichem Umfang spontan und ungesteuert, einzeln, in Gruppen, zum Teil kontinuierlich, zum Teil schubweise, eine Zuwanderung ausländischer Bevölkerung erfolgt ist, und zwar – dies sei betont – schon vor der Öffnung der politischen Grenzen. Die Volkszählung 1981 registrierte 113.417 Ausländer in Wien, die Fremdenpolizei gab mit 1.1.1990 208.604 Ausländer an, und zwar ohne die Mitglieder des diplomatischen Korps. Zusammen mit den Angaben über die Einbürgerungen gelangt man zu einer positiven Wanderungsbilanz von rund 13.000 Ausländern (!) im Jahresschnitt der 80er Jahre. Die Angaben der Fremdenpolizei belegen, daß, während die Zahl der Jugoslawen sich wenig verändert hat (74.000), die türkische Bevölkerung stark (auf 40.000) zugenommen hat. Mit rund 17.000 bilden die Polen die nächste Gruppe; die Zahl der Afro-Asiaten mit rund 30.000 belegt die zunehmende ethnisch-kulturelle Distanz der Zuwanderer. Immerhin war die Zahl der Ägypter mit rund 4.000 um die Jahreswende bereits annähernd gleich groß wie die der Ungarn, die der Iraner sogar größer (5.000).

Zwei Fragen stellen sich:

1. Woher werden Asylwerber in Zukunft – durch politische Geschehnisse in anderen Räumen bedingt – nach Wien kommen?

2. Wird die Asylwanderung aus jenen Nachbarstaaten, in denen ein politischer Kurswechsel erfolgt ist, aufgrund der Lohnunterschiede, in eine neue Arbeitswanderung umgepolt werden? Eine Antwort auf diese Fragen ist derzeit nicht möglich. Es ist jedoch nicht unrealistisch, bei offenen Grenzen in den 90er Jahren ein Ansteigen des oben genannten Werts einer jährlichen Zuwanderung von 13.000 auf rund 20.000 Ausländer zu erwarten. Bis zur Jahrtausendwende würde sich dann eine Verdoppelung der oben genannten Zahl der Ausländer ergeben. Davon könnten bei großzügiger administrativer Handhabung über Einbürgerungen rund 100.000 die österreichische Staatsbürgerschaft erhalten, sodaß Ende der 90er Jahre die Fremdenpolizei rund 300.000 Ausländer zu registrieren hätte. Nichtsdestoweniger würde um die Jahrtausendwende mindestens ein Viertel der Wiener Bevölkerung bereits im Ausland geboren sein und keine österreichische Schule besucht haben.

Die obigen Zahlen entsprechen der Annahme einer liberalen Zuwanderungspolitik, welche nur durch negative Rückkopplungen über den Wohnungs- und Arbeitsmarkt gesteuert würde. Es wird davon ausgegangen, daß Zuwanderungsrestriktionen, die unmittelbar greifen, nicht erlassen werden. Nun ist Österreich bisher kein Einwanderungsland gewesen. Es hat daher auch keine Integrationspolitik und keine die Zuwanderung fördernden Maßnahmen. Auch bei der Annahme einer

Laissez-faire-Zuwanderungspolitik ist die Frage zu stellen, wo diese ausländischen Zuwanderer auf dem Wohnungs- und Arbeitsmarkt unterzubringen sind (vgl. unten).

Die neue Zuwanderung wird nicht als ein Aufleben von gründerzeitlichen Wanderungsmustern angesehen. Nur ein Teil der Zuwanderer wird aus den Nachfolgestaaten der Monarchie kommen, ein wesentlicher Teil, sicher mehr als ein Drittel, wird auf ethno-kulturell distanzierte Bevölkerungen entfallen. Ein weiteres Drittel wird traditionelle Gastarbeiterländer, wie Jugoslawien und die Türkei, umfassen, von denen letztere weiter an Bedeutung gewinnen wird.

Damit wird das Problem der Akkulturierung und Integration von ausländischer Bevölkerung zur Schlüsselproblematik für Wien in den 90er Jahren. Die „neue Zuwanderung von Ausländern" ist sehr viel schwerer zu steuern als die Gastarbeiterwanderung, da sie nicht direkt vom Wunsch zur Teilnahme am Arbeitsprozeß, sondern von zum Teil sehr unklaren Wunschvorstellungen bezüglich des Lebens „im Westen" getragen wird.

Damit ist wieder die Frage des Arbeitsmarktes angesprochen. Hierzu einige grundsätzliche Bemerkungen. Die soziale Geographie von Wien und damit der Arbeitsmarkt war stets durch die Dichotomie zwischen „heimatberechtigter Bevölkerung" – um diesen Ausdruck der Gründerzeit zu verwenden – und „Fremden" gekennzeichnet, nur ist diese Zweiteilung, welche bis zum Ersten Weltkrieg gegolten hat, in den abgeschotteten Lebensverhältnissen der Nachkriegszeit vergessen worden – noch in den 60er Jahren gab es ja kaum „Fremde" in Wien.

Diese Zweiteilung war jedoch auch von grundsätzlicher Bedeutung für den Sozialaufbau der Stadt. Wien war immer eine Regierungs- und Verwaltungsmetropole, in welcher wichtige wirtschaftliche Funktionen durch alle Zeiten von Ausländern wahrgenommen wurden. Die Sozialgeschichte Wiens dokumentiert diese Zweiteilung zwischen einheimischem Beamtenstand und ausländischen Wirtschaftstreibenden. Hierzu nur einige Stichworte. Bereits im Mittelalter war der Großhandel in der Hand von deutschen Kaufleuten, aus Köln, Regensburg, Passau etc., im Manufakturzeitalter kamen Manufakturisten und Gewerbetreibende aus dem Westen des deutschen Sprachraums, und auch die Industrialisierung der Gründerzeit war nur möglich durch die Zuwanderung von Bevölkerung aus Böhmen und Mähren. Das Telephonbuch für Wien wird gerne als Quelle zur Illustration des breiten Herkunftsspektrums der Wiener Bevölkerung in der Gründerzeit herangezogen.

Hier ist der Anschluß zur gegenwärtigen und künftigen Situation auf dem Arbeitsmarkt gegeben. Österreich hat eine duale Ökonomie. Das Segment des geschützten Sektors des Arbeitsmarktes erfordert von den Arbeitnehmern die österreichische Staatsbürgerschaft. Die Zutrittsbedingungen unterliegen nicht den Prinzipien des Marktes, sondern informellen Regulierungen. In diesem Segment haben daher ausländische Zuwanderer in der ersten Generation kaum Zutrittschancen. Hier liegt vielmehr das potentielle Arbeitsstättenterrain für die aus den Bundesländern kommenden, in Wien studierenden Angehörigen der „intellektuellen Reservearmee", deren Bedeutung, ingesamt handelt es sich um immerhin 65.000 Personen, für die Stadtentwicklung noch viel zuwenig erkannt wurde.

Im offenen Segment der Wirtschaft ist dagegen der Platz für die ausländischen Zuwanderer. Dies gilt für die Managementpositionen der internationalen Organisationen, für den Einzelhandel ebenso wie für gewerbliche und industrielle Produktionsstätten. Nur am Rande sei angeführt, daß die Wiener Lebensmittelmärkte mit ihren ingesamt über 2.000 Ständen ohne die Arbeit des ausländischen Verkaufspersonals nicht mehr existieren würden.

Auf dem Arbeitsmarkt werden völlig neue Probleme entstehen. Hierzu einige weitere Stichworte: Ein Grenzgängerphänomen, wie es z. B. in Vorarlberg in Richtung auf die Schweiz etabliert ist, wird sich von Bratislava und ungarischen Städten aus in Richtung auf Wien entwickeln. Seine Größenordnung ist schwierig abzuschätzen. Ebenso ist nicht vorhersehbar, ob staatliche Reglementierungen erlassen und wenn, ob sie greifen werden. Während in diesem Fall keine Nachfrage auf dem Wohnungsmarkt besteht, wird Billigwohnraum von potentiellen Wochenpendelwanderern nachgefragt werden, wobei die Distanz zu Wien und damit die Ausdehnung der Wiener Arbeitsmarktregion hinein nach Ungarn und in die CSFR ebenfalls unbekannte Größen darstellen.

In beiden Fällen geht es um Fachkräfte in der Baubranche, welche auf einem grauen Markt als Puffer u. a. zum Ausgleich bei der Auslastung der technischen Geräte in der Baubranche eingesetzt werden können bzw. als Billiglohnanbieter auftreten, im zweiten Fall handelt es sich um spezialisierte Arbeitskräfte im weitesten Sinn, wobei zu vermuten ist, daß sich gewisse herkunftsgebundene Spezialisierungen einspielen werden.

Das bereits vorhandene, ethnisch differenzierte Spektrum aus dem afro-asiatischen Raum wird sicherlich zunehmen; die rentenkapitalistische Organisation bei philippinischen Krankenschwestern, ägyptischen Zeitungsverkäufern und chinesischem Gastgewerbe ist bekannt, entzieht sich aber österreichischen Reglementierungen. Jedenfalls ist eine Auffüllung des offenen Arbeitsmarktsegments mit Ausländern in allen Ebenen, vor allem bei den Servicefunktionen auch mit Frauen, zu erwarten. Noch dazu, wo Mitte der 90er Jahre die Zahl der neu in den Arbeitsmarkt eintretenden Wiener Jugendlichen drastisch absinken wird. Die aus der Gastarbeiterproblematik bereits geläufigen Konflikte im Wohn- und Schulmilieu werden möglicherweise durch die neue Zuwanderung von Ausländern auch auf dem Arbeitsmarkt auftreten.

Die Schwierigkeit, das Zuwanderungsproblem einzugrenzen, hängt auch damit zusammen, daß in Zukunft, wie oben erwähnt, ein Teil der Zuwanderer nicht mit einer erwerbsorientierten Motivation nach Wien kommen wird. Die Übergänge zum Asylrecht sind noch immer fließend, ganz abgesehen davon, daß in Wien als dem Vorposten des westlichen Europa die verschiedensten Transfergruppen punktuell „einsickern". Bei Schätzungen des Bedarfs an Arbeitsplätzen ist ferner zu berücksichtigen, daß die Erwerbsquoten z. T. sehr niedrig sein werden – bei der türkischen Bevölkerung besteht z. B. derzeit eine von nur 0,4, d. h. eine relativ kleine Arbeitsbevölkerung trägt bereits eine beachtliche Mantelbevölkerung.

Festzuhalten ist, daß die gewonnenen Erfahrungen mit Gastarbeitern als Entscheidungshilfen von Nutzen sein werden dort, wo es sich um eine Art Wiederaufleben der Gastarbeiterwanderung, und zwar in der spezifischen Form der Tages-

oder Wochenpendelwanderung handelt. Hier wird auch die für die jugoslawischen Gastarbeiter entwickelte Theorie vom „Leben in zwei Gesellschaften“ Anwendung finden können.

Die Organisation über eine Art rentenkapitalistisches Klientelsystem wird mit der Zunahme von Arbeitskräften aus dem afro-asiatischen Raum vermutlich an Bedeutung gewinnen.

Es sind jedenfalls drei Gruppen von Phänomenen, die jede Abschätzung und damit Planung erschweren bzw. verunmöglichen: Es handelt sich erstens um Phänomene der Arbeitsorganisation, wie

– die Effekte des grauen Marktes auf Grenzgänger,
– rentenkapitalistische Organisationsformen.

Zweitens bestehen Phänomene einer rechtlichen Grauzone. Hierzu zählen:

– die Übergangsformen zwischen Asylrecht und Arbeitsgenehmigung,
– die Übergangsformen zwischen Transfer-Aufenthalt und Daueraufenthalt.

Hierzu kommen drittens Probleme der ethnisch-kulturellen Distanz und damit unterschiedlicher sozialer Normen und Verhaltensweisen. Hierzu zählt

– die ethnische Differenzierung, die in ihrer Spannweite bis in den afro-asiatischen Raum reicht, und
– das über Ungarn in den Westen weitergeschobene Zigeunerproblem.

Die Aufzählung dieser Problemkreise mag eine Vorstellung davon vermitteln, mit welchen Schwierigkeiten Wien im nächsten Jahrzehnt konfrontiert werden wird.

Ausländer treten nun nicht nur auf dem Arbeitsmarkt in Erscheinung. Es wird sich über kurz oder lang auch eine „neue Wohnungsnot der ausländischen Zuwanderer“ bemerkbar machen (vgl. unten).

Welche Teile des Wohnungsmarktes stehen Ausländern offen? Die Beantwortung dieser Frage ist nicht abtrennbar von den kommunalpolitischen Entscheidungen auf dem Wohnungsmarkt und der im internationalen Kontext geläufigen Reduzierung des Niedrigmietensektors aufgrund der Anhebung des Wohnungsstandards durch die Stadterneuerung und die Kommerzialisierung der Mieten.

Einige Überlegungen seien vorangestellt und einige Zahlen in Erinnerung gerufen: In Wien wurden 1981 100.000 leerstehende Wohnungen registriert, im Zeitraum 1971–1981 sind rund 40.000 Bassenawohnungen aus der Wohnnutzung ausgeschieden, die Erhebung der geschlossenen Geschäfte hat nahezu 9.000 Lokale ergeben, die Zahl der leerstehenden Werkstätten und Magazine ist unbekannt, vermutlich jedoch noch wesentlich höher. Die Auffüllung dieser ungenutzten Lokale und Wohnungen ist eine Chance für die Zuwanderer, und zwar nicht nur für die mit bescheidenen Wohnansprüchen, da sich unter den leerstehenden Wohnungen auch viele in sehr gutem Zustand befinden. Letztlich ist diese „Wiederauffüllung“ ungenutzten Wohnraums auch eine Chance für die Stadt. Es ist nicht notwendig, daß eine Ghostbevölkerung von schätzungsweise einer viertel Million Menschen nur gelegentlich die ungenutzten Wohnungen als Absteigquartier benutzt, es ist ebenso nicht notwendig, daß Lokale in Garagen umgebaut werden. Die gründerzeitliche Kubatur Wiens hat genug leeren und untergenutzten Raum, der als ständiger Wohnraum von Zuwanderern bewohnt werden könnte. Die Unterbringung von Ausländern mag daher kapitalistische Ausbeutungstendenzen von seiten der Hausbesitzer und Wohnungsvermieter auslösen, sie mag zu einem sozialpolitisch brisanten Thema eskalieren – vom Standpunkt des vorhandenen physischen Wohnraums stellt sie aber kein Problem dar. Immerhin haben sich im abgelaufenen Jahrzehnt – ganz unauffällig – rund 130.000 Ausländer in den Wohnungsbestand von Wien eingegliedert!

Im folgenden einige Aussagen zu den Stadträumen. Zunächst zur Außenstadt: Hier wurde auf die Konzentration der Wien-zentrierten Bevölkerung in den kommunalen Wohnanlagen der Nachkriegszeit hingewiesen, welche ein „Reservoir treuer Stammwähler" für die Sozialdemokratie bildet. Die fortschreitende Überalterung und damit mittelfristige Abnahme dieser Wien-zentrierten Bevölkerung ist absehbar.

Unter diesem Aspekt ist auch eine jüngst erfolgte Entscheidung des Magistrats verständlich. Sie lautet: Kommunaler Wohnungsbau ist wieder notwendig. Ein Richtwert von 5.000 Wohnungen jährlich wird genannt. Für diese Neubautätigkeit fehlen im gründerzeitlichen Stadtgebiet ausreichende Flächen. Eine Rückkehr zur Stadterweiterung ist die Konsequenz. Nun ist tatsächlich eine starke Nachfrage vorhanden, und zwar von seiten der jungen Generation in eben diesen Stadterweiterungsgebieten (vgl. oben). Die „sozial" motivierte Zielsetzung, für diese jungen Nachfrager Wohnungen zu bauen, bildet freilich nur ein Mäntelchen für das politische Anliegen, bei dem es darum geht, eine nächste Generation als Wählerpotential für die Sozialdemokratie zu gewinnen (vgl. Anm. 21).

Die Märkte des kommunalen und genossenschaftlichen Wohnungsbaus sind jedenfalls derzeit noch den ausländischen Zuwanderern verschlossen. Welche Möglichkeiten bietet die Außenstadt sonst den Zuwanderern? Es sind die gleichen Standorte, zu denen auch die ersten Trupps der Gastarbeiter in den 70er Jahren gezogen sind, nämlich der gründerzeitliche Baubestand in den Dörfern und längs der Ausfallsstraßen, der sich vielfach in schlechtem Zustand befindet, ebenso wie die noch immer vorhandenen behelfsmäßig hergerichteten Siedlungshäuser in abgelegenen Stadtrandgebieten. Eine gewisse erneute Peripherisierung von spezifischen Gruppen von ausländischen Zuwanderern ist also möglich.

Nun zum gründerzeitliches Stadtgebiet. Auch hier zuerst die Situation der ortsständigen Bevölkerung.

1. Sie ist gekennzeichnet durch einen steigenden Anteil von temporärer Bevölkerung, einer Bevölkerung „auf Zeit", welche über das Wochenende in Richtung der Freizeitwohnung, des „Ersthauses", die Stadt verläßt.

2. Die auf Grund der Bildungspolitik des österreichischen Staates enorm angewachsene und vermutlich weiter wachsende Zahl der Studierenden aller Studienrichtungen ist erst durch die „grüne Welle" in den Blickpunkt der Öffentlichkeit gerückt. Sie stellt ein beachtliches Potential in der Zwischennutzung von Wohnungen dar. 9.000 Studenten kommen bereits jetzt aus dem Ausland.

3. Die Rentnerbevölkerung hat dagegen abgenommen. Der „Altersbauch" der Bevölkerungspyramide in den 70er Jahren, der noch als „Hypothek des Todes" auf die Zuwanderungswelle vor dem Ersten Weltkrieg und die große Kinderzahl dieser Zuwanderer zurückging, ist inzwischen abgebaut worden. Eine neue Überalterungs-

welle ist nicht in Sicht. Die Zahl der Rentnerhaushalte wird im gründerzeitlichen Stadtgebiet weiter zurückgehen, während in den kommunalen Wohnanlagen der Außenstadt die dort in den 70er Jahren eingezogenen Kohorten allmählich ins Rentenalter einrücken.

4. Auf das Problem der kommunalpolitischen Leerräume mit Ghostbevölkerung und Ausländern wurde hingewiesen. Diese Kombination zeigt gleichzeitig auch den Trend der künftigen Entwicklung. Während die Ghostbevölkerung vermutlich aufgrund der geänderten Bedingungen einer kommerzialisierten Mietpreisbildung nicht mehr zunehmen, sondern eher abnehmen wird, werden andererseits in den betreffenden Vierteln die Zahlen der Ausländer ansteigen. Eine haus- und viertelweise Segregation zeichnet sich damit ab (vgl. unten).

5. Es sind damit drei Bevölkerungsgruppen, die im gründerzeitlichen Stadtraum im Niedrigmietensektor in Konkurrenz stehen:

(1) die Angehörigen der in Ausbildung begriffenen „intellektuellen Reservearmee" der Studenten,
(2) aus den Stadtrandgebieten oder aus den Suburbs in die Kernstadt ziehende junge Berufstätige und
(3) ausländische Zuwanderer.

ad 3. Damit ist die Frage nach der räumlichen Segregation zu stellen. Aufgrund der ethnisch-kulturellen Distanz und der steigenden Zahl von Personen kommt es bei einzelnen Gruppen zur Entstehung primärer Ghettos, d.h. es findet eine territoriale Selbstorganisation statt. Es bilden sich Subkulturen mit lokalen Märkten, Geschäftszentren und territorialen informellen Organisationsstrukturen aus. Hierzu sind diejenigen Ethnien stärker disponiert, die vom Islam geprägt sind, bzw., klar abgehobene Lebensformen präferieren. Deutliche Viertelsbildungen sind bereits jetzt bei der türkischen Bevölkerung zu erkennen.

Gleichzeitig findet jedoch eine ständige Integration von Einzelpersonen und Haushalten – als Indikator kann der Erwerb der Staatsbürgerschaft genannt werden – statt. Bindet man die obige Annahme, daß aufgrund der gleichen Relation zwischen Zuwanderung und Verleihung der Staatsbürgerschaft wie in den 80er Jahren um die Jahrtausendwende zumindest 100.000 Ausländer zusätzlich die österreichische Staatsbürgerschaft besitzen werden, in das räumliche Aussagensystem ein, so bringt dieser Vorgang – ähnlich wie in Nordamerika – z. T. einen Verlust von „Aufsteigern" in den jeweiligen Subkulturen mit sich, sodaß dadurch Ghettoisierungsprozesse eher verstärkt und gleichzeitig die Lebensbedingungen in den betreffenden Ghettos verschlechtert werden.

Entscheidend für das Ausmaß von Segregationsvorgängen werden zweifellos der Grad der Akzeptanz und Toleranz von seiten der Wiener Bevölkerung sein sowie Pushfaktoren, die vom Wohnungsmarkt ausgehen, d.h. von den Hausbesitzern, und „Fluchtreaktionen", die von den Mietern erfolgen. Derzeit sind diese aus der amerikanischen Stadtentwicklung bekannten und vielfach beschriebenen Vorgänge in Wien noch kaum vorhanden. Sollten sie auftreten, so würden sie Ghettoisierungsvorgänge beschleunigen und verstärken.

Unabhängig von der Situation auf dem Wohnungsmarkt werden sich die Akkulturierungskonflikte im Schulwesen vermehren und möglicherweise der Einrichtung von Privatschulen einen Auftrieb geben.

Im Hinblick auf die bauliche Struktur sind derzeit folgende Aussagen möglich:

1. Es werden die in der baulichen Struktur programmierten vertikalen und horizontalen Segregationsprinzipien der Mittelstandsmiethäuser in einer ethnischen Variante reaktiviert werden, d.h. schlechter belichtete und belüftete Wohnungen der Hintertrakte werden ebenso wie das Souterrain und das Erdgeschoß innerhalb der Häuser mit bestimmten Ethnien gefüllt werden.

2. Auf die Möglichkeit einer sozialen und ethnischen Schichtung in der vertikalen Dimension des Baukörpers wurde bereits hingewiesen. Konkret handelt es sich um die Abfolge von

– Ausländern mit geringen finanziellen Ressourcen im Souterrain und Erdgeschoß (Eine flächenhafte Okkupation ist dort zu erwarten, wo bereits jetzt aufgrund von Commercial Blight sehr viele Geschäfte, Lagerräume und Wohnungen leerstehen.),
– Wiener Bevölkerung in den Stockwerken, z. T. mit nur temporärer Nutzung bzw. Büronutzung,
– Ausländer, vorwiegend aus dem Westen, mit sehr guten Einkommen, in den Penthouse-artigen Dachgeschossen.

3. Ansonst wird in den zentrumsnahen Abschnitten der inneren Bezirke im Falle des finanziellen Abstoppens der Stadterneuerung das hausweise Muster von Verfall und kommerzialisierter Erneuerung weitergehen.

4. In räumlicher Hinsicht käme es zu einer Ansiedlung der Ausländer in der „grauen Zone" im Citymantelbereich sowie zu einer deutlichen Quartierbildung in frühgründerzeitlichen Vierteln mit bereits jetzt schlechtem Bauzustand (Teile des II., III., VI., VII. Bezirks).

5. Echte Subkulturbildungen sind in den westlichen äußeren Bezirken im Anschluß an den Gürtel in den frühgründerzeitlichen Wohngebieten vom XVI. bis zum XVIII. Bezirk sowie im XX. Bezirk im Augartenviertel bereits jetzt vorhanden („Kleintürkei"). In den Parkanlagen erfolgt schon eine deutliche Segregation von Sandlern, türkischer Bevölkerung und einheimischen Rentnern. Die Freizeiteinrichtungen – einschließlich etwa des Stadthallenbades – sind an Wochenenden, wenn über die Hälfte der Wiener Bevölkerung die Stadt verläßt, bereits jetzt zu gut einem Drittel von Ausländern genutzt, die auch die traditionellen Ausflugsziele der Bevölkerung in der Zwischenkriegszeit am Rande des Wienerwaldes nunmehr in Nutzung genommen haben.

Die Frage nach der räumlichen Verortung der ausländischen Bevölkerung im gründerzeitlichen Stadtgebiet führt mit Notwendigkeit zu den Besitzverhältnissen im privaten Miethausbesitz, der das Hauptzugangsgebiet für ausländische Nachfrager bildet. 70 Jahre Mieterschutz haben den Hausbesitz als Kapitalanlage unrentabel gemacht. Es wurde nicht beachtet und ist bis heute auch den politischen Entscheidungsträgern nicht bewußt, daß die massive Diskriminierungstaktik die „Reproduktion von Interessenten am Miethausbesitz" mehr oder minder verhindert hat. Es stellt sich daher aufgrund der Liberalisierungstendenzen die Frage: Bekommt Kapitalanlage im Hausbesitz wieder einen Wert oder bleibt Hausbesitz –

wenn man von Büro- und Geschäftshäusern absieht – weiterhin in einer äußerst ungünstigen Kosten-Mühe-Ertrags-Relation und ist alternativen Möglichkeiten einer sicheren Kapitalanlage weit unterlegen? Es sei damit die These in den Raum gestellt, daß, um nicht eine weitere „Sozialisierung des Hausbesitzes" im Zuge des fortschreitenden Verfallsprozesses geradezu zu erzwingen, wieder eine am Miethausbesitz interessierte Bevölkerungsgruppe durch entsprechende Maßnahmenpakete gebildet werden müßte. Die gegenwärtige Situation ist jedenfalls triste genug (vgl. Anm. 22).

Aus dem Zurückbleiben in der Erneuerungstätigkeit in den Stadtvierteln mit Substandardwohnungen und privatem Alleinhausbesitz läßt sich folgende Konsequenz ableiten:

Bei einer laissez-faire-Politik muß es zwangsläufig zu einem immer größeren Abstand zwischen verfallenden und erneuerten Bauten, und zwar auf der Ebene des einzelnen Hauses, aber vor allem auch auf der Ebene von Stadtvierteln, kommen.

Folgende Handlungsstrategien sind möglich:

1. ein verstärkter Aufkauf von abgewohnten Altbauten durch öffentliche Bauträger, in erster Linie die Gemeinde, damit eine weitere „Sozialisierung des Wohnbaubestandes",

2. das bewußte „Abwohnenlassen" der Bausubstanz mittels der Hereinnahme ausländischer Bevölkerung ohne Kündigungsschutz durch die Hausbesitzer mit der Absicht, über Abbruch und Neubau bald eine möglichst hohe Rendite zu erlangen. Derartige strikt privatkapitalistische Tendenzen sind mit der Zielsetzung hoher Rendite jedoch abhängig vom Lage- und Nutzungspotential des betreffenden Hauses, und, zum Unterschied von der „ubiquitär" möglichen „Sozialisierung", sind bei der privatkapitalistischen Lösung räumliche Restriktionen durch dieses Renditeziel gegeben; hierin liegt der durch den „Lagewert" zu definierende Nachteil einer „privatkapitalistischen" gegenüber einer „sozialistischen" Lösung.

3. Nun wird, das beweist die jüngste Entwicklung, ein Teil des privaten Hausbesitzes – nicht zuletzt unter dem Zwang des Sozialschutzes im Mietenrecht – eine „mittlere Lösung" anstreben, d.h. ein Teil der Hausbesitzer wird mittels Krediten investieren und die Mieten bei Wechsel der Mieter – soweit wie möglich – anzuheben versuchen.

4. Es bleibt aber ein beachtlicher und vermutlich immer größer werdender Teil von Hausbesitzern, die nicht die persönlichen und finanziellen Ressourcen besitzen, um diese „mittlere kapitalistische Linie" zu beschreiten, bzw. die völlig anonym sind, deren Aufenthaltsort zum Teil unbekannt ist, und weitere, die auch keinerlei Interesse an Investitionen in die Häuser aufbringen. Was geschieht mit diesen Häusern? Die Antwort lautet: Sie werden weiter verfallen, außer die Stadtgemeinde gibt entscheidende Hilfestellungen in der Beratung und Bauorganisation. Tut sie dies nicht, so bleibt nur der zuerst beschriebene Weg offen. Damit würde Wien freilich in einer Zeit der massiven Reprivatisierung des Council Housing in Großbritannien und ähnlichen Tendenzen in anderen sozialen Wohlfahrtsstaaten einen relativ einsamen „sozialistischen Weg" in der Wohnungswirtschaft weitergehen, während die großen Städte in den sozialistischen Staaten sich anschicken,

im Wohnungsbau den Weg der Kommerzialisierung zu beschreiten. Auf dieser Ebene wird sich die Kommunalverwaltung über kurz oder lang mit der Wohnungsfrage von ausländischer Bevölkerung auseinandersetzen müssen, vor allem auch dann, wenn sie als Wähler akzeptiert werden. Ein sozialer Wohnungsbau für Ausländer wird – bei gleichbleibender gesellschaftspolitischer Linie des Magistrats – zu den Aufgaben der späten 90er Jahre gehören.

Anmerkungen

1. Von kleinen Unterschieden abgesehen, die sich aus der Definition „gründerzeitliches Stadtgebiet" gegenüber „dichtverbautem Stadtgebiet" ergaben, wurden im Forschungsprojekt „Stadtverfall" die folgenden, überwiegend neu und dicht verbauten Zählbezirke ausgeschlossen:
im II. Bezirk die Zählbezirke 01 und 07,
im X. Bezirk die Zählbezirke 09 und 10,
im XI. Bezirk der Zählbezirk 04,
im XII. Bezirk der Zählbezirk 03,
im XVIII. Bezirk der Zählbezirk 04 und
im XX. Bezirk die Zählbezirke 01, 02, 04, 06, 07 und 08.
Mit Rücksicht auf die gehobene soziale Struktur der Bevölkerung wurde ferner der XIX. Gemeindebezirk nicht in das Forschungsprojekt inkludiert.

2. Die Ghostbevölkerung wurde folgendermaßen berechnet: Die leerstehenden Wohnungen wurden mit Haushalten durchschnittlicher Größe „ausgestattet".

3. In der vorliegenden Publikation wird der Substandard-Begriff anders definiert als in der amtlichen Statistik. Entsprechend der internationalen Definition werden alle nicht mit Bad und WC ausgestatteten Wohnungen als Substandardwohnungen zusammengefaßt.

4. Die Daten entsprechen dem Aufnahmestand des Jahres 1988.

5. Es wird darauf aufmerksam gemacht, daß sich in den äußeren Bezirke die Aussagen nicht auf den gesamten Bezirk, sondern nur auf die Zählbezirke im gründerzeitlichen Stadtgebiet beziehen.

6. Nach dem Sprachempfinden werden als „Altbauten" zusammenfassend alle vor dem Ersten Weltkrieg entstandenen Bauten bezeichnet. Damit hat sich der Begriff „verjüngt" insofern, als zu dem vom Denkmalschutz definierten Altbaubestand (Bauten bis etwa 1848) in der veränderten Sichtweise der Generationen in der Nachkriegszeit nunmehr noch der gesamte gründerzeitliche Baubestand dazugezählt wird.

7. Um den Text nicht mit Details zu belasten, wurden die tabellarischen Aufstellungen der Zählbezirke für das potentielle Stadterneuerungsgebiet in den Anhang gestellt.

8. u. a. 1601 – Neulerchenfeld und in 1702 – Alt- Hernals.

9. Dies trifft auf folgende Gebiete (Assanierungsgebiete) zu:
II. Bezirk – (St. EG 1984),
V. Bezirk – Margareten – Ost (St. EG 1984),
VI. Bezirk – Gumpendorf,
VII. Bezirk – Ulrichsberg,
X. Bezirk – (St. EG 1984),
XII. Bezirk – Wilhelmsdorf (Erneuerungsorientierte Stadtteilplanung),
XV. Bezirk – Storchengrund (Braunhirschen),
XVI. Bezirk – Neulerchenfeld (St. EG 1984), Alt- Ottakring (Assanierungsgebiet),
XVIII. Bezirk – Erneuerungsorientierte Stadtteilplanung

10. Hierzu zählen in den inneren Bezirken der Zählbezirk
904 – Nußdorferstraße- Volksoper, Himmelpfortgrund
und in den äußeren Bezirken die Zählbezirke
1205 – Meidlinger Hauptstraße und
1802 – Gentzgasse.

11. Erneuerungsbedürftige Zählbezirke ohne gesetzliche Grundlagen als Stadterneuerungsgebiet:
Besonders gravierend erscheint dieses Manko im V. Bezirk, wo der Zustand der Straßenzüge und Baublöcke im Westen der Reinprechtsdorferstraße sich nicht von dem des im Osten davon gelegenen Stadterneuerungsgebietes unterscheidet.
Im II. Bezirk ist das Stadterneuerungsgebiet ebenfalls zu klein bemessen. Es müßte der gesamte gründerzeitliche Verbauungsbereich der Zählbezirke
202 – Am Tabor,
203 – Augartenviertel,
204 – Taborviertel und
205 – Praterstraße
als Stadterneuerungsgebiet definiert werden.
Im III. Bezirk wurde bisher überhaupt noch kein Erneuerungsgebiet ausgewiesen, wobei die Situation in folgenden Zählbezirken besonders schlecht ist:
301 – Weißgerber,
305 – Rudolfsspital- Rennweg und
306 – Erdberg.
Im IX. Bezirk ist der Zustand in den Zählbezirken
901 – Lichtental- Spittelau und
903 – Allgemeines Krankenhaus
im Hinblick auf die Anteilswerte des Verfallssyndroms schlechter als in dem als Stadterneuerungsgebiet ausgewiesenen Zählbezirk
904 – Nußdorferstraße- Volksoper.
In den äußeren Bezirken ist, ähnlich wie in den inneren Bezirken II und V, in den vom Verfall betroffenen Bezirken XV und XVI die Ausweisung der Stadterneuerungsgebiete nicht zureichend, und diese müßten wesentlich erweitert werden. Erstaunlicherweise wurde der XVII. Bezirk, der in fast allen Verfallskategorien in den äußeren Bezirken an der Spitze steht, bisher nicht in Stadterneuerungsvorhaben integriert. Dagegen wurde im XVIII. Bezirk die Ausweisung des Stadterneuerungsgebiets äußerst großzügig vorgenommen, wobei sich jedoch nur der Zählbezirk 1803 – Kreuzgasse tatsächlich auf Grund der Anteilswerte in die potentiellen Stadterneuerungsgebiete einreihen läßt, während die Verfallserscheinungen im Zählbezirk 1802 – Gentzgasse keineswegs Anlaß zur Besorgnis geben.

12. wie die Landstraßer Hauptstraße im III. Bezirk und die Mariahilferstraße.

13. Bezirkszentrenmodelle: Taborstraße im II. Bezirk, Reinprechtsdorferstraße im V. Bezirk, äußere Mariahilferstraße im XV. Bezirk, Hernalser Hauptstraße im XVII. Bezirk und, in eingeschränktem Maße, die Thaliastraße im XVI. Bezirk. Eine gewisse Sonderstellung besitzt die Wallensteinstraße im XX. Bezirk, da im nördlichen Bezirksteil durch die starke Wohnbautätigkeit ein Einkaufspotential vorhanden wäre.

14. Konzeption von Gewerbegebieten:
XII. Bezirk: 1201 – Gaudenzdorf,
1204 – Wilhelmsdorf,
X. Bezirk: 1504 – Sechshaus,
ferner, in eingeschränktem Maße, für die Zählbezirke:
X. Bezirk: 1006 – Erlachplatz,

XVI. Bezirk: 1601 – Neulerchenfeld,
1604 – Alt- Ottakring,
XVII. Bezirk: 1703 – Äußere Hernalser Hauptstraße.

15. Modelle mit Priorität von Arbeitsstätten:
II. Bezirk: 203 – Augartenviertel,
204 – Taborviertel und
205 – Praterstraße,
III. Bezirk: 301 – Weißgerber und
305 – Rudolfsspital- Rennweg,
V. Bezirk: 501 – Margaretenplatz und
504 – Am Hundsturm,
VI. Bezirk: 602 – Mollardgasse und
603 – Stumpergasse

Gebiete mit hochspezialisierten Erzeugungsstätten (wie Klavierbau, Musikinstrumenteerzeugung und dgl.),
IX. Bezirk: 901 – Lichtental- Spittelau und
903 – Allgemeines Krankenhaus

Gebiete mit Peripherieeffekten des Allgemeinen Krankenhauses und der Wirtschaftuniversität.

16. Integrierte Wohnbaumodelle:
in den inneren Bezirken
II. Bezirk: 202 – Am Tabor,
III. Bezirk: 306 – Erdberg,
V. Bezirk: 502 – Matzleinsdorf,
503 – Siebenbrunnenplatz.
in den äußeren Bezirken
X. Bezirk: 1005 – Arthaberplatz,
XII. Bezirk: 1205 – Meidlinger Hauptstraße,
XV. Bezirk: 1505 – Braunhirschen,
XVI. Bezirk: 1602 – Ludo-Hartmann-Platz (16010),
XVII. Bezirk: 1701 – Dornerplatz,
1702 – Alt- Hernals,
XVIII. Bezirk: 1803 – Kreuzgasse,
XX.Bezirk: 2003 – Brigittaplatz.

17. Bekanntlich liegt die innere Baublockstruktur unter der derzeitigen Erfassungsebene des EDV-Systems des Vermessungsamtes der Stadt Wien, bei dem ausschließlich das Polygon des Baublockes selbst, nicht jedoch die weitere Untergliederung in Parzellen, verbaute und unverbaute Fläche und dgl. Berücksichtigung findet.

18. Es muß darauf hingewiesen werden, daß die Angaben der Tabelle III/9 bezüglich der Bauträger (Eigentümer) auf den Daten der Häuserzählung 1981 beruhen, während die Erhebung erst 4 bis 8 Jahre später erfolgt ist. Über die Änderung der Eigentumsverhältnisse in diesem Zeitraum unter Bezug auf die Kartierungskategorien fehlen Unterlagen. Es ist anzunehmen, daß ein Besitzwechsel vor allem bei freien Parzellen, abbruchreifen bzw. teilweise leerstehenden Objekten eingetreten ist. Infolge der insgesamt bisher geringen Aktivität des Wiener Immobilienmarktes werden diese Veränderungen die Gesamtproportionen wohl nur unwesentlich beeinflussen.

19. X/Favoriten im Anschluß an die Fußgängerzone,
XII/Meidlinger Hauptstraße,
XVI/Neulerchenfelder Straße.

20. z. B. im Fasangartenviertel (III. Bezirk), Meidling (XII. Bezirk) im Anschluß an den Schönbrunner Schloßpark.

21. In diesem Zusammenhang sei angemerkt, daß die Vergabeprinzipien des kommunalen Wohnungsbaus niemals offengelegt wurden und eines der Tabuthemen für die Stadtforschung darstellen, das mit Individualdatenschutz-Argumenten unzugänglich gemacht wurde.

22. Nur eingeblendet sei, daß das Institut für Stadtforschung bei einer Erhebung über den privaten Hausbesitz zwar 1.120 Interviews durchführen wollte, aus verschiedensten Gründen, darunter dem unbekannten Aufenthaltsort des Hausbesitzers, Anschriftenwechsel, Antwortverweigerung, nur 280 Interviews durchführen konnte.

Zusammenfassung

Die vorliegende Publikation erscheint zum Zeitpunkt einer politischen Zäsur von säkularem Rang. Sie verfolgt zwei Zielsetzungen: Sie belegt erstens für die Stadtforschung von Wien das Ergebnis der Prozesse von Stadtverfall und Stadterneuerung in der Nachkriegszeit und bietet damit eine Grundlage für die Abschätzung der künftigen Entwicklung Wiens unter veränderten externen und internen Rahmenbedingungen. Sie belegt zweitens für eine vergleichende Metropolenforschung die Effekte einer segregationsreduzierenden Gesellschafts- und Wohnbaupolitik, wie sie in Wien über mehr als sieben Jahrzehnte betrieben wurde, und dokumentiert damit das räumliche Muster eben dieser Politik, das sich grundsätzlich von dem räumlichen Muster unterscheidet, welches durch privatkapitalistische oder staatskapitalistische Systeme erzeugt wird.

Die Publikation besteht aus drei Teilen. Die Aufgabe des ersten Teiles ist es, die Breite der Interpretationszugänge zu den mit den Prozessen von Stadtverfall und Stadterneuerung verbundenen Phänomenen in der westlichen Welt aufzuzeigen.

Der zweite Teil analysiert die spezifischen Probleme von Stadtverfallsprozessen in Wien, ferner die kommunalpolitischen Ideologien, gesetzlichen und finanziellen Rahmenbedingungen der Stadterneuerung, und präsentiert die bisherige wissenschaftliche Forschung zur Thematik des Stadtverfalls.

Der dritte Teil dokumentiert die Ergebnisse des Großforschungsprojekts über die Thematik Stadtverfall und Stadterneuerung in Wien. Im folgenden eine Kennzeichnung der einzelnen Teile.

ad Teil I

Der erste Teil bietet vier Zugänge zur Interpretation der Vorgänge von Stadtverfall und Stadterneuerung:

1. ein duales Zyklusmodell der Stadtentwicklung,
2. einen historischen Exkurs zur Thematik von Stadterweiterung und Stadterneuerung am Beispiel der Stadtentwicklung in der Barockzeit und in der Gründerzeit,
3. einen politischen Systemvergleich von West und Ost.
4. In einem abschließenden Kapitel werden die Krisenphänomene der postindustriellen Gesellschaft vorgeführt, welche weitere Verfallserscheinungen im physischen Stadtraum bewirken.

1. Zur Erklärung des Stadtverfalls wird der Produktzyklus als heuristisches

Prinzip für die Sachthematik des Produktionsprozesses der städtischen Bausubstanz verwendet. Dabei wird vom Dachbegriff der Stadtentwicklung ausgegangen, und dieser in zwei komplementäre Prozesse, Stadterweiterung und Stadterneuerung, aufgespalten. Der Stadtverfall wird als eine resultierende Größe aus dem Time-lag zwischen den beiden Vorgängen erklärt. Damit kann das Ausmaß des Stadtverfalls, nicht jedoch das räumliche Muster, interpretiert werden.

2. Stadterneuerung und Stadterweiterung sind keineswegs erst aktuelle Prozesse, sondern bereits in der Vergangenheit nachweisbar. Sie sind mit der Abfolge von politischen Systemen und der Ausbildung von spezifischen Stadttypen verknüpft. Ein Übergang zu einem anderen politischen System bedeutet stets eine Änderung der Machtverhältnisse und bringt im Stadtraum die Auseinanderlegung von zwei Subsystemen der Gesellschaft mit sich, einem gleichsam traditionellen und einem mit den Machtverhältnissen konformen. Dabei kommt es zu einem Verfall im älteren Stadtsystem, der durch Marginalisierungs- und soziale Abwertungsvorgänge gekennzeichnet ist. Eine Änderung der Besitzverhältnisse bildet eine Voraussetzung für Um- und Neubautätigkeiten.

Aus der jüngeren Stadtentwicklung wurden zwei Perioden herausgegriffen, nämlich das Barock und die Gründerzeit. In beiden Epochen war Stadterneuerung ein umfassender, den gesamten Innenstadtbereich im Hinblick auf die bauliche Struktur und die dort angesiedelten Funktionen komplett umgestaltender Vorgang. Eine „sanfte Stadterneuerung" gab es stets nur dort, wo keine Veränderung der Besitzstrukturen und, aufgrund geringer Wirtschaftskraft und mäßiger Investitionen, keine Umgestaltung des Grundrißsystems, sondern nur mäßige Aufstockungen erfolgt sind.

3. Der Stadtverfall zählt zu den die politischen Systeme übergreifenden Erscheinungen in der westlichen Welt. Die aus dem Gleichgewicht geratene Proportion zwischen Stadterweiterung und Stadterneuerung zugunsten der ersteren ist als Hauptursache anzusehen. Es bestehen Unterschiede und Parallelen zwischen der Stadtentwicklung im Privatkapitalismus und im Staatskapitalismus der COMECON-Staaten. Ein kleines Schema verdeutlicht dies.

Nordamerika	COMECON-Staaten
===> Abfolge der Prozesse der Stadtentwicklung	
Stadtflucht	Stadtwanderung
Suburbanisierung	Stadterweiterung
Counterurbanization	Aufspaltung der Wohnfunktion
	Zweitwohnungsbewegung
===> Verfall im gründerzeitlichen Stadtgebiet	
Rückkehr einer neuen Citybevölkerung zu den Kernstädten	Umschichtung der Bevölkerung
	Zuwanderung anhaltend
Gentrification	Altstadterneuerung

In Nordamerika sind aufgrund der Stadtflucht der Bevölkerung in eine suburbane, später intermetropolitane Peripherie in einem sehr komplizierten Circulus vitiosus von fehlenden Reinvestitionen in den Baubestand, sinkenden Steuereinnahmen und bevölkerungsmäßiger Marginalisierung in der Nachkriegszeit in den

Kernstädten ausgedehnte Verfallsgebiete entstanden. Auch die Rückkehr von Teilen der Bevölkerung über die Gentrification hat das Fortschreiten des Verfalls nicht aufhalten können.

Es besteht eine erstaunliche Parallele zu den Städten des Staatskapitalismus östlicher Prägung, in denen die Verfallserscheinungen ebenfalls auf fehlenden Reinvestitionen in den Baubestand beruhen. Die Gründe dafür sind hier freilich andere: Der private Miethausbesitz wurde enteignet und steht unter staatlicher Verwaltung. Die staatlichen Budgets reichen jedoch nicht aus, um gleichzeitig Stadterweiterung in Form des Baus von Großwohnanlagen sowie der Einrichtung von Massenverkehrsmitteln zu betreiben *und* in den älteren Baubestand zu investieren. Die Niedrigmietenpolitik hat das Zweitwohnungswesen als Gegenstück zur Suburbanisierung entstehen lassen.

Stadtverfall fehlt als Begriff und als Erscheinung in Nord-Europa, in der Bundesrepublik Deutschland und in der Schweiz fast völlig. Die Zerstörungen des Zweiten Weltkrieges haben in der Bundesrepublik Deutschland vielfach gerade den Baubestand weitgehend vernichtet, der heute in anderen Staaten vom Verfall bedroht ist. Sehr früh wurde ferner in der Nachkriegszeit die Stadterneuerung in Angriff genommen. Nicht zuletzt aufgrund des früh etablierten Denkmalschutzes vereinigten sich Altstadterhaltung und Denkmalpflege rasch zur städtebaulichen Ideologie der 70er Jahren, die als „sanfte Stadterneuerung" zur beherrschenden Zielvorstellung geworden ist.

4. Nach der Retrospektive auf Verfall und Erneuerung der physischen Bausubstanz wird in einem abschließenden Kapitel auf die Krisensymptome der postindustriellen städtischen Gesellschaft eingegangen. Folgende Thesen bilden die Grundlage der Ausführungen:

(1) Der politökonomische Zyklus des Auf- und Ausbaus des social overhead geht zu Ende. Der Staat ist nicht mehr imstande und/oder bereit, alle bisher üblichen Sozialausgaben zu finanzieren. Der Rückbau der Sozialprogramme betrifft die am wenigsten adaptierungsfähigen Bevölkerungteile zuerst. Eine „neue Armut" entsteht und eine „neue soziale Frage".

(2) Ein Spiegelbild dieser Entwicklung sind die Veränderungen auf dem Wohnungsmarkt. Es kommt von der Angebotsseite her zur drastischen Reduzierung des sozialen Wohnungsbau und des Niedrigmietensektors, von der Nachfrageseite aus entsteht eine „neue Wohnungsnot" der Kleinhaushalte und der Bezieher niedriger Einkommen.

(3) Auf dem Arbeitsmarkt entsteht eine neue „postindustrielle Reservearmee", von der ein wachsender Teil kaum eine Chance besitzt, auf Dauer in den Arbeitsprozeß integriert zu werden. Eine neue Underclass ist im Entstehen. Ihre Mitglieder sind nicht mehr über die Partizipation am arbeitsteiligen Prozeß in die bekannte Stratifizierung des Sozialsystems einzuordnen, sondern aufgrund der zeitweisen oder ständigen Ausgliederung aus dem Arbeitsprozeß definiert.

(4) Die Kernfamilie als Leitbild der Gesellschaftsordnung verliert an Bedeutung. Sie beginnt zu zerfallen. Resthaushalte entstehen und bedingen ebenfalls eine „neue Wohnungsnot".

(5) Der Eintritt in den Arbeitsmarkt hat den Frauen nur die schlechteren Posi-

tionen gebracht; bedingt durch die steigenden Scheidungsraten ist die Zahl der von Frauen mit Kindern geführten Haushalte in raschem Ansteigen. Feminisierung des Arbeitsmarktes, der Armut und der Haushaltsführung bilden einen eng zusammenhängenden neuen Problembereich.

(6) Bei weiterhin anhaltendem bzw. sogar steigendem Bedarf an ausländischen Arbeitnehmern und weiterem Einsickern von Asylanten u. dgl. und Zunahme der ethnokulturellen Distanz ist auch in Europa eine Akzentuierung der Segregation in den Verdichtungsräumen zu erwarten. Ethnische Viertel werden durch primäre Selbstorganisation und durch Push-Faktoren von seiten der aufnehmenden großstädtischen Bevölkerung entstehen, bei der gerade aufgrund des hohen Wohlstandsniveaus die Toleranzschwelle gegenüber kultureller Andersartigkeit derzeit – zumindest in Mitteleuropa – relativ niedrig ist.

ad Teil II

1. Als theoretische Grundlage der Teile II und III dient das von der Verfasserin erstellte duale Stadtmodell von Wien. Der Wechsel vom kapitalistisch-liberalen Gesellschaftssystem zum System des sozialen Wohlfahrtsstaates, wie er durch den Ersten Weltkrieg eingetreten ist, stellt die Voraussetzung für die Zweiteilung des städtischen Systems dar. Auf das kapitalistische Stadtsystem geht die „gründerzeitliche Innenstadt" zurück, an die sich die „zwischen- und nachkriegszeitliche Außenstadt" im Süden und Osten Wiens halbmondförmig anschließt.

2. Folgende Probleme des vom Stadtverfall betroffenen gründerzeitlichen Stadtkörpers werden gekennzeichnet:
- die Fossilisierung der städtebaulichen Struktur trotz der Neubautätigkeit und die „Altlast" der zu dichten Verbauung,
- die „Substandardlast" der unzureichenden Ausstattung von über 150.000 Wohnungen, gemessen am internationalen Standard,
- das Entstehen von kommunalpolitischen Leerräumen durch das Leerstehen von über 100.000 Wohnungen, welche nur von einer „Ghostbevölkerung" in einer Zweitwohnungsnutzung gelegentlich aufgesucht werden,
- die soziale Abwertung durch den Exodus von Mittelschichten und vor allem von Angestellten in die Gebiete der Stadterweiterung und den suburbanen Raum,
- die Ansiedlung von Gastarbeitern in Nachfolge von Rentnerhaushalten in den Arbeitermiethausgebieten der äußeren Bezirke.

Bei der Beseitigung der Substandardwohnungen sieht sich die Stadterneuerung vor dem Problem, daß die Renovierung verwahrloster und erneuerungsbedürftiger Wohnungen den Bestand an Billigwohnraum verringert, der lange Zeit aufgrund der Mieterschutzgesetzgebung und der erst spät erfolgten Kommerzialisierung der Mieten vorhanden war. Später als in anderen westlichen Städten ist daher die neue Wohnungsnot auch in Wien aufgetreten.

Aufgrund der Mieterschutzgesetzgebung fehlen jedoch Push-Faktoren von seiten der Hausbesitzer und Fluchtreaktionen von seiten der Bevölkerung – wie sie die nordamerikanische Stadtentwicklung kennzeichnen – weitgehend. Eine hausweise und nicht eine viertelsweise Segregation ist daher bisher die Regel.

Mengung von Arbeitsstätten und Wohnungen ist ein Kennzeichen großer Teile des gründerzeitlichen Stadtgebietes. Entindustrialisierung und Reduzierung des kleinbetrieblich orientierten Geschäftslebens haben eine Entflechtung von Wohnungen und Betriebsstätten eingeleitet. Durch die Festschreibung der Stadterneuerung auf die Förderung der Wohnnutzung ist ein weiterer Druck hinsichtlich der Reduzierung der Betriebsstätten entstanden. Aufgelassene Industriebetriebe werden weitgehend durch Neubauwohnungen ersetzt.

Es stellt sich die Frage, ob und in welcher Hinsicht der gründerzeitliche Stadtraum auch positive Attribute aufweist. Eine ebenso beeindruckende wie überraschende Qualität läßt sich nachweisen, nämlich die demographische Integration der Bevölkerung, d.h. das Nebeneinanderwohnen von verschiedenen Altersklassen und Haushaltstypen. Die Verfasserin vertritt daher die Meinung, daß von seiten der Planer und Politiker alles darangesetzt werden sollte, diese spontan entstandene integrative Funktion des Wohnmilieus in der gründerzeitlichen Reihenhausverbauung zu erhalten, wo sich eine junge Generation wieder in den traditionsreichen gebauten Strukturen einzurichten beginnt.

3. Bei der Stadterneuerung in Wien geht es derzeit *nicht* darum,
- Slumgebiete zu beseitigen,
- Gebiete mit großem Potential des Bodenmarktes zu erneuern,
- spezifischen Interessengruppen (etwa Vertretern der Wirtschaft) zu dienen.

Die Stadterneuerung hat vielmehr eine stark sozial- und wohnungspolitische Zielsetzung und auch sehr spezifische Instrumente entwickelt. Die Analyse der politischen Ideologien, rechtlichen und finanziellen Maßnahmen zur Stadterneuerung belegt die Antisegregationstendenz der sozialdemokratischen Basisideologie, wonach die verteilungspolitischen Effekte aller Gesetze und Förderungsmaßnahmen stets sorgfältig registriert und, wenn möglich, entsprechend korrigiert wurden. Unter dem Begriff der Stadterneuerung werden Maßnahmen zur Wohnungsverbesserung, Hausrenovierung und sonstige Einzelmaßnahmen im Rahmen des Straßen- und Parzellensystems, wie die Anlage von Kleinparks, Wohnstraßen und dergleichen, subsumiert. Sie werden im einzelnen dargestellt. Das Wohnungsverbesserungsgesetz gilt als einer der großen kommunalpolitischen Erfolge der Wiener Stadtbehörden, durch das nach dem Gießkannenprinzip seit 1969 150.000 Wohnungen gefördert wurden. Im Verein mit der Revision der Mietengesetzgebung 1981 ist schließlich das Wohnhaussanierungsgesetz 1984 als Grundlage für die Förderung der schlechtest ausgestatteten Wohnhäuser entstanden.

Eine Reihe von Problemen der Stadterneuerung in Wien haben Parallelen zum Ausland:
- Ganz allgemein sind die Probleme der Stadterneuerung wesentlich komplexer als die der Stadterweiterung. Stadterneuerung ist teurer und bedarf eines besser geschulten Mitarbeiterstabes.
- Die Planung und Durchführung dauert viele Jahre.
- Als Erneuerungsgebiete werden häufig „Herzeigobjekte“ bzw. aufgrund von lokalpolitischen Überlegungen opportun erscheinende Gebiete ausgewählt.

- Das organisationssoziologische Top-Down-Problem der Weiterleitung von Informationen und Popularisierung von Aktionen von der Zentralbehörde zu den Bürgern ist generell ungelöst.
- Ebenso fehlt auch in anderen Städten, ähnlich wie in Wien, der horizontale Informationstransfer zwischen Stadterneuerungsgebieten.
- Es ist ganz allgemein schwierig, in Verfallsgebieten die Wohnbevölkerung zu aktiver Organisation und Nutzung der Chancen zu bewegen.
- Maßnahmen des Denkmalschutzes sowie der Revitalisierung wertvoller Bausubstanz sehen sich vor Interessenkonflikten, sowohl vom Standpunkt wirtschaftlicher Institutionen als auch von dem der Bevölkerung.
- Die Stadterneuerung akzentuiert wirtschaftliche Konzentrationsprozesse. Es kommt zu einer Verdrängung historisch gewachsener kleinbetrieblicher Strukturen.

Wien weist zusätzlich folgende Besonderheiten der Stadterneuerungspraxis auf:

(1) Die Kleinteiligkeit und die Vielzahl von Maßnahmen stehen in besonders scharfem Kontrast zu den kommunalen Großprojekten, wie sie im Zuge der Stadterweiterung errichtet wurden und auch noch weiter im Programm der Stadtentwicklungsplanung vorherrschen.

(2) Die komplizierte Besitzstruktur und die kleinteiligen Eigentumsverhältnisse bewirken in der Regel, daß eine lokale Eigendynamik fehlt.

(3) Die sogenannte „sanfte" Stadterneuerung ist erst ein Produkt der 80er Jahre. Sie beschäftigt sich ausschließlich mit dem Wohnmilieu und blendet alle anderen Fragen – darunter besonders den Arbeitsstättensektor – aus.

ad Teil III

Der dritte Teil dokumentiert die Ergebnisse der statistischen und kartographischen Analyse eines mehrjährigen Forschungsunternehmens (1982–1989) zur Thematik „Stadtverfall und Stadterneuerung in Wien", das mehrere Fragestellungen umfaßt hat.

1. Das Forschungsvorhaben beruht zunächst auf den Forschungserfahrungen der Verfasserin in Nordamerika mit Problemen der Stadtentwicklung, der Krise der Kernstadt und dem Take-off von Suburbia, den Segregationsvorgängen und Desorganisationserscheinungen einer spätindustriellen Gesellschaft (vgl. Teil I) und wurde mit der Frage begonnen, ob die Wiener Situation, wenn auch verspätet, der nordamerikanischen Entwicklung folgen wird und damit Stadtverfall auf allen Ebenen der baulichen und sozialen Struktur der Stadt ein „unausweichliches Schicksal" darstellt.

Das Ausmaß des Stadtverfalls und der Stadterneuerung wurde durch eine Erhebung des gesamten Baubestandes im gründerzeitlichen Stadtkörper ermittelt. Es wurden insgesamt 40.000 Objekte aufgenommen und eine Datenbank auf der Grundlage der RBW-Adreßdatei des Vermessungsamtes der Stadt Wien aufgebaut.

Wien bietet im Hinblick auf Ausmaß und räumliches Muster einen Beleg für die Effekte einer segregationsreduzierenden Gesellschaftpolitik in einem sozialen

Wohlfahrtsstaat. Besonderes Interesse verdient das räumliche Muster des Stadtverfalls und der Stadterneuerung. Die beiliegende Karte 1 : 10.000 von Stadtverfall und Stadterneuerung in Wien belegt den hausweisen Wechsel von verfallenden, in Ordnung befindlichen und erneuerten Bauten sowie Neubauten. Ein flächenhafter viertelsweiser Verfall fehlt ebenso wie eine viertelsweise Flächensanierung. Die Gründe für diese Erscheinungen seien – ohne Anspruch auf Vollständigkeit – aufgelistet:

(1) Die Bevölkerung Wiens ist über eine Generation zahlenmäßig unverändert geblieben, alle Investitionen in die bauliche Struktur konnten daher der Verbesserung weiter Bereiche des Baubestandes und der Infrastruktur dienen.

(2) Die gesellschaftpolitische Grundtendenz des Mietengesetzes hat die Auseinanderschichtung der Bevölkerung hintangehalten. Die Gebrauchswertorientierung von Wohnungen und Bauten hat zu individuellen Investitionen der Mieter in die Wohnungen geführt.

(3) Die Citybildung war aufgrund der geringen wirtschaftlichen Dynamik nur schwach ausgeprägt. Damit wurden auch die Verdrängungsprozesse von Wohnungen durch Büros hintangehalten.

(4) Gewerbliche Kleinbetriebe waren ebenfalls lange Zeit durch das Mietengesetz gegen Verdrängung geschützt. Ein Konzentrationsvorgang auf dem Arbeitsstättensektor fand nur in bescheidenem Ausmaß statt. Die Dominanz von kleinen Betriebsstätten blieb erhalten.

(5) Insgesamt kam es zu keinen Konzentrationsprozessen auf dem Realitätenmarkt, das zersplitterte Privatkleineigentum an Grundstücken und Häusern blieb unangetastet.

(6) Von entscheidender Bedeutung war die in der gesamten Nachkriegszeit bestehende fehlende Markttransparenz. Sie betraf die Mietwohnungen ebenso wie die Miethäuser und begünstigte individuelle Investitionen, welche ohne direkte Steuerung über das Marktgeschehen vielfach nach dem Zufallsprinzip erfolgten.

(7) Dieses Zufallsprinzip betraf die Investitionen auf allen räumlichen Ebenen des städtischen Systems, zunächst auf der Ebene der einzelnen Wohnungen, in welche die Mieter, z. T. aus eigenen Mitteln und z. T. mit Wohnungsverbesserungskrediten, investiert haben.

(8) Das Zufallsprinzip bestimmt auch zum Großteil die Vergabe von Wohnungsverbesserungskrediten an die Mieter und von Mitteln aufgrund des Wohnhaussanierungsgesetzes an die Hausbesitzer.

(9) Auch die Ausweisung relativ kleiner Stadterneuerungsgebiete hat zum Mosaik der unterschiedlichen Bauqualität und des Bauzustands im gründerzeitlichen Stadtgebiet beigetragen.

(10) Von Anbeginn an hat die Taktik der kleinen Schritte die gesellschaftspolitische Linie bestimmt. Alle gesetzlichen und finanziellen Maßnahmen hatten stets ambivalente Auswirkungen. Sie provozierten Ausnahmeregelungen und, bei unzureichender Kontrolle, eine weitere Diversifizierung des Bedingungsrahmens.

Ungeachtet des diversifizierten räumlichen Musters der Verfallsprozesse ist die Größenordnung der Probleme beachtlich. Sie wird aus der Summation aller Verfallskategorien ersichtlich. Rund 25 v. H. des Wohnbaubestandes, d.h. rund 10.000

Häuser, sind bereits in der einen oder anderen Form dem Verfallssyndrom zuzurechnen. Andererseits kann man doch mit einer gewissen Befriedigung feststellen, daß insgesamt rund 27 v. H. dem „Erneuerungssyndrom" zuzuzählen sind. Die Vorgänge von Stadtverfall und Stadterneuerung befinden sich somit in einem gewissen „Gleichgewicht".

Im Ausmaß von Verfall und Erneuerung bestehen zwischen den inneren und äußeren Bezirken beachtliche Unterschiede. Die empirische Erhebung legt die überraschende Tatsache offen, daß die Blightphänomene in den inneren Bezirken zumindest ebenso bedeutend sind wie in den äußeren und diese hinsichtlich des Leerstehungsgrades, d.h. des Anteils der teilweise bzw. zumindest in einem Geschoß leerstehenden Objekte, bereits die äußeren Bezirke anteilsmäßig beachtlich übertreffen. Nur die Kategorie der in schlechtem Bauzustand befindlichen Häuser ist in den äußeren Bezirken geringfügig höher als in den inneren. Weit ungünstiger ist die Aussage unter Bezug auf die Erneuerungstätigkeit. Hier stehen einem Anteil von rund 25 v. H. Neubauten in den äußeren Bezirken nur 13 v. H. in den inneren gegenüber, ferner ist der Umfang von komplett erneuerten Objekten ebenfalls in den äußeren Bezirken mit nahezu 10 v. H. beachtlich höher als in den inneren (5,7 v. H.).

Die Berechnung der Dissimilarität von Verfall und Erneuerung auf der Aggregierungsebene von Zählbezirken erbrachte folgende interessante Ergebnisse:

(1) Am gleichmäßigsten verteilt sind die in Ordnung befindlichen Altbauten mit vorwiegender Wohnfunktion (Index 26,7), gefolgt von den Altbauten, in denen einzelne Wohnungen und Betriebe leerstehen (28,0). Der Index liegt nur schwach über dem Segregationsindex der Arbeiter.

(2) Altbauten in schlechtem Zustand und komplett erneuerte Altbauten überraschen durch ähnliche Indizes von 31,2 und 31,5. Dies ist ein sehr eindrucksvoller Beleg für die Antisegregationseffekte einer sanften Stadterneuerung und die damit bewirkte Verhinderung von Slumbildung. Erwähnt sei, daß sich beide Werte in einem „Feld" mit dem Segregationsindex von Gastarbeitern (32,6) befinden.

(3) Neubauten weisen dagegen einen höheren Index auf. Dies führt zur These, daß die Neubautätigkeit zwangsläufig zu einer stärkeren Polarisierung des Baubestandes und zur viertelsweisen Ausbildung von Slums führen muß.

(4) Am stärksten ungleich verteilt sind die freien Parzellen (51,3) und die abbruchreifen Objekte (46,8). Sie sind Indikatoren des Umbruchs in der Stadtentwicklung.

2. Die Verschiebung der Fragestellung von der Erhebung des Stadtverfalls zur Frage nach dem Ausmaß der Stadterneuerung als Gegensteuerungsprozeß führte in weiterer Konsequenz zu einer planungsrelevanten Zielsetzung für das Projekt, nämlich diejenigen Areale auszugrenzen, in denen in hohem Maße öffentliche Mittel eingesetzt werden müssen, um den weiteren Verfall aufzuhalten. Entsprechend den Grundprinzipien des sozialen Wohlfahrtsstaates und der dualen Ökonomie Österreichs muß Stadterneuerung von vornherein als ein dualer Investitionsprozeß aufgefaßt werden, an dem öffentliches und privates Kapital beteiligt sind. Letzterem muß man jedoch Profite zuschreiben, welche nur durch die politische Akzeptanz von drei Tendenzen möglich sind: die Gewinnung weiterer Geschoßfläche, die

Gentrification und die Ausweitung der City. Überall dort, wo Grundschichten der Bevölkerung in besser ausgestatteten Wohnungen untergebracht werden sollen bzw. keine Gewinnung von Geschoßfläche möglich ist, muß Stadterneuerung als öffentliche Aufgabe betrachtet werden.

Als potentielles Stadterneuerungsgebiet, welches mit öffentlichen Mitteln zu erneuern wäre, wurde der Verfallsgürtel zwischen City und Citymantelgebiet und der von Neubauten durchsetzten Randzone der geschlossenen Verbauung ausgewiesen. Er umfaßt einerseits die äußeren Teile der inneren Bezirke und andererseits die inneren Teile der äußeren Bezirke. Diese zwei Zonen weisen im Hinblick auf die sozioökonomische und die bauliche Struktur beachtliche Unterschiede auf:

In den inneren Bezirken ist die Verbauungsdichte wesentlich größer, die Qualität und die Ausstattung der Wohnungen besser, die Mengung von verschiedenen Parzellenformen, Hausgrundrissen, unterschiedlichem Baualter und Erhaltungszustand die Regel. Ein spezielles Problem stellt der große Anteil an „aufgestockter Bevölkerung" (Arbeitsbevölkerung, Touristen, Studenten, Zweitwohnbevölkerung = Ghostbevölkerung) dar. In den äußeren Bezirken ist dagegen der bauliche Verfall in den alten Vorortekernen mit Marginalisierung der Bevölkerung, vor allem mit einer steigenden Quote von Ausländern (insbesondere Gastarbeitern) verbunden. Insgesamt handelt es sich um ein Areal mit 165.000 Altbauwohnungen, in denen 280.000 Personen leben und mehr als 125.000 Arbeitsplätze vorhanden sind.

Drei funktionsadäquate Typen von Stadterneuerungsgebieten mit folgenden normativen Zielsetzungen wurden ausgewiesen:

(1) Stadterneuerungsgebiete um Bezirkszentren, welche sich im Niedergang befinden und in Problembezirken liegen. Sie müssen mit einem Sortiment von Einrichtungen der öffentlichen Verwaltung, für Kultur und Freizeit ausgestattet werden.

(2) Stadterneuerungsgebiete mit Priorität von Arbeitsstätten, welche den wachsenden Raumansprüchen des tertiären und quartären Sektors entsprechen müssen, um der zu erwartenden weiteren Suburbanisierung von Betriebsstätten entgegenzusteuern.

(3) Integrierte Stadterneuerungsgebiete mit vorwiegender Wohnfunktion in denen der hohe integrative Wert, den die ältere Bausubstanz im Hinblick auf die Mischung von Altersstruktur und Haushaltstypen besitzt, aufrechtzuerhalten ist.

3. War es die Zielsetzung der bisherigen Darstellung, die räumliche Verbreitung von Stadtverfall und Stadterneuerung mittels Aggregierung der Ergebnisse der Aufnahme des Baubestandes auf der Ebene von Zählbezirken kartographisch und statistisch zu erfassen, so geht die Analyse nunmehr einen Schritt tiefer. Sie wendet sich dem Haus als Merkmalsträger zu und versucht, Merkmale der Bauobjekte, wie das Baualter, die Parzellengröße und die verbaute Fläche, hinsichtlich ihrer Effekte auf die beiden Vorgänge von Stadtverfall und Stadterneuerung zu analysieren. Die Frage lautet: Welche hausspezifischen Merkmale tragen dazu bei, daß Häuser eher verfallen, eher in ordentlichem Zustand verbleiben bzw. erneuert werden?

Die Analyse bestätigte die Annahme, daß das Alter von Bauten ein entscheidender Faktor für das Auftreten von Verfallserscheinungen ist. Vor 1880 errichtete Altbauten stellen nur ein Sechstel des Baubestandes, aber ein Viertel in den Verfallskategorien und rund die Hälfte bei den abbruchreifen Häusern. Ihre „Lebenserwartung“ verbessert sich freilich ganz wesentlich, wenn Betriebe in den Miethäusern untergebracht sind.

Die Häufigkeitsverteilung der Grundstücksgrößenklassen belegt, daß mehr als zwei Drittel aller Wiener Miethäuser in die Parzellenstruktur von Eigenheimsiedlungen eingezwängt sind. Zwei Hauptprobleme werden dadurch unmittelbar einsichtig, erstens die bautechnischen Probleme der Erneuerung und zweitens die „Flucht der Bevölkerung“ aus derart eng gepackten Strukturen. Die verbaute Fläche übt jedoch keinen Effekt auf den Verfalls- und Erneuerungsprozeß aus.

Die Zementierung der städtebaulichen Struktur wird nachgewiesen durch die Parzellengrößen bei den Neubauten, bei deren Errichtung es nicht gelungen ist, den kleinzügigen Parzellenzuschnitt zu verändern.

Ein sehr wichtiger Effekt geht von der bestehenden Grünflächenausstattung im Altbaubestand aus. Häuser mit Grünflächen werden eher erneuert, solche ohne Grünflächen verfallen eher. Unter Bezug auf die Stadterneuerung lautet daher die schlichte Aussage: Nur über Abbruch und Umbau ist es möglich, innere Grünflächen in den dichtverbauten Stadtkörper einzubringen bzw. den Verbauungsgrad zu reduzieren.

Sehr wichtig sind die Effekte der Verbauungsgebiete, d.h. die Unterschiede zwischen den inneren und äußeren Bezirken. Sie liegen in den Aufschließungssystemen, der Verbauungsdichte, dem Grünflächenanteil. Dieser zonale Effekt ist wichtiger für die Differenzierung von Verfall und Erneuerung als die individuellen Merkmale der Wohnhäuser.

Die Vorgänge des Stadtverfalls und der Stadterneuerung sind in hohem Maße von den Bauträgern abhängig. Mehrere Segmente sind zu unterscheiden:

Über 60 v. H. des Wohnbaubestandes im gründerzeitlichen Stadtgebiet befinden sich im Privateigentum, sodaß die Intentionen privater Hausbesitzer für die Prozesse von Stadtverfall und Stadterneuerung mengen- und flächenmäßig entscheidend sind. Auf die zwei Hauptgruppen, Alleineigentümer und Mehrfacheigentümer, entfielen 1981 33,3 bzw. 27,3 v. H. der Miethäuser. Die Analyse ergab, daß sich in den äußeren Bezirken über 50 v. H. der Bauten von Alleineigentümern in schlechtem Zustand befinden. Ein verstärkter Aufkauf von abgewohnten Häusern durch öffentliche Bauträger ist zu erwarten. Das Zerreiben des privaten Hausbesitzes durch zwei Tendenzen ist erkennbar, auf der einen Seite durch die Interessen juristischer Personen, welche die Einrichtungen der Citybildung vertreten und deren Häuser ein zentrumsorientiertes Standortmuster aufweisen, auf der anderen Seite erfolgt von der Außenstadt her das Aufrollen durch den kommunalen Wohnungsbau und die genossenschaftlichen Wohnbauträger. Der private Hausbesitz wird damit von zwei Seiten in die Zange genommen.

Eine Sonderstellung besitzt der Eigentumswohnungsbau. Seine Standortwahl erfolgt zum Großteil komplementär zum öffentlichen Wohnbau. Er bindet ein in den Citymantel, tritt verstärkt im Anschluß an Geschäftsstraßen in den äußeren Bezirken auf und ist eher an Mittelschichtquartiere gebunden.

Bei den „resistenten Arealen des privaten Miethausbesitzes“ handelt es sich im wesentlichen um die Bereiche der ausgewiesenen potentiellen Stadterneuerungsgebiete, deren räumliches Muster nicht primär von städtebaulichen Merkmalen, sondern von den Eigentumsverhältnissen abhängig ist.

4. Die dritte Dimension stellt in der Stadtforschung zumeist eine terra incognita dar. Um die Frage von Stadtverfallsprozessen im Vertikalaufbau der Stadt zu klären, wurde in einer gesonderten Geländeaufnahme von rund 10 v. H. des Baubestandes das Ausmaß von Blight-Erscheinungen geschoßweise erhoben. Die Analyse des Ausmaßes des „Residential Blight in der vertikalen Struktur des Stadtkörpers von Wien" belegte die Zerstörungseffekte durch den Individualverkehr. Mit Ausnahme des I. Bezirks ist das Erdgeschoß in allen Bezirken am stärksten von Unternutzung und Verfall betroffen (darunter Commercial Blight bei rund 9.000 Geschäften). Eine Verschiebung der Wohnfunktion in der Vertikalen läßt sich, mitbedingt durch Subventionierung von Dachausbauten und Liftanlagen, deutlich nachweisen.

Folgende vertikale Segregationstendenzen sind im Miethausbestand des gründerzeitlichen Stadtraumes zu erwarten:

(1) In noch stärkerem Maße als bisher werden ausländische Zuwanderer mit niedrigem Einkommen das Erdgeschoß der Miethäuser invadieren und zum Teil leerstehende Lokale und Werkstätten als Wohnraum nützen. Die bereits bisher zu beobachtende hausweise Segregation von ethnischen Gruppen wird damit im Miethausbestand der sogenannten Mittelstandsbezirke eine interessante ethnische „Unterschichtung" erzeugen.

(2) Für das „neue Überschichtungsphänomen" kann der Ausbau des Dachgeschosses als Indikator aufgefaßt werden, denn in Innenstadtlagen mit attraktiver Aussicht ist er mit der Ansiedlung von kapitalkräftigen Bevölkerungsschichten verbunden.

5. Der jüngste Zugang – in szenarienmäßiger Form – ergibt sich auf dem Hintergrund der veränderten Position der Stadt in Europa, der Verschiebung Wiens aus der Randlage in der westlichen Welt zurück in eine zentrale Lage in dem im Aufbruch begriffenen Mitteleuropa.

Es werden drei Fragen gestellt:

(1) nach den externen Effekten der neuen politischen Situation,
(2) nach der Bevölkerungsentwicklung und den Problemen auf dem Arbeits- und Wohnungsmarkt durch ausländische Zuwanderer,
(3) nach den neuen Problemen im gründerzeitlichen Stadtgebiet.

Wien weist keine Mittelpunktlage, sondern eine sehr komplizierte „Schnittstellenlage" auf. Der Kapital- und Immobilienmarkt wird durch westliche Interessenten bestimmt, welche den südöstlichsten Auslieger des deutschen Sprachraumes als Stützpunkt für die marktmäßige Erschließung von Ostmitteleuropa benützen werden, der Arbeits- und Wohnungsmarkt erhält Nachfrager aus dem Osten.

Die von Bevölkerungsabnahme überschattete Stadtentwicklung ist damit abgeschlossen. Bis zur Jahrtausendwende wird eine Verdopplung der Zahl der ausländischen Bevölkerung erwartet, die mit 1.1.1990 208.000 betragen hat. Drei Segmente der ausländischen Bevölkerung sind zu unterscheiden:

(1) Gastarbeiter, d.h. Jugoslawen und Türken, von denen letztere stärker zunehmen werden,

(2) Bevölkerung aus Ostmitteleuropa, die allerdings z. T. als Grenzgänger ein Leben in zwei Gesellschaften führen wird,
(3) eine Vielfalt von „neuen Zuwanderern“ aus Räumen mit größerer ethnischer und kultureller Distanz, von Afrika bis Ostasien.

Teilweise wird eine Auffüllung von ungenutztem Wohnraum erfolgen, zum Teil wird auch eine kommunale Wohnungspolitik für Ausländer erforderlich sein. Aufgrund der ethnischen und kulturellen Distanz wird es zur Bildung von Subkulturen mit lokalen Märkten, Geschäftszentren und informellen Organisationsstrukturen kommen.

Die Stadtentwicklung Wiens wird in den 90er Jahren von den Auswirkungen der Zuwanderung bestimmt sein. Die Stadterneuerung wird als Aufgabe weggeschoben von der Planung und Errichtung der Objekte für die Weltausstellung Wien – Budapest 1995, welche die Medienberichterstattung bestimmt und die kommunalen Interessen und sehr große finanzielle Mittel binden wird. Die Stadterweiterung wird erneut die Stadterneuerung ablösen. Ein neuer polit-ökonomischer Produktzyklus der Stadtentwicklung beginnt.

Summary
(Übersetzung: D. Mühlgassner)

This book is being published at the time of a secular political ceasura and has two main goals: Firstly, it describes, within the general context of extensive urban research in Vienna, the results of the processes of urban decay on the one hand and urban renewal since World War II on the other hand, thus providing the basis for a prognosis as to this city's further development under the influence of changing external and internal conditions. Secondly, it contributes to aspects of comparative metropolitan research by presenting the effects of social and building politics aiming at a minimization of segregation. Having been operative in Vienna for more than seven decades it developed a specific spatial pattern that differs fundamentally from those patterns produced by private or state capitalism.
The publication consists of three parts: In Part I an attempt is made to discuss the wide spectrum of possible approaches to interpreting the phenomena bound up with processes of urban decay and urban renewal in the Western hemisphere. Part II is dedicated to an analysis of specific problems of urban decay in Vienna, of the prevalent ideology in communal politics as well as the legal and financial framework for urban renewal. In Part III an account is given of an extensive research project on the subject of urban decay and urban renewal in Vienna.

ad Part I: Urban decay and urban renewal – attempts at an interpretation

Four different approaches were chosen for interpreting the processes of urban decay and urban renewal:

1. a model making use of the concept of a dual cycle of urban development elaborated by the present author,
2. an excursion into the past and discussion of similar processes in the Baroque and Founders' Periods,
3. a comparison of the effects of political systems in the East and the West,
4. a presentation of the crises characteristic of the postindustrial society that result in a further decay of the urban fabric.

1. For explaining the process of urban decay, the concept of product cycles is being used as a heuristic principle for modelling the production of the urban building stock. Urban development is taken to comprise both urban expansion and urban renewal and is considered the sum of these two complementary processes. Urban decay is taken to result from a time-lag between these two operations. In this way the overall extent of urban decay can be explained, but not its spatial pattern.

2. Urban renewal and urban decay are not just recent processes, but have existed in the past as well. They are bound up with the succession of political systems and the development of specific types of cities. Any change in the political system

is connected with a change as to political powers and brings about the formation of two subsystems of the society within the city area, a "traditional" one and the other one in keeping with the new system. Decay ensues in the older urban system, where there is marginalization and social depreciation. A change in property rights as to real estate is prerequisite to any new construction or extensive alterations.

Two periods of fairly recent urban development, namely the Baroque and the Founders' Periods, were chosen to exemplify the effects of extensive urban renewal that remodelled the urban fabric of the inner city completely and furnished it with entirely new functions. So-called "preserving urban renewal" could only take place where there was no change as to possessory titles and where, due to a lack of economic resources and funds for investment, the parcelling of the land was retained and the houses were, if at all, raised by one or two storeys only.

3. Urban decay is common to all political systems of the Western hemisphere. Its main cause consists in the development of a disproportion between urban expansion and urban renewal due to a predominance of the former. Surprisingly enough, there are both marked differences and parallels between urban development in private and in state capitalism, such as in the COMECON countries. This is outlined in the scheme below.

North America	COMECON Countries
===> Processes in urban development	
exodus from the cities	migration to the cities
suburbanization	urban expansion
counterurbanization	splitting-up of housing function
	second homes movement
===> Decline of the physical structure of the Founders' Period	
return to the central city of new city dwellers	regrouping of population
	migration to the cities continuing
gentrification	urban renewal in old town

Extensive areas of urban decay came into being in Northern America due to an exodus of the cities' population into suburbs and, later on, intermetropolitan peripheral areas. In the post-war period, a vicious circle of lacking re-investments into the building stock, decreasing tax returns and demographic marginalization marked the central cities. Remigration of population did not suffice for stopping the process of decay.

There is a similar development in the cities of countries with a system of state capitalism in the Eastern hemisphere: Urban decay is caused by the lack of re-investments into the building stock, too – for different reasons, though: The former house-owners were expropriated, and the houses became government property. National budgets could, however, not provide for both urban expansion with an extensive construction of large blocks of flats and public transport systems *and* the renewal of older stock. It was the politics of low rents that led to a rapid increase in the number of second homes, a process paralleled by suburbanization in the West.

There is hardly any urban decay in Northern Europe, in the Federal Republic of Germany and in Switzerland. In Germany, it was mainly the building stock at present threatened by decay elsewhere that was destroyed by bombing or fighting during, and at the end of, World War II. In the post-war period, moreover, urban renewal was started at an early date. During the seventies the general interest in, and a broad interpretation of, the long-established concept of a protection of cultural monuments resulted in an ideology concerning urban design that advocated "preserving renewal".

4. A retrospective view of the decay and renewal of the building stock is followed by a discussion of developing symptoms of crises of the postindustrial urban society. The basic theses are listed below.

(1) A political and economic cycle, that of the development and growth of the social overhead, approaches its end. The state is no longer able and/or willing to finance all the social benefits usual so far. A reduction of welfare expenditures will hit those segments of the population most severely that are least able to adapt to the new situation. A "new type of poverty" will develop, and a "new social problem".

(2) Changes in the housing market mirror this development. Concerning supply, there are drastic reductions as to new social housing and marked restrictions as to low-rent housing; concerning demand there is a "new housing shortage" with respect to small households and low-income groups.

(3) Large segments of a new "postindustrial stand-by reserve of workers" have little chance to find permanent posts. A new underclass develops whose members cannot be identified as belonging to one of the established strata of society according to their positions in the traditional system of a division of labour, but form a special group characterized by temporary or permanent redundancy.

(4) The nuclear family is no longer recognized as a central pillar of the social order. It tends to dissolve, single-parent-families and other forms of incomplete households develop and bring about a "new housing shortage", too.

(5) On the labour market, women have succeeded in obtaining the less attractive positions only. Due to an increasing rate of divorces, the number of households consisting of mothers with their children only keeps growing. The feminization of the labour market, of poverty, and of householding results in closely interrelated problems.

(6) With a continuing and even growing demand for foreign labour, a further influx of immigrants and refugees and an increase in the ethno-cultural divergence, a marked tendency towards segregation will develop in agglomerations in Europe as well. Ethnic quarters will come into existence both spontaneously and due to push-factors on the part of the autochthonous inhabitants of large cities. In Central Europe, their threshold of tolerance for cultural divergence appears to be very low at present, largely due to the high standard of living attained.

ad Part II: Urban decay and urban renewal in Vienna: An analysis of ideologies, problems and research carried out to date

1. The author of this book developed the dual urban model for Vienna which serves as the theoretical basis for Parts II and III. The change from a capitalistic-

liberal system to that of a social welfare state brought about by World War I triggered the bipartition of the urban system. The "inner city of the Founders' Period" dates back to the capitalistic urban system, the crescent-shaped "outer city of the interwar and post-war periods" is linked up with it to the south and the east, due to the urban design advocated and realized by the Social Democratic city government.

2. The following problems of the physical structure of the Founders' Period threatened by decay are being discussed:

– a fossilization of the overall urban design despite extensive construction activities and the handicap of too high a building density,
– the burden of 150.000, by international standards, inadequately equipped flats,
– the development of "void spaces" with respect to communal politics due to the existence of 100.000 flats that are only lived in occasionally by a "ghost-population" that spends most of the time in second homes outside Vienna,
– the social depreciation due to the exodus of members of the middle classes and especially of white-collar workers and their resettlement in the area of urban expansion and in a suburban belt,
– the succession of guestworkers to old-age pensioners in the area of working-class blocks of flats in the outer districts.

Improving the substandard flats in the course of urban renewal poses the problem of diminishing the stock of low-rent housing that had existed for a long time due to tenants' protection acts and a commercialization of the rents at a fairly late date only. Therefore, a "new housing shortage" occurred in Vienna later than in other cities of the Western hemisphere. Because of the tenants' protection acts there are, however, practically no push-factors on the part of the house-owners or tendencies towards an exodus on the part of the tenants similar to those characteristic for urban development in Northern America. Therefore, only a segregation by houses, but not by quarters was to be found so far.

In large parts of the urban area of the Founders' Period there is a mixture of apartments, offices, workshops and shops. Deindustrialization and a decrease in the number of small shops triggered a tendency towards a spatial separation of housing from all other functions. It was enhanced by legal regulations limiting subsidies for renewal to housing. Vacant industrial lots are mostly used for building new apartments.

The urban area of the Founders' Period does, however, have definitely positive attributes, too: Surprisingly enough, a demographic integration, i. e. the living next to each other of various age groups and household types, is accomplished here. The present author believes that planners and politicians should strive to retain this integrative function of the housing milieu in the blocks of flats of the Founders' Period: Younger generations are ready to make use of the traditional building stock of their own accord.

3. Urban renewal in Vienna, at present, is *not* confronted with

– having to do away with slum areas,
– needing to rebuild areas with a high economic potential in the real estate market,
– having to cater for specific pressure groups, such as representatives of industry.

Its major goals lie in the fields of social and housing politics, and it has developed tools suitable for this end. An analysis of the basic political ideologies as well as the legal and financial measures proves a marked tendency on the part of the Social Democratic city government to prevent segregation: Obviously there is an efficient continuous scrutiny of all effects brought about by the legal and/or financial measures introduced so that undesirable developments can be checked at once.

Urban renewal comprises improvements within individual flats, the renovating of houses as well as measures with respect to the use made of individual lots or (sections of) streets, such as laying out small parks or restricting rights of way. These aspects are described in some detail.

The effect of the "Wohnungsverbesserungsgesetz" (Flats' Improvement Act) is to be considered an eminent political achievement of the communal authorities: Since 1969, the improvement of 150.000 flats was subsidized by a by no means methodical, seemingly indiscriminate distribution of funds. When the body of tenants' protection acts was revised in 1981, specific hardships and problems made it necessary to augment it by means of a "Wohnhaussanierungsgesetz" (Renovation of Houses Act) in 1984 that provided the basis for subsidizing primarily the improvement of poorly equipped housing.

As to some of the problems encountered with renewal in Vienna there are parallels in other countries:

- Generally speaking, such problems are much more complex than those of urban expansion. Urban renewal is more expensive and requires more qualified staff and labour.
- Planning and the execution of the plans takes many years.
- Very often a sort of exhibition piece is selected for a renewal area, or one seeming opportune in connection with local politics.
- Both the problem of a top-down-transmitting of information and that of popularizing certain actions on the part of the authorities remain unsolved.
- Moreover a continuous horizontal exchange of information between renewal areas is lacking.
- On the whole it is an extremely difficult task to entice the inhabitants of a renewal area to take an active part in the process both individually and as a group and to make full use of the opportunities offered.
- Often measures for protecting the cultural heritage as well as a revitalization of valuable elements of the physical structure tend to unleash conflicts between (economic) pressure groups or strata of the population.
- Urban renewal tends to further processes of economic concentration. Traditional small-scale businesses are ousted.

Urban renewal in Vienna has some special features, too:

- There is a marked contrast between the large number of measures of purely local importance and the large-scale projects on the part of the city's authorities with respect to urban expansion that were prevalent in the past and are characteristic of the plans for future urban development.
- It is due to the complex structure of possessory titles and a marked splitting-up of properties that hardly any local dynamic processes could develop spontaneously.

- Only during the eighties so-called "preserving urban renewal" came into being. It is limited to the housing sector and does not include any other functions, such as economic activities.

ad Part III: Urban decay and urban renewal. Results of an extensive research project of the Institute for Urban and Regional Research

Part III presents the results of a statistical and cartographical analysis of data collected during an extensive research project carried out between 1982 and 1989.

1. The basic concept for this study emerged from the present author's research experience as to problems of urban development encountered in North America: the crisis of the central city and the take-off of suburbia, segregation processes and the increasing disorganization of the postindustrial society (see Part I). The first question posed was that of whether Vienna would take a development similar to that of North American cities, with a time-lag, though, and whether urban decay on all levels of the building stock is to be considered inevitable.

The overall extent of urban decay was determined by means of a study of the building stock of the Founders' Period. 40.000 objects were mapped and the data stored in the format corresponding to that of the "RBW"-spatial data bank of the Vienna Surveyor's Office.

Both the extent and spatial distribution of urban decay in Vienna testify to the effects of a welfare state's social politics aiming at reducing segregation. An interesting spatial pattern results from the superposition of urban decay and urban renewal. The map presenting these processes on a scale of 1 : 10.000 clearly shows that there is an intricate mosaic of decaying, well-preserved and/or renovated buildings next to each other. There are neither any decaying nor any completely renovated quarters. Some of the reasons for the formation of this pattern are listed below.

- For one generation the number of inhabitants remained stable. Therefore all investments into the physical structure could be dedicated to improving large parts of the building stock and providing modern infrastructure.
- The effects of the basic political concept of the Rent Act consist in the prevention of segregation. Due to a tendency on the part of the tenants to consider rented apartments as their personal property they are ready to invest into the improvement of the flats.
- Because of lacking economic dynamics CBD formation was of hardly any importance. Therefore only fairly few apartments were turned into offices.
- Small enterprises in the secondary sector were being protected by the Rent Act, too. Rents were low and evictions rare. There was some concentration, but small enterprises are predominant still.
- There were no concentration processes with respect to the real estate market. The individual properties, whether in the field of real estate or that of houses, remained small and did not change hands to any spectacular extent.
- During the post-war period there was no transparency of the real estate and

housing markets. This was decisive for the developments as to individual rented apartments or blocks of flats as a whole and resulted in a readiness on the part of many individuals to invest in the building stock rather randomly and unaffected by any control exercised by market developments.

- Randomly distributed over all parts of the inner city investments occurred on all levels of the urban system, but first of all on that of the individual apartments, with the tenants either investing their own money or taking out specially subsidized loans for improving their flats.
- The placing of subsidized credits for improvements – taken out by tenants or by house-owners – did not conform to any objective rules either.
- The delimitation of fairly small renewal areas also contributed to the intrinsic mosaic of widely differing states of decay or repair in the built-up area of the Founders' Period.
- Right from the beginning opinion leaders in social politics decided upon a step-by-step procedure. All legal and financial measures resulted in ambivalent effects. Controls were possible up to a point only, rules tended to be interpreted rather freely, and exceptions had to be granted frequently.

Though urban decay definitely is not ubiquitous, its extent is remarkably large if one considers all of the categories showing symptoms of decline. About 25 % of all housing, i. e. approximately 10.000 houses, must be classified as part of the decay syndrome. On the other hand about 27 % of the houses have undergone renovation. Thus, seemingly, some sort of equilibrium is attained at present with respect to urban decay and urban renewal.

There are marked differences, though, between the individual districts in the extent of decay and/or renewal. It was one of the most surprising results of the empirical research that blight phenomena are at least as extensive in the inner districts as in the outer ones and that the "ratio of vacancy" – calculated as the proportion of houses with at least one vacant storey – is even larger in the inner ones. Only the percentage of buildings in bad repair is slightly greater in the outer districts. Concerning renewal the situation is much more unfavourable: Whereas there are 25 % new buildings to be found in the outer districts, the corresponding percentage in the inner ones is only 13 %, and completely renovated objects amount to 10 % in the outer and only 7 % in the inner districts.

Dissimilarity indices were calculated on the basis of enumeration wards:

- Old buildings (constructed before 1914) with a predominance of housing in good repair are most evenly distributed (Id = 26.7), followed by old buildings containing some vacant flats and/or workshops (Id = 28.0). These indices are only slightly larger than that for blue-collar workers.
- Surprisingly enough old buildings in bad repair and completely renovated old buildings have similar indices of 31.2 and 31.5. This seems to prove that "preserving urban renewal" is effective in preventing segregation and, thus, hinders the development of slum areas. Incidentally these indices are similar to that of the guestworkers (32.6).
- New buildings have a higher index. One could postulate that construction activities bring about a more marked polarization of the building stock automatically and must result in the formation of slum quarters.

- Vacant lots are distributed most unevenly (Id = 51.3), followed by derelict objects (Id = 46.8). These indices show that there is a fundamental process of change under way in Vienna's urban development.

2. At a later stage a new focus of research emerged. The assessment of the extent of urban renewal, the natural remedy for urban decay, provided the basis for taking up a new approach, namely making an attempt to delimit those areas in which considerable public funds will have to be invested to prevent further decay. According to the basic principles of welfare states and the dual economy existing in Austria her planning authorities must be made aware of the fact that urban renewal requires a dual system of financing, depending on both private and public investments. Individuals must be allowed to make profits. This is only possible if the three ways to make profits become acceptable politically: gaining more floor space and/or gentrification and/or extension of CBD functions. Wherever lower class people are to be housed in apartments with all modern conveniences and no additional floor space can be gained, urban renewal becomes a public task.

The area threatened by decay between the CBD, including its mantle, and the urban fringe interspersed with new buildings was delimited as a "potential renewal area". It comprises the outer parts of the inner districts and the inner ones of the outer districts. These two zones differ widely, though, in their socio-economic and physical structures:

The inner districts are much more densely built-up, building quality and equipment of the apartments are superior and there is a more diversified mixture of plot sizes, floor plans of houses, different age groups of buildings and states of repair. There is the specific problem of an "augmented population" (people commuting into this area, tourists, students, persons living in second homes most of the time = ghost-population).

In the outer districts there is especially marked decay in the core-areas of the historical former suburbs, with a marginalization of the population and especially a growing number of foreigners (guestworkers, refugees).

Altogether this area contains 165.000 flats in old houses, housing 280.000 persons and providing more than 125.000 workplaces.

Three functional types of renewal areas were delimited which ought to be developed in different ways:

(1) Renewal areas around district centres that are on the decline and are situated in problem districts: They must be provided with a spectrum of public institutions as well as installations for cultural and leisure activities.

(2) Renewal areas with a predominance of workplaces: Sufficient room for the expanding tertiary and quaternary activities should be set aside in order to prevent a continuing suburbanization of such businesses.

(3) Integrated renewal areas with a predominance of housing: The integrative function of the older building stock with respect to a mixture of age groups and household types should be retained.

3. In a third step analyses concentrated on the individual houses. An attempt was made to detect possible relationships between different attributes of the buildings, such as age, size of the lot, groundfloor area etc., and the processes of decay

and renewal. The basic question was: Which attributes make a house prone to become derelict or to keep in good repair or to be renovated?

The analysis confirmed the hypothesis that building age is an important factor for symptoms of decay. Houses erected before 1880 constitute one sixth of the building stock only, but one fourth of those with symptoms of decay and half of the derelict ones. Their "life expectancy" is considerable larger, though, if they contain workshops as well.

When classifying the sizes of the lots one finds that more than two thirds of the apartment houses in Vienna were erected on lots whose average size corresponds to that for a single-family-house. This fact furnishes an explanation for two problems, the difficulties encountered when planning an economical renovation and the exodus of the population from such densely packed areas, but obviously has no effect on the processes of decay and renewal. There is a persistence of the small lots, and building activities have to adapt to them.

On the other hand the existence of green spaces is of great importance in being conducive to renewal. A lack of open spaces obviously speeds up decline. The only way of providing more green spaces in densely built-up areas consists in demolition and extensive alterations.

The differences between the inner and the outer districts are considerable, too. They consist in varying systems as to the parcelling of the land, varying building densities, different ratios of green and open spaces. This zonal structure is more important than the differences between the individual houses.

Another aspect to be considered is the very strong influence exercised by the different types of house-ownership. More than 60 % of the building stock of the Founders' Period is privately owned, therefore the attitudes of the individual house-owners with respect to decay or renewal are decisive from the point of view of the areas affected and the number of houses concerned. Whereas 33.3 % of the buildings were owned by an individual in 1981, 27.3 % had several joint owners. The analysis showed that in the outer districts 50 % of the houses owned by individuals were in bad repair. It is to be expected that, in future, a larger number of derelict houses will be bought up by public institutions. Private ownership is being cornered in two ways: Bodies corporate strive to expand CBD functions, therefore the locational pattern of their houses shows clustering near the city centre; on the other hand there is a "rolling up" on the part of the city authorities with their social housing and cooperative building societies from the periphery.

Condominiums take up a special position. To a large extent, their location is complementary to that of social housing. They are to be found mainly in the CBD mantle, near shopping streets in the outer districts and predominantly in residential areas of the middle classes.

"Resistent pockets of private ownership" coincide with the potential renewal areas listed above. Their spatial pattern obviously is an outcome of the property structure and does not depend on aspects of urban design.

4. For urban research, the third dimension has been a sort of terra incognita. For being able to study the extent of urban decay in the city's vertical dimension a special survey of 10 % of the building stock was made with reference to blight phe-

nomena in the various storeys. The hypothesis as to the destructive effects of passenger-car traffic was substantiated by the results. In all districts but for the 1st one the groundfloor is most severely hit by blight phenomena (commercial blight was observed with respect to 9.000 shops). An increasing preference for apartments on higher floors, triggered by subsidies for having lifts installed and for converting lofts, was confirmed.

A trend towards a "vertical segregation" of the population is to be expected:

- There will be an increasing invasion of groundfloor premises by immigrants from foreign countries with low incomes. Former shops and workshops will be converted to flats. So far, ethnic segregation tended to develop with respect to individual houses, now vertical segregation will develop in apartment houses in the residential districts of the middle classes, with lower classes occupying the groundfloors.
- On the other hand high-income groups will buy up and convert lofts in attractive locations of the inner part of the city – thus "superimposing" higher strata of the society over lower ones.

5. Most recently the research program focussed on the development of szenarios. In a period of rapid changes in Europe's political structure and a "relocation" of Vienna from the periphery of the Western hemisphere into the core of a rapidly awakening new Central Europe three questions were posed, namely:

- What external effects will be exercised by the new political situation?
- In which way is the population going to develop and what problems will be generated by the influx of foreign immigrants as to the housing and labour markets?
- What new problems will the urban area of the Founders' Period be confronted with in future?.

Vienna's position actually is no central one, but her function is that of a complex interface: The money and real estate markets are dominated by pressure groups from the West. They will make this most southeasterly outpost of the German-speaking realm their headquarters for working the markets in eastern Central Europe. On the other hand there will be an increasing demand for housing and jobs on the part of immigrants from the East.

Vienna's population stopped shrinking, and by the year 2000 the number of foreigners that had amounted to 208.000 in 1990 will have doubled. Three distinctive segments are to be distinguished with them:

- guestworkers, i. e. mainly Yugoslavs and Turks (the latter group is expected to increase more markedly),
- inhabitants of the countries of eastern Central Europe – many of them are, however, expected to become frontier commuters and to "live in two societies",
- refugees from diverse countries, from Africa to Eastern Asia, with a more pronounced ethnic and cultural distance.

To some extent, housing vacant at present will be occupied by new tenants, but some new social housing will be indispensable for foreigners with low incomes. Subcultures will form because of the more marked ethnic and cultural differences and have their own markets, shopping centres and informal organizational structures.

Vienna's urban development during the 1990's will depend on the effects of immigration. Urban renewal will have to recede into the background as a publicly sponsored task because of the planning and erection of the objects needed for the Vienna – Budapest World Fair in 1995, an event that is widely discussed in the media and will tie up all of the funds available. A new period of urban expansion will start – a new political and economical product cycle begins.

Anhang 1: Erhebungsbogen (Straßenliste)

PROJEKT: S T A D T V E R F A L L
O.UNIV.-PROF.DR.E.LICHTENBERGER
STRASSENLISTE

BEZIRK: 5 ZAEHLBEZIRK: 2
STRASSE: JAHNGASSE

HAUS-NR.	PARZELLE	ALTBAUTEN – VERFALL (HAUSBOGEN): FREI 1	OBJ. ABBRUCHREIF 2	OBJ. TEILW. LEER 3	EINZ. WOHN. BETR. LEER 4	ZUST. SCHLECHT 5	IN ORDNUNG: VORW. WOHNHAUS 6	MISCHFUNKTION 7	BETRIEB-OBJ. 8	ZUSATZ: KOMP. ERNEUERUNG 9	NEUBAU: WOHN- UND MISCH FKT 10	BETRIEB OBJ 11	RBW-CODE
3						X							5025006
4					X								5025004
5					X								5025006
6											X		5025004
14					X								5025003
16						X							5025003
17					X								5025005
18							X						5025003
19							X						5025005
24					X								5024004
25							X						5024008
26										X			5024004
27					X								5024008
30					X								5024003
36					X								5024003
38					X								5024003
39										X			5024007
40										X			5024003
41					X								5024007
42					X								5024003

Anhang 2: Hauserhebungsbogen für Komplettaufnahme der Fassade

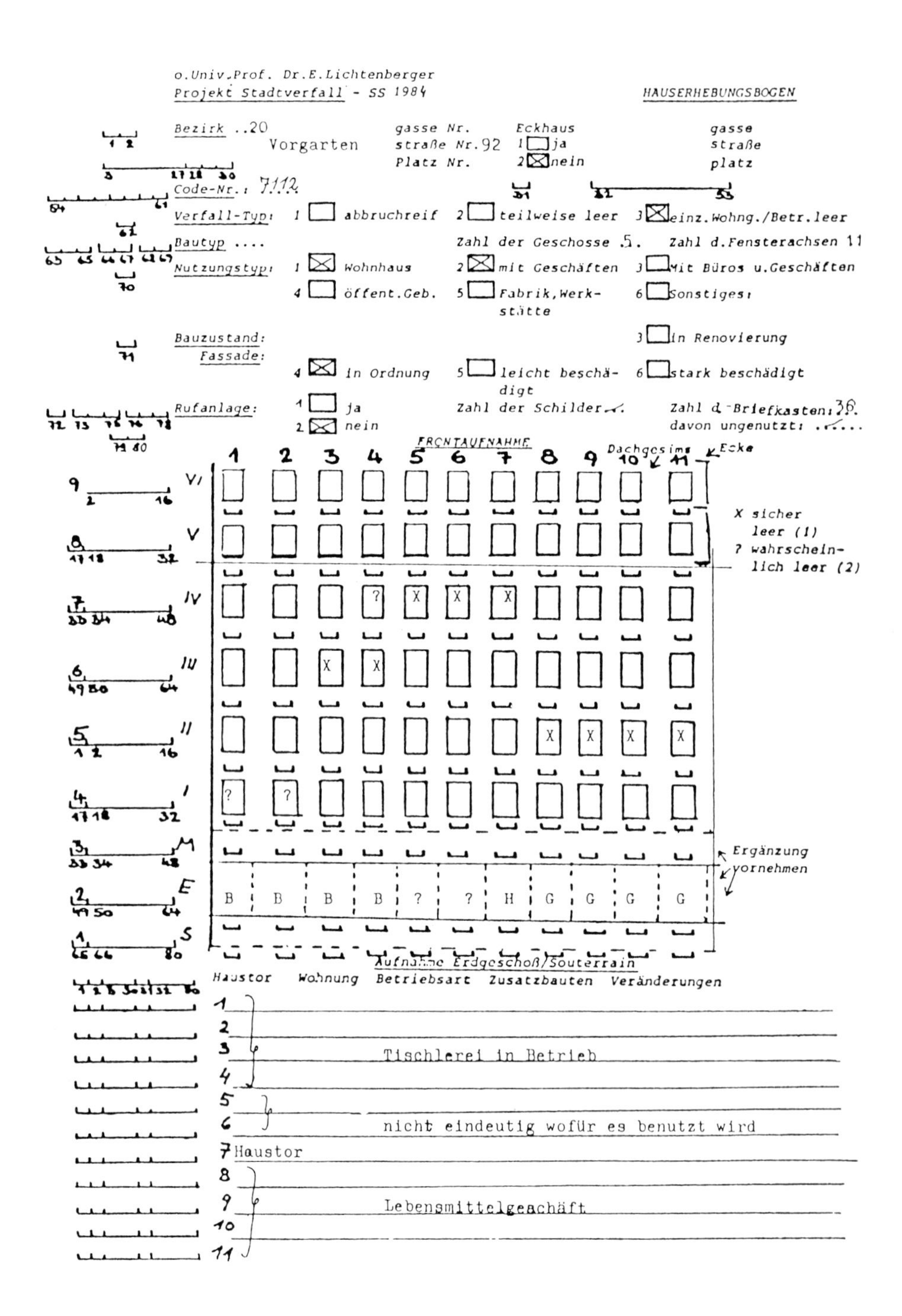

o.Univ.Prof. Dr.E.Lichtenberger
Projekt Stadtverfall - SS 1984

HAUSERHEBUNGSBOGEN

Bezirk ..20 Vorgarten gasse Nr. / straße Nr.92 / Platz Nr.
Eckhaus 1 ☐ ja 2 ☒ nein
gasse / straße / platz

Code-Nr.: 7112

Verfall-Typ: 1 ☐ abbruchreif 2 ☐ teilweise leer 3 ☒ einz.Wohng./Betr.leer

Bautyp .... Zahl der Geschosse 5. Zahl d.Fensterachsen 11

Nutzungstyp: 1 ☒ Wohnhaus 2 ☒ mit Geschäften 3 ☐ mit Büros u.Geschäften
4 ☐ öffent.Geb. 5 ☐ Fabrik,Werkstätte 6 ☐ Sonstiges:

Bauzustand: 3 ☐ in Renovierung
Fassade: 4 ☒ in Ordnung 5 ☐ leicht beschädigt 6 ☐ stark beschädigt

Rufanlage: 1 ☐ ja 2 ☒ nein Zahl der Schilder.-. Zahl d.-Briefkasten: 36. davon ungenutzt: .-...

FRONTAUFNAHME

Dachgesims — Ecke

X sicher leer (1)
? wahrscheinlich leer (2)

Geschoss	1	2	3	4	5	6	7	8	9	10	11
VI											
V											
IV				?	X	X	X				
III			X	X							
II								X	X	X	X
I	?	?									
M											
E	B	B	B	B	?	?	H	G	G	G	G
S											

Ergänzung vornehmen

Aufnahme Erdgeschoß/Souterrain

Haustor Wohnung Betriebsart Zusatzbauten Veränderungen

1–4 Tischlerei in Betrieb
5–6 nicht eindeutig wofür es benutzt wird
7 Haustor
8–11 Lebensmittelgeschäft

Anhang 3: **Verzeichnis der Zählbezirke mit Angabe der Zahl der Gebäude und v. H. der Erhebungskategorien**

Code	Name	Zahl d. erhobenen Häuser	Verfallskategorien 1	2–4	5	Altbau in Ordng. 6	7–8	Ern. 9	Neu-bau 10–11
101	Altstadt	467	*1,7*	*10,9*	*1,7*	*18,2*	*56,8*	*0,6*	*10,1*
102	Stubenviertel	230	–	*20,9*	*0,9*	*16,5*	*43,9*	*4,8*	*13,0*
103	Opernviertel	362	*1,1*	*1,1*	*6,4*	*16,6*	*66,8*	–	*8,0*
105	Börseviertel	286	–	*4,5*	*5,6*	*0,4*	*71,7*	–	*17,8*
106	Altstadt-West	326	–	*17,2*	*0,9*	*18,4*	*54,0*	–	*9,5*
107	Altstadt-Mitte	389	*0,5*	*2,6*	*5,9*	*1,0*	*70,7*	*0,5*	*18,8*
202	Am Tabor	465	*2,4*	*30,7*	*12,0*	*21,1*	*13,8*	*5,6*	*14,4*
203	Augartenviert.	554	*4,0*	*32,8*	*9,4*	*28,0*	*8,8*	*3,6*	*13,4*
204	Taborviertel	657	*4,0*	*36,2*	*9,4*	*10,3*	*18,3*	*4,0*	*17,8*
205	Praterstraße	356	*4,5*	*24,4*	*9,8*	*10,4*	*28,7*	*4,2*	*18,0*
206	Oberer Prater	223	*1,3*	*9,0*	*3,6*	*44,4*	*11,2*	*3,6*	*26,9*
301	Weißgerber	663	*2,0*	*37,7*	*17,6*	*11,5*	*14,9*	*6,9*	*9,4*
302	Landstraße	512	*2,1*	*18,8*	*13,7*	*17,0*	*27,3*	*7,0*	*14,1*
303	Belvedere	339	*1,2*	*2,9*	*1,2*	*21,5*	*55,5*	*1,2*	*16,5*
304	Fasangasse	393	*0,8*	*4,3*	*0,5*	*79,4*	*9,2*	–	*5,8*
305	Rudolfsspital	355	*2,5*	*33,8*	*20,0*	*5,9*	*13,0*	*7,0*	*17,8*
306	Erdberg	536	*3,5*	*15,5*	*23,7*	*10,8*	*20,5*	*8,8*	*17,2*
309	Ungargasse	440	*3,9*	*11,4*	*10,5*	*30,4*	*30,9*	*3,6*	*9,3*
310	Altes Gaswerk	260	*3,8*	*20,8*	*19,2*	*13,5*	*21,2*	*7,3*	*14,2*
401	Techn. Hochsch.	151	*2,0*	*11,2*	*0,7*	*14,6*	*49,7*	*9,9*	*11,9*
402	Argentinierstr.	482	*1,5*	*18,3*	*1,0*	*29,2*	*36,7*	*3,3*	*10,0*
403	Wiedner Haupts.	518	*2,1*	*33,4*	*4,4*	*11,6*	*30,4*	*5,0*	*13,1*
404	Schaumburgergr.	230	*1,8*	*26,1*	*3,0*	*14,8*	*30,9*	*3,0*	*20,4*
501	Margaretenplatz	573	*2,3*	*34,2*	*7,3*	*9,6*	*18,8*	*9,8*	*18,0*
502	Matzleinsdorf	570	*1,4*	*37,0*	*3,7*	*12,6*	*11,4*	*9,7*	*24,2*
503	Siebenbrunn. Pl.	729	*2,1*	*36,6*	*5,9*	*10,3*	*18,9*	*12,3*	*13,9*
504	Am Hundsturm	360	*4,4*	*31,9*	*8,6*	*5,6*	*26,1*	*10,6*	*12,8*
601	Laimgrube	500	*2,6*	*31,0*	*1,2*	*16,2*	*46,0*	*1,2*	*1,8*
602	Mollardgasse	423	*5,0*	*8,0*	*5,4*	*27,0*	*29,8*	*4,5*	*20,3*
603	Stumpergasse	650	*4,8*	*8,1*	*1,5*	*37,2*	*24,5*	*9,4*	*14,5*
701	St. Ulrich	390	*3,6*	*18,5*	*10,2*	*18,2*	*29,2*	*14,9*	*5,4*
702	Stiftskaserne	213	*3,8*	*26,8*	*11,7*	*1,4*	*42,3*	*7,0*	*7,0*
703	Apollogasse	253	*2,0*	*18,6*	*11,1*	*4,7*	*35,2*	*11,4*	*17,0*
704	Schottenfeld	430	*4,2*	*17,7*	*9,3*	*14,2*	*35,1*	*12,1*	*7,4*
705	Neustiftg.	396	*3,8*	*19,4*	*5,6*	*28,5*	*24,2*	*7,1*	*11,4*
801	Laudongasse	265	*3,0*	*27,2*	*6,0*	*12,1*	*42,6*	*3,4*	*5,7*
802	Josefstädterst.	651	*2,5*	*20,0*	*6,9*	*17,0*	*37,3*	*7,5*	*8,8*
803	Bennoplatz	354	*2,3*	*16,9*	*3,4*	*19,2*	*37,9*	*2,8*	*17,5*
901	Lichtental	427	*1,6*	*28,6*	*1,2*	*15,9*	*27,4*	*3,0*	*22,3*
902	Rossau	503	*0,6*	*31,4*	*2,7*	*18,3*	*38,8*	*3,2*	*5,0*
903	Allg. Krankenh.	258	*3,9*	*9,3*	*18,6*	*23,6*	*34,9*	*1,6*	*8,1*
904	Nußdorferstr.	549	*0,7*	*22,8*	*1,5*	*25,5*	*35,5*	*4,0*	*10,0*
905	Liechtensteins.	330	–	*20,3*	*0,9*	*19,1*	*57,0*	*1,2*	*1,5*

Code	Name	Zahl d. erhobenen Häuser	Verfallskategorien 1	2–4	5	Altbau in Ordng. 6	7–8	Ern. 9	Neu-bau 10–11
906	Universitätsst.	87	*2,3*	*29,2*	*14,9*	*19,5*	*20,7*	*26,5*	*6,9*
1001	Südbahnhof	20	–	*10,0*	*15,0*	*10,0*	*15,0*	*5,0*	*45,0*
1002	Gellertplatz	577	*2,2*	*11,3*	*6,1*	*17,7*	*15,6*	*3,8*	*43,3*
1003	Hebbelplatz	235	*0,4*	*8,5*	*4,7*	*22,1*	*24,3*	*3,8*	*36,2*
1004	Keplerplatz	481	*0,6*	*15,4*	*8,1*	*8,8*	*40,5*	*5,6*	*21,0*
1005	Arthaberplatz	677	*2,4*	*14,9*	*6,4*	*22,6*	*23,9*	*8,1*	*21,7*
1006	Erlachplatz	492	*2,0*	*15,4*	*9,4*	*25,4*	*22,8*	*5,5*	*19,5*
1007	Belgradplatz	335	*3,0*	*9,8*	*7,8*	*12,5*	*14,9*	*3,6*	*48,4*
1008	Triesterstr.	296	*3,7*	*11,2*	*7,8*	*18,2*	*21,0*	*3,0*	*35,1*
1022	Humboldtplatz	317	*2,8*	*15,5*	*5,7*	*10,7*	*22,1*	*4,4*	*38,8*
1023	Eisenstadtplatz	199	*3,5*	*11,1*	*7,0*	*11,6*	*21,1*	*2,0*	*43,7*
1102	Altsimmering	492	*14,4*	*8,3*	*8,0*	*14,2*	*19,1*	*5,3*	*30,7*
1103	Enkplatz	450	*8,7*	*6,7*	*9,5*	*14,2*	*13,8*	*4,9*	*42,2*
1201	Gaudenzdorf	268	*9,7*	*17,6*	*7,8*	*7,1*	*21,6*	*6,7*	*29,5*
1202	Fuchsenfeld	515	*2,9*	*15,7*	*7,8*	*20,4*	*9,3*	*9,3*	*34,6*
1204	Wilhelmsdorf	647	*6,2*	*17,4*	*7,6*	*15,5*	*14,7*	*8,5*	*30,1*
1205	Meidl. Hauptstr.	414	*5,6*	*17,9*	*4,3*	*18,1*	*18,4*	*8,7*	*27,0*
1206	Tivoligasse	560	*3,0*	*20,5*	*5,7*	*27,9*	*13,6*	*12,7*	*16,6*
1401	Breitensee	436	*4,1*	*18,6*	*8,7*	*14,4*	*16,5*	*17,7*	*20,0*
1402	An d. Windmühle	412	*1,7*	*16,0*	*12,6*	*13,4*	*20,6*	*18,0*	*17,7*
1403	Penzing	631	*3,5*	*4,4*	*0,3*	*46,0*	*9,5*	*0,3*	*36,0*
1404	Unter Baumgarten	470	*5,3*	*14,7*	*2,3*	*31,7*	*8,1*	*1,7*	*36,2*
1501	Stadthalle	447	*1,1*	*4,9*	*5,8*	*15,0*	*21,2*	*12,8*	*39,2*
1502	Reithoffer Platz	518	*2,1*	*16,0*	*9,3*	*17,4*	*24,5*	*22,7*	*8,0*
1503	Westbahnhof	733	*6,3*	*17,2*	*17,4*	*12,5*	*25,9*	*10,0*	*10,7*
1504	Sechshaus	407	*10,3*	*12,5*	*6,2*	*9,8*	*21,1*	*17,0*	*23,1*
1505	Braunhirschen	560	*7,1*	*17,5*	*4,1*	*11,1*	*14,3*	*15,9*	*30,0*
1506	Rauscherplatz	637	*2,7*	*12,9*	*8,2*	*20,9*	*20,5*	*18,8*	*16,0*
1507	Schmelz	369	*4,1*	*4,9*	*4,1*	*18,1*	*10,8*	*8,4*	*49,6*
1601	Neulerchenfeld	832	*2,0*	*16,0*	*14,5*	*8,1*	*28,0*	*5,3*	*26,1*
1602	L. Hartmannplatz	443	*0,4*	*6,8*	*9,3*	*16,7*	*39,1*	*16,0*	*11,7*
1603	Herbststr.	306	*3,0*	*6,5*	*6,5*	*13,1*	*13,7*	*6,2*	*51,0*
1604	Altottakring	462	*6,5*	*12,3*	*7,8*	*9,5*	*21,9*	*10,4*	*31,6*
1605	Wilhelminenstr.	808	*2,4*	*5,3*	*13,6*	*30,4*	*17,5*	*11,6*	*19,2*
1606	Sandleiten	372	*3,2*	*1,9*	*1,6*	*22,6*	*18,8*	*6,2*	*45,7*
1607	Joachimstahlerp	399	*3,0*	*4,3*	*0,2*	*19,0*	*34,1*	*6,8*	*32,6*
1610	Rich.-Wagnerpl.	476	*1,1*	*23,9*	*1,5*	*33,8*	*32,1*	*2,8*	*4,8*
1701	Dornerpl	728	*1,4*	*15,9*	*15,2*	*19,5*	*14,8*	*17,7*	*15,5*
1702	Alt Hernals	889	*2,9*	*15,7*	*15,9*	*9,4*	*18,9*	*15,0*	*22,1*
1703	Äußere Hern. Hs.	938	*3,2*	*11,1*	*9,6*	*15,9*	*25,5*	*10,3*	*24,4*
1802	Gentzgasse	814	*1,8*	*16,4*	*2,6*	*29,9*	*36,9*	*9,8*	*2,6*
1803	Kreuzgasse	1.030	*1,3*	*19,8*	*12,4*	*12,5*	*18,8*	*17,7*	*17,5*
2003	Brigittaplatz	521	*3,7*	*8,6*	*10,9*	*18,8*	*26,9*	*4,4*	*26,7*
2005	Wallensteinstr.	460	*2,0*	*0,9*	*8,9*	*37,2*	*25,2*	*5,4*	*20,4*

Anhang 4: **Eckdaten für Wohnungen und Bevölkerung in den potentiellen Stadterneuerungsgebieten**

Code Zählbezirk	Altbau-wohnungen	Altbau wohnungen in v. H.	Anteil leerst. Wohnungen	Gast arbeiter in v. H.	Wohnbev. in Alt-bauten	Arbeits bev. in Altbauten
202 Am Tabor	4.827	*74,50*	*10,25*	*16,76*	9.128	2.733
203 Augartenviertel	5.181	*73,80*	*10,11*	*14,65*	9.970	3.448
204 Taborviertel	5.362	*65,87*	*9,51*	*19,92*	10.742	5.797
205 Praterstraße	3.152	*61,61*	*10,11*	*22,63*	6.234	3.016
301 Weißgerber	5.526	*82,68*	*15,04*	*11,71*	9.582	5.783
305 Rudolfspital-Rennw.	2.850	*69,89*	*14,84*	*11,47*	4.910	2.909
306 Erdberg	7.599	*57,78*	*12,73*	*14,93*	12.936	3.472
501 Margaretenplatz	5.132	*74,88*	*14,21*	*17,32*	9.071	5.018
502 Matzleinsdorf	5.183	*45,39*	*12,54*	*17,54*	8.564	2.374
503 Siebenbrunnenplatz	6.745	*69,20*	*15,45*	*22,08*	10.833	3.133
504 Am Hundsturm	3.114	*83,73*	*17,77*	*17,57*	4.856	3.359
602 Mollardgasse	3.108	*60,77*	*14,33*	*14,89*	5.166	2.808
603 Stumpergasse	5.482	*76,92*	*15,27*	*11,75*	9.498	6.373
901 Nußdorferstraße	9.254	*80,88*	*14,10*	*10,22*	15.867	9.664
903 Allg. Krankenhaus	3.086	*67,19*	*19,86*	*16,94*	4.846	11.007
1004 Keplerplatz	5.269	*58,52*	*16,24*	*17,64*	8.674	4.707
1005 Arthaberplatz	4.423	*65,02*	*13,95*	*20,23*	7.648	1.817
1006 Erlachplatz	4.209	*73,49*	*14,27*	*18,63*	7.135	5.294
1201 Gaudenzdorf	1.348	*57,31*	*18,24*	*14,68*	2.200	1.392
1204 Wilhelmsdorf	2.367	*52,68*	*14,20*	*18,14*	3.974	1.505
1503 Westbahnhof	5.602	*83,23*	*17,59*	*17,64*	9.101	5.999
1504 Sechshaus	3.198	*78,15*	*12,90*	*20,27*	5.511	3.348
1505 Braunhirschen	3.591	*60,67*	*15,63*	*18,69*	6.388	1.844
1601 Neulerchenfeld	5.540	*66,37*	*16,37*	*21,72*	9.066	2.934
1602 Richard Wagner Platz	10.594	*87,71*	*17,42*	*18,17*	15.777	4.449
1604 Alt-Ottakring	2.461	*61,04*	*15,45*	*17,94*	4.107	1.722
1605 Wilhelminenstraße	6.083	*73,83*	*15,31*	*17,99*	9.781	2.582
1701 Dornerplatz	5.286	*80,03*	*16,44*	*24,78*	8.336	2.136
1702 Alt-Hernals	5.606	*68,71*	*16,80*	*21,54*	9.238	3.468
1703 Äuß. Hern. Hauptstr.	6.287	*65,24*	*13,81*	*18,32*	10.391	3.978
1803 Kreuzgasse	7.382	*74,24*	*16,71*	*20,22*	12.236	3.447
2003 Wallensteinstraße	10.377	*74,02*	*14,64*	*17,07*	17.521	3.894

Anhang 5: **Deskription der Stadterneuerungsgebiete und Gebietsbetreuungen**

Bez	Stadterneuerungs-gebiet	1973	74	79	82	84	88	89
Innere Bezirke:								
2	Karmeliterviertel					p	=	=
5	Margareten-Ost					p	=	=
6	Gumpendorf			p	=	=	=	>
7	Ulrichsberg			p	=	=	O	
7	Spittelberg	p	—	—	—	—	—	—
9	Himmelpfortgrund			p	=	=	=	=
Äußere Bezirke:								
10	Inner-Favoriten					p	=	=
12	Wilhelmsdorf			p	=	=	=	=
15	Storchengrund			p	O	=	>	=
16	Ottakring		p	=	=	=	O	
16	Neulerchenfeld					p	=	=
17	Kalvarienberviertel						p	=
18	Kalvarienberviertel						p	=
20	Augartenviertel						p	p

Zeichenerklärung:

p := Jahr der Einrichtung des SEG
> := Jahr der Erweiterung des SEG
= := Bestand des SEG + Gebietsbetreuungslokal
O := Gebietsbetreuung aufgelassen
— := Stadterneuerungsinitiative

Im folgenden eine Zusammenfassung der wesentlichsten statistischen Daten zu den Wiener Stadterneuerungsgebieten von Dr. Dr. Josef Kohlbacher und Dr. Walter Rohn:

1. AUGARTENVIERTEL
Lokalisierung: 20. Bezirk; Wasnergasse - Gaußplatz - Perinetgasse - Brigittenauer Lände - Wallensteinstraße - Rauscherstraße.
Einrichtung: 1988
Grundfläche: 253.200 qm
Wohnbevölkerung: 8355 (1987)
Gastarbeiteranteil: 1947 (23,3 v. H./1987)
Wohnungen: 5430 (1981)
Substandardanteil: 2087 (45,2 v. H.)

Gebäude: 266 (1981)
vor 1918 errichtete Gebäude: ca. 85 v. H. (1981)
Betriebe: 370 (1981)
Beschäftigte: 1612

2. GUMPENDORF (Stand 1983)
Lokalisation: 6. Bezirk; Mariahilfer Straße - Millergasse - Garbergasse - Liniengasse - Aegidigasse - Mariahilfer Gürtel.
Einrichtung: 1979
Erweiterung: 1989
Grundfläche: 85.000 qm
Wohnbevölkerung: 2600
Gastarbeiteranteil: 138 (5,3 v. H./Zählbezirk)
Wohnungen: 1714
Substandardanteil: 550 (32,5 v. H.)
Gebäude: 98
Vor 1918 errichtete Gebäude: 82 (83,3 v. H.)
Betriebe: ca. 105
Beschäftigte: ca. 850
Geschoßflächendichte: 2,9

3. HIMMELPFORTGRUND (Stand 1983)
Lokalisation: 9. Bezirk; Währinger Gürtel - Sobieskigasse - Ayrenhoffgasse - Nußdorferstraße - Währinger Straße.
Einrichtung: 1979
Grundfläche: 30.070 qm
Wohnbevölkerung: 7916 (1985)
Gastarbeiteranteil: 768 (9,7 v. H./1985)
Wohnungen: 4242
Substandardanteil: 1527 (36 v. H./1971)
Gebäude: 312
Vor 1918 errichtete Gebäude: 276
Betriebe: 483 (1981)
Beschäftigte: 3100 (1981)
Geschoßflächendichte: 3,21

4. INNER-FAVORITEN (Stand 1983 oder angeführt)
Lokalisation: 10. Bezirk; Südtirolerplatz - Sonnwendgasse - Herndlgasse - Reumannplatz - Favoritenstraße - Troststraße - Neilreichgasse - Dampfgasse - Herzgasse - Landgutgasse - Laxenburgerstraße.
Einrichtung: 1984
Grundfläche: 1,470.000 qm
Wohnbevölkerung: 38799
Gastarbeiteranteil: 3457 (8,9 v. H.)
Wohnungen: 23280
Substandardanteil: 9293 (40 v. H.)
Gebäude: 1123
Vor 1918 errichtete Gebäude: 865 (77 v. H.)
Betriebe: 1850

Beschäftigte: ca. 13000
Geschoßflächendichte: 2,6

5. KALVARIENBERGVIERTEL
Das Stadterneuerungsgebiet Kutschkerviertel wurde in das Stadterneuerungsareal Kalvarienbergviertel integriert.
Lokalisation: 17. und 18. Bezirk; Währinger Gürtel - Staudgasse - Rosensteingasse - Hernalser Hauptstraße - Wattgasse - Geblergasse - Wichtelgasse - Mayssengasse - Klopstockgasse - Haslingergasse - Taubergasse - Jörgerstraße (Elterleinplatz).
Einrichtung: 1988
Grundfläche: 1,063.000 qm
Wohnbevölkerung: 25421 (1986)
Gastarbeiteranteil: 4597 (18 v. H./1986)
Wohnungen: 16503 (1981)
Substandardanteil: 5017 (30,4 v. H./1981)
Gebäude: –
Vor 1918 errichtete Gebäude: –
Betriebe: 1288 (1981)
Beschäftigte: 9550 (1981)
Geschoßflächendichte: –

6. KARMELITERVIERTEL (Stand 1983)
Lokalisierung: 2. Bezirk; Taborstraße - Obere Donaustraße - Untere Augartenstraße - Obere Augartenstraße.
Einrichtung: 1984
Grundfläche: 420.000 qm
Wohnbevölkerung: 12573
Gastarbeiteranteil: 1801 Personen (14,32 v. H.)
Wohnungen: 6083
Substandardanteil: 2433 Wohneinheiten (39,99 v. H.)
Gebäude: 453
Vor 1918 errichtete Gebäude: 348 (76,82 v. H.)
Betriebe: 473
Beschäftigte: 6198
Geschoßflächendichte: 3,5

7. MARGARETEN OST (Stand 1983)
Lokalisation: 5. Wiener Bezirk; Rechte Wienzeile - Kettenbrückengasse - Kleine Neugasse - Mittersteig - Nikolsdorfergasse - Wiedner Hauptstraße.
Einrichtung: 1984
Grundfläche: 1,030.000 qm
Wohnbevölkerung: 22536
Gastarbeiteranteil: 2006 (8,9 v. H.)
Wohnungen: 13513 (1981)
Substandardanteil: 4057 (30,02 v. H.)
Gebäude: 1003
Vor 1918 errichtete Gebäude: 721 (71,9 v. H./1981)
Betriebe: 1259 (1981)

Beschäftigte: 9856 (1981)
Geschoßflächendichte: 2,5

8. NEULERCHENFELD (Stand 1983 oder angeführt)
Lokalisation: 16. Bezirk; Thaliastraße - Feßtgasse - Ottakringer Straße - Lerchenfelder - Hernalser Gürtel.
Einrichtung: 1984
Grundfläche: 533.000 qm (1981)
Wohnbevölkerung: 15421
Gastarbeiteranteil: 2390 (15,5 v. H./1986)
Wohnungen: 8972 (1981)
Substandardanteil: 3436 (38,3 v. H.)
Gebäude: 660 (1981)
Vor 1918 errichtete Gebäude: 492 (74,56 v. H./1981)
Betriebe: 982
Beschäftigte: 4624 (1986)
Geschoßflächendichte: 2,43

9. OTTAKRING (Stand 1981 sofern nicht anders angegeben)
Lokalisation: Thaliastraße - Wattgasse - Ottakringer Straße - Eisnerstraße.
Einrichtung: 1974
Erweiterung: 1984
Grundfläche: 43.000 qm
Wohnbevölkerung: 1054
Gastarbeiteranteil: –
Wohnungen: 641
Substandardanteil: 378 (59 v. H.)
Gebäude: 65
Vor 1918 errichtete Gebäude: –
Betriebe: –
Beschäftigte: –
Geschoßflächendichte: –

10. PLANQUADRAT (Stand 1971)
Lokalisierung: 4. Bezirk; Margaretenstraße - Preßgasse - Mühlgasse - Schikanedergasse.
Grundfläche: 19.110 qm
Wohnbevölkerung: 598
Wohnungen: 325
Substandardanteil: 115 (35,4 v. H.)
Gebäude: 24
Vor 1918 errichtete Gebäude: 19 (79,3 v. H.)
Betriebe: 36
Beschäftigte: 191
Geschoßflächenzahl: 2,3 – 3,5

11. STORCHENGRUND (Stand 1983)
Lokalisation: 15. Bezirk; Sechshauser Straße - Stiegergasse - Diefenbachgasse - Linke Wienzeile - Pillergasse - Hofmoklgasse - Rauchfangkehrergasse - Heinickegasse.
Einrichtung: 1979

Erweiterung: 1988
Grundfläche: 140.000 qm
Wohnbevölkerung: 3590
Gastarbeiteranteil: 657 (18,3 v. H.)
Wohnungen: 2077
Substandardanteil: 980 (47,2 v. H.)
Gebäude: 121
Vor 1918 errichtete Gebäude: 93 (77 v. H.)
Betriebe: 173
Beschäftigte: –
Geschoßflächendichte: 2,4

12. ULRICHSBERG (Stand 1984)
Lokalisation: 7. Bezirk, Museumsstraße - Burggasse - Kirchengasse - Kellermanngasse - Lerchenfelder Straße.
Einrichtung: 1979 (aufgelassen)
Grundfläche: 103.000 qm
Wohnbevölkerung: 2450
Gastarbeiteranteil: 196 (8 v. H.)
Wohnungen: 1340
Substandardanteil: 482 (36 v. H.)
Gebäude: 84
Vor 1918 errichtete Gebäude: 78 (93 v. H.)
Betriebe: 256
Beschäftigte: 1543
Geschoßflächendichte: –

13. WILHELMSDORF (Stand 1983)
Lokalisation: 12. Bezirk; Meidlinger Hauptstraße - Schönbrunner Straße - Längenfeldgasse - Eichenstraße.
Einrichtung: 1979
Grundfläche: 73.300 qm
Wohnbevölkerung: 13635 (1981)
Gastarbeiteranteil: 1091 (8 v. H./1979)
Wohnungen: 7024 (1981)
Substandardanteil: 2213 (31,5 v. H.)
Gebäude: 924 (1981)
Vor 1918 errichtete Gebäude: 411 (44,5 v. H.)
Betriebe: 820 (1981)
Beschäftigte: 5938 (1981)
Geschoßflächendichte: 1,91 (1981)

Anhang 6: **Verzeichnis der Mitarbeiter am Forschungsprojekt**

a) Im Rahmen des Lehrbetriebs am Institut für Geographie der Universität Wien:

Norbert AUF, Elisabeth BINDER, Beatrix BLAB, Gabriela CUTKA, Ulrike DEUTSCH, Andrea DORNER, Christine EDER, Thomas EHART, Florian ELSTNER, Anna FLEISSNER, Gabriele FRENZL, Werner FRENZL, Pier GRASICH, Josef GRUBER, Elisabeth HACKL, Freya HAIDBAUER, Roland HASITZKA, Elisabeth HAYDEN, Johannes HOFER, Michaela HORVATH, Angelika HUEMER, Dietrich JIRICKA, Edith KEPLINGER, Gabriele KITTLER, Regina KNIE, Klaudia KÖSTINGER, Brigitte KRAUS, Manfred KRENMÜLLER, Doris KRUSCHITZ, Ulrike LANGER, Achim LAUR, Willibald MAYER, Gabriela NEDBAL, Ingeborg NEGRIN, Günter POLLER, Helga PREMM, Elisabeth REDL, Sabine RUZICKA, Franz SAMMER, Alfred SCHECK, Andrea SCHIFFLEITHNER, Günter SCHLIEFELNER, Andrea SCHNEIDER, Thomas SCHNEIDER, Georg SIEGLOCH, Reinhard STANGL, Peter STAMPFL, Helga STELZHAMMER, Ursula STERL, Silvia TELESKO, Gabriele TEUFL, Herbert TOMANDL, Trixi TOMASCHEK, Walter WEGSCHEIDER, Thomas WILTNER, Peter WIRTH, Ursula ZAHALKA, Franz ZEUGSWETTER, Lydia ZOTTLER, Franz ZWITTKOVITS.

Diplomanden (Studienzweig Raumforschung und Raumordnung): Andreas ANDIEL, Robert EIGLER, Peter PAYER.

b) Mitarbeiter im Rahmen von Werkverträgen

Ulrike AIMET, Andreas ANDIEL, Martin ANDIEL, Ursula BAUER, Gerhard BAUMGARTNER, Liselotte BRUCKNER, Alexandra DEIMEL, Sonja DREXLER, Christiane ECKER, Susanne ECKER, Johanna EHRENDORFER, Robert EIGLER, Brigitte ERB, Jürgen ESSLETZBICHLER, Helmut GASSLER, Reinhard GSCHÖPF, Gerhard HATZ, Franz HAUBENWALLNER, Helene HÄUSLER, Helmut HEINISCH, Andrea HERBST, Thomas HORAK, Erich KNABL, Christa KÖHLER, Werner KOLLER, Doris KRUSCHITZ, Barbara MOLITOR, Wolfgang MOSER, Rosmarie MÜLLER, Waltraud PIELER, Hans Michael PUTZ, Christian RAMMER, Uschi REEGER, Irene RIEDEL-TASCHNER, Sabine SEDLACEK, Petra STAUFER, Bettina STANGL, Monica STEINER, Werner STÖCKL, Josef THEINERT, Kurt TRINKO, Margarete VYSKOCIL, Gertrud WAICH, Doris WILFINGER, Hannelore ZEINAR, Gundula ZEISKY.

Literaturverzeichnis

1. Allgemeine Literatur

1.1. Bibliographien

IRB-Verlag – Informationszentrum Raum und Bau der Fraunhofer-Gesellschaft:
Bevölkerungsentwicklung in städtischen Agglomerationen (1985)
Bürgerbeteiligung bei der Stadterneuerung (1984)
Entmischung der Wohnbevölkerung und Stadtentwicklung (1985)
Erhaltende Stadterneuerung in der Bundesrepublik Deutschland (1985)
Großsiedlungen zwischen Nachbesserung und Abriß (1987)
Kriminalität und Städtebau (1985)
Mietermodernisierung und Planungsbeteiligung (1985)
Milieu-Städtebau und Wohnqualität (1987)
Ökologie in der Stadterneuerung (1987)
Sozialer Wohnungsbau und Stadtplanung (1985)
Stadtentwicklung in der DDR (1987)
Stadterneuerung in der DDR (1987)
Stadterneuerung in den USA (1987)
Stadterneuerung in norddeutschen Städten (1985)
Geschichte der Städte in sozialer, politischer, architektonischer und planerischer Hinsicht (1988)
Stadtgeschichte – Großbritannien (1988)
Stadtgeschichte – Italien (1988)
Stadtquartiere (1985)
Stadtteilentwicklungsplanung in der Bundesrepublik Deutschland (1986)
Tertiärer Sektor und Stadtentwicklung (1987)
Trabantenstädte (1987)
Urbane Entwicklungsvorgänge in Stadtregionen (1985)
Urbanität (1987)
Wohnen in Osteuropa (1985)
Wohnungsleerstand (1987)

GRABOWSKI H., 1980. Bibliographie zur Stadtsanierung (Internationale Auswahl). Paderborn (Ferd. Schoeningh): 231 S.

STÄDTEBAULICHES INSTITUT DER UNIVERSITÄT STUTTGART (Hrsg.), 1984. Stadterneuerung. Eine Literaturübersicht bearbeitet von U. Pampe, H. Beiersmann und W. Schwantes. Arbeitsbericht 42, Stuttgart.

1.2. Artikel, Bücher (Auswahl)

AHRENS P. P., V. KREIBICH und R. SCHNEIDER (Hrsg.), 1981. Stadt-Umland-Wanderung und Betriebsverlagerungen in Verdichtungsräumen. Dortmunder Beiträge zur Raumforschung, Band 23, Dortmund 1981, 149 S.

APPLEYARD D., 1979. The Conservation of European Cities. The MIT Press, Cambridge, Massachusetts and London, England: 8–275.

ARGAR W. C. und H. J. BROWN, 1988. The State of the Nation's Housing. Joint Center for Housing Studies of Harvard Univ. Cambridge, MA.

ARBEITSGEMEINSCHAFT F. WOHNUNGSWESEN, STÄDTEPLANUNG UND RAUMORDNUNG AN DER RUHR-UNIVERSITÄT BOCHUM E. V. und ARBEITSGEMEINSCHAFT FÜR WOHNUNGSWESEN, KREDITWIRTSCHAFT U. RAUMPLANUNG AN DER UNIVERSITÄT MANNHEIM e. V. (Hrsg.), 1987. Eigentum und Stadterneuerung. Schriftenreihe für Sozialökologie 39, Bochum 1987. 145 S.

BAASNER G. u. a., 1984. Veränderungen der Standortbedingungen für Produktions- und Großhandelsbetriebe durch die Stadterneuerung. Int. Gewerbearchiv 4.

BAASNER G., J. BORGSTÄDT-SCHMITZ, W. MÜLLER und R. ROHR-ZÄNKER, 1984 oder 1985. Gewerbeverdrängung durch Sanierung. IWOS-Berichte zur Stadtforschung 9, TU Berlin (West).

BAASNER G., J. BORGSTÄDT-SCHMITZ, W. MÜLLER und R. ROHR-ZÄNKER, 1985. Nutzungskonflikte zwischen Wohnen und Gewerbe in innenstadtnahen Mischgebieten. Die Alte Stadt 3: 276–294, 3 Abb., 8 Tab.

BALL M., M. HARLOE and M. MARTENS, 1988. Housing and social change in Europe and the USA. London: Routledge.

BALL J., 1984. Instrumente der Stadterneuerung – Berichte aus der kommunalen Praxis. Zusammenstellung. Dortmund. 140 S.

BALTIMORE (Md.) COMMISSION ON CITY PLAN, 1945. Redevelopment of blighted residential areas in Baltimore; conditions of blight, some remedies and their relative costs. Baltimore.

BARRAS R., 1987. Technical Change and the Urban Development Cycle. Urban Geography 24: 5–30, 8 figs, 4 tabs, references.

BATEMAN M., 1985. Office Development – A geographical analysis. Beckenham: Croom Helm.

BAUAKADEMIE DER DEUTSCHEN DEMOKRATISCHEN REPUBLIK (INSTITUT FÜR STÄDTEBAU UND ARCHITEKTUR BERLIN (OST) (Bearb.)) (Hrsg.), 1987. Stadtzentren: Planung und Gestaltung. Grundsätze, Beispiele, methodische Hinweise. Berlin (Ost) (Bauinformation) 1987, 133 S., Abb., Tab., Lit. (= Bauforschung – Baupraxis 198).

BEATON J. P., 1987. The Problematic Assessment of Urban Blight. In: C. S. YADAV (ed.). Slums, Urban Decline and Revitalization. Perspectives in Urban Geography VII., New Delhi (India): Concept Publishing Company.

BEAUREGARD R. A., 1988. Urban restructuring in comparative perspective. In: R. A. BEAUREGARD (ed.). Atop the Urban Hierarchy. Totowa, New Jersey. Rowman and Littlefield.

BEAUREGARD R. A. (ed.), 1989. Economic Restructuring and Political Response. Urban Affairs Annual Review 34.

BENTHAM C. G., 1985. Which areas have the worst urban problems? Urban Studies 22: 119–131.

BERG VAN DEN L. et al., 1982. Urban Europe. For the European Coordination Centre for Research and Documentation in Social Sciences. 1st ed. Oxford – New York.
BERGER G. E., 1967. The concept and causes of urban blight. Land Economics 42: 369–383.
BERRY B. J. L., 1980. Innercity futures: an American dilemma revisited. Transactions, New Series 5: 1–28.
BERRY B. J. L., 1985. Islands of renewal in seas of decay. In: P. PETERSEN (ed.). The New Urban Reality. Washington, D. C.: Brooking Institution: 69–96.
BERRY B. J. L., R. J. TENANT and B. J. GARNER, 1963. Commercial structure and commercial blight, retail patterns and processes in the city of Chicago. Dep. of Geography, University of Chicago, Research Paper 85.
BERRY B. J. L. and S. ELSTER, 1985. What lies ahead for urban America? In: J. R. HITCHCOCK and A. McMASTER (eds.). The Metropolis. Proceedings of a Conference in Honour of Hans Blumenfeld. Toronto, University of Toronto, Department of Geography: 17–36.
BLACKABY F. (ed.), 1979. De-Industrialization. London: Heinemann.
BLAIR T. L., 1988. Building an urban future: race and planning in London. Cities 5,1: 41–56.
BLENK J., 1974. Stadtsanierung. Sozial- u. wirtschaftswissenschaftl. vorbereitende Untersuchungen nach dem Städtebauförderungsgesetz. Ablauf – Umfang – Inhalt – Regionaler Bezug. Geographische Rundschau 26: 93–99.
BLUESTONE B. and B. HARRISON, 1982. The Deindustrialization of America: Plant Closings, Community Abandonment and the Dismantling of Basic Industry. New York: Basic Books.
BODENDIECK U., H. DIETRICH und S. SCHLAG, 1986. Beschäftigungseffekte des Gewerbeflächen-recycling. Information zur Raumentwicklung 8: 637 ff.
BODENSCHATZ H., 1985. Bologna: Ende eines Mythos. In: E. EINEM (Hrsg.). Die Rettung der kaputten Stadt. Berlin: Transit.
BODENSCHATZ H., 1987. Platz frei für das Neue Berlin! Geschichte der Stadterneuerung in der „größten Mietskasernenstadt der Welt“ seit 1871. Publikation des Instituts für Stadt- und Regionalplanung der TU Berlin, Studien zur Neueren Planungsgeschichte (Berlin) 1. 286 S., zahlr. Abb.
BORGHORST H., 1987. Citizen Participation in Urban Renewal in Berlin (West). In: C. S. YADAV (ed.). Slums, Urban Decline and Revitalisation. Perspectives in urban Geography VII, New Delhi (India): Concept Publishing Company.
BORGSTÄDT-SCHMITZ J. und W. RAABE, 1984. Stadterneuerung – Sachbestand und Perspektiven. Institut für Städtebau Berlin der Dt. Akademie für Städtebau und Landesplanung. 145 S.
BORK G., 1984. Wohnen und Gewerbe – Bewältigung städtebaulicher Konfliktsituationen durch Bauleitplanung. Dortmunder Vertrieb f. Bau- und Planungsliteratur. Köln. 230 S.
BOULDING K. E., 1963. The death of the city: a frightened look at post-civilization. In: O. HANDLIN and J. BURCHARD J. (eds.). The Historian and the City. Cambridge, Mass.: MIT-Press: 133–145.
BOURNE L. S., 1980. Alternative perspectives on urban decline and population deconcentration. Urban Geography 1: 39–52.
BÖVENTER E. VON, 1979. Urban Decay as a Process. CES Conference Series 21: 481–508.
BÖVENTER E. VON (Hrsg.), 1987. Stadtentwicklung und Strukturwandel. Berlin: Duncker und Humblot. 137 S., Abb., Tab., Lit. (= Schriften des Vereins für Sozialpolitik – Gesellschaft f. Wirtschafts- und Sozialwissenschaften N. F. 168)

BÖVENTER E. VON, 1987. Städtische Agglomerationen und regionale Wachstumszyklen: Vertikale und quer verlaufende Wellen. In: E. von BÖVENTER (Hrsg.). Stadtentwicklung und Strukturwandel. Berlin: Duncker und Humblot: 9–40, Abb., Lit.

BOWLES B. D. und T. E. WEISKOPF, 1983. Beyond the Wasteland. Garden City, New York: Anchor Press/Doubleday.

BRADBURY K. L., A. DOWNS and K. A. SMALL, 1982. Urban decline and the future of American cities. Washington D. C.: The Brookings Institution. 309 S.

BRADWAY LASKA Sh., J. M. SEAMAN and D. R. McSEVENEY, 1982. Inner-City Reinvestment: Neighborhood Characteristics and Spatial Patterns over Time. Urban studies 19, 23: 155ff.

BRAKE K., 1988. Phönix in der Asche – New York verändert seine Stadtstruktur. Beiträge der Universität Oldenburg zur Stadt- und Regionalplanung. Oldenburg: Bibliotheks- und Informationssystem der Universität Oldenburg. 292 S., 90 Abb., 28 Fotos, 18 Karten, 8 Schaubilder, 36 Tab.

BERGER G. E., 1967. The Concept and Causes of Urban Blight. Land Economics 43,4.

BREITLING P., 1977. Stadterhaltung und Stadterneuerung als Aufgabe der Stadtentwicklung. Zeitschrift für Stadtgeschichte, Stadtsoziologie und städtische Denkmalpflege 4: 115–134.

BRENNER J., 1973. Fragen der Stadterneuerung in der DDR. Berichte zur Raumforschung und Raumplanung 17, 5: 8–13.

BRETTELL C. B., 1981. Is the ethnic community inevitable? A comparison of the settlement patterns of Portuguese immigrants in Toronto and Paris. The Journal of Ethnic Studies 9,3: 1–17, maps.

BRÜCKNER J. K., 1982. Buildings ages and urban growth. Regional Science and Urban Economics 12: 197–210.

BUCHER H., S. LOSCH und D. RACH, 1982. Selektive Wanderungen, Wohnungsbautätigkeit und Bodenmarktprozesse als Determinanten der Suburbanisierung. Informationen zur Raumentwicklung: 915–937.

BÜCKMANN W., 1983. Forschungsinitiativ-Projekt: Stadterneuerung in Westeuropa. Pilotstudien: Rechtliche und verwaltungsmäßige Grundlagen d. Stadterneuerung in der Schweiz. Rechtliche und verwaltungsmäßige Grundlagen d. Stadterneuerung in Österreich. Papers der interdisziplinären Forschungsgemeinschaft an der TU Berlin.

BUNDESMINISTERIUM FÜR RAUMORDNUNG, BAUWESEN UND STÄDTEBAU (Hrsg.), 1982. Gewerbeerosion in den Städten. Städtebauliche Forschung 093.

BUNDESMINISTERIUM FÜR RAUMORDNUNG, BAUWESEN UND STÄDTEBAU (Hrsg.), 1982. Stadterneuerung im Programm für Zukunftsinvestitionen. Stadtentwicklung 02.029.

BUNDESMINISTERIUM FÜR RAUMORDNUNG, BAUWESEN UND STÄDTEBAU (Hrsg.), 1984. Querschnittsbericht Altbaumodernisierung. Technische, arbeitstechnische und organisatorische Lösungen in der Altbaumodernisierung. Bearbeitung: H. SCHMID und F. OSWALD. Stadtentwicklung 04.102.

BUNDESMINISTERIUM FÜR RAUMORDNUNG, BAUWESEN UND STÄDTEBAU (Hrsg.), 1984. Rechts- und verwaltungswäßige Grundlagen der Stadterneuerung in Dänemark, Frankreich, Großbritannien und Schweden. Stadtentwicklung 03.106.

BUNDESMINISTERIUM FÜR RAUMORDNUNG, BAUWESEN UND STÄDTEBAU (Hrsg.), 1984. Unternehmenszonen: Ein neues Instrument der Stadterneuerung in Großbritannien und in den USA. Städtebauliche Forschung 105.

BUNDESMINISTERIUM FÜR RAUMORDNUNG, BAUWESEN UND STÄDTEBAU

(Hrsg.), 1985. Umwidmung brachliegender Gewerbe- und Verkehrsflächen. Städtebauliche Forschung.
BUNDESMINISTERIUM FÜR RAUMORDNUNG, BAUWESEN UND STÄDTEBAU (Hrsg.), 1985a. Städtebauförderung. Städtebauliche Forschung.
BUNDESMINISTERIUM FÜR RAUMORDNUNG, BAUWESEN UND STÄDTEBAU (Hrsg.), 1986. Erfahrungen mit der Sanierung nach dem Städtbauförderungsgesetz. Perspektiven der Stadterneuerung. Bearbeiter: R. AUTZER u. a. Schriftenreihe 02.036.
BUNDESMINISTERIUM FÜR RAUMORDNUNG, BAUWESEN U. STÄDTEBAU (Hrsg.), 1987. Städtebau und Einzelhandel. Städtebauliche Forschung 119.
BURROWS J., 1977. How much vacant land? The Architect's Journal (London): 923–926.
BURTENSHAW D. und B. CHALKLEY, 1990. Urban decay and rejuvenation. In: D. PINDER and J. DAWSON (eds.). Western Europe – Challenge and Change. London: Belhaven Press.
CASTELLS M., 1986. Die neue urbane Krise. Raum, Technologie und sozialen Wandel am Beispiel der Vereinigten Staaten. Ästhetik und Kommunikation 61/62: 37–60.
CHESHIRE P. C., 1986. Regional policy and urban decline: the community's role in tackling urban decline and problems of urban growth. Urban problems in Europe: a review and synthesis on recent literature. Document / Commission of the European Communities. Luxembourg.
CHESHIRE P. C., G. CARBONARO and D. HAY, 1986. Problems of urban decline and growth in EEC countries: or measuring degrees of elephantness. Urban Studies 23, 2: 131–151.
CHOATE P. und S. WALTERS, 1983. America in Ruins: The Decaying Infrastructure. Durham, N. C.: Duke.
COLLIOUD E., 1988. Die Zählung der leerstehenden Wohnungen und Geschäftslokale in der Stadt Bern vom 1. Juni 1988. Hrsg.: Amt für Statistik, Bern.
CLARK W. A. V. and J. L. ONAKA, 1983. Life cycle and housing adjustment as explanations of residential mobility. Urban Studies 20: 47–57.
COING H., 1982. La ville marche de l'emploi. Presses universitaires de Grenoble. 307 p.
CONWAY J., 1985. Capital Decay. An analysis of London's housing. SHAC Research Report 7. London. 89 p.
CONZEN M. P., 1983. Amerikanische Städte im Wandel. Die neue Stadtgeographie der achtziger Jahre. Geographische Rundschau 35,4: 142–150.
CORTIE C. and J. VAN DE VAN, 1981. „Gentrification": keert de woonelite terngnaar de stad? TESG 15,5: 429–446.
CRAMER M., 1975. Stockholm, Altstadtsanierung und Denkmalpflege. Stockholm.
CYBRIWSKY R. A. and J. WESTERN, 1982. Revitalizing downtowns: by whom and for whom? In: D. T. HERBERT and R. J. JOHNSTON (eds.). Geography and the urban environment. Chichester: John Wiley: 343–365.
CZASNY K., 1988. Vergleich der Wohnungspolitik in sechs europäischen Staaten. Publikationen des Instituts für Stadtforschung 78. Wien. 271 S.
DAMESICK P., 1978. Offices and inner-urban regeneration. area 11, 1: 41–47.
DAVID J. und T. KISS, 1984. Run and reconstruction of the existing buildings. Maintenance issues of large panel buildings in Hungary. Symposium industrialized concrete structures of residential and public buildings. Papers 2 (= Institute for Building Science Bulletin 78), Budapest: 33–41 und 117–129.
DAVIES M. L., 1973. The role of land policy in the expansion of a city: the case of Stockholm. TESG 64: 245–250.

DAVIES M. L., 1976. The social and economic impact of suburban expansion in the Stockholm region. TESG 67: 95–101.

DAVIES R. L. and A. G. CHAMPION, 1983. The Future for the City Centre. The Institute of the British Geographers, Special Publication Series 14. 330 S.

DEAN K. G., B. J. H. BROWN, R. W. PERRY and D. P. SHAW, 1984. The conceptualisation of counterurbanisation. area 16,1: 9–14.

DEAR M. J., 1976. Abandoned Housing. In: J. S. ADAMS (ed.). Urban Policy-Making and Metropolitan Dynamics: A Comparative Geographical Analysis. Cambridge, Massachusetts: 59–99.

DECKERT P., 1977. Der Umzug ins Grüne: Abstimmung mit den Füßen. Transfer 3, Stadtforschung und Stadtplanung: 59–86.

DEMATTEIS G., 1983. Citta storica e popolazione: dalla concentrazione alla contro-urbanizzazione. La salvaguardia delle citta storiche in Europa e nell' area mediterranea, Meeting in Bologna, 10–12 Nov. 1983.

DEUTSCHE UNESCO-KOMMISSION, 1981. (Koordination: Gerd ALBERS, in Zusammenarbeit mit Johannes CRAMER und Niels GUTSCHOW) Gemeinsame Europäische Kulturstudie – Erhaltung, Erneuerung und Wiederbelebung alter Stadtgebiete in Europa. Bundesministerium f. Raumordnung, Bauwesen u. Städtebau (Hrsg.), Bonn. 338 S.

DEUTSCHER AUSSCHUSS FÜR DIE EUROPÄISCHE KAMPAGNE ZUR STADTERNEUERUNG (Hrsg.), 1981. Städtebau zum Leben. Bonn.

DEUTSCHER INDUSTRIE- UND HANDELSTAG (Hrsg.), 1985. Attraktive Innenstadt. Maßnahmen zur Stärkung der City. Köln.

DEUTSCHER STÄDTETAG (Hrsg.), 1980. Neue Wohnungsnot in unseren Städten. Wohnungspolitische Fachkonferenz des Deutschen Städtetages. Kohlhammer (= Neue Schriften des Deutschen Städtetages 41). Stuttgart.

DEUTSCHER STÄDTETAG (Hrsg.), 1986. Die Innenstadt. Entwicklungen und Perspektiven. Köln.

DEUTSCHES INSTITUT FÜR URBANISTIK, 1980. Erneuerung innerstädtischer Problemgebiete. Ein Drei-Länder-Vergleich: Bundesrepublik Deutschland, Großbritannien, USA. Berlin (West).

DEUTSCHES INSTITUT FÜR URBANISTIK, 1982. Wohnungsbestandssicherung. Erneuerungsbedarf – Instandssetzungsförderung – Instandhaltungskontrolle. Dokumentation eines Erfahrungsaustausches, Teil 1. Berlin.

DIETRICH H., K. HOFFMANN und H. JUNIUS, 1981. Baulandpotential und städtischer Lücken-Wohnungsbau. Schriftenreihe Städtebauliche Forschung des Bundesministeriums für Raumforschung, Bauwesen und Städtebau. Bonn.

DOEPPING F., D. HENCKEL und N. RAUCH, 1981. Informationstechnologie und Dezentralisierung. Stadtbauwelt 71: 269–272.

DRAAISMA J. and P. van HOOGSTRATEN, 1983. The squatter movement in Amsterdam. International journal of urban and regional research 7, 3: 406–416.

DRAAK J. DEN, 1983. Policy intentions for the residential function of Dutch inner cities. TESG 74, 3: 155–161.

DREWE P., 1981. Structure and Composition of the Population of Urban Areas with Special Reference to Inner City Areas. Straßburg, Europarat.

DREWETT R. and A. ROSSI, 1981. General Urbanisation Trends in Western Europe. In: L. H. KLAASEN (ed.). Dynamics of urban development. Aldershot: 119–169.

DUMSDAY J., 1985. Conference report: Declining cities: who is to blame? Falling apart: what is happening to our cities? The Town and Country Planning Association Annual Conference, London, 6–7 December 1984. Cities 2, 2: 176–178.

ECONOMIC COMMISSION FOR EUROPE (ECE) Ed., 1983. Urban renewal. Issue paper on area-based improvement prepared by the delegation of Sweden. Vol. 12, Geneve.

ECONOMIC COMMISSION FOR EUROPE (ECE) Ed., 1985. Urban renovation as part of a global policy in France. Vol. 13, Geneve.

EDMONSTON B. and Th. M. GUTERBOCK, 1984. Is suburbanization slowing down? Recent trends in population deconcentration in U. S. metropolitan areas. Social forces 62, 4: 905–925.

EEKHOFF J., 1972. Nutzen-Kosten-Analyse der Stadtsanierung. Methoden, Theorien. Europäische Hochschulschriften Reihe 5, Volks- und Betriebswirtschaften 47. Bern und Frankfurt am Main: Lang.

EEKHOFF J., O. SIEVERT und G. WERTH, 1979. Bewertung wohnungspolitischer Strategien: Modernisierungsförderung versus Neubauförderung. Bundesministerium für Raumordnung, Bauwesen und Städtebau (Hrsg.): Schriftenreihe „Wohungsmarkt und Wohnungspolitik" 07.007. Bonn.

EIBL-EIBLSFELDT I., H. HASS, K. FREISITZER, E. GEHMACHER und H. GLÜCK, 1985. Stadt und Lebensqualität. Stuttgart: Deutsche Verlagsanstalt, Wien: Öst. Bundesverlag.

EICHENAUER H., 1985. Die Stadt im Spannungsfeld von Zentralisierung und Dezentralisierung. HIMON – Diskussionsbeiträge 63/85. Universität und Gesamthochschule Siegen.

EINEM E. VON, 1979. Selbsthilfe, ein neues Instrument der Stadterneuerung. Archiv für Kommunalwissenschaft (Stuttgart): 117–126.

EINEM E. VON (Hrsg.), 1985. Die Rettung der kaputten Stadt. Berlin: Transit.

EINEM E. VON, 1988. Regionale Büroflächenentwicklung. Informationen zur Raumentwicklung 5/6: 307–316, 3 Tab.

EINEM E. VON, 1987. Comparing Urban Revitalization in the United States and West Germany. In: C. S. YADAV (ed.). Slums, Urban Decline and Revitalisation. Perspectives in Urban Geography VII. New Delhi (India): Concept Publishing Company.

ELEY P. and J. WORTHINGTON, 1984. Industrial Rehabilitation: the use of redundant buildings for small enterprises. Architectural Press.

ERNST K. H. und W. WOLFF, 1973. Stadtsanierung, Hauserneuerung. Planerische Aufgabe, sozialer Prozeß. Stuttgart: Alex. Koch. 207 S., zahlr. Bilder, Skizzen, Grundrisse und Pläne.

EVANS A. and D. EVERSLEY, 1980. Inner City – Employment and Industry. Center for Environmental Studies series. London: Heinemann. 512 p,

EWERS H.-J. and R. STEIN, 1986. Decline of Industrial Employment in Berlin (West) – Causes and Consequences. In: H.-J. EWERS, J. B. GODDARD, H. MATZERATH (eds.). The Future of the Metropolis. Berlin. London. Paris. New York. Berlin – New York: Wide / Gruyter: 297–310, 3 Tables.

FAINSTAIN S. S., N. J. FAINSTAIN, R. CHILD HILL, D. JUDD and P. M. SMITH, 1983. Restructuring the City. The Political Economy of Urban Redevelopment. New York: Longman.

FAINSTAIN N. J. und S. S. FAINSTAIN, 1985. Die Umstrukturierung der amerikanischen Stadt in vergleichender Sicht. In: J. KRÄMER und R. NEEF (Hrsg.). Krise und Konflikte in der Großstadt im entwickelten Kapitalismus. Texte einer „New Urban Sociology". Stadtforschung aktuell 9: 88–112.

FALK N., 1980. Finding a Place for Small Enterprise in the Inner City. In: A. EVANS and D. EVERSLEY (eds.). The Inner City Employment and Industry. London.

FALKE A., 1987. Großstadtpolitik und Stadtteilbewegung in den USA. – Die Wirksamkeit politischer Strategien gegen den städtischen Verfall. Stadtforschung aktuell 16. 500 S.

FARLEY J. E., 1986. Segregated city, segregated suburbs: to what extent are they products of black-white socioeconomic differentials? Urban Geography 7, 2: 165–172.

FARLEY J. E., 1987. Segregation in 1980: How segregated are America's Metropolitan Areas? In: A. TOBIN (ed.). Divided Neighbourhoods. – Changing Patterns of Racial Segregation. Urban Affairs Annual Reviews 32.

FASSBINDER H., 1982. Stadterneuerung in Rotterdam. Institut für Höhere Studien (= Politikwissenschaftliche Serie 1982, 1), Wien. 137 S.

FASSBINDER H. and E. KALLE, 1982. A comparative study of urban renewal policy. The Netherlands National Committee for the European Urban Renaissance Campaign. Rotterdam.

FEDERAL EMERGENCY MANAGEMENT AGENCY: HOMELESSNESS, 1986. The Reported Conditions of Street People and Other Disadvantaged People in Cities and Counties throughout the Nation. Washington, D. C.: Government Printing Office.

FELDERER B., 1983. Wirtschaftliche Entwicklung bei schrumpfender Bevölkerung. Eine empirische Untersuchung. Berlin: Springer.

FIELDING A., 1989. Counterurbanisation in Europe: recent trends and theoretical development. In: P. CONGDON and P. BATEY (eds.). Advances in Regional Demography: Forecasts, Information, Models. London: Belhaven Press.

FORD L. E., 1985. Urban morphology and preservation in Spain. Geographic Review 75, 3: 265–299.

FORUM FÜR STADTENTWICKLUNGS- UND KOMMUNALPRAXIS e. V. (Hrsg.), 1981. Gewerbe contra Wohnen. Stuttgart 1981.

FORUM STADTERNEUERUNG, 1985. Untersuchung über Verkehrsbelastung in Erneuerungsgebieten entlang Verkehrs- und Hauptverkehrsstraßen. Graz.

FRANZ P., 1984. Mobilitätsprozesse im verstädterten Raum: Ursachen und Folgen der Kernstadt-Umland-Wanderung. Soziologie der räumlichen Mobilität. – Eine Einführung. Frankfurt/M. – New York: Campus: 189–211.

FRIEDLAND R., 1983. Crisis, Power and the Central City. London (Macmillan).

FRIEDMAN A., 1983. Social relations at work and the generation of inner city decay. In: J. ANDERSON, S. DUNCAN and R. HUDSON (eds.). Redundant Spaces in Cities and Regions: Studies in Industrial Decline and Social Change. Institute of British Geographers, Special Publications 15.

FRIEDRICHS J. (Hrsg.), 1985. Stadtentwicklungen in West- und Osteuropa. Berlin – New York: Walter de Gruyter.

FRIEDRICHS J. (Hrsg.), 1985. Die Zukunft der Städte. Die Städte in den achtziger Jahren. Demographische, ökonomische und technologische Entwicklungen. Opladen.

FRÖHLER L. und P. OBERNDORFER, 1978. Stadterneuerung durch Wohnbauförderung und Wohnungsverbesserung. Linz.

GALE D. E., 1984. Neighbourhood Revitalization and the Postindustrial City: A Multinational Perspective. Lexington, Mass.: Lexington Books.

GARNIER A., 1984. Les nouvelles cites dortoirs: L'expansion de la maison individuelle periurbaine. Lausanne: Presses Polytechniques Romandes.

GATZWEILER H. P. und K. SCHLIEBE, 1982. Suburbanisierung von Bevölkerung und Arbeitsplätzen – Stillstand? Informationen zur Raumentwicklung: 883–913.

GIBBINS O. und A. KÖGLER (Hrsg.), 1988. Großsiedlungen. Bestandspflege, Weiterentwicklung. München: Callwey. 159 S.

GIBSON M. S. and M. J. LANGSTAFF, 1982. An introduction to urban renewal. (British policy from the 1960s to the present). London: Hutchinson.

GILDERBLOOM J. I. und R. P. APPELBAUM, 1988. Rethinking Rental Housing. Journal of Housing 45, 5: 227–234.

GLEBE G. and J. O'LOUGHLIN (eds.), 1987. Foreign Minorities in Continental European Cities. Erdkundliches Wissen 84. 296 S.

GODDARD J. B. and A. T. THWAITES, 1980. Technological Change and the Inner City. Newcastle Upon Tyne. Univ. of Newcastle, Centre for Urban and Regional Development Studies (= Social Science Research Council. The Inner City in Context, 4).

GÖB R., 1977. Die schrumpfende Stadt. Archiv für Kommunalwissenschaften 16: 149–177.

GOLDFIELD D. R., 1980. Private neighbourhood redevelopment and displacement. Urban Affairs Quarterly 15,4: 453–468.

GOLDFIELD D. R. and B. A. BROWELL, 1979. Urban America: From Downtown to No-Town. Boston.

GOLDSMITH W. W., 1987. Poverty and Profit in Urban Growth and Decline. In: C. S. YADAV (ed.). Contemporary Urban Issues. Perspectives in Urban Geography VIII, New Delhi (India): Concept Publishing Company.

GOTTDIENER M., 1985. Symposium: whatever happened to the urban crisis? Urban affairs quarterly 20, 4.

GOTTDIENER M., 1987. The decline of urban politics: politial theory and the crisis of the local state. Sage library of social research. Beverly Hills, Calif.

GREEN G., 1984. The politics of the inner cities. Politics Today. Longman.

GRIPAIOS P., 1977. Industrial decline in London: an examination of the causes. Urban Studies 14: 181–189.

GROHE T. und F. RANFT (Hrsg.), 1988. Ökologie und Stadterneuerung. Anforderungen, Handlungsmöglichkeiten und praktische Erfahrungen. Köln: Kohlhammer. 232 S., Karten, Tabellen.

GSCHWIND F. und D. HENCKEL, 1984. Innovationszyklen der Industrie – Lebenszyklen der Städte. Stadtbauwelt 82: 134–136.

GUDE S., 1980. Erneuerung innerstädtischer Problemgebiete. Ein Drei-Länder-Vergleich: Bundesrepublik Deutschland, Großbritannien, USA. Teil 2: Flexible Finanzzuweisung für die Stadterneuerung. Deutsches Institut für Urbanistik. Berlin.

GÜLLER P., Ch. MUGGLI, M. SCHULER und T. STUDER, 1980. Entflechtungs- und Vermischungsprozesse in urbanen Räumen. Empirische Untersuchungen in den Agglomerationen Zürich, Basel und Lugano. Zürich – Basel.

HAGEDORN W., 1983. Handbuch der Betriebsverlagerung im Städtebau. Bochum. 215 S.

HAIDEN M. A., 1986. Finanzierungsmodelle der Stadterneuerung – Rolle der Kreditinstitute. Ausgewählte Diplomarbeiten und Dissertationen, hsg. vom österreichischen Forschungsinstitut für Sparkassenwesen, Wien. 106 S.

HALL D. R., 1987. Emerging Residential Structures of Socialist Cities. In: C. S. YADAV (ed.). Contemporary City Ecology. Perspectives in Urban Geography VI. New Delhi (India): Concept Publishing Company.

HALL P., 1986. Planung europäischer Hauptstädte. Stockholm.

HALL P., 1987. Urban Growth and Decline in Western Europe. In: M. DOGAN and J. D. KASARDA (eds.). The Metropolis Era 1. A World of Giant Cities. London: Sage Publications Ltd.

HAMER A., 1973. Industrial exodus from the central city. Lexington, Mass.: Lexington Books.

HAMM B., 1987. Soziale Segregation im internationalen Vergleich. SRP-Forschungsberichte der Universität. Trier.

HAMMERSCHMIDT A. und G. STIENS, 1980. „Stadtflucht" in hochverdichteten Regionen – Gefahr oder Erfordernis? Informationen zur Raumentwicklung: 585–598.

HAMNETT C. and W. RANDOLPH, 1984. The role of landlord disinvestment in housing market transformation: an analysis of the flat break-up market in central London. IBG, Transactions N. S. 9,3: 259–279.

HANSON R. (ed.), 1984. Perspectives on Urban Infrastructure. Washington, D. C.: National Academy Press.

HARDER G. und F. SPENGLER (Hrsg.), 1980. Stadtflucht und Stadterneuerung. Konzeption und Maßnahmen in der Stadt- und Verkehrsplanung. Hemmingen. 214 S.

HARRIS R., 1984. Residential segregation and class formation in the capitalist city: a review and directions for future research. Progress in Human Geography.

HARTMANN R., H. HITZ, C. SCHMID und R. WOLFF, 1986. Theorien zur Stadtentwicklung. Geographische Hochschulmanuskripte, hsg. von der Gesellschaft zur Förderung regionalwissenschaftlicher Erkenntnisse, Heft 12.

HEILBRONER R., 1976. Business Civilization in Decline. London: Marion Boyars.

HEISE V. und J. ROSEMANN, 1982. Bedingungen und Formen der Stadterneuerung. Urbs et Regio 26: 156 S.

HELMERT U., 1982. Konzentrations- und Segregationsprozesse der ausländischen Bevölkerung in Frankfurt am Main. In: H. J. HOFFMANN-NOWOTNY und K.-O. HONDRICH (Hrsg.). Ausländer in der Bundesrepublik Deutschland und in der Schweiz. Frankfurt am Main: 256–293.

HENCKEL D. und E. NOPPER, 1985. Brache und Regionalstruktur – Gewerbebrache – Wiedernutzung – Umnutzung. – Eine Bestandsaufnahme. Dortmunder Vertrieb für Bau- und Planungsliteratur, Berlin W. 137 S.

HENCKEL D., 1981. Gewerbehöfe – Organisation und Finanzierung. Deutsches Institut für Urbanistik. Berlin.

HENCKEL D., 1982. Recycling von Gewerbeflächen. Zum Problem von Umnutzung und Wiedernutzung gewerblicher Flächen. Archiv für Kommunalwissenschaften 21, II.

HENCKEL D., E. NOPPER und N. RAUCH, 1984. Informationstechnologie und Stadtentwicklung. Stuttgart. 171 S.

HERLYN U., A. VON SALDERN und W. TESSIN, 1987. Anfang und Ende des Massenwohnbaus. Archiv für Kommunalwissenschaften 26, I.

HERMANN J., 1986. Frankreichs neue Wohnbaupolitik. Der Aufbau 7.

HEUER H., 1982. Wohnungspolitik, Instrumente und Handlungsspielräume der Kommunen. Archiv für Kommunalwissenschaften 21, I: 48–68.

HEUER H. und J. BROMBACHER, 1983. Steuerungsinstrumente der Stadtrandwanderung. - Ergebnisse einer Umfrage. Berlin: Deutsches Institut für Urbanistik. 95 S.

HIRSCHFIELD A., 1989. Urban Deprivation Problems, Processes, Solutions. London: Belhaven Press. 224 p., diagr., maps.

HODGE R. W. and G. L. MEYER, 1979. Social Stratification, the Division of Labor and the Urban System. In: A. H. HAWLEY (ed.). Social Growth. New York: Free Press: 114–140.

HOLCOMB H. B. and R. A. BEAUREGARD, 1981. Revitalizing Cities. Resource Publications in Geography Series Washington D. C. (The Association of American Geographers).

HUCKE J., 1985. Auswirkungen der Verkehrsberuhigung auf Mietpreise, privates Investitionsverhalten und Stadtteilentwicklung – Vermutete Zusammenhänge und erste Tendenzaussagen. Umweltbundesamt (Hrsg.): Tagungsband zum 3. Kolloquium – Forschungsvorhaben „Flächenhafte Verkehrsberuhigung", Berlin W.

IBLHER P. 1981. Der Bevölkerungsverlust der Städte. Umfang, Ursachen und Einflußmöglichkeiten. DISP 63: 11–25.

IBLHER P., 1981. Verlust von Klein- und Mittelgewerbe in Altbaugebieten deutscher Städte. Der Städtetag 34, 12: 804ff.

INSTITUT FÜR BAUÖKONOMIE DER UNIVERSITÄT STUTTGART, 1979. Finanzielle Auswirkungen der Stadt-Umland-Wanderungen, Auswirkungen veränderter Nutzungsverteilungen zwischen Kern- und Randgemeinden auf die kommunalen Einnahmen. Schriftenreihe „Städtebauliche Forschungen des BM f. Raumordnung, Bauwesen und Städtebau" Nr. 0.3073. Bonn.

INSTITUT FÜR LANDES- UND STADTENTWICKLUNGSFORSCHUNG DES LANDES NORDRHEIN-WESTFALEN, STADTENTWICKLUNG UND STÄDTEBAU (Hrsg.),1984. Umnutzung von Fabriken. – Übersicht und Beispiele. Dortmund. 253 S.

INSTITUT FÜR STÄDTEBAU UND WOHNUNGSWESEN DER DT. AKADEMIE FÜR STÄDTEBAU UND LANDESPLANUNG (Hrsg.), 1981. Stadterneuerung in Klein- und Mittelstädten. München. 220 S.

INSTITUT FÜR UMWELTFORSCHUNG, STADTPLANUNGSAMT GRAZ, 1980. Revitalisierung einer Altstadt – am Beispiel Graz. Wohnen in der Altstadt, Graz.

IPSEN D., 1981. Segregation, Mobilität und die Chancen auf dem Wohnungsmarkt. Eine empirische Untersuchung in Mannheim. Zeitschrift für Soziologie 10,3: 256–272.

IRION I. und Th. SIEVERTS, 1984. Göteborg – Lövgärdet: Der kurze Lebenszyklus eines neuen Stadtteils. Bauwelt A, Stadtbauwelt 82: 178–182.

JAKOBS J., 1963. Tod und Leben großer amerikanischer Städte. Frankfurt/Main – Berlin: Ullstein.

JAKOBS J. F., 1986. Recent racial segregation in US SMSAs'. Urban Geography 7,2: 146–164.

JAMES F.-J., 1980. The Revitalization of Older Urban Housing and Neighborhoods. A. P. Solomon (ed.). The Prospective City. Cambridge, Mass. – London.

JIMENEZ E., 1984. Tenure security and urban squatting. The Review of Economics and Statistics (Cambridge, Mass.) 66,4.

JOBSE R. B., 1987. The Restructuring of Dutch Cities. TESG 78, 4: 305–311, 3 figs, refs.

JONES C. (ed.), 1979. Urban Deprivation and the Inner City. London: Croom Helm.

JONES P. N., 1983. Ethnic population succession in a West Germany city 1974–1980: the case of Nuremberg. Geography 68,1: 121–132.

KAIN J. F., 1987. Housing Market Discrimination and Black Suburbanization in the 1980's. A. TOBIN (ed.). Divided Neighborhoods. Changing Patterns of Racial Segregation. Urban Affairs Annual Reviews 32.

KAIN R., 1982. Europe's Model and Exemplar Still? The French approach to urban conservation 1962–1981. The Town Planning Review 53: 403–422.

KASARDA J. D., 1986. The Regional and Urban Distribution of People and Jobs in the U. S. National Academy of Sciences.

KASTNER R. H., 1984. Gebäudesanierung. Analyse, Planung, Durchführung. München: Callwey, 182 S.

KEEBLE D., 1978. Industrial decline in the inner city and conurbation. IBG Transactions N. S. 3, 1: 101–114.

KENDALL THOMPSON E. (Hrsg.), 1981. Recycling von Gebäuden. Beispiele aus den USA. Renovierung, Restaurieren, Umbauen, Wiederverwenden von Gebäuden. Düsseldorf: Beton-Verlag.

KEMP K. A., 1986. Race, ethnicity, class and urban spatial conflict: Chicago as a crucial test case. Urban Studies 23, 3: 197–208.

KEMPEN E. VAN, 1986. High-Rise Housing and the Concentration of Poverty (The case of Bijlmermeer). Netherlands Journal of Housing and Environment Research 1,1: 5–24.

KERJATH H. J., 1986. Die Regeneration der Stadt. Ökonomie und Politik des Wandels im Wohnungsbestand. Reihe Stadt, Planung, Geschichte (Hamburg) 7. 282 S.

KIRSCHMANN J. C., 1985. Wohnungsbau und öffentlicher Raum. Stadterneuerung und Stadterweiterung. Deutsche Verlagsanstalt Stuttgart.

KLAASEN L. H., 1974. Desurbanisation et reurbanisation en Europe occidentale. Revue economique du Sud-Ouest 4: 511–521.

KOMMUNALWISSENSCHAFTLICHES DOKUMENTATIONSZENTRUM (Hrsg.), 1983. Stadterneuerung als ständige Herausforderung – Erfahrungen und Ausblicke. Wien: KDZ (Arbeitshilfen für Gemeinden). 220 S.

KONTULY T., S. WAIRD and R. VOGELSANG, 1986. Counterurbanization in the Federal Republic of Germany. Professional Geographer 38, 2: 170–181.

KOOPMANN K.-D., 1982. Stadterneuerung unter veränderten finanziellen Rahmenbedingungen. Städte- und Gemeindebund 37, 11: 337ff.

KORFMACHER J., 1984. Stadterneuerung in London. Bewohnerwiderstand und lokale Wohnungsgenossenschaften. Diss. TU Berlin (= Arbeitshefte des Instituts für Stadt- und Regionalforschung 31). 246 S.

KOVAL S., 1984. La desindustrialisation comme processus de mutation paysagere et son incidence sur la maitrise d'oeuvre urbaine. Centre de Documentation sur l'Urbanisme, Paris.

KRÄMER D., 1988. Revitalisierung von Industriebrachen. Geographische Rundschau 40, 7–8.

KRÄMER J. und R. NAEF (Hrsg.), 1985. Krise und Konflikte in der Großstadt im entwikkelten Kapitalismus. – „New Urban Sociology". Stadtforschung aktuell 9.

KRAUTZBERGER M. und H. MEUTER, 1984. Stadterneuerung auf innerstädtischen Industrie- und Gewerbeflächen. Informationen zur Raumentwicklung 10, 11.

KRIVO L. J. and J. E. MUTCHLER, 1986. Housing constraint and household complexity in metropolitan America: black and Spanish-origin minorities. Urban Affairs 21, 3: 389–411.

KRUMM R. J. and R. J. VAUGHAN, 1976. The economics of urban blight. Santa Monica, Cal.: The Rand paper series.

KÜNZLEN M., OEKOTOP AUTORENKOLLEKTIV, 1984. Ökologische Stadterneuerung. Die Wiederbelebung von Altbaugebieten. Karlsruhe.

KÜPPER U. I., 1981. Strategien zur Erneuerung gewachsener Großstädte. Tagungsbericht und wissenschaftliche Abhandlungen. 43. Deutscher Geographentag Mannheim 5.–10. Okt. 1981. Wiesbaden: Steiner: 441–444.

KUJATH H. J., 1983. Tendenzwende in der Altbaupolitik. In: H. RIESE (Hrsg.). Krise der Wohnungsversorgung. Berlin.

KUJATH H. J., 1986. Die Regeneration der Stadt. Ökonomie und Politik des Wandels im Wohnungsbestand. In: G. FEHL, J. RODRIGUEZ-LORES und V. ROSCHER (Hrsg.). Stadt. Planung. Geschichte. Bd. 7. Lehrstuhl f. Planungstheorie an der RWTH Aachen. Hamburg: Christians). 283 S., Lit.

LANG M. H., 1982. Gentrification amid urban decline: strategies for America's older cities. Cambridge. 149 p.

LASKA S. B. and D. SPAIN (eds.), 1980. Back to the City: Issues in Neighborhood Renovation. New York.

LENSHACKE C. and M. WEGENER, 1985. Metropolitan Housing Subsystems: A Cross-Cutting Review. Paper prepared for the IIASA Seminar on Metropolitan Housing Markets under Different Policy Regimes. Stockholm, 13 – 14 June 1985. Institut f. Raumplanung Universität Dortmund, Arbeitspapier 28, Dortmund. 36 p., 21 figs., 3 tabs., refs.

LETHMATE A., 1984. Wohnungsleerstand – Wohnungsüberangebot oder Wohnbauförderung? Gemeinnütziges Wohnungswesen 8: 371 S.

LEVEN Ch. L. et al., 1976. Neighborhood change: lessons in the dynamics of urban decay. Praeger special studies in U. S. economic, social, and political issues. New York.

LEVINE M. V., 1987. Downtown redevelopment as an urban growth strategy: a critical appraisal of Baltimore renaissance. Journal of urban affairs 9, 2.

LEVY J. P., 1987. The Rehabilitation of Town Centres and Old Quarters/Neighbourhoods in France: Rationality and Interpretations Using the Example of Toulouse. In: C. S. YADAV (ed.). Slums, Urban Decline and Revitalisation. Perspectives in Urban Geography VII. New Delhi (India): Concept Publishing Company.

LEWIS J. P., 1965. Building cycles and Britain's growth. London.

LEY D., 1980. Liberal ideology and the post-industrial city. Annals of the Association of American Geographers 80: 238 – 258.

LICHTENBERGER E., 1970. The Nature of European Urbanism. Geoforum 4: 45 – 62. 6 figs.

LICHTENBERGER E., 1972. Die europäische Stadt – Wesen, Modelle, Probleme. Berichte zur Raumforschung und Raumplanung 16,1: 3 – 25. 11 Fig.

LICHTENBERGER E., 1972a. Ökonomische und nichtökonomische Variablen kontinentaleuropäischer Citybildung. Die Erde 102, 3 – 4 (1971): 216 – 262. 9 Fig.

LICHTENBERGER E., 1975. Zur Stadterneuerung in den USA. Berichte zur Raumforschung und Raumplanung 19, 6: 3 – 16. 1 Fig.

LICHTENBERGER E., 1976. The Changing Nature of European Urbanization. In: B. J. L. BERRY (ed.). Urbanization and Counterurbanization. Urban Affairs Annual Reviews 11: 81 – 107.

LICHTENBERGER E., 1978. Wachstumsprobleme und Planungsstrategien von europäischen Millionenstädten in der zweiten Hälfte des 19. Jahrhunderts. Das Wiener Beispiel. In: H. JÄGER (Hrsg.). Probleme des Städtewesens im industriellen Zeitalter. Köln – Wien: Böhlau: 197 – 219. 4 Tab., 5 Karten.

LICHTENBERGER E., 1980. Die Stellung der Zweitwohnungen im städtischen System – Das Wiener Beispiel. Berichte zur Raumforschung und Raumplanung 24, 1: 3 – 14. 5 Tab., 4 Fig.

LICHTENBERGER E., 1980a. Perspektiven der Stadtgeographie. Tagungsbericht und wissenschaftliche Abhandlungen 42. Dt. Geographentag Göttingen 1979: 103 – 128. 2 Abb.

LICHTENBERGER E., 1981. Die europäische und die nordamerikanische Stadt – ein interkultureller Vergleich. Österreich in Geschichte und Literatur 25, 4: 224 – 252. 9 Fig.

LICHTENBERGER E., 1982. Urbanization in Austria in the 19th and 20th centuries. Cities in development 19th – 20th centuries. 10th Int. Colloquim Spa, 2 – 5 Sept. 1980, Records: 259 – 276. 10 figs.

LICHTENBERGER E., 1983. Perspektiven der Stadtentwicklung. Herrn em. o. Univ.-Prof. Dr. H. Bobek zum 80. Geburtstag. Geogr. Jahresbericht aus Österreich 40 (1981): 7 – 49. 12 Fig.

LICHTENBERGER E., 1984. Gastarbeiter – Leben in zwei Gesellschaften. Unter Mitarbeit von H. FASSMANN, EDV-Technologie . Wien – Köln – Graz: Böhlau. 569 S., 104 Fig., 127 Tab., 33 Schemata und 4 Karten.

LICHTENBERGER E., 1985. Die Stadtentwicklung in Europa in der ersten Hälfte des 20. Jahrhunderts. In: W. RAUSCH (Hrsg.). Die Städte Mitteleuropas im 20. Jahrhundert. Linz: 1–40. 15 Abb.

LICHTENBERGER E., 1986a. Stadtgeographie I – Begriffe, Konzepte, Modelle, Prozesse. Stuttgart: Teubner Studienbücher Geographie. 280 S., 109 Abb.

LICHTENBERGER E. (Hrsg., gem. mit G. HEINRITZ), 1986b. The Take-off of Suburbia and the Crisis of the Central City. Proceedings of the International Symposium in Munich and Vienna 1984. Erdkundliches Wissen 76: 301 S.

LICHTENBERGER E. und G. HEINRITZ, 1986. Munich and Vienna – A Cross-national Comparison. In: Proceedings of the International Symposium in Munich and Vienna 1984. Erdkundliches Wissen 76: 1–29.

LICHTENBERGER E., 1987a. Guestworkers – Life in two Societies. (Gem. mit H. FASSMANN, EDV-Technologie). In: G. GLEBE und J. O'LOUGHLIN (eds.). Foreign Minorities in Continental European Cities. Erdkundliches Wissen 84: 240–257.

LICHTENBERGER E., 1987b. Zweitwohnungen im Stadtumland. Berliner Geographische Arbeiten, Sonderheft 4 (Jubiläumskonferenz 1986 der Sektion Geographie der Humboldt-Universität zu Berlin): 68–74.

LICHTENBERGER E., 1987c. Theorien und Konzepte zur Stadtentwicklung. Geographischer Jahresbericht aus Österreich 44/1985 (1987): 7–16.

LICHTENBERGER E., 1987d. Perspectives of Urban Geography. In: Recherches de Geographie urbaine. Hommage au Professeur J. A. Sporck, tome 1: 105–129. Liege: Presses Universitaires de Liege.

LICHTENBERGER E.(Hrsg.), 1989. Österreich zu Beginn des 3. Jahrtausends. Raum und Gesellschaft. Prognosen, Modellrechnungen und Szenarien. Beiträge zur Stadt- und Regionalforschung 9. 276 S., 57 Tab., 32 Karten, 2 Abb.

LICHTENBERGER E., 1990. Stadtentwicklung in Europa und Nordamerika – kritische Anmerkungen zur Konvergenztheorie. In: R. HEYER und M. HOMMEL (Hrsg.). Stadt und Kulturraum. Schöller-Festschrift. Bochumer Geographische Arbeiten 50 (1989): 113–129.

LIPTON G. S., 1987. The Future Central City: Gentrified or Abandoned? In: C. S. YADAV (ed.). Slums, Urban Decline and Revitalisation. Perspectives in Urban Geography VII. New Delhi (India): Concept Publishing Company.

LIPPE H., 1985. Wohnungsleerstände – Ursachen und Sanierungsansätze. Gemeinnütziges Wohnungswesen 8: 207 ff.

LITTLE A. D., 1973. A study of property taxes and urban blight. Prepared for the U. S. Department of Housing and Urban Development. Cambridge, Mass.– Washington: US Govt. Print. Office.

LOCHNER I., 1987. Wirkungsanalyse von Stadterneuerungen, dargestellt am Beispiel zweier Altstadtquartiere in Ingolstadt. Arbeitsmaterialien zur Raumordnung und Raumplanung 54. 169 S.

LONDON B. and J. PALEN, 1984. Gentrification, Displacement and Neighborhood Revitalization. State University, Albany. New York.

LONG C. D., 1940. Building Cycles and the Theory of Investment. Princeton University Press. Princeton, New Jersey.

MARCUSE P., 1986. Abandonment, Gentrification, and Displacement. The Linkages in New York City. In: N. SMITH and P. WILLIAMS (eds.). Gentrification of the City. London – Sydney: 153–177.

MARCUSE P., 1987. The Decline of Cities in the United States: Inevitable or Deliberate? In: C. S. YADAV (ed.). Slums, Urban Decline and Revitalisation. Perspectives in Urban Geography VII. New Delhi (India): Concept Publishing Company.

MARX D. und O. RUCHTY, 1987. Innenstadtentwicklung und Suburbanisierungsprozesse. In: E. VON BÖVENTER (Hrsg.). Stadtentwicklung und Strukturwandel. Berlin: Duncker u. Humblot: 67–91. Abb., Tab. Lit. (= Schriften des Vereins für Sozialpolitik – Gesellschaft für Wirtschafts- und Sozialwissenschaften, N. F. 168).

McCONNEY M. E., 1985. An Empirical Look at Housing. Rehabilitation as a Spatial Process. Urban Studies 22, 1: 39–48.

McGRATH D., 1982. Who must leave? Alternative Images of Urban Revitalization. Journal of the American Planning Association 48, 2: 196ff.

McKEAN C., 1977. Fight blight: a practical guide to the causes of urban dereliction and what people can do about it. London: Kaye & Ward.

MEDHURST F. and J. P. LEWIS, 1969. Urban decay: an analysis and a policy. Macmillan. London.

MEIR A. und M. MARCUS, 1983. A commercial-blight perspective on metropolitan commercial structure. The Canadian geographer 27,4: 370–375.

MENTER H., 1983. Eigentumsbildung im Wohnungsbestand. – Die Betroffenheit von Altbauquartieren durch Umwandlung von Mietwohnungen. In: EVERS, LANGE, WOLLMANN (Hrsg.). Kommunale Wohnungspolitik. Basel, Boston, Stuttgart.

MESSNER R., 1986. Entwicklungstendenzen innerstädtischer Wohngebiete. Dortmund.

MIK G., 1983. Residential segregation in Rotterdam: background and policy. TESG 74,2: 74–86.

MORIAL E. N., M. BARRY Jr. and E. M. MEYERS, 1986. Rebuilding America's cities. Cambridge (Mass.): Ballinger Publishing Company. 290 p.

MORROW-JONES H. A., 1986. The geography of housing: elderly and female households. Urban Geography 7, 3: 263–269.

MÜLLER G. und R. ROHR-ZÄNKER, 1982. Gewerbe in Stadterneuerungsgebieten. Berlin: Freie Universität.

MÜLLER K. P., 1983. Der Einfluß demographischer Strukturveränderungen auf die Entwicklung der Wirtschaft. In: H. BIRG (Hrsg.). Demokratische Entwicklung und gesellschaftliche Planung. Frankfurt/Main: 125–142.

MUMFORD L., 1970. Le declin des villes or la recherche d'un nouvel urbanisme. Paris: Editions France-Empire.

NEWTON K., 1988. The Death of the City and the Urban Fiscal Crisis. In: J. M. STEIN (ed.). Public Infrastructure Planning and Management. Urban Affairs Annual Review 33: 65–78, refs.

NORTON R. D., 1979. City Life – Cycles and American Urban Policy. New York: Academic Press.

O'LOUGHLIN J. and G. GLEBE, 1984. Intraurban migration in West German cities. Geographical Review 74,1: 1–24.

O'LOUGHLIN J. and G. GLEBE, 1984. Residential segregation of foreigners in German cities. TESG 75.

PAMITOCHKA W., 1979. Wohnallokation: Alterung des Wohnungsbestandes und Änderung der Bevölkerungsstruktur. Dortmunder Beiträge zur Raumplanung.

PARKINSON M., B. FOLEY and D. JUDD (eds.), 1988. Regenerating the cities: the UK crisis and the American experience. Manchester: Manchester University Press.

PATRICIOS N. N., 1987. Consensual and Conflict Perspectives of Inner City Decline and Revitalization. In: C. S. YADAV (ed.). Slums, Urban Decline and Revitalisation. Perspectives in Urban Geography VII. New Delhi (India): Concept Publishing Company.

PESCH F., 1983. Wohnumfeldverbesserung in innerstädtischen Altbaugebieten aus der Gründerzeit. Hintergründe – Projekte – Auswirkungen. Dortmund. 308 S.

PÖLL G., 1981. Ökonomische Aspekte der Stadterneuerung. Institut für Kommunalwissenschaften und Umweltschutz, Schriftenreihe Kommunale Forschung in Österreich 54. Linz.

POHLE M., 1985. Industriebrachen und extensiv genutzte Flächen in innenstadtnahen Gewerbegebieten. Räumliche Nutzungsreserven und Strategien zu ihrer Reaktivierung dargestellt am Beispiel des Industriegebietes Hamburg-Eidelstedt. Arbeitsberichte und Ergebnisse zur Wirtschafts- und Sozialgeographischen Regionalforschung (Wirtschaftsgeogr. Abt. d. Inst. f. Geogr. u. Wirtschaftsgeographie der Univ. Hamburg) 12. Paderborn.

POLITANO A. and F. MILLS, 1980. Reducing urban blight: a reconnaissance of current highway experiences. Federal Highway Administration, Office of Program and Policy Planning. Washington.

PORSTER P. R. and D. C. SWEET (eds.), 1984. Rebuilding America's Cities: Roads to Recovery. New Brunswick: Center for Urban Policy Research.

PRAK N. L. and H. PREMUS, 1986. A model for the analysis of the decline of postwar housing. International Journal of Urban and Regional Housing 10, 1: 1–8.

RABIN Y., 1987. The Roots of Segregation in the Eighties: The Role of Local Government Actions. In: A. TOBIN (ed.). Divided Neighborhoods. Changing Patterns of Racial Segregation. Urban Affairs Annual Reviews 32.

READE E., 1985. Britain and Sweden: Premature Obsolescence of Housing. Scandinavian Housing and Planning Research 2, 1/8.

REES G. and J. LAMBERT, 1985. Cities in Crisis. The Political Economy of British Urban Development. London: Edward Arnold Publishers Ltd. 224 p.

REES J., 1978. Manufacturing Headquarters in a Post-Industrial Urban Context. Economic Geography 54: 337–357.

REHBERG S. (Hrsg.), 1985. Grüne Wende im Städtebau. – Wege zum ökologischen Planen und Bauen. Karlsruhe. 350 S.

REICHEL R. et al., 1984. Das Zweitwohnungswesen im Rahmen der Wohnungswirtschaft. Bundesministerium für Bauten und Technik (Hrsg.). Wohnbauforschung – Forschungsvorhaben F 756. 367 S.

REIDENBACH M., 1986. Verfällt die öffentliche Infrastruktur? Eine Bestandsaufnahme unter Einbeziehung britischer und amerikanischer Erfahrungen. Deutsches Institut für Urbanistik, Berlin (West). 212 S.

REISS A. J. and M. TOURY (eds.), 1986. Communities and Crime. Chicago: The University of Chicago Press.

REX J., 1981. Urban segregation and Inner City Policy in Great Britain. In: C. PEACH, V. ROBINSON and S. J. SMITH (eds.). Ethnic segregation in cities. London: 25–42.

RIEDLSPERGER A. (Hrsg.), 1988. Zweidrittelgesellschaft. Spalten, splittern – oder solidarisieren? Soziale Brennpunkte. Wien: Europaverlag. 232 S.

ROHR H.-G. VON, 1971. Industrieverlagerungen im Raum Hamburg. Hamburger Geographische Studien 25.

ROHR H.-G. VON, 1981. Die Ausweitung der Großstädte in der Bundesrepublik Deutschland: Ein Prozeß ohne Ende? 43. Deutscher Geographentag Mannheim, 5.–10. Oktober 1981. Tagungsbericht und wissenschaftliche Abhandlungen. Wiesbaden: Steiner: 439–440.

ROHR-ZÄNKER R. und W. MÜLLER, 1986. Die Gefährdung des Gewerbes durch die Stadterneuerung. – Erfahrungen aus typischen Altbau-Mischgebieten in Hamburg, München und Berlin. DISP 83: 41–47.

RONCAYOLO M., 1985. La ville aujourd'hui, croissance urbaine et crise de urban? Histoire de la France urbaine sous la direction de Georges Duby. Paris: Editions du Seuil 5. 668 p.

ROSE E. A. (ed.), 1986. New roles for old cities. Anglo-American policy perspectives on declining urban regions. Aldershot: Gower. 236 p., figs., tabs., refs.

ROSE R. and E. PAGE (eds.), 1982. Fiscal stress in cities. Cambridge University Press. 245 p.

ROSEMANN J., 1981. Wohnungsmodernisierung und Stadterneuerung. In: J. BRECH (Hrsg.). Wohnen zur Miete. Weinheim und Basel: Beltz.

ROSEMANN J. u. a., 1981. Strategien der Stadterneuerung. Eine vergleichende Untersuchung in neun europäischen Großstädten. Vorbericht, im Auftrage der Bauausstellung Berlin GmbH., Berlin (West).

ROSENTHAL D. B. (ed.), 1980. Urban Revitalization. Beverly Hills Cal.: Sage Publications.

ROSSI A., 1983. La decentralisation urbaine en Suisse. Collection „Villes, Regions et Societes". Lausanne: Presses polytechniques romandes. 196 p.

ROSSI A., 1984. Neue Tendenzen in der Stadtentwicklung und in der Stadtentwicklungspolitik. DISP 75: 25–30.

ROTHGANG E., 1981. Struktur- und Stadtentwicklungsprobleme der Großstädte in der Bundesrepublik Deutschland. 43. Deutscher Geographentag Mannheim 5.–10. Oktober 1981. – Tagungsberichte und wissenschaftliche Abhandlungen. Wiesbaden: Steiner: 392–394.

ROTHGANG E., 1985. Die Auswirkungen der Arbeitslosigkeit auf die Stadtentwicklung. Archiv für Kommunalwissenschaften 24, 2.

RUEFFEL E., 1984. Verfahren zur Bestimmung der Wertminderung bei Gebäuden und die Beziehungen zur Restnutzungsdauer. Vermessungswesen und Raumordnung 46, 6: 326–343.

RUSTERHOLZ H. und O. SCHERER, 1988. Aus Fabriken werden Wohnungen, Erfahrungen und Hinweise. Bundesamt für Wohnungswesen (Hrsg.), Schriftenreihe Wohnungswesen, 38. Bern.

SALIN E., 1960. Urbanität. Erneuerung unserer Städte. Neue Schriften des Deutschen Städtetages 6. Stuttgart – Köln.

SANOT P. (ed.), 1978. L'espace et son double. De la residence secondaire aux autres formes de secondarite de la vie sociale. Paris: Editions du Champ Urbain.

SAUNDERS P., 1983. Urban politics: a sociological interpretation. London: Hutchinson. 384 p.

SCHIRMACHER E. (Hrsg.), 1978. Erhaltung im Städtebau. Grundlagen – Bereiche – Gestaltbezogene Ortstypologie. Schriftenreihe „Stadtentwicklung" des Bundesministers für Raumordnung, Bauwesen und Städtebau 010. Bad Godesberg.

SCHMIDT-BARTEL J., 1985. Großsiedlungen der 60er und 70er Jahre. Ein neues Aufgabengebiet der Stadterneuerung. In: Städtebauliche Entwicklungsmaßnahmen nach dem Städtebauförderungsgesetz – Bisherige Praxis und zukünftige Aufgaben. Schriftenreihe des Bundesministeriums für Raumordnung, Bauwesen und Städtebau 02.035. Bonn: 92–97.

SCHMIDT-BARTEL J. und H. MENTER, 1986. Der Wohnungsbestand in Großwohnsiedlungen in der Bundesrepublik Deutschland. Schriftenreihe „Modellvorhaben, Versuchs- und Vergleichsbauvorhaben" des Bundesministeriums für Raumordnung, Bauwesen und Städtebau 01.076. Bonn.

SCHNEIDER J., 1987. Fabrikrecycling in Nordfrankreich. Stadtbauwelt 94: 896–902. Zahlr. Photos, 2 Luftbilder.

SCHÖLLER P., 1987. Stadtumbau und Stadterhaltung in der DDR. In: H. HEINEBERG (Hrsg.). Innerstädtische Differenzierung und Prozesse im 19. und 20. Jahrhundert. Geographische und historische Aspekte. Köln- Wien: 439–471.

SCHUBERT D. (Hrsg.), 1981. Krise der Stadt. Fallstudie zur Verschlechterung der Lebensbedingungen in Hamburg, Frankfurt, München, Berlin (West). Leviathan 8,3.

SCHULTZE J. W., 1986. Großsiedlungen (in Großstädten) als Sanierungsgebiete der Zukunft. Ein Vergleich erster Nachbesserungsansätze. Kiel.

SCHÜTZ M. W., 1985. Die Trennung von Jung und Alt in der Stadt. Eine vergleichende Analyse der Segregation von Altersgruppen in Hamburg und Wien. Beiträge zur Stadtforschung (Hrsg.: J. FRIEDRICHS) 9. 186 S.

SCHULTES W., 1981. Neue Wohnungsnot in deutschen Großstädten – Herausforderung an die kommunale Wohnungspolitik. 43. Deutscher Geographentag Mannheim, 5. – 10. Okt. 1981. – Tagungsbericht und wissenschaftliche Abhandlungen. Wiesbaden: Steiner: 401 – 405.

SCHULZE P. W., 1980. Der soziale Zerfall der Städte – New York als Beispiel einer zweigeteilten Stadt. Leviathan 8,3: 409 ff.

SCHWINGE W., 1985. Kommunale Programme und städtebauliche Einzelmaßnahmen in der Stadterneuerung. Veröffentlichung 157 der Forschungsgemeinschaft Bauen und Wohnen.

SELLE K., B. KARHOFF und R. FROESSLER (Hrsg.), 1988. Stadt erneuern. Eine Ringvorlesung. Dortmunder Beiträge zur Raumplanung 47. Dortmund.

SIBLEY D., 1981. Outsiders in Urban Society. Oxford.

SIMMIE J. M., 1983. Beyond the industrial city? Journal of the American Planning Ass. 59: 59 – 76.

SJOEBERG G., 1963. The Rise and Fall of Cities: A Theoretical Perspective. International Journal of Comparative Sociology (Leiden): 107 – 120.

SLESIN S., C. STAFFORD und D. ROZENSZTROCH, 1988. Wohnen in Lofts. Wiesbaden: Bauverlag. 400 S.

SMITH M. P. and G. B. PETERS, 1987. The Uses of Neighbourhood Revitalization. In: C. S. YADAV (ed.). Slums, Urban Decline and Revitalisation. Perspectives in Urban Geography VII. New Delhi (India): Concept Publishing Company.

SMITH N., 1979. Toward a theory of gentrification: a back to the city movement by capital, not people. Journal of the American Planning Ass. 45: 538 – 548.

SMITH N. and P. WILLIAMS (eds.), 1984. Gentrification, housing and the restructuring of urban space. London: Croom Helm.

SMITH S. J., 1987. Fear of crime: beyond a geography of deviance. Progress in Human Geography 11, 1: 1 – 23.

SOJA E., R. MORALES and G. WOLFF, 1983. Urban restructuring: an analysis of social and spatial change in Los Angeles. Economic Geography 59,2: 195 – 230.

SPEER A., 1985. Die Möglichkeiten und Schwierigkeiten bei der Reintegration von innerstädtischen Industrie- und Gewerbebrachen. Stadt 1985, 1.

SPENCE N. A. and M. E. FROST, 1983. Urban employment change. In: J. B. GODDARD and A. G. CHAPION (eds.). The urban and regional transformation of Britain. London.

SQUIRES G., L. BERNETT, L. MELOURT and P. NYDEN, 1987. Chicago: The third city: race, class, and the response to urban decline. Philadelphia: Temple University Press.

STEINER B., 1985. Quartiere und ihre planerische Bewertung. Eine Untersuchung zur Typisierung und Ausgrenzung städtischer Quartiere in gründerzeitlichen Stadterweiterungsgebieten. Dortmund.

STEINER F. R. und H. N. VAN LIER, 1984. Land Conversion and Development. Examples in Landscape Management and Urban Planning 6B. 480 p.

STERNLIEB G. et al., 1982. Verfall städtischer Wohnbauten. In: L. S. BOURNE. Internal Structure of the City: Readings on Urban Form, Growth and Policy. New York. 269 p.

STERNLIEB G. and R. W. BURCHELL, 1975. Residential Abandonment: The Tenement Landlord Revisited. Rutgers University. New Brunswick, New Jersey.

SUMMER G. F. (ed.), 1984. Deindustrialization. Restructuring the Economy. The Annals of the American Academy of Political and Social Science 475.

TANGHE J., S. VLAEMINCK and J. BERGHOEF (eds.), 1983. Living Cities. A Case for Urbanism and Guidelines for Re-urbanization. 384 p.

TANK H., 1987. Stadtentwicklung – Raumnutzung – Stadterneuerung. Grundlagen, Entwicklungspotential und Orientierung der Stadtentwicklungspolitik. Grundriß der Sozialwissenschaft, Ergänzungsband 5. 345 S.

THE INSTITUTE OF BRITISH GEOGRAPHERS (ed.), 1983. Redundant spaces in cities and regions? Studies in industriel decline and social change. Special Publications 15. London: Academic Press.

THOMAS A. D., 1986. Housing and urban renewal: residential decay and revitalisation in the private sector. Urban and regional studies 12. 225 p.

THOMPSON F. M. L. (ed.), 1982. The rise of suburbia. Themes in Urban History. Leicester University Press. 274 p.

THRIFT N., 1979. Unemployment in the Inner City: Urban Problem or Structural Imperative? A Review of the British Experience. In: D. T. HERBERT and R. J. JOHNSTON (eds.). Geography and the Urban Environment. Progress in research and applications 2: 125–226.

TRESPENBERG U. und U. VOOSHOLZ, 1984. Unternehmenszonen: Ein neues Instrument der Stadterneuerung in Großbritannien und in den USA. Schriftenreihe „Städtebauliche Forschung" des Bundesministeriums für Raumordnung, Bauwesen und Städtebau 03.105.

VAN DEN BERG L., R. DREWETT, L. H. KLAASEN, A. ROSSI and C. H. T. VIJVERBERG, 1982. Urban Europe: A Study of Growth and Decline. Oxford: Pergamon Press. 162 p.

VAN DEN BERG L. und L. H. KLAASEN, 1978. The process of urban decline. Netherlands Economic Institute, Rotterdam, WP 6.

VITALIANO D. F., 1983. Public housing and slums: cure or cause? Urban studies 20, 2: 173–183.

VORLAUFER K., 1982. Frankfurt am Main – Bockenheim. Die wirtschafts- und sozialräumliche Problematik eines innenstadtnahen Altbau- und Sanierungsgebietes. Erdkunde 36,1: 36–47.

WALKER M. L., 1971. Urban blight and slums; economic and legal factors in their origin, reclamation, and prevention. With special chapters by H. WRIGHT and others. Harvard city planning studies 12. New York.

WALKER R. A., 1981. A theory of suburbanisation: capitalism and the construction of urban space. In: M. DEAR and A. J. SCOTT (eds.). Urbanisation and urban planning in capitalist society. New York: Methuen: 383–430.

WARREN E., 1979. Chicago's Uptown: public policy, neighborhood decay, and citizen action in an urban community. Urban insight series 3. Center for Urban Policy, Loyola University of Chicago. Chicago, Ill.

WEBER H. et al., 1988. Fassadenschutz und Bausanierung. Ehringen 1/Württemberg: Expert Verlag (= Kontakt & Studium 40). 578 S.

WEBMAN J. A., 1982. Reviving the industrial city: the politics of urban renewal in Lyon and Birmingham. London: Croom Helm. 208 p.

WEGENER M., 1982. Modelling urban decline – a multilevel economic-demographic model for the Dortmund region. International Regional Science Review 7: 217–241.

WEGENER M., 1984. Stadtentwicklung – Interdependenz unterschiedlicher Standortmärkte (gezeigt am Beispiel Dortmund). Stadtentwicklungspolitik bei alternden Baustrukturen. Dokumentation des Stadtforschungsseminars 1982. SRF Diskussionspapier 19: 50–76.

WEGENER M., 1986. Modelling the Life Cycle of Industrial Cities: A Case Study of Dortmund, Germany. Paper presented at the International Seminar on Economic Change and Urbanisation Trends within Medium Size Metropolitan Systems in Europe, IRPET Firenze: 18. – 19. Dez. 1986: 31 p.

WESTPHAL H., 1979. Wachstum und Verfall der Städte. Ansätze einer Theorie der Stadtsanierung. Campus-Forschung 56. Frankfurt/Main, New York.

WHITE P., 1984. The West European City. A Social Geography. 280 p.

WIESSNER R., 1987. Wohnungsmodernisierungen – Ein behutsamer Weg der Stadterneuerung? Empirische Fallstudie in Altbauquartieren des Nürnberger Innenstadtrandgebiets. Münchner Geographische Hefte 54. 279 S.

WILSON, W. J., 1977. The Truly Disadvantaged. The Inner City, the Underclass and Public Policy. Univ. of Chicago Press.

WOLCH J. R. und R. K. GEIGER, 1986. Urban restructuring and the not-for-profit sector (Los Angeles). Economic Geography 62, 1: 3 – 18.

WOLCH J. R. und A. AKITA, 1989. The federal response to homelessness and its implications for American Cities. Urban Geography 10,1: 62 – 85.

WOLF J., 1981. Einige theoretische Aspekte der Wohnungsbestandspolitik. In: Institut Wohnen und Umwelt (Hrsg.). Wohnungspolitik am Ende? Opladen: Westdeutscher Verlag: 119 – 135.

WOOD P. A., 1974. Urban Manufacturing: A View from the Fringe. In: J. H. JOHNSON (ed.). Suburban Growth: Geographical Processes at the Edge of the Western City. London: 129 – 154.

WOODWORTH W., 1986. Absentee Ownership, Industrial Decline and Organizational Renewal. In: W. WOODWORTH, C. MELK and W. WHYTE (eds.). Industrial Democracy. Strategies for Community Revitalization. Sage Focus Editions 73, London. 310 p.

WORTMANN W., 1970. Sanierung. Handwörterbuch für Raumforschung und Raumordnung, Hannover, 2. Auflage: 2789 – 2793.

WURZER R., 1972. Stadterneuerung und Bodenbeschaffung. Berichte zur Raumforschung und Raumplanung 16, 3/4: 1 – 23.

YADAV C. S. (ed.), 1987. Slums, Urban Decline and Revitalization. Perspectives in Urban Geography VII. New Delhi (India): Concept Publishing Company. 288 p., tabs, figs.

YAGO G., 1984. The decline of transit: urban transportation in German and US cities 1900 – 1970. Cambridge University Press. London und New York.

YOUNG K. and L. MILLS, 1982. The Decline of Urban Economics. In: R. ROSE and E. PAGE (eds.). Fiscal Stress in Cities. Cambridge University Press. Cambridge: 77 – 106.

ZUKIN S., 1982. Loft Living: Culture and Capital in Urban Change. Baltimore: The John Hopkins University Press.

2. Literatur zu Wien

ANDIEL A., 1987. Stadtverfall und Lebensräume in den inneren Bezirken Wiens (2. – 9.). Dipl. Arb. Univ. Wien, Inst. f. Geographie, Studienzweig Raumforschung und Raumordnung, Wien. 160 S., 21 Tab., 13 Abb., 31 Karten.

ANWANDER B., 1988. Die Situation der Wohnversorgung einkommensschwacher Haushalte am Beispiel Wien. Dipl. Arb. TU Wien.

ARCHITEKTUR AKTUELL, 1984. Stadterneuerung – Revitalisierung (Heftthema). Architektur aktuell 18,104: 3–67.

ARGE STEINBACH, FEILMAYR, HEINZE, MITTRINGER, 1985. Analyse städtischer Verfalls- und Erneuerungsprozesse I. Wien.

ARGE STEINBACH, FEILMAYR, HEINZE, MITTRINGER, 1986. Analyse städtischer Verfalls- und Erneuerungsprozesse II. Wien.

ARNOLD K., 1984. Raummuster städtischer Industrien. Die zonale und sektorale Verteilung der Wiener Industrie. Wirtschaftsgeographische Studien 7, 12/13: 7–34, 2 Abb.

DER AUFBAU, 1982. Stadtentwicklung Wien. Der Aufbau 37, 2/3: 45–115.

DER AUFBAU, 1985. Stadtentwicklungsplan Wien/ Kommentare (Hefthema). Der Aufbau 40, 5/6: 269–351.

DER AUFBAU, 1986a. Stadterneuerung und Wohnbau in Wien (Heftthema). Der Aufbau 41,5: 259–276.

DER AUFBAU, 1986b. Betriebsansiedelungen im Rahmen der Stadterneuerung (Heftthema). Der Aufbau 41,8: 407–438.

DER AUFBAU, 1987. Stadterneuerung und Altstadterhaltung (Heftthema). Der Aufbau 42,7: 319–359.

AUFRISSE, 1989. Wohnungspolitik (Heftthema). Aufrisse 1989,1: 3–43.

AUTORENKOLLEKTIV, 1974. Armut in Wien. Schriftenreihe der Wiener Kammer für Arbeiter und Angestellte, Wien.

BANIK-SCHWEITZER R., 1985. Der Historische Atlas von Wien. Österreichische Hochschulzeitung Nr. 12: 19–20.

BARTLMAE W., 1985. Der Flächenwidmungs- und Bebauungsplan als Instrument der Stadterneuerung in Wien. Dipl. Arb. TU Wien, 101 S.

BAUER E. u. W. STAGEL, 1986. Fehlbelegungen im Sozialwohnungsbestand. Publikationen des Instituts für Stadtforschung 76. Wien.

BAUER E. und A. KAUFMANN, 1988. Stand und Entwicklung der Wohnungskosten 1981–1985. Publikationen des Instituts für Stadtforschung 83. Wien.

BAUER H., 1983. Stadterneuerung als ständige Herausforderung. Erfahrungen und Ausblicke. Wien.

BAUMHACKL H., 1989 Die Aufspaltung der Wohnfunktion. Eine Analyse des Zweitwohnens am Beispiel des städtischen Systems Wien. Habil. Schr. Univ. Wien.

BERGER H., 1984. Gebietserneuerung 1974–1984. Das Wiener Modell. Beiträge zur Stadtforschung, Stadtentwicklung und Stadtgestaltung, Bd. 15. Magistrat der Stadt Wien (Hsg.), MA 21. Wien.

BLASE D. u. S. SCHMIDT, 1985. 1. Hoffnungen, Wien 1984–85. – Impressionen, Hofbegrünung und Parks. Wien.

BODZENTA E., Ch. REUER u. I. SPEISER, 1983. Strukturverbesserung für Wien. Eine Delphi-Studie. Hsg. von der Aktion besseres Wien, Institut für Soziologie, Otto-Mauer-Fonds. Wien: Böhlau.

BÖKEMANN D. (Hsg.), 1985. Altern der Bausubstanz und Strategien der Stadterneuerung. Dokumentation des Stadtforschungsseminars 1984. SRF Diskussionspapier 20. Wien.

BRAMHAS E., Ch. RICCABONA u. W. SCHMIDL, 1978. Althaussubstanz im Röntgenbild – Strukturelle Analyse des Althausbestandes. Forschungsgesellschaft für Bauen und Planen. Monographie 25. Wien.

BRAMHAS E. et al., 1980. Entscheidungsmodell zur Wohnhaussanierung. Wien: Österreichisches Institut für Bauforschung.

BREIT R., 1987. Über den Umgang mit bestehenden Werten. Gestalteter Lebensraum. Wien: Picus.

COFFEY A., H. SWOBODA u. W. VEIT, 1979. Bodenpolitik in Wien. Situation, Instrumente, Alternativen. Wien.

COFFEY A. u. F. KÖPPL, 1983. Stadterneuerung in Wien – Analysen und Vorschläge. Materialien zu Wirtschaft und Gesellschaft 26. Kommunalpolitisches Referat der Kammer für Arbeiter und Angestellte für Wien (Hsg.). Wien.

CONDITT G. u. P. WEBER, 1981. Stadterneuerung – warum und wie? Publikationen des Instituts für Stadtforschung 68. Wien.

CONDITT G., 1978. Stadterneuerung und Stadterweiterung in den österreichischen Ballungsräumen. ÖROK Schriftenreihe 11. Wien.

CZASNY K. u. A. KAUFMANN, 1985. Erfassung des Wohnungsangebotes. Publikationen des Instituts für Stadtforschung 74. Wien.

CZASNY K., 1988. Vergleich der Wohnungspolitik in sechs europäischen Staaten. Publikationen des Instituts für Stadtforschung 78. Wien.

EDLINGER R., 1981. Stadterneuerung als offensive Strategie. Zur stadtstrukturellen Erneuerung. Der Aufbau 36,8: 407.

EDLINGER R., 1986. Bruch oder Kontinuität? Zukunft 2/1986.

EDLINGER R., 1988. Stadterneuerung in Wien. Wiener Bodenbereitstellungs- und Stadterneuerungsfonds. Ergebnisse des internationalen Symposiums Stadterneuerung, 30. 11. bis 2. 12. 1987 im Wiener Rathaus. Wien: 21–26.

EDLINGER R. u. H. POTYKA, 1989. Bürgerbeteiligung und Planungsrealität. Erfahrungen, Methoden und Perspektiven. Schriftenreihe Planen und Gestalten 3. Wien: Picus.

EIGLER R., 1988. Stadterneuerung in Wien. Die Realisation komplexer menschlicher Bedürfnisse? Eine kritische Analyse von Zielsetzungen und Erfolgen an Hand ausgewählter Stadterneuerungsgebiete. Dipl. Arb. Univ. Wien, Institut für Geographie, Studienzweig Raumforschung und Raumordnung, 167 S., 6 Tab., 16 Abb., Karten. Wien.

ERFELD W., F. PLOGMANN u. U. TRESPENBERG, 1982. Stadtentwicklung und Wohnungspolitik in Wien. Aspekte der Raumplanung in Österreich. Materalien zum Siedlungs- und Wohnungswesen und zur Raumplanung 26: 223–257.

ERHALTUNG UND ERNEUERUNG, 1988. Stadterneuerung in Wien (Heftthema). Erhaltung und Erneuerung 2,2: 3–27.

ERHALTUNG UND ERNEUERUNG, 1988. Neuordnung der Wohnbauförderung (Heftthema). Erhaltung und Erneuerung 2,4: 3–38.

FASSBINDER H. u. W. FÖRSTER, 1982. Stadterneuerung in Rotterdam, Stadterneuerung in Wien. Politikwissenschaftliche Serie des Instituts für Höhere Studien 1. Wien.

FEILMAYR W., K. MITTRINGER u. J. STEINBACH, 1981. Analyse und Prognose städtischer Verfallsprozesse, dargestellt am Beispiel Wien. Jahrbuch für Regionalwissenschaft 2, 1981: 36–61. Göttingen: Vandenhoek und Rueprecht.

FEILMAYR W., T. HEINZE, K. MITTRINGER u. J. STEINBACH, 1983. Verfall und Erneuerung städtischer Wohnquartiere – Grundlagen und Strategien einer Stadterneuerungspolitik für Wien. Wien: Orac.

FEILMAYR W. u. J. STEINBACH, 1984. Beziehungen zwischen sozialer und baulicher Dynamik (gezeigt am Beispiel Wien). Stadtentwicklungspolitik bei alternden Baustrukturen. Dokumentation des Stadtforschungsseminars 1982. SRF Diskussionspapier 19: 20–49.

FÖRSTER W. u. H. WIMMER (Hsg.), 1986. Stadterneuerung in Wien – Tendenzen, Initiativen, Perspektiven. Frankfurt–New York: Campus.

FREISITZER K. u. J. MAURER (Hsg.), 1985. Das Wiener Modell. Wien: Compress.

FREISITZER K., R. KOCH u. O. UHL, 1987. Mitbestimmung im Wohnbau. Wien: Picus.

FRÖHLICH A. u. W. FÖRSTER, o.J. Theoretische Grundlagen der Stadterneuerung. In: K. MANG u. P. MARCHART (Hrsg.). Wohnen in der Stadt. Ideen für Wien. Wien: Compress.

FRÖHLICH A. u. W. GRÄSEL, 1980. Zusammenfassender Bericht über die Ausweisung von Problemgebieten im Assanierungsgebiet Wilhelmsdorf. Wien.

FRÖHLICH A. et al., 1987. Stadterneuerung in Wien – Tätigkeitsbericht 1987. Wien: Wiener Bodenbereitstellungs- und Stadterneuerungsfonds.

FUCHS G., 1980. Stadterneuerung Gumpendorf. Bericht '80. Wien.

GEUDER H., 1987. Stadt- und Dorferneuerung. Perspektiven in Gegenwart und Zukunft. Schriftenreihe für Kommunalpolitik und Kommunalwissenschaft 10. Wien: Österreichischer Wissenschaftsverlag.

GIFFINGER R., 1988. Veränderte Wohnverhältnisse im Altbaugebiet von Wien: Wirkungen der gebäudebezogenen Stadterneuerungspolitik. Diss. TU Wien.

GIRTLER R., 1980. Vagabunden in der Großstadt. Teilnehmende Beobachtung in der Welt der „Sandler" Wiens. Stuttgart: Ferdinand Enke.

GLÜCK H., 1985. Vollwertiges Wohnen und vollwertige Stadterneuerung. Wien aktuell 90,5: 7–9.

GRÄSEL W., M. WASNER u. T. HUBER, 1983. Probleme der Stadterneuerung in größeren Städten am Beispiel Assanierungsgebiet Ottakring. Stadterneuerung in Wien. Wien: Urbanbau.

HANSELY H.-J., 1982. Ist Stadtflucht zu verhindern? Der Aufbau 2,3: 55–60.

HEINZE T., 1980. Zur Wirksamkeit des Wohnungsverbesserungsgesetzes im Rahmen der Stadterneuerung. Dipl. Arb. TU Wien.

HOFMANN F. u. J. MAURER, 1988. Mut zur Stadt. Erfahrungen mit Wien. Wien: Compress.

HOVORKA H. u. L. REDL, 1985. EIGISTA: Eigeninitiativen und Stadterneuerung. Modell stadtteilbezogener Stadterneuerung Gumpendorf. Endbericht. Wien: Selbstverlag.

HOVORKA H. u. L. REDL, 1987. Ein Stadtteil verändert sich. Gumpendorf/Stadterneuerung – bevölkerungsaktivierende Stadterneuerung. Wien: Österr. Bundesverlag.

INSTITUT FÜR BAUKUNST UND BAUAUFNAHMEN DER TU WIEN, 1981. Sonderheft Stadterneuerung. Wien.

INSTITUT FÜR GESELLSCHAFTSPOLITIK (Hsg.), 1978. Wien – Alternativen der Stadtentwicklung. Mitteilungen des Instituts für Gesellschaftspolitik 23. 127 S. Wien.

INSTITUT FÜR MARKTFORSCHUNG IM BAUWESEN (IMB), (in Vorbereitung). Der Beitrag der privaten Haushalte zur Wohnungs- und Haussanierung. Wien.

INSTITUT FÜR STADTFORSCHUNG (Hsg.), 1988. Wie wohnen wir morgen? Dokumentation des internationalen Symposiums „Lebensqualität in der Großstadt". Wohnbau und Wohnumfeld unter Einbeziehung biologischer Aspekte. Publikationen des Instituts für Stadtforschung 82. Wien.

INSTITUT FÜR STADTFORSCHUNG (Hsg.), 1989. Wohnungsbedarfsprognose und Finanzierungsbedarfsprognose für Wien bis zum Jahre 2007. Wien.

KAINRATH W., 1979. Stadtentwicklungsplan für Wien. Stadterneuerung und Bodenordnung. Probleme, Entwicklungstendenzen, Ziele. Wien.

KAINRATH W., 1982. Stadterneuerung. Der Aufbau 37,2/3: 88–93.

KAINRATH W., 1982. Das Mietrecht als Instrument zur Verhinderung von Slums. Österreichische Zeitschrift für Politik 4: 455–464.

KAINRATH W., H. POTYKA u. R. ZABRANA, 1980. Projekt Planquadrat 4 – Versuch einer sanften Stadterneuerung. Forschungsauftrag und Projektstudie im Auftrag des Magistrats der Stadt Wien, MA 19. Stuttgart: Krämer.

KAINRATH W., F. KUBELKA-BONDY u. F. KUZMICH, 1984. Die alltägliche Stadterneuerung – Drei Jahrhunderte Bauen und Planen in einem Wiener Außenbezirk. Wien – München: Löcker.

KARASZ J., L. KUHN u. E. PROCHAZKA, 1987. Stadtkultur. Ein Modellversuch im Stadterneuerungsgebiet Wilhelmsdorf. Wien: Gesellschaft zur Förderung angewandter Wissenschaft und Kunst.

KAUFMANN A. u. E. BAUER, 1984. Wohnsituation, Wohnungsaufwand und Haushaltseinkommen 1981. Publikationen des Instituts für Stadtforschung 71. Wien.

KAUFMANN A. u. B. HARTMANN, 1984. Wiener Altmiethäuser und ihre Besitzer. Publikationen des Instituts für Stadtforschung 70. Wien.

KAUFMANN A., W. STEINER u. R. TROPER, 1987. Mietenstruktur und Erhaltungsaufwendungen in Altmiethäusern. Publikationen des Instituts für Stadtforschung 80. Wien.

KAUFMANN A., 1988. Wohnungsbestand, Wohnungsqualität und Bevölkerungsstruktur 1971 und 1981. Eine Analyse der Veränderungen in den österreichischen Groß- und Mittelstadtregionen. Publikationen des Instituts für Stadtforschung 84. Wien.

KAUFMANN A., H. KORZENDÖRFER, W. STEINER u. R. TROPER, 1988. Wohungsbedarfsprognose und Fianzierungsbedarfsrechung für Wien. Publikationen des Instituts für Stadtforschung 85. Wien.

KOLLER C., 1981. Altstadtsanierung. Wien.

KOMMUNALWISSENSCHAFTLICHES DOKUMENTATIONSZENTRUM (Hsg.), 1983. Stadterneuerung als ständige Herausforderung – Erfahrungen und Ausblicke. Arbeitshilfen für Gemeinden. Wien.

KOMMUNALWISSENSCHAFTLICHES DOKUMENTATIONSZENTRUM (Hsg.), 1986. Wohnungspolitische Szenarien für Wien. Schlußbericht. Wien.

KORINEK K., 1974. Das Stadterneuerungsgesetz. In: K. KORINEK, G. FROTZ u. N. WIMMER (Institut für Angewandte Sozial- und Wirtschaftsforschung (Hsg.)): Rechtsfragen der Stadterneuerung. Wien: 9 – 51.

KORZENDÖRFER H., 1981. Stadtplanung vor dem Hintergrund der Stadtentwicklung 1945 – 1981. In: Geschäftsgruppe Stadtplanung. Wien 2000. Der Stadtentwicklungsplan für Wien: 23 – 35.

KOTYZA G., 1982. Stadtentwicklungsplan für Wien – ein längerfristiges Konzept für die Entwicklung der Bundeshauptstadt. Vermessungswesen und Raumordnung 44,6: 265 – 278.

KOTYZA G., 1982. Realistisches Konzept und überzeugende Vision. Grundsätze und Ziele des Stadtentwicklungsplans für Wien. Wien aktuell 87,6: 6 – 10.

KOZIOL H., 1979. Tendenzen zur Slumbildung in ausgewählten Wohngebieten Wiens. Wien.

KULTURAMT DER STADT WIEN (Hsg.), 1986. Gesichter einer Stadt. Altstadterhaltung und Stadtbildpflege in Wien. Wien: Jugend und Volk.

LETHMATE A., 1984. Wohnungsleerstand – Wohnungsüberangebot oder Wohnbauförderung? Gemeinnütziges Wohnungswesen 8: 371 S.

LICHTENBERGER E., 1963. Die Geschäftsstraßen Wiens. Eine statistisch-physiognomische Analyse. Mitt. d. Österr. Geogr. Ges. 105: 463 – 504, 2 Karten, 12 Abb.

LICHTENBERGER E. u. H. BOBEK, 1966. (2. Auflage: 1978). Wien. Bauliche Gestalt und Entwicklung seit der Mitte des 19. Jahrhunderts. Schriften der Kommission für Raumforschung der Österr. Akademie der Wissenschaften 1. 395 S., 24 Tab., 42 Fig., 60 Abb., 10 Kartentafeln.

LICHTENBERGER E., 1967. Entwicklungs- und Raumordnungsprobleme Wiens im 19. Jahrhundert. Forschungs- und Sitzungsberichte d. Akademie für Raumforschung und

Landesplanung Hannover 39 (= Historische Raumforschung 6): 195–225, 2 Karten, 7 Abb.

LICHTENBERGER E., 1970. Wirtschaftsfunktion und Sozialstruktur der Wiener Ringstraße. Die Wiener Ringstraße – Bild einer Epoche 6 (Hsg. R. WAGNER-RIEGER). 268 S., 27 Abb., 47 Fig., 7 Karten, 60 Tab. Köln – Wien: Böhlau.

LICHTENBERGER E., 1972. Die Wiener City. Bauplan und jüngste Entwicklungstendenzen. Mitt. d. Österr. Geogr. Ges. 114,1: 42–85, 7 Fig., 16 Tab. 7 Karten.

LICHTENBERGER E., 1975. Aspekte zur historischen Typologie städtischen Grüns und zur gegenwärtigen Problematik. Forschungs- und Sitzungsberichte d. Akademie für Raumforschung und Landesplanung Hannover 101 (= Städtisches Grün in Geschichte und Gegenwart): 13–24.

LICHTENBERGER E., 1977. Die Wiener Altstadt. Von der mittelalterlichen Bürgerstadt zur City. XII + 412 S., 67 Fig., 4 Bildtafeln, 82 Abb., 2 Karten im gesonderten Kartenband. Wien: F. Deuticke.

LICHTENBERGER E., 1978. Stadtgeographischer Führer Wien. Sammlung Geographischer Führer 12. Berlin – Stuttgart: Gebrüder Borntraeger.

LICHTENBERGER E., 1986. Stadtgeographie 1. Begriffe, Konzepte, Modelle, Prozesse. Stuttgart: Teubner.

LICHTENBERGER E., 1987. Stadtverfall in Wien – Schlußbericht. Österreichische Akademie der Wissenschaften, Kommission für Raumforschung. Als Manuskript veröffentlicht. Wien.

LICHTENBERGER E., H. FASSMANN UND D. MÜHLGASSNER, 1987. Stadtentwicklung und dynamische Faktorialökologie. Beiträge zur Stadt- und Regionalforschung 8 (Hsg.: E. LICHTENBERGER). Wien: Verlag der Österr. Akademie. der Wissenschaften, Wien. 262 S., 39 Fig., 39 Tab., 18 Karten.

LICHTENBERGER E., 1988. Die Stadtentwicklung von Wien. Probleme und Prozesse. Geographische Rundschau 40,10: 20–27.

LICHTENBERGER E., 1990. Municipal housing in Vienna between the wars. T. R. Slater (ed.). The Built Form of Western Cities. Essays for M. R. G. Conzen on the occasion of his eightieth birthday. Leicester und London: Leicester University Press. 233–252, 8 Fig.

LINZER H., 1983. Altstadterhaltung – eine Analyse der einschlägigen österreichischen Rechtslage unter der Berücksichtigung der gesetzlichen Bestimmungen in Wien und Salzburg. Dipl. Arb. TU Wien. 119 S.

MAGISTRAT DER STADT WIEN (Hsg.), 1983. 60 Jahre kommunaler Wohnbau. Wien.

MAGISTRAT DER STADT WIEN (Hsg.), 1984. Stadtentwicklungsplan Wien. Teil 1. Politische Grundsätze. Entwurf 1984. Teil 2. Räumliches Entwicklungskonzept. Wien.

MAGISTRAT DER STADT WIEN, GESCHÄFTSGRUPPE STADTENTWICKLUNG UND STADTERWEITERUNG, MA 21 (Hsg.), 1984. Gebietserneuerung 1974–1984. Das Wiener Modell. Beiträge zur Stadtforschung, Stadtentwicklung und Stadtgestaltung 15. Wien.

MAGISTRAT DER STADT WIEN, GESCHÄFTSGRUPPE STADTENWICKLUNG UND STADTERNEUERUNG, MA 18 – STADTSTRUKTURPLANUNG, 1985. Stadtentwicklungsplan Wien. Wien.

MAGISTRAT DER STADT WIEN (Hsg.), 1985. Stadtentwicklungsbericht 1985. Wien.

MAGISTRAT DER STADT WIEN, PERSONAL-, RECHTSANGELEGENHEITEN, 1985. Wo wohnen die Mietbeihilfebezieher? Mitteilungen aus Statistik und Verwaltung der Stadt Wien, 1/85.

MAGISTRAT DER STADT WIEN (Hsg.), 1987f. Plandokumente mit Schutzzonen. Übertragung 1 : 10.000. Magistrat der Stadt Wien, MA 21 – Flächenwidmungs- und Bebauungsplan.

MAGISTRAT DER STADT WIEN (Hsg.), 1988. Wiener Stadterneuerungsbericht. Stand 1987. Wien.

MAGISTRAT DER STADT WIEN (Hsg.), 1988. Schutzzonenplan 1 : 25.000. Wien.

MANG K. et al., 1988. Wohnen in der Stadt. Ideen für Wien. (Stadt Wien – Geschäftsgruppe Wohnbau und Stadterneuerung, Magistratsabteilung 24 (Hsg.) in Zusammenarbeit mit der Ingenieurkammer für Wien, Niederösterreich und Burgenland) Wien: Compress.

MARCHART P., 1984. Wohnbau in Wien 1923–1983. Wien: Compress.

MARCHART P. u. R. FOLTIN, 1984. Stadterneuerung. Kommunale Wohnbauten im gewachsenen Stadtgebiet. Wien: Magistrat der Stadt Wien.

MATZNETTER W., 1989. Wohnungspolitik, Wohnbauträger und Stadtentwicklung. Neoweberianische Konzepte und empirische Untersuchungen zu einer Politischen Geographie von Wien. Diss. Univ. Wien.

MEUTER H., 1983. Eigentumsbildung im Wohnungsbestand. Die Betroffenheit von Altbauquartieren durch Umwandlung von Mietwohnungen. In: A. EVERS, H. G. LANGE u. H. WOLLMANN (Hsg.). Kommunale Wohnungspolitik. Stadtforschung aktuell 3. Basel – Boston – Stuttgart: Birkhäuser: 181–199.

MITTRINGER K., 1981. Quantifizierung der Verfallsbedingungen von Wohngebäuden in Wien. Dipl. Arb. TU Wien.

MITTRINGER K. u. J. STEINBACH, 1981. Analyse und Prognose städtischer Verfallsprozesse, dargestellt am Beispiel Wien. Jahrbuch für Regionalwissenschaft 2/1981.

MOSER P. et al., 1987. Verfallstendenzen und Erneuerungsprozesse – Wandel alter, dichtbebauter Stadtgebiete. Publikationen des Instituts für Stadtforschung 79. Wien. 539 S.

NÄVER P., 1987. Wiener Bauplätze. Wien: Löcker.

ÖSTERREICHISCHE GESELLSCHAFT ZUR ERHALTUNG VON BAUTEN, 1986. Erhaltung und Erneuerung von Bauten, Seminarbericht Bd. 1. Wien: Außeninstitut der TU Wien, 280 S.

ÖSTERREICHISCHES INSTITUT FÜR BAUFORSCHUNG (Hsg.), 1974a. Kriterien für die Beurteilung der Erhaltungs- und Sanierungswürdigkeit alter Wohnungen, Wohnhäuser und Wohngebiete. Forschungsbericht Öst. Inst. f. Bauforschung 91. Wien.

ÖSTERREICHISCHES INSTITUT FÜR BAUFORSCHUNG (Hsg.), 1974b. Sanierungsprobleme großer Städte: Berlin – Wien. Wien.

ÖSTERREICHISCHES INSTITUT FÜR BAUFORSCHUNG (Hsg.), 1985. Handbuch zur Instandsetzung und Verbesserung von Althäusern. Wien.

ÖSTERREICHISCHES INSTITUT FÜR BERUFSBILDUNGSFORSCHUNG (Hsg.), 1985. Einstellung betroffener Bewohner zu Stadterneuerungsplänen. 4 Bde. Wien.

ÖSTERREICHISCHES INSTITUT FÜR RAUMPLANUNG, 1982. Stadterneuerung und -sanierung im Rahmen einer gesamtstaatlichen Raumordnung. (Bearbeitet von K. CSERJAN u. H. KORDINA). Wien.

ÖSTERREICHISCHES INSTITUT FÜR RAUMPLANUNG, 1984. Ergebnisse der Umwelterhebung 1982 für acht Stadterneuerungsgebiete. Im Auftrag des Magistrats d. Stadt Wien MA22 (Umweltschutz) A. Nr. 771.1, Bd. I: 85 S. und Bd. II (Karten).

ÖSTERREICHISCHES INSTITUT FÜR RAUMPLANUNG, 1984 . Prognose über die Zahl der Einwohner, Haushalte, Arbeitsstätten und Arbeitsplätze für das Jahr 2001 für die Baublöcke der Stadt Wien. (Im Auftrag der Post- und Telegraphendirektion für Wien, Niederösterreich und Burgenland). 60 S.

ÖSTERREICHISCHE RAUMORDNUNGSKONFERENZ (Hsg.), 1984. Vierter Raumordnungsbericht. Erneuerungsbedürftige städtische Problemgebiete: 73–89 und Anhang 2, Österreichisches Raumordnungskonzept: 60–67. Wien.

ÖSTERREICHISCHES STATISTISCHES ZENTRALAMT (Hsg.), 1983. Häuser- und Wohnungszählung 1981. Hauptergebnisse Wien. Beiträge zur Österreichischen Statistik 640/9.

ÖSTERREICHISCHES STATISTISCHES ZENTRALAMT (Hsg.), 1986. Der gegenwärtige Wohnungsstandard in Österreich. (Aufgrund der Mikrozensuserhebung im März 1986) Statistische Nachrichten 11.

PAYER P., 1988. Stadtverfall und Lebensräume im X. und XII. Wiener Gemeindebezirk. Dipl. Arb. Univ. Wien, Institut für Geographie, Studienzweig Raumforschung und Raumordnung, Wien, 109 S., 27 Tab., 3 Abb., 12 Karten, 10 Photographien.

PLANETZBERGER H., 1987. Zusammenarbeit Mieter – Hauseigentümer im kommunalen Wohnbau. In: Stadterneuerung Wien, Tätigkeitsbericht 1987 des Wiener Bodenbereitstellungs- und Stadterneuerungsfonds, Wien.

POTYKA H. u. R. ZABRANA, 1985. Pflegefall Althaus. Reparaturzyklen von Wohnhäusern. Schriftenreihe Planen und Gestalten 1. Wien: Picus.

PRAMBÖCK E., 1985. Institutionelle Grundlagen der Finanzierung der Stadterneuerung in Wien. In: Institut für Stadt- und Regionalforschung der Technischen Universität Wien (Hsg.). Altern der Bausubstanz und Strategien der Stadterneuerung. Wien: 41–76.

ROSCHITZ K., R. L. SCHACHEL, H. STERK u. J. TABOR, 1987. Gesichter einer Stadt – Altstadterhaltung und Stadtbildpflege in Wien. Wien, Jugend und Volk. 104 S.

ROTHAUER H., 1985. Standortverlagerung des sekundären Sektors in Wien. Berichte zur Raumforschung und Raumplanung 29(1985),1–2: 3 ff.

RUCK W., 1987. Vergleich der Sanierung eines Altbaus mit dem Neubau eines adäquaten Gebäudes. Dipl. Arb. TU Wien. 106 S.

SCHACHEL R. L., 1987. Verzeichnis der Schutzzonen in Wien Der Aufbau 42,7: 356–359.

SCHEKULIN M., 1985. Stadterneuerungsgesetz und Bodenbeschaffungsgesetz 1974. Geschichte und Gründe des Scheiterns zweier Gesetze. Dipl. Arb. TU Wien.

SCHOPPER M., 1983. Planungsatlas Wien. Herausgegeben vom Magistrat der Stadt Wien, Geschäftsgruppe Stadtplanung.

STADTERNEUERUNG (Heftthema), 1980. Summa-Wirtschaftsberichte 1980/1: 3–49.

STADTERNEUERUNGS- UND EIGENTUMSWOHNUNGSGESELLSCHAFT (Hsg.), 1984. Bezirkserneuerung Kutschkerviertel. Informationsblätter der Stadterneuerungs- und Eigentumswohnungsgesellschaft m. b. H. Wien. Wien.

STEINER W., 1985a. Gebietsbetreuung. Steuerungsinstrument in der Stadterneuerung. Dipl. Arb. TU Wien. 136 S.

SVOBODA W. R. u. E. KNOTH, 1985. Das Instrumentarium für die Stadterneuerung. Publikationen des Instituts für Stadtforschung 73. Wien.

SWOBODA H., 1981. Aktuelle Probleme des Wohnbaus, besonders der Stadterneuerung. Materialien zu Wirtschaft und Gesellschaft (Kammer für Arbeiter und Angestellte) 20. Wien.

URBANBAU (Hsg.), 1981. Stadterneuerung in Wien – Probleme der Stadterneuerung in größeren Städten am Beispiel Assanierungsgebiet Ottakring. Wien: Urbanbau.

VOITL H., E. GUGGENBERGER u. P. PIRKER, 1977. Planquadrat: Ruhe, Grün und Sicherheit. Wohnen in der Stadt. Wien – Hamburg.

WEBER P. u. E. KNOTH, 1980. Sanierungsbedarf in den Städten. Publikationen des Instituts für Stadtforschung 64. Wien.

WEBER P., 1981. Stadterneuerung in Österreich. ÖROK-Schriftenreihe 25. Wien.

WEBER P., Ch. SEIDENBERGER u. E. WAGNER, 1987. Abgrenzung und Bewertung erneuerungsbedürftiger Stadtgebiete in Wien (unveröffentlicht). 1. Teil: 1982, 2. Teil: 1987. Wien: Institut für Stadtforschung im Auftrag der MA 18.

WEBER P. u. P. MOSER, 1988. Erneuerungsbedarf an Wohnungen und Wohngebäuden. Publikationen des Instituts für Stadtforschung 81. Wien.

WIENER BODENBEREITSTELLUNGS- UND STADTERNEUERUNGSFONDS (Hsg.), o.J. Wiener Stadterneuerungsbericht 1987. Wien: Selbstverlag.

WIENER BODENBEREITSTELLUNGS- UND STADTERNEUERUNGSFONDS (Hsg.), 1985. Wieneu. Ein Leitfaden zur Altbausanierung in Wien. Wien: Selbstverlag.

WIENER BODENBEREITSTELLUNGS- UND STADTERNEUERUNGSFONDS (Hsg.), 1988. Ergebnisse des Internationalen Symposiums Stadterneuerung. 30. 11. bis 2. 12. 1987 im Wiener Rathaus. Wien.

WIENER INSTITUT FÜR STANDORTBERATUNG (Hsg.), 1980. Wirtschaftbezogene Stadterneuerung Wilhelmsdorf. Wien: WIST.

WIMMER H., 1986. Wohnpolitik und Stadterneuerung unter veränderten sozioökonomischen Rahmenbedingungen. Forschungsberichte des Instituts für Höhere Studien. Wien.

WIMMER H., 1989. Mitbestimmung in der Stadterneuerung. Frankfurt/Main: Campus.

WOHNBAU, 1983a. Altmiethäuser (Heftthema). Wohnbau 1983, 5: 4–24.

WOHNBAU, 1983b. Bauen in der Schutzzone (Heftthema). Wohnbau 1983, 7–8: 4–60.

WOHNBAU, 1984. Facetten der Stadterneuerung (Heftthema). Wohnbau 1984, 3: 1–29.

WOHNBAU, 1985a. Stadterneuerung: Die sanfte Mobilisierung (Heftthema). Wohnbau, Heft 1985, 6: 1–27.

WOHNBAU, 1985b. Wien im Aufbruch. Neue Tendenzen im sozialen Wohnbau (Heftthema). Wohnbau 1985, 7/8: 3–62.

WURZER R., 1984. Modellversuch einer Stadterneuerung auf der Basis von Privatinitiativen gezeigt am Beispiel Kutschkerviertel in Wien Währing. Dipl. Arb. TU Wien. 75 S.

Verzeichnis der Karten

Teil I

Karte I/1: Budapest Stadterneuerung ... 31

Teil II

Karte II/1: Stadterneuerungsgebiete, Denkmalschutzgebiete ... 68
Karte II/2: Räumliche Verteilung des baulichen Erneuerungsbedarfs im dichtverbauten Stadtgebiet von Wien (Planungszeitpunkt 1990) ... 74

Teil III

Karte III/1: Topographische Karte mit Ausgrenzung des gründerzeitlichen Stadterneuerungsgebietes 1989 ... 83
Karte III/2: Die Ausgrenzung des gründerzeitlichen Stadterneuerungsgebietes 1989 mit Angabe des Erhebungsjahres ... 88
Karte III/3: Die Anteile der freien Parzellen 1986–1989 ... 97
Karte III/4: Die Anteile von abbruchreifen und leerstehenden Häusern 1986–1989 ... 99
Karte III/5: Die Anteile von Häusern mit mäßigem Grad von Leerstehung von Wohnungen und/oder Betrieben 1986–1989 ... 101
Karte III/6: Die Anteile von Häusern in schlechtem Zustand 1986–1989 ... 102
Karte III/7: Die Anteile der Häuser mit Verfallserscheinungen 1986–1989 ... 103
Karte III/8: Die Anteile der erneuerten Häuser 1986–1989 ... 106
Karte III/9: Die Anteile von Neubauten 1986–1989 ... 107
Karte III/10: Die Anteile von intakten Altbauten mit Wohnfunktion 1986–1989 ... 109
Karte III/11: Die Anteile von intakten Altbauten mit Mischfunktion 1986–1989 ... 110
Karte III/12: Die Anteile von intakten Altbauen mit Betriebsfunktion 1986–1989 ... 111
Karte III/13: Potentielle Stadterneuerungsgebiete mit öffentlichen Mitteln 1989 ... 120
Karte III/14: Stadterneuerungsgebiete mit und ohne legistische Ausweisung 1989 ... 124
Karte III/15: Funktionstypen der Stadterneuerung 1989 ... 127
Karte III/16: Verteilung der Assoziation von Bauträgern am Baubestand 1981 ... 165

Verzeichnis der Figuren

Teil I

Figur I/1: Das duale Zyklusmodell von Stadterneuerung und Stadterweiterung ... 20
Figur I/2: Verfallende Wohngebiete in Philadelphia ... 28

Teil II

Figur II/1: Das duale Stadtmodell von Wien in der Gegenwart ... 48
Figur II/2: Neubau und Abbruch von Wohnungen in Wien seit 1885 .. 50

Teil III

Figur III/1: Schema der Datenstruktur, Fragestellung und Auswertung des Forschungsprojekts Stadtverfall und Stadterneuerung .. 86
Figur III/2: Verfallene, erneuerte und in Ordnung befindliche Bausubstanz in den Zählbezirken der inneren Bezirke 1986–1989 . 115
Figur III/3: Verfallene, erneuerte und in Ordnung befindliche Bausubstanz in den Zählbezirken der äußeren Bezirke 1986–1989 . 116
Figur III/4: Die Effekte des Baualters auf Stadtverfalls- und Erneuerungsprozesse in den inneren und äußeren Bezirken ... 133
Figur III/5: Die Effekte der Grundstücksfläche auf Stadtverfalls und Erneuerungsprozesse in den inneren und äußeren Bezirken. 136
Figur III/6: Die Effekte der verbauten Fläche auf Stadtverfalls- und Erneuerungsprozesse in den inneren und äußeren Bezirken ... 140
Figur III/7: Die Effekte von inneren Grünflächen und Versiegelung der Hofräume auf Stadtverfalls- und Erneuerungsprozesse in den inneren und äußeren Bezirken ... 143
Figur III/8: Das Aufschließungssystem im Westsektor der inneren Bezirke ... 144/145
Figur III/9: Auswahlkriterien für die Fallbeispiele ... 148
Figur III/10: Denkmalschutz in Spittelberg (VII. Bezirk) ... 150
Figur III/11: Durchbruchsgassen und Hofhäuser (VII. Bezirk) ... 151
Figur III/12: Hinterhofindustrie in Schottenfeld (VII. Bezirk) ... 152
Figur III/13: Planquadrat: Modell eines Innenhofparks (IV. Bezirk) ... 153
Figur III/14: Bauzustand und Innenhofnutzung im Rasterviertel des XVIII. Bezirks ... 154/155
Figur III/15: Die Partizipation der institutionellen Bauträger am Stadtverfall und der Stadterneuerung in den inneren und äußeren Bezirken ... 162
Figur III/16: Die Geschoßzahl von Häusern in schlechtem Zustand und von komplett erneuerten Häusern ... 168

Figur III/17: Die Effekte der Bauhöhe auf Stadtverfalls- und Stadterneuerungsprozesse in den inneren und äußeren Bezirken ... 171
Figur III/18: Die vertikale Differenzierung von Blightphänomenen im I. und V. Bezirk ... 173
Figur III/19: Die vertikale Differenzierung der Gastarbeiter in der Miethausstruktur von Wien ... 175

(Figur I/1 aus: Lichtenberger E., H. Fassmann und D. Mühlgassner, 1987, S. 45
Figur III/8 aus: Lichtenberger E. und H. Bobek, 1966, S. 264/265.
Figur III/10, 11, 12, 13, 14: Erhebungsjahr 1990
Figur III/19 aus: Lichtenberger E., 1984. Gastarbeiter. . ., S. 325.)

Verzeichnis der Tabellen

Teil II

Tabelle II/1: Die Abnahme der Zentralbüros der Industrie in Wien 1972–1985 ... 58
Tabelle II/2: Die Entindustrialisierung in Wien 1972–1985 ... 59

Teil III

Tabelle III/1: Eckdaten des gründerzeitlichen Stadterneuerungsgebietes 93
Tabelle III/2: Kategorien von Stadtverfall und Stadterneuerung in den inneren und äußeren Bezirken ... 95
Tabelle III/3: Segregationsindizes der Erhebungskategorien von Verfall und Erneuerung auf der Ebene der Zählbezirke ... 113
Tabelle III/4: Eckdaten für die Gebiete der potentiellen Stadterneuerung mit öffentlichen Mitteln in den inneren Bezirken ... 121
Tabelle III/5: Die Effekte des Baualters auf Stadtverfalls- und Erneuerungsprozesse ... 131
Tabelle III/6: Die Effekte der Grundstücksfläche auf Stadtverfalls- und Erneuerungsprozesse ... 135
Tabelle III/7: Die Effekte der verbauten Fläche auf Stadtverfalls- und Erneuerungsprozesse ... 138
Tabelle III/8: Die Effekte von inneren Grünflächen und Versiegelung der Hofräume auf Stadtverfalls- und Erneuerungsprozesse ... 142
Tabelle III/9: Die Partizipation der institutionellen Bauträger am Stadtverfall und der Stadterneuerung ... 160
Tabelle III/10: Die Effekte der Bauhöhe auf Stadtverfalls- und Stadterneuerungsprozesse ... 170

Anhangverzeichnis

Anhang 1: Erhebungsbogen (Straßenliste) 207
Anhang 2: Hauserhebungsbogen für Komplettaufnahme der Fassade 208
Anhang 3: Verzeichnis der Zählbezirke mit Angabe von Zahl der Gebäude und v. H. der Kategorien 209
Anhang 4: Eckdaten für Wohnungen und Bevölkerung in den potentiellen Stadterneuerungsgebieten 211
Anhang 5: Deskription der Stadterneuerungsgebiete 212
Anhang 6: Verzeichnis der Mitarbeiter am Forschungsprojekt 216

Index[1]

Abbruchreife 168
Abbruchsrate 15
Abbruchsyndrom 114
Abbruchtätigkeit F 50, 98
Abwertung, soziale 47, 56, 132
Akkulturierung 184, 188
Alleineigentümer, private, von Mietshäusern 161, 163, vgl. Hausbesitz
Altbaubestand 42, 112, 132
Altbauten 130,
– intakte 108,
– mit Betriebsfunktion K 111,
– mit Mischfunktion K 110, 112,
– mit Wohnfunktion K 109, 112
Altbauwohnungen 53
Altstadterhaltung 33, 69
Altstadterhaltungsgesetz 67
Altwohnungsbestand, Reduzierung 55
Antisegregationseffekte einer sanften Stadterneuerung 114
Antisegregationsstrategie 30, 32, 65
Arbeitermiethausgebiete, gründerzeitliche 176
Arbeitermiethausgürtel 94
Arbeitermiethausviertel, früh- und hochgründerzeitliche 132
Arbeitsbevölkerung 185
Arbeitslosigkeit 37
Arbeitsmarkt 37, 181, 184
Arbeitsmarktregion von Wien 182
Arbeitsplätze
– offene, Ausländer 185,
– Randverlagerung 59,
– Reduzierung 58
Arbeitsstätten 58
Arbeitswanderung, neue 183
Armut 38
Asylrecht 185, 186
Asylwerber 183
Auflockerung 62
Aufschließung 18, vgl. a. Parzellen,
– Systeme F 144/145, 146
Aufspaltung der Wohnfunktion 40, 134, 178, vgl. Entstädterung
Aufzonung 52, vgl. Geschoßzahl
Außenstadt 82
Ausbau, Dachgeschosse 169, 176
Ausländer 57, 132, 184, 185, 188,
– Afro-Asiaten 183,
– Ägypter 183,
– Immobilisierung 29,
– Iraner 183,
– Jugoslawen 176, 183, vgl. Gastarbeiter,
– Türken 176, 183, 188, 189, vgl. Gastarbeiter,
– Ungarn 183,
– Unterbringung 186,
– Zuwanderer 176, 188

Bandstadt-Effekt 179
Barockzeit 22, 146
Bassenahäuser 176
Bassenawohnungen 52, 132
Baualter 19, 77, 129
Baubestand vgl. Häuser,
– Altersaufbau 130,
– in Ordnung befindlicher 108
Baublock
– Sanierung 92,
– Struktur 141ff.
Baublöcke 90,
– Fallbeispiele 147, F 148
Baugesellschaften 137, 159
Bauhöhe 169
Bauhöhenplan 52
Bauhöhenprofil 146, 169
Baukörper, Höhenwachstum 169
Bauklassen 52
Baulandaufschließung, Gründerzeit 154
Baulandreserven 96
Baulückenpolitik 20, 51, 64, 96, vgl. Baulückenverbauung
Baulückenverbauung 117, vgl. Baulückenpolitik
Bauordnungen 139, 147

[1] F = Figur, K = Karte, T = Tabelle

Bausoziale Aufwertung 23, 122
Bausoziale Gradienten 179
Bausoziale Qualität 169
Baustatistik 49
Bauträger 137, vgl. a. Hausbesitz(er)
– Assoziation 163, K 165,
– institutionelle 157, T 160,
– Rolle 157
Bauvereinigungen, gemeinnützige 161
Bauvolumen, jährliches 49
Bauzustandsmodell 86
Begriffe 14ff., 63ff.
Begrünung vgl. Grünflächen, Innenhöfe
Berufstätige, junge 188
Besitzstruktur, privater Miethausbesitz 189
Betriebe, Reduzierung der Zahl 121, 126
Betriebsansiedlungen 59, 76
Betriebsbaugebiete 180
Betriebsbauten 108,
Betriebsfunktion 132
Bevölkerung 57,
– Abnahme 63,
– Absiedlung 139,
– auf Zeit 56, 187, vgl. Bevölkerung, temporäre,
– aufgestockte 118,
– Dichte 104,
– Entwicklung 182,
– heimatberechtigte 184,
– Herkunftsspektrum 184,
– Hypothek des Todes 61, 187,
– ortsbürtige 23,
– Prognosen 182,
– temporäre 187, vgl. Bevölkerung auf Zeit,
– Verjüngung 61
Bezirke
– äußere 114, 119, 122, 161,
– innere 114, 119, 121, 122, 161
Bezirkszentren 125,
– Modelle 126
Bezirkszentrierte Bürger 56
Billigwohnraum 185
Blight 16, 41, 47, 94, 179, F 173, vgl. Commercial, Residential, Physical
Blight, Verfall,
– Altersblight 167,
– Profil 176,
– vertikale Differenzierung F 173
Blighted areas 26, vgl. Verfallsgebiete
Bodenpreise 27, 29
Budapest 30
Bundesrepublik Deutschland 32
Bürobetriebe 128

City 108, 112, 163, 164,
– Bevölkerung 27,
– – neue 25,
– Bildung 23, 91, 164, 172,
– Gewerbe, traditionelles 125,
– Mantel 112, 117, 125, 163, 164, 189
Commercial Blight 26, 125, 126, 172, vgl. Blight, Einzelhandel
Conservation 27, vgl. Sanierung, Renovierung, Stadterneuerung, sanfte
COMECON – Staaten 30
CSFR 185

Datenstruktur des Forschungsprojekts F 86
Datenverbund des Forschungsprojekts 85
Demographische Effekte 41
Denkmalschutz 30, 32, 63, 70, 149
Dichtenormen 73
Dissimilaritätsmatrix 114
Doppelverdienerhaushalte 38
Dritte Dimension 167
Duale Ökonomie 184
Duale Stadtstruktur 179, vgl. Stadtmodell

Effekte
– der Bauhöhe 167, T 170, F 171,
– der Bauträger 157ff.,
– der Grundstücksfläche T 135, F 136, 137,
– der Kubatur 134ff.,
– der verbauten Fläche T 138, F 140,
– der Wohnungswirtschaft 54ff.,
– des Baualters 129, 130ff., T 131, 133, F 133,
– von inneren Grünflächen 141, T 142, F 143
Eigentumsverhältnisse, Miethausbestand 164, vgl. Hausbesitz(er)
Eigentumswohnbau 161, 164
Eigentumswohnungen 159
Einbürgerungen 183, vgl. Ausländer
Eingemeindungspolitik 17
Einkommensklassen der Bevölkerung 172
Einkommensschwache Schichten 55
Einpersonenhaushalte 60

Einzelhandel 172,
– Verfall 179, vgl. Commercial Blight
Enteignung 63, 67, 92
Entflechtung von Wohnungen und Betriebsstätten 59
Entfremdungsprozeß 174, vgl. a. City, Bildung
Entindustrialisierung 58, T 59, 127, 179
Entmischung, demographische 61, vgl. Segregation
Entstädterung 15, 34, 40 ff., 178, vgl. a. Suburbanisierung
Erdgeschoß 172, 176,
– als Wohnstandort 174
Erhebungsbogen 207
Erhebungskategorien 96 ff.
Erneuerung 94, vgl. Renovierung, Sanierung, Stadterneuerung,
– der Downtown 27,
– Dissimilarität 112 ff.,
– hausweise, Muster 189,
– peripherer Stadtgebiete 118,
– von Altbauten 105
Erneuerungsbedarf, räumliche Verteilung K 74
Erneuerungsgebiet, Auswahl 70
Ersatzwohnungen 139
Erstwohnungen 40
Erwerbsquote 38, 185,
– weibliche 38
Exodus der Angestellten 56

Feminisierung
– der Armut 38,
– des Arbeitsmarkts 38
Filtering-down-Prozeß 35, 37
Flächensanierung 67, 71, 179
Forschungsprojekt
– Datenverbund 85,
– Ergebnisse 79,
– Evaluierung der Ergebnisse 117 ff.,
– Fragestellungen 80 ff.,
– methodischer Aufbau 85,
– räumliche Bezugsbasis 80
Freizeitgesellschaft 47, vgl. a. Aufspaltung, Zweitwohnsitze

Gartenhof 149
Gastarbeiter 122, 132, 176, 185,
– Anteil 119,
– Konflikte im Wohnmilieu 185,
– vertikale Differenzierung in Häusern F 175
Gastarbeiterwanderung 39, 184
Gebäudeabstand 147
Gemeinde Wien, Besitz 159, 163
Gentrification 23, 29, 32, 36, 117, 122, 164, 178
Geschäftshaus 172
Geschäftsstraßen 164
Geschoßflächen, Gewinnung 117
Geschoßflächendichte, Reduzierung 62
Geschoßhöhe, Reduzierung 169
Geschoßzahl 167, 168, F 168
Gesellschaft
– aktuelle Probleme 34 ff.,
– Desorganisation 34 ff.,
– Destabilisierung 34 ff.,
– postindustrielle städtische 34 ff.
Gesetze 27, 59, 65
Gewerbeareale 128, vgl. Betriebsbaugebiete
Ghettobildung 29, 39
Ghettoisierung, ethnische 39, 188
Ghettos, primäre 188
Ghostbevölkerung 93, 121, 122, 186, 188
Grenzgänger 185, 186
Großanlagen, öffentliche 180
Großwohnanlagen 29
Grund- und Aufrißsysteme 180, vgl. Aufschließung, Dritte Dimension, Parzellen
Grundschichten der Bevölkerung 132, vgl. a. Underclass
Grundstücksfläche 134, 137
Gründerzeit 23, 30, 47, K 88, 93, 146, 176,
– Stadtgebiet/Bauten 92
Grünflächen 141,
– Innenhöfe 141,
– Vermehrung 62
Grünflächennormen 73,
Grünraumpotential 144

Hausbesitz
– Alleineigentümer 164,
– Anonymisierung 158,
– Einheit mit Betriebsstandort 132,
– privater 164
Hausbesitzer vgl. Miethausbesitz,
– Absentismus 158, 174,

– Alleineigentümer 161, 163,
– Diskriminierungsstrategie 64,
– im Haus wohnend 158,
– Mehrfachbesitz 158,
– private 64, 161, 190
Hauserhebungsbogen 208
Haushalte
– Individualisierung 39,
– Rentner 187, 189,
– Resthaushalte 39,
– Verkleinerung 39
Hausrenovierung 63
Haussanierung 65
Hausspezifische Merkmale 129
Hinterhofindustrie 59, 112, 125, 149, F 152
Hofhäuser F 151
Häuser
– abbruchreif 98, 114, 167, 168,
– abbruchreif und leerstehend K 99,
– erneuert K 106,
– in schlechtem Zustand 98, K 102,
– Lebensdauer 130,
– mit mäßigem Grad von Leerstehung 98, K 101,
– mit Verfallserscheinungen K 103

Ideologien 45,
– gesellschaftspolitische 65,
– politische 62 ff.
Immobilisierung der Bevölkerung 29
Industrial Blight 27
Industrie, Zentralbüros 58, T 58
Innenhöfe
– Begrünung 149,
– Grünflächen 141,
– Nutzung 147, F 154/155,
– Verbauung 147
Innenstadt
– gründerzeitliche 47,
– von Wien 82
Innenstädte 26
Integration 184,
– Ausländer 184,
– demographische 60,
– in Miethäusern 94
Interessenskonflikte 70, 154
Interpretationszugänge 14 ff.
Investitionen, öffentliche Hand 105
Investitionsbereitschaft, Hausbesitzer 159
Investitionsdefizit 104, 179
Investoren, private 119

Jugoslawen 176, 183, vgl. Gastarbeiter
Juristische Personen 159, 161, 163

Kapitalgesellschaften, Fehlen von 114
Kapitalmarkt 181
Kategorien der Erneuerungsbedürftigkeit 84
Kleinbetriebe 70
Kleinparzellen 137
Kleinwohnungen 53
Kommerzialisierung der Mieten 54, 186
Kommunaler Wohnungsbau 43, 55, 157, 161, 164, 187
Kommunalpolitische Problembevölkerung 93
Kommunalpolitischer Leerraum 55 ff., 122
Komplementarität der Wohnformen 41
Komplette Erneuerung 105
Konjunkturzyklen 49
Krisensymptome der Gesellschaft 34

Leben in zwei Gesellschaften 41, 186
Leerstehungsphänomene 121, 104

Mantelbevölkerung, Zuwanderung 185
Manufakturhäuser 149
Manufakturzeit 146
Marginalisierung 55 ff., 122,
– der Bevölkerung 125,
– soziale 55, 149
Marginalitätssyndrom 166
Markttransparenz, fehlende 91
Mengung von Wohnungen und Arbeitsstätten 58 ff.
Merkmale der Bauobjekte 129
Mieten 54, 190
Mieterschutz 54, 65, 66, 91,
– Gesetzgebung 24, 66, 158, 159
Miethausbau 35
Miethausbesitz 190, vgl. Hausbesitz(er)
Miethausbestand, Segregationstendenzen, vertikale 176, 189
Mietpreisbildung 65
Mietrechtsgesetz 66
Mittelpunktlage Wiens 180
Mittelschichtgesellschaft 26
Mittelstandsmiethausgebiete 125

Mobilität 26,
– Intensität 55
Modell vgl. Stadtmodell,
– der Stadtmitte 23
Munizipalsozialismus 32

Nachfolgestaaten der Monarchie 184
Nachfrage
– nach Kleinwohnungen 60,
– Mietwohnungen 35
Neubauraten 25
Neubautätigkeit F 50, 52, 123, 129, 141, 169,
– Ungleichverteilung 112
Neubauten 105, 167, K 107,
– Ring von 105
Neubauzone 52
Neue Armut 35
Neue Städte 24
Neue Wohnungsnot 60 ff.
Niedrigmietenpolitik 41, 104
Niedrigmietensektor 36, 54,
– Reduzierung 186
Niedrigmietenwohnungsdefizit 53
Nobelstock 174

Obdachlosigkeit 34, 36
Objektförderung 65

Palasttradition 149
Parkanlagen 189,
– feudale 149
Parkhäuser 149
Parzellen
– extrem tiefe 148,
– freie 96, 114, 134, 137, 167,
– – Ankauf 163,
– – Anteil K 97,
– Form 147,
– Größe 129, 134, 137,
– mit Abbruchbauten 137,
– mit abbruchreifen Objekten 134,
– mit teilweise leerstehenden Objekten 134,
– Struktur 134, 147,
– System 147,
– Tiefe 146,
– Zusammenlegungen 137
Penthousekonzeption 177
Peripherisierung von ausländischen Zuwanderern 187
Philadelphia 27
Planners' Blight Phänomene 92
Planquadrat 149,
– Modell eines Innenhofparks F 153
Planungsdauer 69
Politische Systeme 22, vgl. a. Ideologien
Prag 182
Privateigentum 159
Privatisierung des sozialen Wohnbaus 43
Privatkapitalismus 25 ff.,
– Gesellschaftssystem 179,
– Intentionen 158
Pseudoeigentums-Denken 32, 54

Quartärer Sektor 117
Quartärisierung der Wirtschaft 164

Rasterviertel 146, 154, 169
Rechtliche Grundlagen, Stadterneuerung 66
Rehabilitation 27
Renditedenken 25
Renditeträchtige Objekte 159
Rentenkapitalistische Organisation 185, 186
Rentner 187, 189,
– Haushalte 176, 187
Reprivatisierung 36
Reproduktionszeit der physischen Bausubstanz 130
Reservearmee
– intellektuelle 184, 188,
– postindustrielle 37
Residential Blight 27
Resthaushalte 39
Revitalisierung, Biedermeier-Idyllen 180
Ring des Neubaus 105
Rolle der Bauträger 157

Öffentliche Geldgeber 119
Öffentliche Hand 121
Öffentlicher Sektor, Budgetanteil 26

Sandler 189
Sanfte Stadterneuerung, Effekte 129
Sanierung 32
Sanierungsbedarf 122
Schinden von Kubatur 117, 141
Schnittstellenlage Wiens 180
Schutzzonen 67, 69,
– Ausweisung 62

Segregation 189,
– Akzentuierung 39,
– ethnische 57, 176,
– Gastarbeiter 122,
– haus- und viertelsweise 188,
– Mittelstandsmiethäuser 189,
– räumliche 188,
– vertikale 172,
– viertelsweise 57,
– vorprogrammierte 112,
– Intensität 55,
– Muster 57
Segregationsindizes 57, 112, T 113
Segregationstendenzen, vertikale, Mietshausbestand 176, 189
Shopping Centers 180
Slumbildung 27, 42, 114, 119
Social overhead, Ende des Wachstums 35
Sockelsanierungen 65
Sozialaufbau 184
Soziale Wohnbauprogramme 35, 36,
– für Ausländer 191
Soziale Wohlfahrtsstaaten 30 ff., 36
Sozialisierung des Hausbesitzes 190
Sozialistischer Städtebau 30
Sozialökologische Theorie 35
Sozialökologischer Gradient 122
Sozialprogramme, Rückbau 35
Sozialräumliche Marginalisierung 56
Sozialschichten 22, vgl. a. Integration, Segregation, Underclass
Sozialwohnungen 36, 42
Spittelberg 147, F 150
Staatskapitalismus 29 ff.
Stadt als non-place 40
Stadtentwicklung 18, 178,
– Politik 30,
– Reflexionen 178 ff.
Stadtentwicklungsplan (STEP) 46, 62, 129
Stadterneuerung 16, 18, 23, 30, 32, 42, 62,
– Barock 22,
– Budapest K 31,
– dualer Investitionsprozeß 117,
– Funktionstypen K 127,
– Gründerzeit 23,
– historische Perspektive 22 ff.,
– komplementäre Aufgabe 63,
– mit öffentlichen Mitteln 27,
– öffentliche Aufgabe 117,
– öffentliche Hand 121 ff.,
– Partizipation der institutionellen Bauträger F 162,
– rechtliche Grundlagen 66 ff.,
– Regierungsprogramm 27,
– sanfte 24, 33, 51, 64, 71, 137, 144, 159, 168, 169, 172, 178
– Thesen 84,
– Zyklusmodell, duales 18 ff., F 20
Stadterneuerungsgebiete 77, 92,
– gründerzeitliches K 88,
– Ausgrenzung 64,
– Denkmalschutz K 68
– Deskription 212,
– Eckdaten 93, T 93, 119, T 121, 211,
– Evaluierung 81,
– Funktionstypen mit öffentlichen Mitteln 125 ff.,
– Gebietsausweisung 92,
– legistische Ausweisung 123, K 124,
– mit öffentlichen Mitteln 118 ff., 119, K 120,
– Modelle mit Priorität von Arbeitsstätten 126,
– potentielle 163, 166,
– – Eckdaten 119,
– – mit öffentlichen Mitteln 118 ff.,
– topographische Karte K 83
Stadterneuerungsgesetz 63, 67
Stadterneuerungsmodelle, funktionsadäquate 63
Stadterneuerungspraxis
– internationaler Vergleich 69,
– Wien 69 ff.
Stadterneuerungsviertel 57, vgl. a .Stadterneuerungsgebiete
Stadterneuerungsvorhaben mit öffentlichen Mitteln 64
Stadterweiterung 17, 18, 23, 42, 49, 61, 178, 187,
– Barock 22,
– Gründerzeit 23,
– historische Perspektive 22 ff.
Stadtflucht 178
Stadtmodell
– bipolares Konzept von Städten 47,
– duales 46 ff., 163,
– – Wien/Gegenwart F48
Stadtrandindustrie 59, 112

Stadtreparatur 33, 42
Stadttypen 22
Stadtverfall 14, 18,
– aktueller Forschungsstand 72 ff.,
– dritte Dimension 81, 167,
– duales Zyklusmodell 18 ff., F 20,
– Kategorien T 95,
– Partizipation der institutionellen Bauträger F 162,
– 19. Jahrhundert 24
Stadtverfall und Stadterneuerung 79, 117,
– dritte Dimension 167 ff.,
– empirische Ergebnisse 91 ff.,
– im Vergleich politischer Systeme 25 ff.,
– Modell 72,
– Probleme 49 ff.
Stadtviertel, ethnische 123
Städtebauliche Struktur 137
Standortsukzession 126
Stellplatzversorgung 62
Steuersystem 26
Straßensystem 147
Subjektförderung 157
Subkulturen 128, 182, 188, 189
Substandardlast des gründerzeitlichen Baubestandes 180
Substandardproblem der Wohnungen 52 ff.
Substandardwohnungen 52, 54, 93, 125, 190,
– potentielle 53
Suburbanisierung 26, 29, 61, 180, vgl. a. Entstädterung,
– Betriebsstätten 126,
– Industriebetriebe 128

Tertiärer und quartärer Sektor, Ausweitung 122
Tertiärisierung 128
Time-lag der Stadtentwicklung 19
Toleranz 188
Transfer-Aufenthalt 186
Trennung zwischen Wohnen und Arbeiten 172
Türken 176, 183, 188, 189, vgl. Gastarbeiter

Überalterung des Baubestandes 49 ff.
Überbauungsgrad, Reduzierung 139
Überschichtungsphänomene 176
Underclass 37, vgl. Unterschichtungsphänomene
Ungarn 183, 185
Untermieten 42
Unterschichtungsphänomene 176, vgl. Underclass,
– ethnische 176
Untersuchungsgebiet, Abgrenzungen 82
Urban blight 16
Urban crisis 16
Urban decay 15
Urban decline 15
Urban expansion 17
Urban redevelopment 27
Urban sprawl 24
Urbanisation, anarchische 24
Urbanität 60 ff.
UNO-City 47
USA 25

Verbaute Fläche 129, 137
Verbauungsdichte, Reduzierung 129
Verdrängung, Kleinbetriebe 70
Verfall vgl. Blight,
– Einzelhandel 179, vgl. Commercial Blight,
– hausweise, Muster 189,
– Steuersystem 26
Verfall und Erneuerung, Dissimilarität 112 ff.
Verfallserscheinungen 119, vgl. Blight, Stadtverfall, Fortschreiten
Verfallssyndrom 104
Verkehrstangenten 179
Verschattete Gebiete 27
Versicherungen 159
Verslumung 104
Vertikalaufbau, vgl. Dritte Dimension,
– der Stadt 168,
– Miethäuser, Funktionen 172
Vertikale Differenzierung der Gesellschaft in den Miethäusern 174
Viertel, frühgründerzeitliche 189
Viertelsbildung, ethnische 39, 56, vgl. a. Segregation
Vorortkerne, alte 122, 125

Wahlgeometrie 32
Wanderungsbilanz 183
Weltausstellung Wien – Budapest 47, 181,
– Standort 181
Wien an die Donau 179

Wien zu Beginn des 3. Jahrtausends 178
Wien-zentrierte Bevölkerung 187
Wiener Arbeitsmarktregion 185
Wiener Bevölkerung 188
Wochenpendler, Ausland 185
Wohnanlagen 149
Wohnbauförderung 65
Wohnbaumodelle, integrierte 128
Wohnbeihilfen 76
Wohnbevölkerung
– Aufstockung 56,
– im Altbaubestand 119
Wohnflächennormen 73
Wohnfunktion 40, vgl. Aufspaltung
Wohngebiete, verfallende, Philadelphia F 28
Wohnhaussanierung
– Ausmaß 77,
– Gesetz 65, 67, 92
Wohnklasse der Arbeiter 157
Wohnungswesen 157
Wohnungen
– Ausscheiden aus der Wohnnutzung 52,
– ungenutzte 186
Wohnungsbau, genossenschaftlicher 157, 164
Wohnungsfrage von ausländischer Bevölkerung 190
Wohnungsmarkt 181, 188, vgl. Wohnungswirtschaft,
– Mechanismen 179,
– Nachfrage 35, 60,
– Segmentierung 30, 157 ff.,
– Tauschmarkt 29
Wohnungsnot 24, 35,
– ausländischer Zuwanderer 186,
– neue 35, 37, 39, 60 ff.
Wohnungspolitik 32, 36
Wohnungsverbesserung 63 ff.,
– Gesetz 65, 66, 92,
– Kredite 54, 64
Wohnungswirtschaft 54, vgl. Wohnungsmarkt

Zentralbüros 58, T 58
Zu- und Abgang, Wohnungen 49
Zunahme der Geschoßzahl 167, 169
Zusammenlegung von Wohnungen 52
Zuwanderer 23, 176, 178, vgl. a. Gastarbeiter,
– Ausländer 172, 182,
– ethnisch-kulturelle Distanz 186,
– neue, Ausländer 184
Zuwanderungspolitik 183
Zwei-Drittel-Gesellschaft 35
Zweitwohnbevölkerung 121, vgl. Aufspaltung
Zweitwohnsitz 56
Zweitwohnungen 40, 178
Zyklusmodell, duales vgl. Stadtverfall, Stadterneuerung
Zählbezirke 89, 114,
– Verzeichnis 209 ff.

In der Reihe

BEITRÄGE ZUR REGIONALFORSCHUNG (herausgegeben von HANS BOBEK) sind bisher erschienen:

Band 1: HANS BOBEK – JOSEF STEINBACH
Die Regionalstruktur der Industrie Österreichs
Unter Mitarbeit von KURT EHRENDORFER. (1975) 80 Seiten, 27 Tabellen, 5 Karten, broschiert

Band 2: JOSEF STEINBACH
Bewertung und Simulation der regionalen Verkehrserschlossenheit, dargestellt am Beispiel einer Untersuchung der „regionalen Versorgungsqualität" Österreichs. (1980) 70 Seiten, 10 Karten, broschiert

Band 3: HANS BOBEK – ALBERT HOFMAYER
Gliederung Österreichs in wirtschaftliche Strukturgebiete. (1981) 114 Seiten mit 16 Tabellen. Beilage: 21 Tabellen und 3 farbige Faltkarten, broschiert

Band 4: MARIA FESL – HANS BOBEK
Zentrale Orte Österreichs II. Ergänzungen zur Unteren Stufe; Neuerhebung aller zentralen Orte Österreichs 1980/81 und deren Dynamik in den letzten zwei Dezennien. (1983) 122 Seiten. Beilage: 29 Tabellen und Faltkarten, broschiert
(Band I dieses Werks erschien im VERLAG BÖHLAU; Köln - Wien)

Band 5: FRANZ ZWITTKOVITS
Klimatypen — Klimabereiche — Klimafacetten. Erläuterungen zur Klimatypenkarte von Österreich. (1983) 54 Seiten mit 6 Tabellen im Text, 3 farbige Faltkarten als Beilage, broschiert

Band 6: HEINRICH WAGNER
Die natürliche Pflanzendecke Österreichs. Erläuterungen zur Vegetationskarte 1 : 1 Mio. aus dem *Atlas der Republik Österreich.* (1985) 72 Seiten, 1 farbige Faltkarte, broschiert (2. Auflage 1989)

Band 7: MARIA FESL – HANS BOBEK
Karten zur Regionalstruktur Österreichs. Ein Nachtrag zum *Atlas der Republik Österreich.* (1986) 4 mehrfarbige Kartentafeln 1 : 1 Mio. mit Nebenkarten und Diagrammen (Kartendruck: FREYTAG, BERNDT & ARTARIA, Wien), broschiert

Die Reihe wurde fortgesetzt als

BEITRÄGE ZUR STADT- UND REGIONALFORSCHUNG
(herausgegeben von ELISABETH LICHTENBERGER)

Band 8: ELISABETH LICHTENBERGER – HEINZ FASSMANN – DIETLINDE MÜHLGASSNER
Stadtentwicklung und dynamische Faktorialökologie. (1987) 262 Seiten mit 39 Tabellen, 39 Figuren und 18 Karten, Großoktav, broschiert

Band 9: ELISABETH LICHTENBERGER (Hrsg.)
Österreich — Raum und Gesellschaft zu Beginn des 3. Jahrtausends. Prognosen, Modellrechnungen und Szenarien. (1989) 276 Seiten mit 57 Tabellen, 31 Karten, 2 Abbildungen, Großoktav, broschiert